Eric H. W. Aldington, Von der Seele des Hundes

Eric H. W. Aldington

Von der Seele des Hundes

Wesen, Psychologie und Verhaltensweisen des Hundes.

56 Zeichnungen und Graphiken
viele Übersichten und Tabellen

Verlag Gollwitzer Weiden

Titelbild: „Schlittenhunde heulen gerne"
Siberian Husky, Aufnahme: Annette Philipp

Herstellung und Gestaltung des Buches, Einbandgestaltung:
Werkstatt igoll

Zeichnungen: Rüdiger Gollwitzer

Soweit im Text nicht eigens bezeichnet,
Darstellungen nach:
Portmann (S. 317), Senglaub (S. 239, 316), Schenkel (S. 265, 316), Tinbergen (S. 273)

6. unveränderte Auflage 1995

Inhaltsverzeichnis

10

Ein Wort zuvor...

„Der Naturverständige bedarf nicht des Unerforschten, Außernatürlichen, um Ehrfurcht empfinden zu können, und es gibt für ihn nur ein Wunder, und das besteht darin, daß schlechterdings alles auf der Welt, einschließlich der höchsten Blüten des Lebendigen, ohne Wunder im herkömmlichen Sinn zustande gekommen ist."

„Nur jene Tierliebe ist schön und veredelnd, die der weiteren und allgemeineren Liebe zur gesamten Welt der Lebewesen entstammt, deren wichtigster und zentraler Teil die Menschliebe bleiben muß."

„...der Mensch ist ganz gewiß ein Tier, aber es ist einfach nicht wahr, daß er nichts als ein Tier ist."

„Was dein Hund dir zu geben vermag, ist dem sehr ähnlich, was mir das wilde Tier, das mich durch den Wald begleitet, gibt: Die Wiederherstellung der unmittelbaren Verbundenheit mit der wissenden Wirklichkeit der Natur, die der Zivilisierte verloren hat."

„Die Treue eines Hundes ist ein kostbares Geschenk, das nicht minder bindende moralische Verpflichtungen auferlegt als die Freundschaft eines Menschen." (KONRAD LORENZ)

Als ich vor einigen Jahren den ergänzenden Teil zur *„Hundezucht mit Liebe und Verstand"* schrieb, ahnte ich nicht, wie groß die Resonanz, die mir aus den Briefen der Leser zukam, sein würde. Viele der Leser waren verblüfft darüber, daß so mancher Hinweis auf die körperlichen Bedürfnisse des Hundes ihnen auch nützliche Hinweise auf die eigenen geben würde... und sie fragten in ihren Briefen immer wieder danach, wie weit das Verhalten von Hund und Mensch vergleichbar, was die Gründe der engen Beziehung von Mensch und Hund seien. Angesichts der zahlreichen Bücher über Hunde überraschte mich die immer wiederkehrende Bitte, ähnlich, wie bereits in der *„Hundezucht"* über das Verhalten des Hundes, seine Bedingungen und Besonderheiten, Rassenunterschiede,

Fehlverhalten usw. zu schreiben. Einige Briefschreiber sandten auch gleich eine Liste der Fragen mit, die ihnen besonders dringlich erschienen.

Ein Teil der Fragen, die Körperbau, Wachstum und Bewegungsweise der Hunde betreffen, wurden zusammengefaßt und ergab als Ergänzung und Erweiterung der Schriften von FRIEDERUN STOCKMANN ein eigenes Buch: *„Das Gangwerk des Hundes"*.

Etwas Ähnliches, aber ungleich Komplexeres und Vollkommeneres, wie das *Gangwerk einer Uhr*, von dem man äußerlich nur das Fortbewegen der Zeiger bemerkt, sorgt auch unter der Körperoberfläche des Hundes für den mehr oder weniger pünktlichen und mehr oder weniger ungestörten Ablauf seiner Sekunden, Minuten, Stunden, Tage und Lebensjahre. Bewußt wurde daher vom *„Gangwerk"* des Hundes und nicht von seiner Bewegungs- oder Gehweise oder seiner Anatomie gesprochen, weil es ein falsches Bild ergibt, wenn man vergißt, daß Bewegungsweise, Körperbau, Wachstum und Verhalten auf komplexe Weise miteinander verbunden sind und nur in ihrem Gesamtzusammenhang gesehen werden können.

Daher enthält bereits das *„Gangwerk des Hundes"* wichtige Grundlagen zum Verständnis des Verhaltens der Hunde, auf die in diesem Buch nur noch hingewiesen wird, die aber nicht nochmals erklärt werden und dort nachzulesen sind.

Wenn jetzt *„Von der Seele des Hundes"* die Rede ist, wird sich mancher, der alles, was mit der Seele zu tun hat, für die Domäne des Menschen hält, bereits an der Wortwahl stören. In den vielen Diskussionen, die das Entstehen dieses Buches begleiteten, war der Begriff der *„Seele"* immer wieder ein zentrales Thema. Interessant war dabei, festzustellen, wie nachhaltig sich bis heute noch die frühere Problematik des Leib-Seele-Problems erhalten hat, ungeachtet der Erkenntnisse der Gehirnforschung und Verhaltensforschung in den letzten Jahren.

Merkwürdigerweise fällt es aber manchem über den Umweg über die *„Seele des Hundes"* leichter, auch eine Vorstellung dessen, was wir als *„Seele"* bezeichnen, zu bekommen, jenem schwer zu benennenden Etwas, das noch niemals von eines Menschen Auge erblickt wurde, und von dem man dennoch überzeugt ist, daß es vorhanden sein muß.

Aus dem ersten, geheimnisvollen Funken jedes Lebens entsteht es ebenso wie der Organismus und befindet sich wie dieser in ständigem Wachstum, Reifung und Entfaltung. Im Gegensatz aber zum körperlichen, greif- und sichtbaren Organismus kennt dieses Etwas keine Verschleiß- und Alterungserscheinungen, erleidet keine Abnutzung oder Ermüdung – wohl aber einerseits Stockung oder Verkümmerung, andererseits aber eine unaufhörliche Weiterentwicklung und Reifung, die bei entsprechend pfleglicher Behandlung auch über das Körperwachstum hinaus niemals endet – was zumindest für den Hund, nicht zuletzt aber auch für den Menschen gilt.

Wie eng verzahnt die Seelen- oder Lebenskraft eines Lebewesens an seinen Organismus und an seine Umwelt gebunden ist, und wie sehr Körper und „Seele" einander bedingen, wie stark beide aus Wurzeln stammen, deren allen Lebewesen gemeinsamen Ursprung die Wissenschaft heute mit großer Faszination entdeckt – nirgendwo kann man es besser sehen lernen, als an des Menschen ältesten Begleiter, dem Hund.

Der zivilisierte Mensch droht – allen schulischen Bemühungen spottend – zum Analphabeten zu werden; selbst die einfachsten Lebenszeichen und -regeln ist er unfähig zu erkennen, geschweige denn fähig, sie als Satzzusammenhang lesen und begreifen zu können.

So habe ich das Material dieses Buch nicht zuletzt für meine – inzwischen erwachsenen – Kinder im Verlauf vieler Jahre zusammengetragen. Bei unseren Hunden, die niemand von uns als „Tiere", sondern als ganz unverzichtbaren Bestandteil unseres gemeinsamen Lebens betrachtete, lernten wir regelrecht viele Lektionen dessen, was Natur und Leben beinhalten kann; ihre uns oft so „typisch menschlich" erscheinenden Gewohnheiten und Verhaltensweisen führten zu den Fragen, ob und was typisch menschliches oder „tierisches" Verhalten sei – unendlich weit war das Feld der Fragen und Antworten, das sich von Jahr zu Jahr ausweitete und Sehen und Staunen lehrte, wo Sehen und Staunen angebracht war.

Der Bezauberung, die von einem jungen, lebensvollen, neugierigen und so selbstbewußten Welpen ausgeht, kann sich niemand entziehen. Aber bei der Erziehung unserer Hunde wiederholte sich bei unseren Kindern, was auch für mich, als ich jung war, das eigentliche Erlebnis war. Die unglaubliche Zuneigung, die zwischen Mensch und Hund erwächst, sie wird nur möglich, weil der Mensch zu begreifen lernt, daß er seinen Hund als ein völlig andersartiges, nach eigenen Gesetzen lebendes Individuum anerkennen und ernstnehmen muß, und dies ebenso selbstverständlich tut, wie umgekehrt der Hund seinen Menschen eben ganz einfach so annimmt, wie er nun einmal ist.

Anerkennen, Begreifen und nach den Hintergründen zu fragen lernen, das ist es, wozu der Hund im Haus seine Menschen immer erneut anregt; es ist der erste Schritt, dies weiterhin auch im Umgang mit der Natur, aber auch mit den Menschen ringsherum gleicherweise zu tun.

Ganz anders sieht das alles aus, glaubt man den gegenwärtigen Presseverlautbarungen. Für sie sind Hunde heute überwiegend ein Störfaktor in der menschlichen Gesellschaft. Glaubt man der Presse, ist zudem vom Kauf eines Rassehundes generell abzuraten, weil Rassehunde krank, überzüchtet, degeneriert, lebensuntauglich sind, nach tierquälerischen Gesichtspunkten gezüchtet und gehalten werden und ein erbarmungswürdiges Dasein führen. Glaubt man der Presse, werden Hundehalter als menschenfeindlich, mit kriminellen Ambitionen abqualifiziert; bestenfalls sind sie, wie ihre Hunde, neurotisch und daher wie diese abzulehnen.

Dessenungeachtet handelt dieses Buch von der – in meinem Augen – schönsten Erfindung oder Schöpfung, die der Mensch vollbracht hat, dem Hund, von dem einzigen Tier, das man vollständig als ein Geschöpf des Menschen bezeichnen kann. Wie kein anderes Tier spiegelt er daher, verfolgt man seinen gemeinsamen Weg mit seinem Menschen, auch den jeweiligen Zustand der menschlichen Gesellschaft, mit all ihren positiven, aber auch ihren erschreckenden Merkmalen. Aber, ebensowenig, wie der Mensch die Gesetze, nach denen er angetreten ist, ungestraft mißachten kann, gilt dies auch für sein Geschöpf, den Hund. Nur lassen sich die Folgen am Hund schneller und nachdrücklicher erkennen, beweisen es Hunde sehr viel früher, was es bedeutet, wenn man, um des augenblicklichen Profits und eines billigen, momentanen Erfolges willen, sich über alle, wenn auch ungeschriebenen Regeln und Gesetze hinwegzusetzen versucht, was bei ungeschriebenen Gesetzen zweifellos machbar, jedoch ebenso zweifellos nicht ungestraft möglich ist.

Lieblinge der Presse sind Mischlingshunde oder solche, die man aus Tierheimen bei sich aufnehmen soll. Aber, weder sind Mischlingshunde grundsätzlich gesünder, klüger oder besser als Rassehunde, noch sind die armen Kreaturen, die als billiger Erwerb aus einem Tierheim dann hoffentlich zu geduldigen, liebevollen Menschen kommen, Hunde, die problemlos ein Mitglied der Familie werden.

Bei der Schelte auf den Rassehund schlechthin wird, beim Aufzählen seiner Fehler, vollständig übersehen, daß sie gerade deswegen so deutlich erkennbar sind, weil sie (leider) oft Bestandteil einer bestimmten Rasse wurden.

Aber – es sind erkennbare, planmäßig (und oft unverantwortlich) angezüchtete Mängel, die sich ebenso, wie sie durch Selektion in der Rasse gefestigt wurden, auch in gleicher Weise planmäßig wieder entfernen lassen können – wenn man will, oder wenn man dazu gezwungen wird, weil Hunde mit Mängeln nicht mehr abzusetzen sind. Hier hat der aufgeklärte Käufer eines Hundes eine wichtige Funktion, die er vielfach nicht wahrnehmen kann, weil er gar nicht weiß, nach welchen Merkmalen und Eigenschaften eines Hundes er seine Kaufentscheidung fällen soll.

Hat jemand einen Mischlingshund, mit dem er besonders zufrieden ist, neigt er dazu, die Rasse Mischlingshund als den gesunden, leicht erziehbaren Hund schlechthin zu bezeichnen.

Er vergißt dabei nur zu leicht, daß von untauglichen Mischlingshunden kaum jemand spricht, sie werden, noch rigoroser als mancher teure Rassehund, weggegeben oder getötet, oder aber, ebenso wie ein mißratener Rassehund, liebevoll von ihren Menschen versorgt, die es nun eben nicht auf die Rasse, sondern auf den Mischling schieben, an dessen Eigenschaften eben keiner richtig schuld hat.

14

Vor allem ist ein gut geratener Mischling eine einmalige Erscheinung; hat man bei einem Hund einer bestimmten Rasse wenigstens bestimmte typische Charaktermerkmale, läßt sich bei einem Mischling nie vorhersehen, was daraus wird, was sowohl seine Körpergröße wie sein Verhalten betrifft.

Die so vielbesprochenen körperlichen Mängel, die übrigens keinesfalls typisches Merkmal *aller* Rassehunde sind, sind – wenn, dann so sichtbar und nachdrücklich, daß sie sich, wie gesagt, durch züchterische Maßnahmen auch wieder beheben lassen könn(t)en.

Ganz anders ist es aber mit jenen Mängeln, die Hunde auf dem Wege unsachgemäßer Aufzucht, Haltung und Erziehung bekommen. Es hat mich im Verlaufe der letzten Jahrzehnte immer mehr erschreckt, auf wieviel Unkenntnis über die sachgerechte Aufzucht und Haltung ich selbst in vielfach sorgfältig geführten Zwingern und bei gewissenhaften Hundefreunden gestoßen bin.

Dabei liegt die Schwierigkeit in der Sache selbst. Gute Hunde lassen sich, da sie ausgeprochen zeitaufwendig und individuell aufgezogen werden müssen, weder wirtschaftlich noch nach wissenschaftlichen Grundsätzen in großen Zuchtanlagen produzieren. Einzig möglicher Ursprung eines guten, wesensfesten Hundes ist ein Liebhaberzüchter, dem der Zeit- und Geldaufwand, den er niemals aus dem Verkauf seiner Welpen wieder hereinholen kann, von der Freude am Umgang mit seinen Hunden aufgewogen wird.

Eine Ausnahme sind jene Zwinger, die, wie z. B. in Amerika, Hunde eigens für die Ausbildung zum Blindenhund züchten. Auch dort werden aber die Welpen, die aus sorgfältig ausgewählten Zuchttieren stammen, möglichst früh aus den Zwingern in Familien gegeben, damit sie eine möglichst frühzeitige Sozialisierung und allgemeine Förderung erhalten. Auch dort dürfen aber die Kosten kein Gesichtspunkt sein, da der Wert dieser Hunde niemals in Geld ausgedrückt werden kann.

In beiden Fällen sind also in erster Linie die Idealisten gefragt, wobei aber die Hobby- oder Liebhaberzüchter vergleichsweise alleingelassen werden. Sie haben nicht nur die Mühe und die Kosten, sondern es fehlen ihnen häufig auch viele notwendige, neuere Erkenntnisse, Anleitungen und Testmethoden, die den Gang ihrer Arbeit bestimmen und den Erfolg ihrer Bemühungen prüfbar machen. Die Regeln, die ihnen auf Hundeausstellungen und Prüfungen abverlangt werden, haben sie schnell im Griff; sie würden, wenn dies gefragt wäre, ihre Hunde auch ganz anderen Forderungen anzupassen lernen, denn die Opfer- und Einsatzbereitschaft eines fanatischen Hundezüchters kennt schier keine Grenzen.

Vielmehr sind sie regelrecht entsetzt, wenn sie erfahren, wieviele Lücken, ja sogar ernsthafte Mängel und negative Folgeerscheinungen ihr so liebevoll und minutiös aufgebauter Zucht- und Aufzuchtplan hat, der sich doch ganz nach all dem richtet, was ihnen als gut und richtig empfohlen wurde.

Von den „Großzüchtern", die Hunde wie Nutzvieh produzieren und damit recht gut verdienen, soll hier nur gewarnt, aber ansonsten nicht die Rede sein.

Denn es nützt überhaupt nichts, den vielen Beschimpfungen und Diffamierungen, denen Hund, Hundehalter und -züchter ohnehin bereits ausgesetzt sind, noch weitere hinzuzufügen. Es ist deswegen sinnlos, weil sie von jenen, denen sie gelten, weder gelesen und wenn, dann nicht ernst genommen werden. Obwohl sie andererseits von Leuten, die selbst oft erstaunlich wenig mit Hunden zu tun haben, beachtet und nur zu gern zitiert werden und oft genug gerade jenen angelastet werden, die völlig zu Unrecht diffamiert und in die Enge getrieben werden.

In diesem Buch habe ich einiges von dem zusammengestellt, was ich über das, was für mich seit meiner frühesten Kindheit die schönste Sache von der Welt war, zusammengetragen, und im Zusammenleben mit meinen und anderer Leute Hunde erfahren und erlebt habe. Sicherlich, es gibt auch viele andere Dinge, die mir wichtig und bedeutungsvoll gewesen sind, die ich liebe, verehre, achte. Mit den Hunden war es immer etwas anderes. Es war eine freiwillige, völlig von allen Zwängen befreite Gemeinschaft, zu nichts anderem nütze, als sich täglich daran zu freuen und die Hunde zu nichts anderem da, als für mich oder für uns da zu sein.

Eine, wie ich zugeben muß, auf den ersten Blick sehr eigensüchtige Angelegenheit. Aber, ohne daß man es bemerkt, verkehren sich, betrachtet man das Ganze genau, die Vorzeichen: Ein Hund stellt, ohne daß sein Mensch es zunächst merkt, ziemlich penetrant auch eine ganze Reihe Forderungen, um die man nicht herumkommt, soll das mit der Gemeinschaft klappen. Er verlangt nicht nur nach Erziehung und Bewegung, sondern auch nach Selbstdisziplin und Rücksichtnahme.

Der junge Hund fordert – er wiegt dies auf durch seine unglaubliche Lebenslust, die er auf alle überträgt – viel Geduld und Nachsicht. Wer als Kind mit einem Hund als Freund großgeworden ist, hat daher bereits viel von dem, was er später im Umgang mit anderen Menschen und seinen eigenen Kindern dringend wissen muß, frühzeitig gelernt: Liebevolle Geduld und Selbstdisziplin und die ungeschriebenen Rechte, auf die auch der Hilflosere Anspruch hat.

Der alte Hund fordert – er wiegt dies durch sein unglaubliches Einfühlungsvermögen und Eingehen auf seine Menschen auf – viel Rücksichtnahme und Fürsorge. Er läßt uns miterleben, wie nach der übersprühenden Lebenslust, Neugierde und Tatendrang das reife, scheinbar alles wissende und alles vorhersehende Individuum entsteht, das zwar in seiner körperlichen, keinesfalls aber in seiner Gemüts- oder Verstandesleistung reduziert ist. Er zeigt uns, daß des Lebens Überschwang nicht unendlich fortdauert, das Ende des Lebens nicht grauenvoll, sondern schön und sanft und unendlich erfüllt sein kann und sein sollte.

Keiner meiner Hund war auch nur annäherungsweise einem anderen ähnlich; selbst Hunde der gleichen Rasse waren dabei keine Ausnahme. Trotzdem versucht dieses Buch zu erklären, wie Hunde sich verhalten und warum sie so sind, wie sie sind. Denn, obwohl keiner ist, wie der andere, ist ihr Verhalten immer das eines Hundes, nicht vergleichbar mit Pferden, Kühen, Vögeln oder – Menschen. Sie denken nicht, wie wir denken, obwohl wir ihnen vieles beibringen können, was sie verstehen und, wie gewünscht, in unserem Sinne auch tun. Sie verfahren dabei nach ihrer eigenen Logik, haben ihren bestimmten „Standpunkt", und es ist interessant genug, zu ergründen, warum sie so sind und sich so und nicht anderes verhalten.

Man kann am Beispiel des Hundes auch eine Menge über den Menschen lernen. Denn, ebenso wie der Hund, ist auch der Mensch nach vielen Gesetzen angetreten, die viel älter sind, als das Menschengeschlecht selbst, wie auch der Hund nach den Gesetzen des Wolfes lebt und dieser wieder nach Gesetzen, die viel älter sind, als das Geschlecht der Wölfe selbst.

Dieses Buch gibt einige von vielen Forschungsergebnissen rund um den Hund zahlreicher, geduldiger Wissenschaftler wieder. Ohne ihre – oft unter großen Schwierigkeiten und oft genug ohne besondere Anerkennung durchgeführten Arbeiten wäre uns vieles am Verhalten des Hundes verschlossen geblieben und ohne sie hätte das Material zu diesem Buch nicht zusammengetragen werden können.

Ohne die Hilfe von Büchern, Familienmitgliedern, Hunden und Freunden und die Fragen meiner Leser wäre dieses Buch niemals geschrieben worden. (Diese Reihenfolge ist kein Bewertungsmerkmal – jedem der Beteiligten gebührte der erste Platz!)

Zu danken habe ich aber vor allem meinem unglaublich verständnisvollen Verleger, HANS GOLLWITZER, für seine tatkräftige Unterstützung und unerschütterliche Ermutigung.

Durch meine Krankheit sehr eingeschränkt, war ich in den letzten Monaten nahezu nicht in der Lage, die Arbeiten an diesem Buch durchzustehen. Über sechs Monate lang stellte er seine Mitarbeiterin und Ehefrau INGEBORG GOLLWITZER von allen Aufgaben im Betrieb frei, so daß sie sich vollständig um weit mehr als nur die Lektoratsarbeiten an diesem Buch kümmern konnte. Ohne jemals Spuren von Ermüdung oder Ungeduld zu zeigen, hat sie meine oft schwer lesbaren Manuskripte übertragen, die fremdsprachigen Texte übersetzt. Vor allem aber durch ihr profundes kynologisches Wissen und ihre umfassende Literaturkenntnis hat sie einen erheblichen Anteil am Entstehen dieses Buches.

Von ihnen, meinen Freunden und meiner Familie, die mich kaum noch zu Gesicht bekam, immer neu ermutigt und angespornt, wurde Kapitel um Kapitel fertiggestellt – unzählige Zeitungsausschnitte wurden mir zugeschoben, bei denen von mißhandelten oder blindwütig-zerstörerischen Hunden die Rede war: „Man muß es zeigen, daß der Hund mehr, als nur ein unnützes Haustier ist, aber auch, daß er ein Hund ist und keine Sache, keine Bestie, aber auch kein Mensch . . ."

Dem Verlag habe ich auch für die sorgfältige Ausstattung dieses Buches zu danken; ebenso wie beim „Gangwerk des Hundes" wurden keine Mühen und Kosten gescheut, das Buch auch in seiner Ausstattung, seinen Illustrationen möglichst informativ werden zu lassen. Die schönen Kopfstudien und Zeichnungen hat RÜDIGER GOLLWITZER im Verlauf der letzten Jahre für dieses Buch angefertigt; sie bringen, besser als Fotografien, nachdrücklich zum Ausdruck, daß gerade an den Kopfformen sich die unglaubliche Vielfalt der Hunderassen erkennen läßt, auch hier steht der Hund einzigartig unter den Tieren da.

Juli 1986   Eric H. W. Aldington

Nachbemerkung des Verlages

Wenige Tage nach der letzten Durchsicht des Manuskriptes hat uns ERIC H. W. ALDINGTON für immer verlassen. Wir wußten zwar seit einigen Monaten, daß uns dieser Abschied bevorstehen würde, so bald aber hatten wir nicht damit gerechnet.

Als die letzten Korrekturen und leider auch Kürzungen, einiges davon sollte zu einem späteren Zeitpunkt erscheinen, fertiggestellt waren, atmete er sichtlich auf und meinte, er habe schon befürchtet, daß er diesmal nicht rechtzeitig fertig würde.

Heute wissen wir, daß er damit nicht nur den Termin der Druckerei gemeint hatte. Das Register, das er zu diesem Buch erstellt hatte, ging auf dem Postweg verloren, die Kopie davon wurde bislang in seinen Unterlagen nicht gefunden.

So erscheint dieses Buch so, wie es er zuletzt abgezeichnet hat. Eine wunderschöne, gemeinsame Zeit und Zusammenarbeit hat damit unwiderruflich ihren Abschluß gefunden. Was bleibt, sind seine vielen Tausend Manuskriptseiten, auf denen er festhielt, was er zusammentrug, um dem Hund (und dem Menschen) so wie er ist, nahezukommen.

Weiden, im August 1986   Der Verlag

<table>
<tr><td>

Erster
Teil

</td><td>

Was ist das für ein Tier –
der Hund?

</td></tr>
</table>

Der Hund – ein Wunder an Vielfalt und Übereinstimmung

Das „Wunder Hund" fasziniert nicht nur seine Besitzer, sondern zunehmend auch Wissenschaftler aller Disziplinen. In 14.000 Jahren hat der Mensch aus dem Grundbaukasten des Stammvaters Wolf eine überwältigende Anzahl außerordentlich gegensätzlicher Hunderassen geschaffen. Ihre Mannigfaltigkeit, die großen Unterschiede in Gestalt, Verhalten und Temperament, sind immer wieder ein Anlaß zu Staunen und vielen Mutmaßungen. Viele Rassen gehören bereits der Vergangenheit an oder sind in anderen Rassen aufgegangen. Viele heutige Rassen haben ihr Bild im Verlaufe der Zeit immer wieder verändert.

Am Beginn einer neuen Hunderasse standen nicht wissenschaftlich fundierte Zuchtpläne, sondern ein oder einige Enthusiasten, die, von den vielen Möglichkeiten des Hundes fasziniert, eine Rasse völlig neu entwickelten oder eine bestehende grundlegend verbesserten.

Nur bei einigen Rassen ist die Entstehungsgeschichte einigermaßen exakt zu verfolgen. Dabei fällt als erstes auf, daß es relativ kurze Zeit braucht, um eine Hunderasse zu entwickeln. Berühmtes Beispiel einer Neuschöpfung ist der *Dobermann*, der innerhalb von nur 20 Jahren in Apolda von FRIEDRICH LOUIS DOBERMANN gezüchtet wurde. Dieser wünschte sich, was es damals noch nicht gab, einen funktionstüchtigen Hund zu seinem eigenen *Schutz* und züchtete ihn aus dem damaligen Kunterbunt der Rassen. Man vermutet, „daß dabei der Schäferhund, der kurzhaarige Jagdhund, die blaue Dogge und deutsche glatthaarige Pinscher beteiligt gewesen sind".

Die von DOBERMANN gezüchteten Hunde waren, wegen ihrer hervorragenden Eigenschaften, bald allseits begehrt. Sie wurden als scharfe Wächter und Kämpfer, Jagdhunde mit guter Nasenleistung, Raubzeugwürger und sogar als Hütehunde eingesetzt. Im *Dobermann* waren also die vielfachen Besonderheiten seiner „Vorfahren" versammelt, durch Selektion wurde er aber immer einheitlicher, nicht nur in seinem Äußeren, sondern auch in seinem Verhalten. Gerade beim *Dobermann* kann man verfolgen, wie stark sich das Verhalten durch Selektion beeinflussen läßt, also genetisch bedingt ist. Seine Angriffslust und extreme Schärfe machten ihn schließlich gefährlich, durch gezielte Selektion ließ sich jedoch ein weniger aggressives Temperament erreichen.

Auch die Entstehungsgeschichte des *Golden Retriever* beweist, daß ein Züchter ein bestimmtes Wunschbild einer Hunderasse innerhalb weniger Jahre erreichen kann. Als sich 1864 in einem Wurf schwarzer Flat Coated Retriever überraschenderweise ein gelber Welpe befand, entstand durch die Faszination des Züchters, LORD TWEEDMOUTH, eine neue Rasse. Er kreuzte dieses kostbare gelbe Tier mit einem Tweed-Water-Spaniel, die Welpen wieder mit anderen Tweed-Spaniels und einige mit schwarzen Retrievern und setzte gezielt Inzucht ein, um einmal Gewonnenes zu sichern. Aus den exakten Zuchtaufzeichnungen, die glücklicherweise erhalten sind, geht hervor, daß 1880 noch Irish Setter und Bloodhounds eingekreuzt wurden. Der *Golden Retriever* wurde 1910 in England offiziell als Rasse anerkannt.

Anders verfuhr RITTMEISTER VON STEPHANITZ, der von 1899 bis zum 1. Weltkrieg dem Schäferhund seine heutige Gestalt gab. Er vermied Inzucht und erreichte sein Ziel durch gezielte Selektion *innerhalb* der Rasse, aufgrund sorgfältiger Aufzeichnungen aller bei den Hunden beobachteten Merkmale.

Wir müssen uns klar machen, daß alle unsere Hunde regelrecht nach Baukastensystem variabel zusammengesetzte Eigenschaften des Wolfes enthalten. Durch die Kreuzungsversuche extremer Hunderassen, die CHARLES R. STOCKARD 1941 durchführte*), wurde aber auch bewiesen, daß jede Rasse nicht nur aus dem genetischen Material des Wolfes zusammengesetzt ist, sondern, daß sich auch kleinste genetische Einheiten unabhängig voneinander vererben. An den Kreuzungshunden erwies sich, daß Beinlänge unabhängig von Körpergröße, Ohrgröße unabhängig von der Kopfgröße war, daß Haarfarbe ein einzelnes Merkmal und Haarlänge wieder ein anderes, was auch für Schnauzenverkürzung, Schwanzlänge, also schlechthin für alle körperlichen Merkmale galt.

Ein ähnliches Baukastensystem ließ sich auch für *Temperament* und *Verhalten* des Hundes feststellen, da sich bestimmte Formen der Aggressivität, der Neigung ein Territorium zu bewachen, die Erziehbarkeit, Nasenleistung usw. jeweils durch Selektion beeinflussen ließen. Zwei Aspekte fallen dabei auf: Der eine ist die außerordentliche Vielfalt der Hunderassen selbst, der andere ist, daß man an ihren

*) s. a. „Gangwerk des Hundes"

Mischlingen beweisen konnte, welche Vielfalt in einer so scheinbar uniformen Hunderasse verborgen war. Wir werden darauf später noch zurückkommen.

Dies ist der entscheidende Punkt, wo sich wildlebende Caniden und Haushunde unterscheiden. Durch *Inzucht* innerhalb *einer* Hunderasse kann man beweisen, daß in ihr verborgene genetische Variationen schlummern, die in den Elterntieren nicht zum Ausdruck kamen. Auf ähnliche Weise beweisen auch die, durch Kreuzungen unterschiedlicher Rassen entstehenden, in Gestalt und Charakter wahrhaft abenteuerlichen Kreuzungstiere, wieviel Erbgut in den Rassen vorhanden ist, aber nicht zum Durchbruch kommt.

Auch im genetischen Material der wildlebenden Caniden (Wolf, Kojote, Schakal) sind diese Variationsmöglichkeiten vorhanden, treten aber, da sie den Umweltanforderungen nicht entsprechen, niemals in Erscheinung. Daher ergaben sich bei Inzuchtversuchen wildlebender Caniden, die GINSBURG durchführte, anders als bei der Inzucht innerhalb einer Hunderasse, relativ *wenige* Variationen. Auch waren Welpen der 1. Generation *Hund × Kojote* noch scheuer als die Wildform.

Dies alles läßt vermuten, daß der Haushund, trotz seiner gezielten Selektion, nahezu das gesamte Erbgut des Wolfes beibehalten hat, das bei ihm in einem neuen, biologischen Zusammenhang steht. Allerdings hätten diese Formen wenig Überlebenschancen in der Natur. In der Wildform sind derartige Neukombinationen vermutlich generell abgeblockt, und man erhält daher bei Kreuzungsversuchen mit Hunden einige Eigenschaften der Wildform in übersteigerter Form, wenn das „abgeblockte" Genmaterial der Wildform mit dem weniger geschlossenen, genetischen Aufbau des Hundes kombiniert wird. Wir kommen noch darauf. Es ist daher vergleichsweise einfach, das einmal „entblockte" genetische Material des Hundes zu immer neuen Variationen von Körperform und Verhalten umzugestalten.

Aber nicht nur die *Unterschiede*, sondern auch die auffallende *Übereinstimmung* vieler Hunderassen sind ein Anlaß zu Staunen und Spekulationen. Bereits die körperliche Übereinstimmung zwischen verschiedenen Hunderassen ist oft verblüffend. Beagle und Foxhound unterscheiden sich zwar generell in der Größe, d. h. der Beagle wirkt einfach nur stereometrisch auf die Hälfte verkleinert, ansonsten aber stimmen sie überein in Fellfarbe und -struktur, Ohren und Schwanz. Ebenso gibt es Entsprechungen bei: Welsh Terrier/ Airedale Terrier; Shetland Sheepdog / Collie; Puli / Briard; Spaniel / Setter; Bernhardiner / Mastiff / Neufundländer / Great Pyreneen. Andererseits sind wiederum bestimmte Eigenschaften *nicht* immer mit einer bestimmten Körpergestalt verbunden, was man beispielsweise an der großen Gestaltvielfalt der Hütehunde und ihren uniformen Verhaltensweisen sehen kann.

Das Erstaunlichste sind aber die trotzdem *grundlegenden Verhaltensübereinstimmungen*. Nahezu alle Hunde können gleicherweise erzogen und abgerichtet werden, wenn es auch Unterschiede in der Trainierbarkeit gibt. Der Aufbau ihres Verhaltens folgt, wie wir sehen werden, noch immer einheitlich dem „Aufbau der Person" des Wolfes. Wir werden uns in den folgenden Kapiteln damit beschäftigen, daß Gestalt und Charakter der Hunde nur sichtbare Variationen grundlegender Eigenschaften sind. Weil sich aber nahezu jedes Merkmal beeinflussen läßt, können die verschiedensten Variationen zusammen auftreten und ermöglichten es, sie nahezu unbegrenzt nach besonderen Zielen neu zu kombinieren.

Erst seit GREGOR MENDEL die Grundzüge der Genetik aufgedeckt hat, ist es möglich, nachzuvollziehen, welche Veränderungen die Domestikation in 14.000 Jahren beim Hund hervorgerufen hat und wieviele Bausteine es sind, aus denen sowohl die Gestalt, als auch besondere Fähigkeiten und bestimmtes Temperament zusammengesetzt werden können.

Viel zu wenig bedacht wird aber, daß eine Rasse mit dem Erreichen des Selektionszieles nicht als für immer fertig betrachtet werden darf. Die vielen Einheiten, aus denen sie zusammengesetzt ist, müssen durch ständige, weitere Selektion in einem ausgewogenen Verhältnis gehalten werden. Wird die Selektion auf bestimmte Verhaltensweisen vernachlässigt, gehen typische Rassemerkmale bald und leicht wieder verloren.

Vor allem wird allgemein unterschätzt, daß das Erbgut nur ein *Teil* des Ganzen ist und sich überhaupt erst unter entsprechenden Umweltbedingungen entwickeln kann. Wir werden in den folgenden Kapiteln sehen, wieviele Einflüsse im Laufe eines Hundelebens gewaltige Wirkung haben und auch bewirken können, daß rassetypische Verhaltensweisen vollständig verloren gehen, obwohl sie im Erbgut des Hundes vorhanden sind.

Vielen ist auch nicht bewußt, aufgrund welcher *körperlichen* Prozesse auch das *Verhalten* des Hundes ausgelöst wird, und wieviele komplexe Zusammenhänge bei Hund und Mensch dazu beitragen, daß die seit 14.000 Jahren bestehende enge Bindung überhaupt entstanden ist und unverändert fortbesteht.

Weitgehend wird davon ausgegangen, daß der Mensch ursprünglich aus purem Nützlichkeitsdenken den Hund an sich band. Berichte von Völkerkundlern und eine Fülle von vergleichbaren Parallelen in den verschiedensten Kulturen lassen aber daran zweifeln, ob diese Erklärung ausreichend ist. Es ist geradezu verblüffend, wie sehr sich in den Berichten aus früheren Zeiten oder gegenwärtigen Untersuchungen bei Naturvölkern herausschält, daß, neben der *praktischen Nutzung* des Hundes, immer auch die *emotionale Bindung* von Mensch und Tier von eminenter Bedeutung ist.

Tatsächlich entdecken wir in nahezu all diesen Berichten Ähnlichkeiten mit den sehr komplizierten und widersprüchlichen gegenwärtigen Formen der Hundehaltung. Der Hund als Jagdbegleiter, Bewacher, Lasttier, Nutztier, Schlachttier, als „Wärmflasche", als Liebes- oder Renommierobjekt.

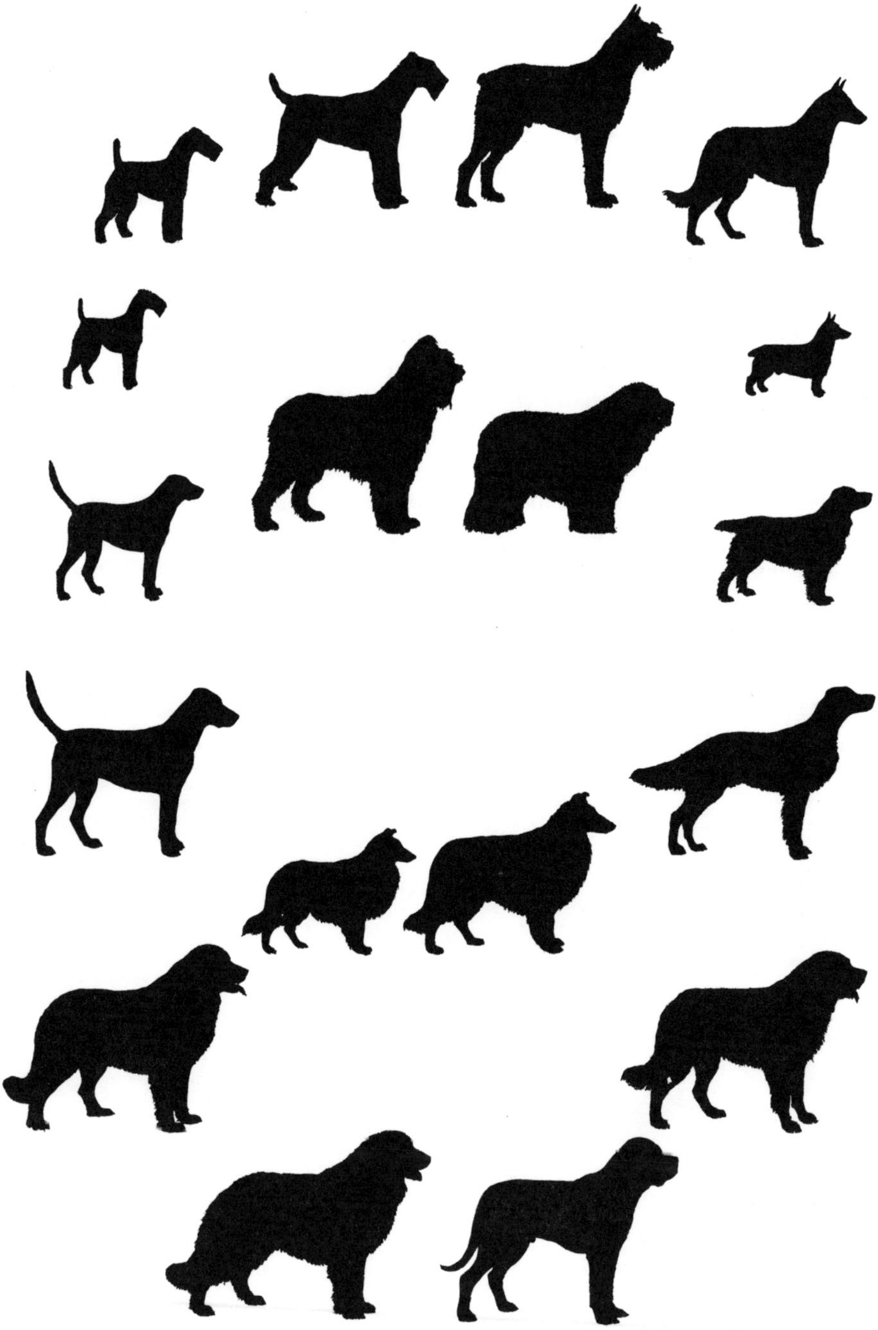

Aber auch in den Mythen der Völker wird deutlich, wie sehr sich der Mensch von den *seelischen* Fähigkeiten des Hundes betroffen fühlte. In vielfacher Weise spiegelten sie auch die des Menschen wider und wirkten daher ebenso anziehend, wie abschreckend. So erklärt sich auch die bedeutende Rolle, die dem Hund in den religiösen Vorstellungen eingeräumt wird, wo man ihn einerseits als dämonisch und unrein, andererseits aber als Totenhund und Seelenführer ins Jenseits sah. Der Hund als Symbol für Achtung und Liebe, aber auch als Sündenbock, Inkarnation des Bösen, Unheimlichen, Gefährlichen. Der Hund als Himmelwächter oder Höllenhund, oder alles verschlingender Dämon, kennzeichnet die Vorstellung vom Hund als feindseliges Gestirn, aber auch als Dämonen vertreibendes Tier.

Die Kompliziertheit des menschlichen Denkens ist letzlich wohl der Grund für die Vielfalt der Hunderassen. Bereits mit der Hinwendung zu einer bestimmten äußeren Gestalt oder einem bestimmten Charaktertyp sucht der Mensch ein ihn ergänzendes, zumindest seinen Wünschen entsprechendes Gegenüber aus. Jedoch ist die Fähigkeit der Hunde zur inneren Bindung an ihren Menschen nicht an bestimmte Rassen gebunden. Die „Erziehung" des Hundes enthält mehr als einen Dressurakt, sie formt ihn auch, dank seiner Fähigkeit, unbewußte Übertragung zu übernehmen, daß er den tieferen Bedürfnissen seines Menschen oft mehr entspricht, als dies in einer zwischenmenschlichen Beziehung jemals möglich sein kann.

Ernst beiseite –
der Hund kommt ins Haus

Wenn wir einen Hund bekommen, ist er meist etwa acht Wochen alt und hat, wovon wir aber wenig wissen, in vieler Hinsicht die wichtigste Zeit seines Lebens bereits hinter sich. Eigentlich hatte man ja zunächst nur sehr vage Vorstellungen, wie es sein würde, wenn... Jetzt erscheint uns das ganze doch komplizierter als gedacht, und wir fragen uns besorgt, ob wir nicht doch etwas mehr über die so oft zitierten Hintergründe seines Verhaltens wissen sollten.

Außer dem Welpen und seinem Futter für die ersten Tage haben wir ja vom Züchter einige Wissensbrocken über den Hund mitbekommen. Wir haben auch selbst einiges gelesen über die Eigenschaften dieser Rasse, über bestimmte Verhaltensweisen (z. B., daß er das „Nest" sauber hält und daher schnell stubenrein wird). Über seine Erziehung haben wir erfahren, daß unsere Familie sein „Rudel" ist und wir immer das „Alphatier" sein sollen, weil der Hund das so braucht, da er vom Wolf abstammt.

Nun kann das Abenteuer losgehen. Wir sind bereit, überhaupt alles Erdenkliche zu tun: Wir füttern ihn, wie es sich für den Fleischfresser (das haben wir auch erfahren) gehört; er aber frißt innerhalb der ersten Woche alle unsere Schuhe an.

Auch das mit dem „Nest" scheint ihm oder uns nicht so ganz klar zu sein. Jedenfalls können *wir* nicht erkennen, welchen Teil des Hauses er als sein „Nest" betrachtet und folglich sauber hält.

Auch die Sache mit dem „Rudel" und vor allem dem „Alphatier" ist doch schwieriger in die Tat umzusetzen, als wir uns das vorgestellt haben. Statt die Dinge zu tun, die wir dem Hund „befehlen", tut er überwiegend das, was er nicht soll, bzw. das, was *er* will. Also verkehren sich erstmal die Umstände ziemlich: Das ganze „Rudel", einschließlich dem „Alphatier", ist damit beschäftigt, hinter dem erfinderischen Winzling herzurennen, um wenigstens das Schlimmste zu verhüten...

Aber daß er nachts so durchdringend heult, das muß er vom Wolf haben. „Nur ja nicht verwöhnen", haben wir gelernt und sperren ihn nachts also erst mal in einen wasserfesten und knabbersicheren Raum: die Diele, die Küche oder das Bad.

Schließlich, nach längstens drei Tagen, fängt er an, sich wie versprochen einzugewöhnen. Er heult nachts nicht mehr, dafür ist er aber umgezogen: Entweder er ist gleich in einem der Betten der Alphatiere gelandet, was *jetzt* noch geht, später aber sehr unpraktisch wird, besonders wenn es ein großer Hund ist. Oder er ist, und das wäre dann der erste vernünftige Schritt, mit seinem Liegekorb in einer Ecke unseres Schlafzimmers untergebracht. Und das erste, was er uns nun beigebracht hat (er uns!) ist, daß ein Hund vor allem nicht lange allein sein will und unsere Nähe – wenigstens in diesem Alter – mindestens ebenso nötig braucht, wie sein Futter.

Nachdem unser Hund nun unsere Erziehung auf diese Weise vielversprechend eingeleitet hat, erzieht er uns dazu, ihn dauernd zu beobachten. Er ist außerordentlich konsequent in seinen Maßnahmen: Sobald er merkt, daß unsere Aufmerksamkeit nachläßt, frißt er einen neuen Schuh an, zieht ein bißchen Tapete von der Wand, oder er weitet das Netz der Zierteiche weiter aus. Das hat auf uns gewirkt, aber unser Hund merkt, daß noch weitere Übungen notwendig sein werden, bis wir die Sache sicher beherrschen: Um unsere Grundübungen zu festigen, zerlegt er einen Handfeger und zeigt uns den Inhalt eines Sofakissens.

Aufopfernd ist ihm wirklich keine Mühe zu viel, uns die Konsequenzen unseres unerwünschten Handelns spüren und Neues hinzulernen zu lassen: Er verspeist ein Stück Seife oder rollt eine Rolle Klopapier vom Bad in die Diele, die Treppe hinab. Er holt sich die Schaumgummifüllung aus einem Stuhlbezug, den er vorher in mühsamer Kleinarbeit aufgegraben und aufgerissen hat. Wir erfahren dabei nähere Einzelheiten darüber, was er verdauen kann: Seife scheint keine bleibenden Schäden zu hinterlassen, auch schäumt nicht, was er „macht". Dafür braucht es mehrere Tage, bis das Klopapier wieder ans Tageslicht kommt, und auch das Schaumgummi erhalten wir restlos, innerhalb der nächsten zwei oder drei Tage, wieder zurück; er produziert daraus für uns Schaumgummiwürstchen.

Eine Weile nehmen wir uns nun zusammen und widmen ihm wieder die notwendige Aufmerksamkeit. Aber bald hat er uns wieder „ertappt"! Wir haben wieder werweißwas für wichtige Dinge, bloß nicht, daß wir auf den Hund eingehen müssen, bedacht, und er beschließt ein Exempel zu statuieren, das wir uns ein für alle Mal merken. Es stehen ihm dazu wirkungsvolle Maßnahmen zur Verfügung. Als die eine bietet sich an, eine elektrische Leitung durchzukauen. Das merken wir sofort, ganz gleich, wo wir uns auch befinden, denn die Sicherung fliegt heraus, es wird dunkel und der Fernseher geht aus. Was dem Hund dabei passiert ist, können wir schwer feststellen, denn bis wir herausgefunden haben, woher der „Kurze" kam, hat der Hund sich von seinem Schreck erholt und freut sich, daß wir nach ihm sehen.

Weniger gefährlich für den Hund, aber trotzdem für uns sehr einprägsam, ist, sich eines Teppichs zu bedienen. Er frißt nicht nur die Teppichfransen, sondern auch noch eine Ecke davon ab. Konsequent, wie man nun einmal bei der Erziehung sein muß (auch das hatte man uns gesagt, und er muß es gehört haben) nimmt er aber nicht irgendeinen lächerlichen Läufer, der sowieso schon Löcher hatte, sondern die beste, mit Tausenden Knoten geknüpfte Brücke, die er an dem Echtheitszertifikat auf der Rückseite als solche erkannt haben muß . . .

Dank dieser zielsicher ergriffenen Maßnahmen wurden aber nun, „spielerisch" wie es sich gehört, in uns die Grundlagen gelegt, auf denen sich die weitere Entwicklung unserer Persönlichkeit wie von selbst aufbauen wird. Wir sind vollständig auf unseren Hund fixiert, lassen keine seiner Bewegungen aus den Augen und folgen ihm aufs Wort, wenn er maunzend nach draußen will, wo er uns dann zeigt, was er dort „will".

Hat er uns das erklärt, lernen wir anschließend, daß er keine Sofakissen und Schuhe frißt, wenn wir ihm ersatzweise andere Tätigkeiten anbieten. Er setzt sich sofort hin, wenn wir „Sitz" in dem Moment sagen, wo er sich sowieso hinsetzen wollte und beweist uns, daß er es überhaupt auf Befehl tut, wenn wir es nur ausprobieren würden, bitteschön. Auch bringt er uns bei, daß er wegläuft, wenn wir ihm nachlaufen, daß er aber umgekehrt auch sofort hinter *uns* herrennt. Wir müssen ihm nur nachmachen, was er uns nun schon Dutzendemale vorexerziert hat.

Endlich hat er es geschafft. Wir haben endlich kapiert, daß er ein Hund und kein Mensch ist, und daß wir bitte endlich genau so klug mit ihm umgehen sollen, wie es seine Eltern täten, wenn er noch ein Wolf wäre, von dem wir ihn „abgestammt haben". Durch noch so viele Mätzchen und Albernheiten (er macht sie alle in wahrhafter Wolfsgeduld mit) werden wir ihn nicht dazu bringen, das einfach zu vergessen. An dieser Tatsache, da ist unser Hund unerbittlich, läßt sich nicht rütteln, und wenn wir an ihm (dem Hund) nochsoviel herumzüchten, herumziehen, herumfrisieren – das meiste davon ist wirklich nur äußerlich, kapiert?

Spaß beiseite – nehmen wir ihn ernst
oder: Was man früher vom Hund wußte und erwartete

Für uns hier ist es nicht so ausschlaggebend zu wissen, aus welchem konkreten Anlaß der Mensch auf den Hund kam. Jedenfalls hat sich im Laufe der Forschung herausgestellt, daß man immer wieder noch zeitlich ältere Funde entdeckte, bei denen sich auf das Vorhandensein von Hunden schließen läßt. Auf alle Fälle können wir wohl davon ausgehen, daß es für die frühen Hunde – wie auch immer sie gewesen sein mögen – ganz angenehm gewesen sein muß, sich dem Menschen anzuschließen, während der Mensch sofort das Angenehme mit dem Nützlichen verband. Was sich so alles als Gründe für das Hundehalten nachweisen läßt und was das heißt, daß der Hund zum Haustier wurde, beschäftigt uns später.

Wie es auch immer war, Hundezucht, so wie wir sie heute kennen, die zu so vielen Hunderassen führte, ist noch gar nicht so sehr alt. Erst seit etwa hundert Jahren etablierten sich Hundezuchtvereinigungen und legten Richtlinien und Regeln fest. Davon haben Sie im „Gangwerk des Hundes" bereits gelesen, und es soll daher nicht wiederholt werden.

Aber auch davor war das Halten und Züchten von Hunden durchaus üblich, und es gab auch früher schon Regeln, die besagten, daß ein Hund für diese oder jene Aufgabe benötigt wurde und folglich auch so sein mußte, daß er das konnte. Gezüchtet wurde mit Tieren, die gute Leistungen brachten, dafür glichen die Hunde sich nicht immer wie ein Ei dem anderen. Mit Versager-Hunden wurde nicht gezüchtet, wenn sie nicht überhaupt kurzerhand umgebracht wurden.

Auch die Gesundheits-Selektion war etwas einfacher, weil die Hunde viele Krankheiten bekamen, gegen die sie heute geimpft werden, oder die man heute gut mit Medikamenten heilen kann. Die Ernährung war oft nicht sachgerecht im heutigen Sinne, dafür wurden die Hunde aber wesentlich stärker beansprucht, hatten mehr Bewegung und Aufgaben als heute. Hunde, die das nicht aushielten, gingen eben ein.

Erzogen wurden Hunde früher auch schon. Weil man sie zu etwas erzog, was man tatsächlich auch brauchte, wurde relativ intensiv und nicht immer besonders zartfühlend mit ihnen umgegangen, aber immerhin doch so, daß der Hund dabei nicht verdorben wurde. Man fand nämlich ziemlich bald heraus, daß zu rabiate Maßnahmen den gewünschten Erfolg meistens ausbleiben ließen. Wenn man ältere Abrichtebücher liest oder auch verschiedene Auflagen vergleicht, kann man feststellen, daß bestimmte Erfahrungen auch früher schon gemacht und weitergegeben wurden.

Ursprünglich ließ man den Hund ziemlich lange Zeit „roh" und erzog ihn dann, mit etwa ein bis zwei Jahren, in einem Stück. Trotzdem machten einige Abrichter im Laufe ihres Lebens die Erfahrung, daß sich auch jüngere Hunde ebenso gut (gelegentlich sogar sehr viel leichter) erziehen ließen, als ältere Hunde. Aber ansonsten wurden nur praktische Erfahrungen gewonnen und weitergegeben.

Natürlich dachte man auch über die *Vererbung*, nicht nur körperlicher Eigenschaften, nach. Aber, genaues wußte man nicht, und bis GREGOR MENDELS Versuche Anfang dieses Jahrhunderts allgemein bekannt und anerkannt wurden, sollte noch viel Zeit vergehen. Bis vor wenigen Jahren noch läßt sich der heftige Streit verfolgen, wieweit sich *erworbene* Eigenschaften vererben, also Dinge, die man dem Hund zugefügt oder beigebracht hatte. Immer wieder hoffte man z. B., daß das ständige Kupieren einmal überflüssig würde, weil der Hund den kurzen Schwanz irgendwann einmal weitervererben würde.

Ähnliches erhoffte man sich auch von anerzogenen Fähigkeiten, die dann die nachfolgenden Hunde können würden, ohne es erst lernen zu müssen. Auch hoffte man, bestimmte Leistungsfähigkeit ließe sich an der Körper- oder Kopfform der Hunde ablesen: in einem Bericht über einen kynologischen Kongress finden sich sogar Ausführungen, daß jemand vermittels Pendelns am Kopf der Hunde herausfinden konnte, wie gut z. B. ihre Nasenleistung sein würde, was durch bestimmte Strahlungsverhältnisse und Ströme im Kopf angezeigt würde... Und auch das fand ich in eben jenem Berichtband: Den Hinweis nämlich, daß Hündinnen durch Fehlbelegung (rassefremd oder minderwertiger Rassevertreter) auch späterhin mangelhafte Würfe bringen würden.

Anfänge der Hunde- und Tierpsychologie

Es ist auch noch gar nicht solange her, daß es Mode wurde, plötzlich „sprechende" und sogar rechnende Hunde oder Pferde zum Beweis dafür vorzuführen, wie intelligent diese Tiere eigentlich wären, wenn man sie nur ließe. Sicher war es eine Nebenerscheinung der aufkommenden verstärkten Tierliebe und „Tierpsychologie", zeigt aber auch, wie weit man davon entfernt war, sich die Psyche eines Tieres überhaupt anders vorzustellen, als eine vereinfachte menschliche. Aber das Nachdenken darüber, welche Überlegungen eines Tieres bestimmte Handlungen verursachten oder verhinderten, hatte nun eindeutig und zielstrebig eingesetzt.

Daß Hunde- und Pferdefreunde ihren Tieren (scheinbar) beigebracht hatten, wie sie bestimmte Zahlen oder Buchstaben erkennen und wiedergeben konnten, war nur möglich, weil sie ihren Tieren erhebliche Zeit widmeten. Dabei beobachteten die Tiere ihren Menschen sehr genau und konnten am *Verhalten* des Menschen die gewünschte Antwort ablesen.

Wenn auch niemals der letzte Beweis erbracht wurde, daß Tiere tatsächlich sprechen und rechnen können, war es doch ein erstaunliches Ergebnis, ein wie hohes Maß an wortloser und unbewußter Verständigung zwischen Mensch und Tier möglich sein kann. Aber den daran Beteiligten war diese Eigenschaft des

Tieres nicht klar. Sie freuten sich und meinten, daß es wirklich buchstabiert und rechnet. Aber – mehr als das wurde auch nicht über die Fähigkeiten und Möglichkeiten der Tiere herausgebracht und die Hintergründe tierischen Verhaltens blieben ungeklärt. Sie waren für diesen Personenkreis auch nicht von Interesse.

Gleichzeitig wurde aber von der Wissenschaft nun vermehrt das Verhalten der Tiere erforscht, man war auf dem Weg zur modernen Verhaltensforschung. In ihren Anfängen war sie längst nicht so populär wie heute. Wir müssen uns darüber im klaren sein, daß bereits DARWINS Entdeckungen viele Zeitgenossen empfindlich gestört haben. Die Auffassung vom „göttlichen Schöpfungsakt in einem Arbeitsgang", mit dem Menschen als Krönung des ganzen, wurde nicht schmerz- und kampflos aufgegeben. Bis in die Gegenwart finden sich immer wieder einmal Schriften, die auf das alte Schöpfungsmodell pochen. Ein Übersetzungsfehler formte das Denken ganzer Generationen! Aus DARWINS' „struggle for life" wurde der „Kampf ums Überleben", bei dem der „Stärkere" siegen würde. Daß damit nicht unbedingt immer nur der Mensch gemeint sei, nein, schlimmer noch, daß dieser vom Affen abstammen solle, war eine perfide Vorstellung.

Einer der wichtigen Wegbereiter war JAKOB VON UEXKÜLL, der mit „Umwelt und Innenwelt der Tiere" und „Theoretische Biologie" wichtige Aussagen formulierte. UEXKÜLL wußte, wie wichtig es war, naturwissenschaftliche Zusammenhänge anschaulich darzustellen. Er tat es in eindrucksvollen Bildern und in einzigartiger Sprache. Und das zu einer Zeit, wo die Vermenschlichung des Tieres in voller Blüte stand.

UEXKÜLL beschrieb eindringlich, daß jede Tierart etwas Einzigartiges ist. Jede unterscheidet sich völlig von anderen, nicht nur in ihrem Äußeren. Jede lebt, ihren Anlagen gemäß, in einer ganz eigenen Umwelt und erlebt sie so, wie es ihre Fähigkeiten zulassen. Um das Verstehen zu erleichtern, prägte UEXKÜLL viele neue Begriffe. Für jedes Lebewesen, sagte er, haben die Dinge der Umgebung einen *Erlebniston*. Wir wissen zwar nicht, *wie* das Tier etwas empfindet, können aber an seinen Reaktionen ablesen, ob und auf welche Weise etwas vom Tier wahrgenommen wird.

UEXKÜLL ist nicht der Begründer der Verhaltensforschung. Diese ist erst nach und nach in gemeinsamer Arbeit vieler Forscher, die auf ihn folgten, entstanden. Aber auch HEINROTH und LORENZ, HEDIGER und MEYER-HOLZAPFEL, u. v. a. konnten die sich unter UEXKÜLL verändernde Denkweise aufnehmen und weiterdenken und mußten nicht erst ihre Beobachtungen und Folgerungen durch einen Glaubenskrieg schleifen.

Auch DARWIN stand ja nicht plötzlich mit seinen Erkenntnissen da. Vor ihm und neben ihm hatten viele andere auch bereits das eine oder andere erforscht, es aber nicht in einen Zusammenhang bringen können. Um nur einige wichtige

Erkenntnisse zu nennen: 1912 hatte HUXLEY das Paarungsverhalten der Haubentaucher sorgfältig beobachtet. 1920 kam SCHJELDERUP-EBBE der streng organisierten, sozialen Rangordnung der Hühner auf die Spur. 1922 zeigte der englische Ornithologe HOWARD, welche Bedeutung das „Revier" für Vögel hat. Und als v. FRISCH die Sprache der Bienen entdeckte, wurde ihm, neben viel Bewunderung, auch mancher Spott zuteil. Man konnte sich einfach weder vorstellen, daß man die Sprache der Bienen verstehen könne, noch daß sie überhaupt eine und noch dazu so ausgefeilte Verständigung haben!

Als Vater der Verhaltensforschung nennt man OSKAR HEINROTH. Leider kennen nur die wenigsten sein wunderbares und epochemachendes Werk „Die Vögel Mitteleuropas in allen Lebens- und Entwicklungsstufen photographisch aufgenommen und in ihrem Seelenleben bei der Aufzucht vom Ei ab beobachtet". Zusammen mit seiner Frau Magdalena zog er die Vögel selbst auf, und die Erfahrungen und Erlebnisse aus über 20 Forscherjahren gehen dann in das dickleibige Werk ein, das außerdem noch (nicht nur für damalige Zeit) hervorragende Fotografien hatte, die farbig! nach dem Leben koloriert worden waren.

Wenn damit auch HEINROTHS Lebenswerk durchaus nicht vollständig beschrieben ist, was in diesem Rahmen zu weit führen würde, muß hier an ihn erinnert werden, weil er es war, dem die ganze Garde junger Verhaltensforscher folgte, vor allem sein Schüler KONRAD LORENZ. Ein sehr wichtiges Zitat von HEINROTH sei jedoch noch abschließend wiedergegeben:

„Mensch und Tier haben ja z. T. ungemein ähnliche Gefühle, die dann oft in derselben Weise geäußert werden. Der Laie spricht dann oft beim Tier gewöhnlich von rührend menschlich; wir sind eher geneigt, Elternliebe, Angst, Wut usw. für etwas allgemein Arterhaltendes, also *Ursprüngliches* anzusehen, das mit all seinen Äußerungen dem Tiere noch mehr eigen zu sein pflegt, als dem verstandesmäßig berechnenden Menschen. ...

Scherzweise pflegen wir unseren Standpunkt auszudrücken: *Tiere sind Gefühlsmenschen schlimmsten Grades mit wenig Verstand.* Der Durchschnittsvogel steht in seiner Begabung hinter dem Durchschnittsäuger wohl recht zurück, denn beim Vogel ist das Denken gewissermaßen im Fliegen untergegangen oder vielmehr, die Gehirntätigkeit brauchte sich nicht so hoch zu entwickeln, weil die Flugfähigkeit den Vogel in die Lage versetzte, den Ansprüchen des täglichen Lebens, der Fortpflanzung etc. gerecht zu werden."

Mit HEINROTH kam die Verhaltensforschung nun ernsthaft in Gang. Er „löste durch seine Forschungsmethode und durch die Einführung des Gesichtspunktes der Evolutionsforschung die Verhaltensforschung von den Geisteswissenschaften (und dem dabei üblichen Philosophieren über „Instinkte" der Tiere, wobei die daran nicht erklärbaren Effekte als Auswirkungen eines übernatürlichen Faktors gewertet wurden) und machte sie zu einer exakt-induktiven Forschung, also zu einer Disziplin der Naturwissenschaften. Er brachte den Stein ins Rollen, den Lorenz und seine Schüler zu einer Lawine werden ließen." (K. Heinroth)

Bescheidene Anfänge der
Erforschung des Hundes

Leider hat die Verhaltensforschung des Hundes bis heute noch nicht ihren großen Durchbruch gefunden. Aber immerhin können wir einige zaghafte Ansätze entdecken, die wenigstens *etwas* über das Verhalten der Hunde erkennen lassen. Vieles davon ist aus der Erforschung von Wölfen und wildlebenden Caniden hergeleitet, um die man sich ja sehr viel besser bemüht hat, wohl weil sie schwerer zu erforschen waren, als der immer gegenwärtige Hund. Wohl aber auch, weil man den Hund überhaupt erst zu begreifen lernte, als man vieles von ihm auch bei seinen wildlebenden Verwandten entdeckte und so Rückschlüsse zog.

Was HEINROTH in überwältigender Gründlichkeit mit Vögeln durchführte, hat wohl bisher überhaupt keine Parallele gefunden. Aber immerhin entdecken wir in Deutschland in den dreißiger Jahren den jungen Wissenschaftler BRUNO BAEGE, der es sich „zur Aufgabe machte, die Entwicklung der Verhaltensweisen junger Hunde in den ersten drei Lebensmonaten zu studieren."

Diese, wie im übrigen *alle* Arbeiten über den Hund, haben etwas gemeinsam: Keiner der daran beteiligten Forscher hat jemals alles erforschen können, was er gern getan und zweifellos auch erreicht hätte, wenn er nicht durch widrige Umstände, die letztlich nur auf zu geringe *finanzielle* Mittel zurückzuführen waren, daran gehindert worden wäre!

Auch bei BAEGE ist es bedauerlich, daß ihm, der geduldig, gründlich und mit gesundem Menschenverstand beobachtete und arbeitete, so geringe Mittel zur Verfügung standen. „Ursprünglich sollten die Untersuchungen auf sechs Monate ausgedehnt werden. Weil aber unter den Tieren eine schwere Staupeepidemie ausgebrochen war, mußten sie getötet werden, um nicht andere, „recht wertvolle Hunde, die in der Tierklinik als Patienten untergebracht waren", zu gefährden." Auch konnte er nur einen einzigen Wurf beobachten, nämlich fünf Airedale/ Schäferhundmischlinge.

Trotz dieser bescheidenen Umstände führte BAEGES Arbeit doch zu ganz grundlegenden Erkenntnissen über die Jugendentwicklung in den ersten Monaten. Sie decken sich im großen und ganzen mit dem, was spätere Verhaltensforscher dann noch eingehender untersuchen konnten. Obwohl BAEGE nichts weiter als geduldiges Protokollieren des genau Beobachteten zur Verfügung stand, und ihm nicht, wie späteren Forschern, ein großer Apparat zu Hilfe kam, mit dem man innere Untersuchungen der Tiere vornehmen konnte, war es ihm doch möglich, viele bis dahin bestehende Irrtümer richtigzustellen. Vor allem wies er auf die vermutliche Wechselwirkung zwischen körperlicher und seelischer Entwicklung und den Lernvorgängen der Welpen hin.

Beispielsweise vermutete er richtig, daß das Öffnen der Augen und Ohren noch keinesfalls bedeutete, daß sie auch voll eingesetzt werden konnten. Er erkannte, daß es *Reflexbewegungen* und nicht Verstandesleistungen sein müssen, die am Beginn der Bewegungsentwicklung beobachtet werden.

BAEGES Arbeiten rief nun die Doktores MENZEL auf den Plan, die voll Begeisterung BAEGES Arbeit zugrunde legten, sie mit den Erfahrungen mit ihren eigenen Hunden verglichen und um viele weitere Gesichtspunkte ergänzten.

Dennoch ist BAEGES Arbeit, obwohl sie weniger bekannt ist (wohl wegen der nur geringen Tierzahl und der Verwendung von Mischlingshunden auch für weniger allgemeingültig gehalten) sehr viel gründlicher und systematischer. Die MENZELS wurden nicht müde, die Bedeutung der Erforschung des Verhaltens für eine bessere und gezieltere Hundezucht zu betonen. Auf ihre Arbeit „Wesenserprobung, ihre theoretischen Grundlagen und ihre praktische Ausführung" werden wir später noch zurückkommen.

Etwas entscheidend Neues erbrachte ein Langzeitprojekt, bei dem vom JACKSON LABORATORY in BAR HARBOR genaue Untersuchungen über das Verhalten des Hundes vorgenommen wurden. Man vermutete auf diesem Umweg auch etwas über das Verhalten des Kindes zu erfahren. Die Arbeiten von SCOTT und FULLER wurden aber auch zu einem Meilenstein bei der Erforschung des Hundes.

Sie beobachteten nicht nur, wie BAEGE, die Verhaltensentwicklung in den ersten Monaten, sondern auch deren Einfluß auf das spätere Leben des Hundes. Ihre wichtigste Entdeckung war, daß es in der Frühentwicklung der Welpen bestimmte Phasen gab, in denen sich bestimmte grundlegende Verhaltensformen entwickeln und festschreiben, die zu einem späteren Zeitpunkt nicht mehr oder nur schwer zu korrigieren sind. Ebenso verglichen sie Gemeinsamkeiten und Unterschiede bei verschiedenen Rassen.

Auch hier, wenn man auch schon auf vergleichsweise reichhaltiges Forschungsmaterial zurückgreifen konnte und sich die Beobachtungen über viele Jahre erstreckten, waren die Untersuchungen nur auf wenige Rassen beschränkt. Aus Zeitmangel konnten viele Beobachtungen nicht ohne Unterbrechung durchgeführt werden, wodurch sich Abweichungen bis zu sechs Tagen beim Aufzeichnen einzelner neuer Fähigkeiten ergeben konnten.

Im übrigen waren SCOTT und FULLER indirekt Nachfolger von CH. R. STOKKARD, der, wie gesagt, die wohl umfangreichsten, jemals mit Hunden durchgeführten Kreuzungsversuche unterschiedlicher Hunderassen vorgenommen hat. MICHAEL FOX untersuchte (ebenfalls im Jackson Laboratory) nicht nur die Verhaltens-, sondern auch die Gehirnentwicklung in den ersten Lebensmonaten und deckte viele, überraschende Zusammenhänge zwischen Umwelt, Verhalten und Konstitution auf. In Deutschland forschte in jüngerer Zeit ZIMEN zunächst an Kreuzungsversuchen zwischen Wölfen und Königspudeln und legte dann eine großangelegte, gründliche und redliche Arbeit das Verhalten des Wolfes vor.

Die hier genannten waren nicht die einzigen, sie stehen für viele andere, die auf den verschiedensten Gebieten Kenntnisse über den Hund zusammengetragen haben, von einigen werden wir noch hören. Trotzdem muß es immer wieder gesagt werden: Von einer systematischen Erforschung des Hundes kann bei weitem nicht die Rede sein!

Hundeforschung – Wolfsforschung – Menschenforschung

Die Verhaltensforscher, die am Hund hauptsächlich menschliche Probleme verstehen lernen wollten, mußten noch einen Schritt weitergehen und das Verhalten des Hundes mit dem des Wolfes vergleichen. Unerwarteterweise kamen sie erst auf diesem Weg auch dem Menschen viel näher, als sie vermutet hatten. Während sie sich mit dem Wolf oder mit dem Hund oder mit beiden beschäftigten, stellte sich immer wieder die Frage: *Wieviel Wolf ist unser Hund eigentlich?* Was sie beim Vergleich der Lebensformen und Verhaltensweisen herausfanden, war sehr viel interessanter und komplexer, als ursprünglich vermutet.

Der erste Schritt war, genau zu verfolgen, wie ein hilfloses Neugeborenes, ob Wolf oder Hund, sich zu einem selbständigen Individuum entwickelt und zu vergleichen, welche Abweichungen und Gemeinsamkeiten sich ergeben würden.

Der Anfang des Lebens bei *Wolfswelpen* sieht so aus: Sie werden in einer Höhle und, ähnlich wie Hunde, nach ca. 63 Tagen geworfen, öffnen die Augen zwischen den neunten bis 12. Tag, mit 20 Tagen fangen sie an zu hören. Sie werden drei Wochen vollständig von der Wölfin gesäugt und erhalten ab der dritten Woche vorgewürgte weitere Nahrung.
Die gesamte Säugezeit dauert sechs bis acht Wochen. Nach acht bis zehn Wochen verlassen die Jungen den Bau, zwischen der 16. - 26. Woche werden die Milchzähne ersetzt, zwischen 27 – 32 Wochen verlassen sie erstmals den Sammelplatz der Wölfe und beginnen, mit dem Rudel zu ziehen. Mit zwölf Monaten ist ihre Gehirnentwicklung abgeschlossen. Erst mit 22 Monaten werden sie geschlechtsreif.

Bereits die knappen Angaben der äußeren Geschehnisse lassen erkennen, daß für Wölfe, sobald sie von der Mutter entwöhnt sind, eine völlig andere Weiterentwicklung als für Hunde stattfindet. Dieser Zeitpunkt ist eine Zäsur. Die bis dahin vergleichbare Entwicklung der Hundewelpen verläuft von hier ab völlig anders, da ihre Kinder - und Jugendzeit und Entwicklung sehr viel kürzer ist, worauf wir noch kommen werden.

Bis zum Alter von etwa 22 Monaten haben die Jungwölfe sozusagen volle Bewegungsfreiheit im Wolfsrudel, da sie noch keiner Rangordnung unterworfen sind und auch keine Rangordnung anerkennen. (Über Rudel und Rangordnung später mehr.) Innerhalb dieser Zeit entwickelt sich eine beträchtliche Interaktion zwischen den Jungen und den ausgewachsenen Wölfen, wobei die Jungen geprägt und sozialisiert, d. h. in die Rangordnung eingewöhnt werden. In dieser langen Reifezeit haben sie ein erhebliches Spiel- und Lernprogramm zu absolvieren.

Die Jungtiere werden in ihrer gesamten Reifezeit von allen Mitgliedern des Wolfsrudels betreut. *Alle* beteiligen sich an der Fütterung der Jungen, wenn die Säugeperiode vorbei ist; in spielerischen Kämpfen erproben und messen die Welpen ihre Kräfte, im Spiel entfalten sie ihre körperlichen aber auch ihre seelischen Anlagen, lernen sie, ihre Sinne zu gebrauchen.

Etwas interessiert uns in diesem Zusammenhang allerdings ganz besonders: Erst mit 22 Monaten, bzw. mit dem Erreichen der vollen sexuellen Aktivität, ist auch gleichzeitig die Ausbildung von Aggression, Dominanzgebaren und Verteidigung des Territoriums verbunden, *d. h. die Jungwölfe werden „erwachsen", wenn sie sowohl ihre körperliche wie auch seelische Reife erreicht haben.* Zu diesem Zeitpunkt haben sich die Jungtiere fest an die Mitglieder „ihres" Rudels angeschlossen. Sie werden sich nun selten noch umorientieren. Wie die übrigen Tiere des Rudels werden sie sich ihren Platz innerhalb des Rudels erkämpfen und ihr Gebiet gegen Eindringlinge von außen verteidigen.

Parallelen dazu sind deutlich auch beim Verhalten des Hundes zu erkennen. Während seiner Entwicklung überträgt der Hund, wenn er in menschlicher Gemeinschaft aufwächst, seine ihm *angeborenen*, sozialen Verhaltensweisen auf den Menschen, geradeso wie der Wolfswelpe auf die Rudelmitglieder. Wie beim Wolf, kann man beim Hund klar umrissene Lebensabschnitte erkennen. Aber erst die Beschäftigung mit der Psychologie des Hundes hat erkennen lassen, wie stark seine Entwicklung weitgehend noch der des Wolfes entspricht, wobei die einzelnen Entwicklungsphasen das Prinzip der Sozialisierung im Wolfs-Rudel sind.

Von der Entwicklung des Hundewelpen, von Wesensmängeln, Instinktverlust, Intelligenz und Gehirnentwicklung

Die Tragzeit und die ersten Tage der Welpenentwicklung sind beim Hund nicht anders als beim Wolf.

Hundewelpen werden nach etwa 63 Tagen geworfen, öffnen die Augen zwischen dem neunten bis 12. Tag; nach 15 - 20 Tagen fangen sie an zu hören. Mit etwa acht Wochen ist ihr Gehirn voll ausgereift, bestimmte Gehirnleistungen sind sogar erst mit drei oder vier Monaten zu erwarten.

Die Welpen werden drei Wochen vollständig von der Hündin gesäugt und benötigen ab der dritten bis vierten Woche zusätzliche Nahrung und werden von da ab ziemlich schnell auf normales Futter umgestellt. Je nach Rasse werden sie zwischen sechs oder acht Wochen (oder später) an die Käufer abgegeben.

Geschlechtsreif werden sie zwischen dem sechsten und 12. Monat, einige Rassen auch noch später. Im Gegensatz zu Wölfen haben Hunde keine bestimmte Fortpflanzungszeit im Jahr. Hündinnen werden in der Regel zweimal im Jahr läufig, Rüden sind immer deckbereit.

Das läuft ja auch alles im großen und ganzen reibungslos ab, wenn die Hündin gesund ist, bzw. nicht rassespezifische Schwierigkeiten Geburt und Aufzucht der Welpen behindern. Daß auch Hundemütter keinesfalls immer „gute Mütter sind", wird uns etwas später noch kurz beschäftigen.

Dies verleitet manchen dazu, sich auf diesen offensichtlich natürlichen Ablauf zu verlassen. Aber, obwohl die Hündin und die Welpen wohlauf waren, so daß man sich um nichts kümmern mußte, treten später plötzlich unliebsame Überraschungen auf. Bei den körperlich gesund entwickelten Hunden stellen sich erhebliche Mängel heraus, die man sich nicht erklären kann. Man bezeichnet sie fein als „Wesensmängel" und wäscht seine Hände in Unschuld, mit der kühnen Behauptung, dies sei ein Zeichen dafür, daß diese Hündin oder diese Rasse „total überzüchtet und degeneriert" sei!

Besonders gern wird dann auch KONRAD LORENZ zitiert, der (völlig richtig!) vom „Instinktverlust" der domestizierten Tiere spricht. (Was wir später am Beispiel der domestizierten Füchse noch erklären werden.) Tatsächlich ist beim Hund grundsätzlich *ein* „instinktives" Verhalten verändert: die außerordentlich vorsichtige, wachsame, empfindliche Reaktionsfähigkeit auf die Umwelt hat unter der künstlichen Selektion jede Bedeutung verloren. *Diese*, dem wildlebenden Tier angeborene „Intelligenz", die es einerseits zum Nahrungserwerb, andererseits zum Schutz vor Feinden benötigt, ist beim Hund verflacht.

Körperlich gut entwickelte Welpen sind noch lange kein Zeichen dafür, daß sie ordnungsgemäß aufgezogen sind. Wenn sie sich nun tatsächlich wie wilde Tiere benehmen und angstvoll, aggressiv oder unerziehbar sind, ist das kein Zeichen für „Instinktverlust". Im Gegenteil: Sie haben sich miteinander prächtig zu *wilden* Hunden entwickelt, die ihren angeborenen Instinkten folgen.

Die Amerikaner SCOTT und FULLER haben herausgefunden, was in den ersten Wochen des Lebens passiert. Bei Welpen (beim Wolf, wie beim Hund) ist in dieser Zeit die seelische Entwicklung fast wichtiger als die körperliche. Magere, kleingebliebene Welpen holen den *körperlichen* Rückstand schnell auf, ein *seelisches* Defizit hingegen *nie*.

SCOTT und FULLER haben nicht nur die wichtigen Phasen der Entwicklung beschrieben, sondern auch die

Gemeinsamkeiten bei Wolf und Hund

„Alle Mitglieder der Familie der Caniden zeigen dieselben grundsätzlichen Merkmale sozialen Verhaltens; sogar Füchse zeigen die meisten Merkmale sexuellen und agonistischen Verhaltens wie Wölfe und Hunde ... deren typische Organisation das Rudel, mit mehreren ausgewachsenen Tieren ist ... Die vergleichende Verhaltensforschung zeigt, daß ihr Verhalten, wie auch generell ihre Körperform, im Verlaufe der Evolution und auch allen Selektionsbemühungen des Menschen zum Trotz, sich allen Veränderungen widersetzt haben. Ein derartiges Beharrungsvermögen kommt von der Tatsache, daß es unmöglich ist, ein hochorganisiertes System zu verändern, ohne es zu zerstören.

... Keine der Hunderassen sind Super-Wölfe. Ein Wolf ist ein wildes und kraftvolles Tier, das fähig ist, unter den unterschiedlichsten Umweltbedingungen zu leben. Folglich kann keine einzelne seiner Fähigkeiten bis zur größten Vollkommenheit ausreifen; verglichen mit Wölfen, sind Hunde - Spezialisten. Aber weil sie in der Gesellschaft und im Schutz des Menschen leben, können sie ihre Fähigkeiten viel vollkommener entwickeln als irgendeine Wolfsgruppe. ... Die Verhaltensmerkmale von Hund und Wolf sind im Prinzip die gleichen. *Veränderungen, die die Domestikation hervorgerufen hat, sind mehr quantitativ als qualitativ ..., so daß wir bis heute die grundlegenden Verhaltens-Prinzipien von Hund und Wolf klar erkennen können."*

Die Entwicklungsphasen des Hundewelpen

Wenn man einen neugeborenen Welpen staunend betrachtet, scheint es zunächst, als habe er den Körper seiner Mutter schon als etwas ziemlich Fertiges verlassen. Er ist klein, formlos und unbeholfen und muß nur noch ein bißchen wachsen. Wer macht sich schon Gedanken darüber, daß der Winzling, der so schnell „weiß", daß das Wichtigste in seinem Leben ist, an den Zitzen seiner Mutter zu nuckeln und mit seinen langsamen, pendelnden Kriechbewegungen zielstrebig (fast) immer zu ihr hinfindet, noch vor wenigen Stunden wohlbehütet im Mutterleib war und sich keinesfalls mit der Geburt schlagartig verändert hat.

Wer denkt schon darüber nach, daß *Geburt* zunächst nur eine *Standortverände-rung* des eigentlich noch Ungeborenen ist, dessen Entwicklung sich von nun an lediglich außerhalb das Mutterleibes fortsetzt. Er ist, wie wir sehen werden, nicht eine verkleinerte Form des Erwachsenen, sondern eine kindliche Existenz. Die nun einsetzende Verhaltensänderung ist ähnlich sensationell wie die Metamor-phose des Frosches.

Nun allerdings können Sie *beobachten*, wie alles äußerlich weitergeht, wenn auch der größere Teil des Wunders, das sich in den nächsten Wochen vollzieht, unseren Augen verborgen bleibt.

Womit wir nun wieder bei unserem Welpen angekommen sind, der soeben das Licht der Welt erblickte und inzwischen wie ein Weltmeister an seiner Mutter nuckelt. Schon geht es wieder mit den Ungenauigkeiten los. Bis unser Welpe das Licht der Welt tatsächlich *erblickt*, muß noch einiges geschehen, wovon man überhaupt keine Ahnung hat.

Wie überraschend gering der Einfluß der Umwelt in diesem Stadium für den Welpen ist, bewiesen erst moderne Untersuchungsmethoden. Das frischgeborene Hundebaby nimmt von seiner Umwelt ziemlich wenig wahr. Wenn der Welpe sich mit seinen pendelnden Kriechbewegungen zielstrebig, d. h. kreisförmig, fortbewegt und, wenn er sie findet, sich sofort an die warme Mutter oder die warmen Geschwister anschmiegt, so sind dies alles nichts als Reflexbewegungen und in keiner Weise vom Willen des Welpen ausgelöst.

In seinem Bericht über die Untersuchung der neugeborenen Welpen schreibt MICHAEL FOX: „Das Neugeborene würde während der Untersuchung dauernd wieder einschlafen, und ein sanftes Schütteln war nötig, um es aufzuwecken, um wenigstens die gewünschten Reaktionen feststellen zu können."

Obwohl die Entwicklung ein fortlaufender Prozeß ist, kann man im ersten Lebensjahr des Hundes *verschiedene Perioden* feststellen, in denen ganz bestimmte Entwicklungsstadien ablaufen bzw. abgeschlossen werden. Obwohl, zumindest in den ersten zwei bis drei Wochen, sich alles sozusagen vollautoma-tisch ergibt, ist es nicht nur interessant, sondern auch gelegentlich ganz nützlich, wenn man weiß, was da eigentlich alles geschieht.

Weil die Nabelschnur des Welpen in der ersten Zeit noch etwas Blut absondert, wird die Mutter zu dem wichtigen, intensiven Belecken dieser Körpergegend angeregt. Wenn man allgemein liest, daß damit die Verdauung des Winzlings zutage gefördert wird, ist das zwar richtig: Viel wichtiger aber ist, daß die Stimulation der Genitalgegend in den ersten fünf Tagen beim Welpen auch die *Atemreflexe* nachhaltig beeinflußt: Er wird sofort anfangen, vermehrt und tief durchzuatmen. Dies kann man auch mit einem Wattebausch durchführen, aber nicht nur, um die Verdauung des Welpen anzuregen, sondern auch, um bei Bedarf seine Lebensgeister etwas in Schwung zu bringen.

In den ersten fünf Tagen setzt der Welpe im Prinzip fort, was er bereits im Mutterleib getan hat. Mit jedem Tag werden seine Reaktionen sichtlich schneller und kräftiger, wenn Sie ihn leicht mit dem Finger antippen oder an seinen Beinchen etwas ziehen. In den ersten Tagen wird er sich, wenn Sie ihn hochheben, richtig zusammenziehen. Ab dem fünften Tag wird er sich, wenn Sie ihn hochheben, lang ausstrecken. Eine erste Veränderung ist eingetreten. Wenn Sie ihn sanft mit ihrer Hand an seinem Gesicht oder seinem Kopf berühren, wird er beginnen, vorwärts zu kriechen, solange die Berührung anhält. Fox schreibt: „...und ein neugeborener Welpe kann auf diese Anregung hin eine Strecke von über 50 m zurücklegen, ohne Anzeichen von Ermüdung zu zeigen..."

Auch beim täglichen Wiegen lassen sich so nach und nach einige Veränderungen feststellen. Die frischgeborenen Welpen liegen zunächst platt auf ihren Bäuchlein und rühren sich nicht von der Stelle; je nach Temperament wird sich dieses in den nächsten Wochen ziemlich ändern.

Wenn man in dem Knäuel schlafender Welpen nur einen davon sanft antippt, gerät in allerkürzester Zeit die gesamte Mannschaft in intensive Bewegung: Auf die Berührung reagiert der Welpe mit einigen Reflexbewegungen, berührt dabei den nächsten. Es genügt, einen Welpen anzutippen, um die Kettenreaktion auszulösen. Ein Knäuel, unter- und übereinander, unbeholfen, aber nachdrücklich strampelnder, krabbelnder Welpen, ist das Ergebnis.

Wenn man einen der Welpen aus dem Nest nimmt und ihn etwas entfernt absetzt, macht er sich sofort auf den Weg. Mit sehr ernstem Gesichtsausdruck hebt er den schweren Kopf, im Takt mit seinen Kriechbewegungen und legt ihn, vorwärts kriechend, mal nach rechts, mal nach links wieder ab. Kümmert sich niemand um ihn, wird er sich laut jammernd solange fortbewegen, bis sein hin- und herschwingender Kopf irgendetwas Warmes berührt, was ihn unglaublich zu beruhigen scheint.

Meist hat er Glück und kommt in der richtigen Gegend bei seiner Mutter an. Im Vergleich mit seiner sonstigen Langsamkeit ist die Kopfbewegung, mit der er nach einer Zitze sucht und sich daran festsaugt, unglaublich flink. Gelegentlich hat er aber auch Pech und verirrt sich irgendwo zwischen Hinterbeinen und Schwanz der Mutter. Erreicht unser Welpe auf seiner Kriechexkursion ein kaltes Hindernis, wird er sich schleunigst davon wegbewegen. Zwickt man ihn etwas in die Hinterpfote oder am Schwänzchen, bemüht er sich eiligst, zu entkommen. Noch aber „weiß" er nicht, was warm oder kalt ist, auch hat er noch keine Angst.

Auch wenn die Hündin die neugeborenen Welpen einmal verläßt, geht die allgemeine Krabbelei und Quietscherei sofort los, bis sie alle möglichst dicht auf einem Haufen beisammen sind, wo es weich und warm ist, denn Kälte mögen sie überhaupt nicht. Und eigentlich ist das tatsächlich auch schon alles, was ein Welpe bei Geburt „kann".

Wenn man es ganz genau nimmt: Sein ganzes kleines Leben, auch seine scheinbar so zielstrebigen Bewegungen, ist zunächst nichts weiter als eine Folge von Reflexen. Sie werden von Umweltreizen oder Reaktionen des Organismus ausgelöst und nicht von einem Entschluß des Gehirns. In den ersten Wochen kann der Körper des Welpen seine Temperatur noch nicht regulieren, er ist auf Wärme von außen angewiesen. Aber es ist ungenau zu sagen, daß er nach Wärme „sucht". Wenn er friert (aber auch wenn ihm zu warm ist) wird er unruhig und solange herumkrabbeln, bis er auf eine ihm angenehme Temperatur gestoßen ist. Doch *Mißbehagen* ist für den Welpen lebenswichtig! Legt man einen neugeborenen Welpen irgendwo hin, wo es warm und weich ist, wird er sich überhaupt nicht rühren und sich auch nicht um Futter bemühen. Er würde eingehen, weil sich auch die Mutter, wenn er sich nicht meldet, nicht um ihn kümmern würde.

Das Gehirn muß sich erst entwickeln

Früher war man der Ansicht, daß Welpen nur deswegen so unbeholfen und hilflos wirken, weil ihre Augen und Ohren noch nicht geöffnet sind und sie noch kein rechtes Muskeltraining haben. Heute ist mit wissenschaftlichen Untersuchungen festgestellt, daß sie viel umfassender, als vermutet, hilflos sind. SCOTT und FULLER haben in vielen Versuchen herausgefunden, daß es im Leben eines Welpen bestimmte wichtige Phasen gibt, in denen nicht nur bestimmte Verhaltensweisen zu beobachten sind, sondern sich auch Gehirn und Nervenbahnen erst entwickeln. Sie nennen diese Abschnitte:

Neugeborenen-Phase (etwa 1. und 2. Woche)
Übergangsphase (zwischen 2. - 3. Woche)
Sozialisierungphase (etwa 3. - 12. Woche,
mit dem Höhepunkt von der 6. - 8. Woche)
Jugendphase (bis zur sexuellen Reife)

Auf diese „kritischen" Phasen wird in zahlreichen Büchern hingewiesen. Sie beschränken sich aber meist auf Hinweise, was man dabei beachten sollte, um damit so eine Art Bauanleitung für einen gut entwickelten Hund zu liefern. Das eigentlich Faszinierende dieses Geschehens wird dabei aber nicht so recht klar, und mancher nimmt es auch deswegen nicht ernst genug, weil er nicht weiß, was dabei alles abläuft.

Ganz abgesehen von den praktischen Gesichtspunkten: Was sich nun vor unseren Augen vollzieht, ist, ohne daß wir es richtig begreifen, ja das eigentliche Geheimnis des Lebens überhaupt. Mit der Befruchtung, mit der *ersten Zelle* und ihrer Teilung, beginnt ein lebenslanger Prozess ständiger, zielstrebiger Weiterentfaltung, bei dem sich zunächst der Embryo entwickelt. Auch nach der Geburt setzt sich der einmal von geheimnisvoller Kraft in Gang gebrachte Prozess unaufhörlich fort. So gleichartig er auch bei allen Lebewesen abläuft, es entsteht jedesmal ein einzigartiges, eigenständiges, unwiederholbares Individuum.

Sozialverhalten und Lernvermögen
sind eng mit körperlichen Voraussetzungen verknüpft

Alle Tiere machen entsprechende Entwicklungsstufen durch, die sie zum Teil vor, zum Teil nach der Geburt durchlaufen. Sie kommen daher mehr oder weniger vollständig entwickelt auf die Welt. Wir unterscheiden z. B. Nestflüchter und Nesthocker, entsprechend ist auch das Verhalten der Eltern.

„Bei *Brutfürsorge* kommen Elterntier und Jungtier nicht miteinander in Berührung. Die Eltern sorgen lediglich dafür, daß die Eier an einer geeigneten Stelle lagern und sichern einen gewissen Nahrungsvorrat. Damit sind die Jungen sich selbst überlassen.

Die *Brutpflege* dehnt sich im Gegensatz dazu auch auf die Nachkommen aus. Hier entsteht ein direkter Kontakt zwischen Eltern und Kindern, wobei die verschiedensten Aufgaben anfallen, wie Ernähren, Beschützen, Reinigen oder Unterrichten."

Wir finden es selbstverständlich, daß das Verhaltensrepertoire der Elterntiere entsprechend ist. Nur wenige wissen aber, wie sehr auch der ganze Organismus der Tiere auf eine mehr oder weniger intensive Jungenaufzucht eingestellt ist. Ein Beispiel ist bei den Säugetieren der unterschiedliche Proteingehalt der Milch. Bei Tieren, die häufig längere Zeit von ihren Jungen getrennt sind, also seltener säugen, ist der Proteingehalt der Milch deutlich höher, als bei anderen, die ihre Tiere nicht verlassen müssen. Dieser Milchzusammensetzung muß aber wiederum sowohl der Stoffwechsel der Mutter, als auch die Verdauungskapazität der Welpen entsprechen.

Wir finden es auch selbstverständlich, daß Tiere, die völlig „betriebsfertig" geboren werden, ein erheblich größeres, vollständiges Verhaltensinventar gleich mitbringen müssen. Sie haben keine Zeit, es erst zu erlernen. Dennoch steht am Anfang jedes Lebens immer ein wichtiger Lernvorgang, die von KONRAD LORENZ am Beispiel der Gänseküken so unvergeßlich geschilderte *Prägung*. Sobald das Küken geschlüpft ist, folgt es blindlings dem, den es in der ersten entscheidenen Phase seines Lebens sah. Normalerweise seiner Gänsemutter, aber es kann auch ein Besen sein, ein Stiefel oder eben ein Verhaltensforscher. Dieser Lernvorgang löst immer die gleiche Reaktion aus. Alle anderen Verhaltensweisen des Kükens bleiben völlig normal, sind also genetisch bedingt, nur seine Bezugsperson muß es erst kennen lernen.

Im Gegensatz zum Küken müssen die „hilflosen" Tiere betreut werden. Ihr gesamter Organismus ist nicht nur auf die spezielle Milchzusammensetzung eingerichtet, sondern insgesamt für eine viel weitergehendere Entwicklung. Je länger die Reifezeit einer Tierart ist, umso größer ist sowohl ihr Entwicklungsrückstand, als auch ihre Lernfähigkeit, und umso weniger stereotyp wird später ihr Verhaltensrepertoire sein. Daher ist das Wichtigste in ihrem Leben, daß sie sehr vieles lernen müssen und, was entscheidend ist, auch lernen können.

Soziale Verhaltensweisen sind genetisch bedingt

Das Sozialgefüge, in dem die Tiere leben, ist daher entscheidend wichtig. Man kann leicht verstehen, daß bestimmte Verhaltensweisen genetisch festgelegt und weitgehend nicht gelernt werden müssen. Mit anderen Worten: Ein vollständig hilfloses Tier und damit auch letztlich die Tierart, zu der es gehört, wird nur überleben, wenn seine Eltern oder Rudelgenossen sich um Nahrung, Aufzucht und Erziehung der Jungen kümmern. Auf diesem Wege wird auch die Grundlage ihres Verhaltens genetisch fixiert: Nur die Jungen „fürsorglicher" Eltern oder Tiergemeinschaften werden aufgezogen. Fällt einmal ein Tier „asozial" aus der Rolle, wird es sein Erbgut nicht weitergeben, da es seine eventuellen Nachkommen unzureichend versorgt. Meist kommt es aber nicht einmal soweit, weil es auch sonst viele wichtige „Manieren" nicht beachtet.

Bestimmte Verhaltensweisen gehören also zum eisernen Grundbestand jeder Art. Das Erbgut seines Stammvaters Wolf ist auch beim Hund dauerhaft erhalten geblieben. Aber auch bei den „Spätentwicklern" gibt es etwas, der Prägung des Kükens Vergleichbares. Vermutlich, weil *wir* ja den Hundewelpen schon einige Zeit herumkrabbeln sehen, kommen wir nicht auf die Idee, daß auch für den Welpen sich erst etwas ähnliches vollzieht, wie für das Gänsekind: Eine Prägungsphase auf zunächst seine engste Umwelt setzt ein, gleichzeitig damit beginnt seine „Intelligenz", sich zu entwickeln.

Sein Zeitpunkt, zu dem er „schlüpft", ist die schrittweise Ausreifung seines Gehirns und erstreckt sich daher über einen längeren Zeitraum. Seine „Zuneigung" ist nicht ausschließlich auf *eine* Person beschränkt, sondern erstreckt sich auf eine Vielzahl von Umwelteindrücken, denen er zu vertrauen lernen muß. Wir haben es also nicht nur mit einem *Körper-Wachstum*, sondern auch mit einem *Lern-Wachstum* zu tun, wofür dem Hund die entsprechenden Möglichkeiten gegeben werden müssen.

Entscheidend ist daher nicht nur, daß eine *Lernbereitschaft* besteht, sondern auch, daß sie auf bestimmte Entwicklungsphasen begrenzt ist und sich später nicht mehr nachholen oder korrigieren läßt. Obwohl die Prägung beim Hund in mehreren Stufen abläuft, ist sie in letzter Konsequenz jedesmal genau so endgültig in sein Gedächtnis gegraben, wie die Gänsemutter oder der Besen in das des Kükens.

Die ersten Wochen des Lebens

Im Jackson Laboratory zerlegte man die Entwicklung der Welpen verschiedener Hunderassen sozusagen in kleinste Einheiten. Die erste Überraschung war, daß sich in den ersten Lebenstagen rassebedingte Verhaltensunterschiede, die später so überaus deutlich werden, nicht feststellen lassen. Erst durch den Vergleich dieser ganz gegensätzlichen Hunderassen fiel auch auf, daß genetisch bedingte Unterschiede des Verhaltens nicht *alle auf einmal* früh in der Entwicklung eines Tieres erkennbar sind. Sie entstehen erst unter dem Einfluß der Umweltbedingungen und sind erst relativ spät im Leben voll entwickelt.

Bei täglichen Beobachtungen scheinen sich Welpen wenig zu verändern. Sie krabbeln, nuckeln und quietschen. Erst, wenn man die Beobachtungen über einen längeren Zeitraum sorgfältig notiert, kann man die schrittweisen Veränderungen verfolgen, von denen man sonst oft annimmt, daß sie sich „über Nacht" eingestellt haben und „plötzlich" bemerkt werden; etwas, was jeder Züchter kennt.

Tatsächlich *verändern sich Welpen unablässig*. Aber man muß sich auch klar machen, daß ihre *Erbmasse* selbst dabei *nicht* verändert wird. Sie wirkt fortlaufend auf ein jeweils dem Alter entsprechend völlig „anderes" Tier, gemäß der genetischen Vorgabe und dem umweltbedingten Entwicklungsstand. Daher ist auch das *Verhalten* an sich nicht vererbbar. Vererbt werden nur jene Faktoren, die darüber bestimmen, wie sich das Erzeugte zu einem Gesamtorganismus entwickelt.

So paradox es klingt: Welpen sind am Anfang ihres Lebens nicht nur umfassend hilflos, sondern ebenso umfassend geschützt. Nicht nur die Mutter wacht über die Welpen; dank seiner völlig unentwickelten Sinnesorgane und seines ebenso unentwickelten Gehirns ist auch der Welpe selbst gegen die Umwelt restlos abgeschirmt.

Die *Augen* sind noch nicht geöffnet. Sie können nicht sehen, reagieren jedoch auf grelles Licht. Man kann es bei Welpen mit heller Hautfarbe ausprobieren, deren Augenlider durchsichtiger sind. Trotzdem sind Welpen, auch wenn sie später die Augen geöffnet haben, noch nicht voll sehfähig, weil die Retina erst mit sechs Wochen voll entwickelt ist. Auch das Gehirn ist erst mit etwa vier Monaten vollständig in der Lage, die entsprechenden Reize restlos zu verarbeiten.

Die *Ohren* sind ebenfalls geschlossen, nichts kann von außen eindringen. Durch keinen noch so großen Lärm sind die Welpen zu wecken, oder in die Flucht zu schlagen. (Dies sei den Verfechtern der Schußfestmethode gesagt, die ja behaupten, daß eine Gewöhnung der Welpen an allerlei Knalle am besten sogleich nach der Geburt beginnen soll. Sie machen höchstens die Hündin nervös; das ist auch bei Hunden nicht gut für die Babys.) In diesem Stadium „redet" die Hündin ihre Welpen auch niemals an. Sie lockt nicht mit Lauten, sondern stupst sie mit ihrer Schnauze an, wenn sie ins Nest zurückkriechen sollen oder trägt sie hinein. Der Welpe macht aber, obwohl total taub, selbst einen gehörigen Lärm!

Das *Riechvermögen* der Welpen ist, obwohl die Nase später sein wichtigstes Organ ist, zunächst gar nicht, bis gering ausgeprägt. Allerdings hat man schon bei ganz jungen Welpen Reaktionen mit dem scharfen Geruch einer Essenz hervorrufen können, was zuerst zu der irrigen Meinung führte, Welpen könnten doch etwas riechen. Beim Menschen löst dieser Geruch aber ein *kratzendes Gefühl im*

Hals aus, vermutlich ist die Wirkung auf Welpen ebenso. Eine Untersuchung ihres Gehirns ergab, daß die Geruchsnerven und die entsprechende Region im Gehirn so unentwickelt sind, daß Gerüche unmöglich weiterverarbeitet werden bzw. wichtig sein können.

Wenn daher Welpen sehr früh nach dem Geruch die Milchquelle finden, ist es *ein* bestimmter Geruch, den sie erkennen, aber kein Zeichen für die Fähigkeit, Gerüche *unterscheiden* zu können. Über den Geschmackssinn gibt es unterschiedliche Auffassungen, besondere Qualitäten hat er aber sicherlich nicht. Gibt man Welpen in einer Flasche bitteren Tee statt Milch, nuckeln sie weiter, als sei es die selbstverständlichste Sache der Welt.

Erstaunlicherweise sind also bei der Geburt des Welpen gerade die Sinne noch völlig unentwickelt, die später seine wichtigsten sind. Trotzdem ist der Welpe auch in diesem frühen Stadium auf Umweltkontakte dringend angewiesen, um sich entwickeln zu können. Der Welpe muß also auf andere Weise fähig sein, auf Umweltreize zu reagieren, obwohl sein Gehirn und seine Sinne dies noch gar nicht zulassen.

Der neugeborene Welpe ist zunächst ein „Tastsinn-Tier". Seine Umweltkontakte sind auf Berührung, direkten Kontakt beschränkt, alles andere existiert für ihn nicht. Sogar seine chemischen Wahrnehmungen (Reaktion auf scharfe Gerüche) sind nur möglich, wenn sie ihn direkt körperlich berühren, nämlich seine Schleimhäute reizen oder die Rezeptoren betreffen, die den Milchgeruch wahrnehmen.

Bei Berührung beginnt der Welpe, ausdauernd zu kriechen, von Schmerz und Kälte entfernt er sich schleunigst. Er ist also kälte-, wärme- und schmerzempfindlich und *kontaktbedürftig*. Außerdem sind sein *Gleichgewichts-Sinn* und seine *Reaktion „Angst-vor-Tiefe"* gut entwickelt. Man kann es selbst ausprobieren: Dreht man einen Welpen auf den Rücken, strampelt er sich sofort in die Bauchlage zurück. Wenn er an eine Tischecke krabbelt, kriecht er nicht über den Rand hinaus. Sobald seine Suchbewegungen ins Leere gehen und gar ein Teil seines Körpers überzuhängen beginnt, bleibt er dort meist „hängen" und jammert lauthals; manchmal verliert er dabei den Halt und stürzt ab.

Der Welpe kann nur *vorwärts* krabbeln, wobei er mit dem Kopf die typischen Pendelbewegungen von rechts nach links macht und seine Bewegung sowohl mit den Pfoten, als auch mit dem Kopf unterstützt. Die Aktionen der Vorderbeine sind kräftiger als die der Hinterbeine; überhaupt ist die Region Kopf und Vorderkörper bei der ganzen Entwicklung deutlich bevorzugt.

Beim Saugen stemmt der Welpe seine Vorderbeine gegen das Gesäuge der Mutter. Dies ist insofern „vernünftig", weil er sonst vielleicht nicht genug Luft kriegt. Andererseits scheint der *Milchtritt* auch als Reflex mit dem Saugen ausgelöst zu werden, weil er auch unsere Hand so bearbeitet, wenn wir ihn an einem Finger nuckeln lassen. Daran sieht man, daß auch das Nuckeln durch Berührung reflexartig ausgelöst wird. Bei Wildhunden wurde beobachtet, daß sie sich so fest am Gesäuge der Mutter festsaugen, daß sie regelrecht hängen bleiben, wenn sich die Mutter erhebt, um fortzugehen. (Etwas, was man auch bei Mäusejungen beobachten kann.) Saugbewegung und Milchtritt treten auch ohne Außenreiz, von der inneren Uhr des Welpen ausgelöst, in periodischen Abständen auf.

Die Milchtrittbewegung begegnet uns noch bei vielen anderen Anlässen. Zunächst ist sie eine Tastbewegung, die später, wenn der Welpe sehen kann, zur Erkundungsbewegung wird. Wenn ein Hund etwas „erreichen" will, tappt er mit seiner Vorderpfote danach. So regt er andere Welpen zum Spiel an. Auch die Aufmerksamkeit des Menschen versucht er, auf diese Weise zu „erreichen".

Unbekannte Gegenstände werden mit der Pfote berührt, bevor das Beriechen erfolgt. Vorsichtig und tastend wird dabei die Pfote weit vorgestreckt, der Hund folgt erst nach, wenn sich die Angelegenheit als nicht gefährlich erweist. Wenn ein Welpe (später auch der ausgewachsene Hund) sich unsicher ist, ob er soll oder nicht, hebt er die Pfote an und „denkt" so eine Weile nach, bis er einen „Entschluß" gefaßt hat.

Dieses Pfote-Anheben erfolgt auch in anderen Situationen, wenn die Aufmerksamkeit des Hundes durch irgendetwas zunächst nicht voll Übersehbares erregt wird. Der Hund steht, lauscht, schaut und schnuppert, wenn er etwas hört oder sieht und hebt dabei zögernd ein Vorderbein an. Diese Haltung finden wir dann bei den Vorstehhunden ganz besonders ausgeprägt. (Auf die Bewegungen des Hundes gehen wir später noch ausführlich ein.)

Aber auch mit den Hinterbeinen werden während des Saugens (wenn auch schwächere) Bewegungen ausgeführt, sie schieben den Körper des Welpen nach, damit der nicht abrutscht. Auch das müssen Reflexbewegungen sein, die über das Saugen, aber auch von der inneren Uhr ausgelöst werden.

Außerdem sucht ein Welpe *Kontaktmöglichkeiten*. Wenn er beim Herumkrabbeln weder auf die Mutter noch auf andere Welpen trifft, findet man ihn gelegentlich auch einfach dicht an die Wand der Wurfkiste geschmiegt. Bei jedem unangenehmen Körpergefühl (Schmerz, Kälte, Alleinsein, Hunger) veranstaltet der Welpe einen gehörigen Lärm, der die Mutter sogleich veranlaßt, sich um das Baby zu kümmern.

Warum Welpen zunächst fast nichts lernen

Sehr junge Welpen scheinen aber nur begrenzt zu lernen. Als frühestes „Lernergebnis" läßt sich festellen, daß sie die Milchquelle als solche auch an ihrem Geruch „erkennen", was aber nur bedeutet, daß die entsprechenden Rezeptoren ausgereift sind. Auch der frühe Schnauzenkontakt der Welpen untereinander wird vom Milchgeruch an der Schnauze des anderen Welpen ausgelöst und führt zu den frühen Knabber- und Beißkontakten. Ansonsten scheinen Welpen noch nicht durch Erfahrung zu lernen; nur das Nuckeln macht sichtbare Fortschritte.

Ohne die Untersuchung des Welpengehirns und der Nerven bleibt das Beobachtete weitgehend rätselhaft. Bei Neugeborenen sind noch keine Hirnströme feststellbar. Daher kann er auch noch nichts hören oder sehen. Reaktionen, die mit der Fähigkeit des Sehens zusammenhängen, können auch künstlich nicht ausgelöst werden. Erst mit drei Wochen ändert sich das EEG erheblich, aber erst mit sieben bis acht Wochen ist es voll entwickelt, d. h., eingehende Meldungen können dann erst auch verarbeitet werden. Dazu gehören Hören, Riechen, Sehen, aber auch die *Angst vor Tiefe.*

Das kann man selbst ausprobieren. Läßt man Welpen über eine Glasplatte kriechen, unter der ein Abgrund ist, werden sie, bis sie etwa 30 Tage alt sind, über den Abgrund hinauskriechen; ohne Glasplatte würden sie abstürzen. Wenn sie also vorher blind an einer Tischplatte zögerten, dann nur, weil ihre tastenden Kriechbewegungen ins Leere gingen. Nach 30 Tagen kriechen sie auch auf der Glasplatte nicht mehr über den darunter befindlichen Abgrund hinaus, sie gehen zunächst wahllos auf eine andere Seite.

Die Untersuchung der Nervenfasern zeigt, daß sie zunächst nicht, wie beim ausgereiften Tier, mit einer Myelin-Hülle (einer fettähnlichen Außenschicht) überzogen sind. Die Nervenfasern sind ohne ihre Hülle nur zu langsamer Weiterleitung fähig. Die myelinisierten Nervenfasern ausgewachsener Tiere vermitteln die Reize 50 - 100 mal schneller, d. h. die Reaktionen erfolgen nun prompt.

Dieser „Mangelzustand" betrifft aber nicht das ganze Gehirn des Welpen. *Einzelne* Bezirke sind bereits bei Geburt gut myelinisiert. Vor allem die wichtigen Zuleitungen zur *Schnauze,* also die *Tastnerven,* die Fasern der Kiefermuskeln gehören dazu, aber auch der nicht-akustische Teil des Hör-Nervs, der mit dem *Gleichgewichtsorgan* verbunden ist. In der Großhirnrinde sind die Windungen einfach und die Nervenfasern meist völlig unmyelinisiert. Die Myelinisierung ist also verbunden mit der Entwicklung der Funktionen.

Nun lassen sich jetzt unsere Beobachtungen auch erklären. Da die Grundlagen von Hören, Sehen und Riechen noch nicht vorhanden sind, muß der Reiz direkt körperlich auf den Welpen einwirken und kann nur dort erfolgen, wo die entsprechenden Voraussetzungen sind: Tasten (Schmerz, Wärme, Kälte, Berührung), Schnauze, Gleichgewicht. Diese Reize werden aber sehr langsam weitergeleitet, daraus erklären sich die langsamen Bewegungen und verzögerten Reaktionen.

Aber auch die *geringe Lernfähigkeit* wird so verstehbar. Nicht nur die unentwickelten Sinnesorgane grenzen den Erfahrungsbereich ein. Da die Reaktion sehr langsam erfolgt, oft Sekunden nach der Stimulation, kann der Welpe schwerlich den Zusammenhang erkennen, zwischen einer Reaktion und der vorangegangenen (schmerzhaften) Stimulation. Obwohl der Welpe dabei nichts lernt, sind diese schwachen und verzögerten Reaktionen überaus wichtig. Nicht nur die Muskeln, sondern alle Organe, zu denen auch das Gehirn gehört, werden *nur* durch ihren Gebrauch zunehmend funktionsfähiger weiterentwickelt.

Um 1900 wollte man mehr darüber wissen, wie das Gehirn funktioniert. Daher wurden Welpen bei ihrer Geburt die Augen verklebt. Sie waren dennoch, als sie ausgewachsen waren, keinesfalls hilflos, weil sie ihre übrigen Sinne verstärkt einsetzten. Je nach Temperament lernten sie, mögliche Hindernisse, über die sie einmal gestolpert waren, durch größere Vorsicht zu vermeiden.

Die spätere Untersuchung ihres Gehirns ergab, daß die für das Sehen zuständigen Zentren sehr ungenügend entwickelt waren. Im Ausgleich dazu aber war das Hör- und Riechzentrum stärker, als bei den Vergleichshunden, ausgebildet. Womit bewiesen war, daß erst die ständige Stimulation bestimmt, wie gut ein Organ ausgebildet wird.

Die Übergangsphase
Die Grundlagen des Verhaltens entstehen

Die *Übergangsphase* beginnt, wenn sich die *Augen der Welpen geöffnet* haben. Jetzt entstehen die Grundlagen des Verhaltens. Aus den Kriechbewegungen werden wacklige Gehversuche, und die Welpen können spätestens am Ende der dritten Woche das Nest verlassen. Die Übergangsphase ist sehr kurz. Sie beginnt mit dem Öffnen der Augen, und wenn Welpen auf Geräusche Fluchtversuche machen, ist sie beendet. Meist sind zu dieser Zeit auch die Zähne durchgebrochen.

Die Verwandlung des Welpen ist dramatisch. Bis dahin war er *passiv*, auf Körperstimulation angewiesen und total von der Umwelt *abgeschirmt*. Jetzt wird er *aktiv* Umweltbeziehungen nicht nur aufnehmen, sondern auch extrem *umweltempfänglich* und *-empfindlich* sein. Der Zeitraum des Behütetseins ist nun vorbei.

Der „Umwelteinfluß" auf den Welpen ist nicht konstant, sondern hat einen ganz unterschiedlichen Effekt, je nachdem, in welchem Alter er auf den Welpen einwirkt. Bis zum Ende der Übergangsphase sind die Welpen für psychischen Stress nicht empfänglich, und sie „behalten" derartige Eindrücke nicht.

Sofort sind auch die ersten Unterschiede bemerkbar: Einige Welpen machen sich sofort wacker daran, das Nest zu verlassen. Andere haben sich aber auch mit vier Wochen noch nicht dazu entschließen können. Nimmt man sie aus dem Nest, werden sie von der befremdlichen Situation sehr verwirrt. Obwohl sie *im* Nest bereits richtige Gehbewegungen machten, bleiben sie nun außerhalb völlig entsetzt einfach liegen und tun überhaupt nichts.

Ab der zweiten Woche, spätestes in der dritten, ermöglichen die verbesserten Sinnesleistungen auch erste spielerische Kontakte der Welpen. Zunächst stoßen sie sich mit den Pfoten an, beknabbern und belecken einander. Fliehen können sie aber erst, wenn sie auch Rückwärtsbewegungen ausführen können, sie reagieren so jetzt auf visuelle Stimulation.

Die Sozialisierungsphase
die große Veränderung ab der dritten Woche

Wenn sich die Augen geöffnet haben, geht alles mit Riesenschritten voran. Man kann es auch gut erklären: Während bis dahin alle Beziehungen zur Umwelt nur Fühlen und der davon ausgelöste Reflex waren, können nun auch Dinge ohne direkten körperlichen Kontakt wahrgenommen werden.

Von nun an setzen die Welpen sich in Bewegung, weil sie alles mögliche erkunden wollen. Auch ihre Schwänzchen beginnen, deutliche Signale zu geben und entweder erfreut hin- und herwippen oder aber einen absoluten Tiefstpunkt ausdrücken.

Die Welpen geraten jetzt, selbst wenn sie an einem warmen und weichen Ort gelandet sind, leicht in allerlei Aufregung, wenn sie sich nicht mehr zurechtfinden. Solange sie noch blind dahinkrabbelten, waren sie sofort beruhigt, wenn sie einen warmen, weichen (Lande)Platz erreicht hatten. Allerlei Reflexe, die man vorher ausprobiert hat, sind nun nicht mehr vorhanden, bzw. verlieren sich nach und nach.

Nun fangen die Welpen auch an, vermehrt miteinander zu spielen; erst kauen sie aneinander herum, stoßen sich mit den Schnauzen und den Pfoten, woraus sich dann mehr und mehr allerlei sehr reizend anzusehendes Hin und Her ergibt. Während sich früher die Welpen nur der Leistengegend der Mutter genähert haben, tun sie dies nun auch bei ihren Geschwistern, die sich dann bei dieser Berührung völlig still verhalten. Eine Reaktion, die auch später beibehalten wird.

Der angestrengte, ernste Gesichtsausdruck hat sich verloren. Je mehr sich ihre Nervenbahnen vervollkommnen, umso ausdrucksvoller wird ihr Mienenspiel durch die verlängerte Schnauzenregion, die Aktionsfähigkeit der Muskeln, die die Ohren bewegen und die Lefzen hochziehen, um die Zähne zu zeigen.

Die Welpen erkunden nun, wenn sie eines haben, das Gelände. Alles mögliche wird abgeschleppt und herumtransportiert oder einem anderen Welpen abgejagt. Um einen Lumpen oder einen Knochen streitend, können sie sich bereits richtig „gefährlich" mit ihren hellen Stimmchen anknurren. Eimer, Steine, Büsche werden angeschlichen, Stufen und Holzscheite erklommen. Sie kriechen unter alles mögliche hinunter und verkünden dann jämmerlich quiekend, daß sie nicht mehr weiter wissen. Auf plötzliche, starke Geräusche verdrücken sich alle Welpen eiligst, wie sie überhaupt zunehmend, von Stimmungen und Aktionen angesteckt, gemeinsam reagieren.

Jetzt ist also die Entwicklung der Beziehung zur Umwelt in vollem Gange, d. h. auch soziale Verhaltensweisen formen sich. Im Gegensatz zu früher wird alles aufgenommen, was die Umwelt bietet. Alles, was der Welpe jetzt erkennt, wird ihm vertraut sein. Es prägt sich ihm ein, ob er es angenehm oder unangenehm empfunden hat und erste, einfache Assoziationen beginnen, sein Handeln zu bestimmen.

Warum ist es eine „kritische" Phase? Generell gilt für alle kritischen Phasen, daß sie ein Zeitraum sind, in dem bestimmte Reifungsprozesse besonders schnell und leicht vollzogen werden. Die Sozialisierungsphase des Hundes enthält daher drei wichtige Variablen: die Ab- oder Anwesenheit des Menschen, die Ab- oder Anwesenheit von Hunden und die mehr oder weniger begrenzte Umwelterfahrung.

Die kritische Phase wird durch zwei wichtige Prozesse ausgelöst bzw. abgeschlossen. Sie setzt ein, wenn der Welpe sich zu fürchten beginnt, wenn nichts Vertrautes in seiner Nähe ist und er zwischen Vertrautem und Fremden zu unterscheiden beginnt.

Gegen Ende der Sozialisierungphase fürchtet der Welpe sich vor Fremden. Er verhält sich nun ganz anders, als an deren Anfang. Da litt er unter Einsamkeit, aber neugierig angezogen ging er auf Neues und Ungewohntes nach kurzem Zögern zu. Das ändert sich, wenn Welpen etwa sieben Wochen alt sind. Auf fremde Personen und ungewohnte Objekte reagieren sie nun mit sich steigernder Furcht. Diese Angstphase erreicht ihren Höhepunkt mit etwa zwölf Wochen. Jetzt macht die übergroße Angst es unmöglich, irgendwelche neuen Beziehungen aufzunehmen.

Sozialisierung fördert also die soziale Bindung, weil die Welpen die Nähe vertrauter Gestalten suchen. Dieses System wirkt sicher, weil es durch tägliche Erlebnisse ständig verstärkt wird und ist auch die Grundlage des späteren Gruppenverhaltens. Wie wir sehen werden, wirken sich fehlende Sozialisierungsprozesse, später im Leben, ähnlich wie eine Hirnverletzung aus. Was ja mit dem Ablauf erklärbar ist, denn in diesen Wochen formen sich nicht nur Verhaltensweisen, sondern auch das Grundgedächtnis und die Schaltbahnen im Gehirn.

Erst mit 18 Tagen kann man auf dem EEG des Welpen einen Schlaf-Wachrhythmus ablesen, und erst in der siebten bis achten Woche, bzw. nach 49 56 Tagen zeigt das EEG des Welpen an, daß nunmehr die Entwicklung des Gehirns abgeschlossen ist.

Verändertes Verhalten von Hündin und Welpen

Wenn die Welpen selbständiger werden, verändert sich auch das Verhalten der Hündin. Ihre Engelsgeduld nimmt ab, auch läßt sie die Welpen nun häufiger allein. Die Welpen werden nun viel weniger beleckt. Sie brauchen die Stimulation zum Auslösen der Verdauung nicht mehr und verlassen nun das Nest für ihr Geschäft. Die Hündin steht beim Säugen, beißt aber gelegentlich die Welpen auch ab, ebenso erbricht sie, von Schnauzenstößen der Welpen animiert, Futter für sie und stellt so ihrerseits die Nahrung der Welpen um.

Die Hündin wirkt jetzt nicht mehr stumm auf die Welpen ein, sondern knurrt sie auch oft sehr böse an, wenn sie ihr lästig werden. Da das Knurren zunächst auch mit einigen heftigen Schnauzenstößen und leichtem Kneifbeißen und Zu-Boden-Drücken der Welpen verbunden war, beachten sie die zornige oder abweisende Stimmung der Mutter genau.

Als unser Wim noch ein Winzling war, hatte er eines Tages den im Auslauf liegengebliebenen Futtersack mit Fleisch entdeckt und tat sich beseligt gütlich daran. Sobald seine Mutter dies entdeckte, scheuchte sie ihn böse knurrend weg. Voller Schreck rannte er erst gleich sehr weit weg, zögerte in einiger Entfernung und kam dann vorsichtig wieder näher.

Die Alte blieb unbewegt über den Futtersack stehen und beobachtete ihn, ohne den Kopf zu ihm hinzuwenden, sehr wohl aus den Augenwinkeln. Sobald sich Wim dann mehr als 1 m genähert hatte, knurrte sie sehr böse, ohne ihre Haltung zu verändern, aber mit hochgezogenen Lefzen. Also zog sich der Held wieder etwas zurück, wartete und schaute gespannt zu seiner Mutter hinauf. Sie beobachtete ihn weiter aus den Augenwinkeln.

Sobald man ihm anmerkte, daß er zu einer Vorwärtsbewegung nur ansetzte, dabei aber nicht den Blick von seiner Mutter wandte, brauchte sie nun nicht einmal mehr zu knurren: Es genügte ihm bereits, wenn sie die Lefzen leicht gekräuselt über den Zähnen hochzog, also anzeigte, daß sie gleich mindestens knurren würde. Sobald sie nur die Miene verzog, verdrückte sich Wim, wie von unsichtbarer Hand gezogen, wieder etwas weiter nach hinten, um natürlich sofort darauf wieder zu einem neuen Vormarsch anzusetzen, bis ihm das Ganze schließlich zu langweilig wurde und er sich, scheinbar gleichmütig, trollte und sich anderweitig vergnügte.

Überhaupt sind die Welpen jetzt dauernd in Aktion. Sie zeigen bereits viele der bleibenden Verhaltensformen, die sich ständig vervollkommnen. Sie verfolgen bewegte Objekte, Blätter, andere Tiere, andere Welpen, einen Ball. Ihr Körperkontakt, zunächst überwiegend Kauen und Belecken des anderen, wird zum, oft nicht besonders zartfühlenden, Festhalten an Kopf, Hals, Ohren, Schwanz und anderen Körperteilen.

Die Hündin bekommt das ganz schön zu spüren. Mit der Schnauze stoßen sie an ihre Mundwinkel, wenn sie Futter wollen; mit den Pfoten stupsen sie zu ihr hin, wollen sie spielen; sie kneifen sie höchst respektlos in alle möglichen Körperteile, so daß die Hündin schließlich bei einigen Welpen knurrt, wenn sie sich ihr nur nähern.

Auch der Mensch wird nun keck und neugierig untersucht. Schwanzwedelnd wird er beschnüffelt, an seinen Kleidern gezerrt, seinen Fingern gekaut, sein Gesicht abgeleckt. Die Welpen machen zwischen Mensch und Hund keinen großen Unterschied. Überhaupt *beriechen* sie nun die Umwelt, das ganze Gelände sorgfältig. Was sie, schwanzwedelnd, alles dabei entdecken, wird uns leider verborgen bleiben.

Aber sie bringen sich auch schleunigst in Sicherheit, wenn ihnen etwas nicht geheuer vorkommt. Trotzdem ist alles Neue für sie außerordentlich anziehend; sie überwinden sichtlich ihre Bedenken und wiederholen Annäherung und Flucht immer wieder, wobei ihre Ängstlichkeit immer geringer wird und die Flucht schließlich unterbleibt.

Lawick Goodall berichtet von jungen Wildhunden, die aus ihrer Höhle die glutrot aufgehende Sonne entdecken: Sie fixieren sie eine Weile, mit hochgestellten Ohren, huschen dann alle, wie auf Befehl, schleunigst in das sichere Dunkel der Höhle zurück, um nach einer Weile wieder, allesamt, mit großen Augen und mit aufgestellten Ohren, herauszulugen und den großen roten Ball am Himmel anstarren, eiligst wieder fliehen, dann vorsichtig wieder hervorlugen...

Was wir mit Entzücken beobachten, ist im tiefsten Kern sehr viel mehr. Außerhalb der gewohnten Umgebung sind Welpen ängstlich und jammern zunächst kläglich. Sehr bald aber gehen sie auf Entdeckungstour. Das ist ein wichtiger Entwicklungabschschnitt, nicht nur, weil sie die Umwelt dabei kennen lernen. Bis dahin haben die Welpen mehr oder weniger unabhängig von einander gehandelt und sich nur zufällig zu gelegentlichen Spielen zusammengefunden. Jetzt beginnen sie zunehmend, etwas *gemeinsam* zu tun: Wenn einer von ihnen irgendwo hinstürmt, sausen sofort die anderen hinterdrein. Auch ihre Spiele werden kämpferischer, um gefundene Gegenstände wird gekämpft.

In diesem Zeitraum entwickelt sich nicht nur ihre größte Angst vor der Umwelt, vor der sie sich passiv verteidigen, also fliehen. Es zeigen sich auch erste Anzeichen sich ausbildender Dominanzverhältnisse. Je nach seinem Typ, verteidigt sich ein Welpe *aktiv* = greift an und wehrt sich oder *passiv* = flieht oder unterwirft sich. Der dominante Welpe verteidigt seinen Knochen, den ihm der andere mehr oder weniger kampflos überläßt. Dem Entdeckungsfreudigeren folgen die anderen.

Kritische Wochen, die alles entscheiden
und sich nicht nachholen lassen

Somit stehen wir vor der erstaunlichen Tatsache, daß Gesundheit zwar wichtig, aber nicht alles ist, was ein Hund haben muß. Viel häufiger wird ja auch von den genetisch bedingten Krankheiten, die sogar typisch für einige Rassen sind, gesprochen. Krankheiten aber, ebenso wie Körperproportionen, Haarfarbe usw., lassen sich diagnostizieren bzw. messen. Anders ist es bei Wesens- und Charaktermängeln, hier ist meist ziemlich schwer, ihren Grad und ihre Ursache einwandfrei zu belegen.

Wer ist Schuld daran, wenn ein Hund sich nicht oder nur schwer erziehen läßt, ängstlich oder aggressiv ist? Hundebesitzer und Züchter schieben sich gegenseitig die Hauptschuld zu. Da kommen dann die beliebten Hinweise auf den „schlechten Vererber", die „überzüchtete Rasse". Besonders liebe Züchter behaupten auch, der neue Besitzer selbst habe den Hund sofort „verdorben". Der wird nun klein und häßlich, weil er nicht weiß, daß die wichtigste Entscheidung, wie ein Hund einmal sein wird, in den wenigen, ersten Wochen seines Lebens beim Züchter gefallen ist. Nicht nur das: Bei gleicher Erbmasse können Hunde, unter verschiedenen Bedingungen aufgezogen, sich völlig gegenteilig entwickeln.

Wenn die Welpen sehen, hören und munter herumlaufen, meint mancher Züchter, nun seien die schlimmsten Klippen überwunden. Er ist froh, daß er sich nicht mehr dauernd mit ihnen abmühen muß, weil sie nun die letzten drei oder vier Wochen bis zu ihrem Verkauf ganz von selbst tüchtig fressen und wachsen. *Damit hat er gleichzeitig den Entschluß gefaßt, die bis dahin ordentliche Entwicklung abrupt zu beenden.*

Was hier versäumt wird, kann man am besten am Beispiel des Wolfsrudels verstehen lernen. Dort klappt zwar alles vorzüglich, auch *ohne* daß sich der Mensch einmischt. Dafür kümmert sich aber, sobald die Wölfin weniger säugt und seltener bei den Welpen ist, das ganze Rudel um die Welpen, die nun anfangen, ihre Umwelt zu entdecken. Im Wolfsrudel vollziehen sich *Präge-* und *Sozialisierungsphase* ganz selbstverständlich, während die Welpen im Spiel untereinander und mit allen Rudelmitgliedern vertraut, in die Gepflogenheiten des Lebens eingewöhnt und erzogen werden.

Bei Hundewelpen ist das Eingreifen des Menschen nicht nur der Prägung auf den Menschen wegen wichtig. Eine einzelne Hündin ist restlos überfordert, das erhebliche Spielbedürfnis der Welpen zu befriedigen. Wenn sie sich dann murrend und verärgert beiseite trollt und ihren Kindern unmißverständlich zu verstehen gibt, ihr mit gehörigem Abstand vom Leibe zu bleiben, ständen im Wolfsrudel genügend „Hilfskräfte" zur Verfügung, die anstelle der erschöpften Hündin weitermachen.

Immer ist dort also dafür gesorgt, daß die Welpen, wenn sie nicht gerade eins ihrer vielen und notwendigen Schläfchen abhalten, stets in voller Aktion sind. Bei wildlebenden Tieren ist daher nicht überwiegend die Mutter mit den Welpen beschäftigt. Diese Aufgaben übernehmen andere Weibchen, die keine Jungen haben oder auch Jungtiere aus früheren Würfen, die, ebenso wie die Rüden, Futter herbeitragen und vorbrechen.

Bei Haushunden wird dies seltener beobachtet. (Warum, wird später erklärt.) Es ist aber ein *natürliches* Verhalten der Hündin, daß sie ihren Welpen nicht uneingeschränkt zur Verfügung steht.

Während der junge Wolf in seiner langen Spiel- und Lernzeit ein breites „Vokabular" hinzugewinnt, muß auch beim Hundewelpen die Möglichkeit gefunden werden, ihn nicht verdummen zu lassen.

Merkwürdigerweise meinen manche, das Verhalten eines Tieres bestehe aus mehr oder weniger zufälligen, beiläufigen Reaktionen, Bewegungen und Aktionen. In Wirklichkeit arbeiten die Tiere hier mit der Unfehlbarkeit eines Computers, denn ihr Überleben hängt davon ab.

Darum sind die Phasen des unerläßlichen Prägevorgangs genetisch bedingt. Ein Wolfsjunges muß lernen, zu welchen Lebewesen es gehört und es muß sich angewöhnen, sich nie zu weit von ihnen zu entfernen. Ebenso muß sich ein Wolfsjunges mit seinem Territorium und dessen Gerüchen vertraut machen. Wolfsjunge müssen die „Sprache", mit der man sich im Rudel verständigt und die die Grundlage des Gruppenverhaltens ist, verstehen und anzuwenden lernen.

Aus der Wolfszeit als wichtiges Verhalten ererbt ist auch das „Angsthaben", das auch bei jungen Hunden ab etwa sieben Wochen beginnt und mit etwa zwölf Wochen wieder weitgehend verloren geht. Normalerweise wenigstens. Es setzt ein, wenn die Welpen zwar schon außerordentlich aktiv, andererseits aber auch noch sehr unvernünftig sind. Junge Wölfe müssen in ihrer vertrauten Umgebung bleiben. Da die Alten sie ja nicht anbinden können, werden sie eben „durch Angsthaben angebunden". Später weiten sie ihre Ausflüge in die Umgebung aus, halten sich dabei aber immer an die Rudelmitglieder, an deren Verhalten sie sich orientieren.

Erst an zahlreichen Aufzuchtversuchen mit Hunden hat man zu verstehen gelernt, daß zur normalen Welpenentwicklung gehört, einerseits positive, andererseits aber auch negative Erfahrungen zu machen. Dabei wurden Welpen entweder isoliert oder aber gemeinsam, jedoch ohne jeden menschlichen Kontakt, großgezogen.

Welpen, die bis zur sechsten Woche nicht mit *Menschen* in Berührung kamen, akzeptierten diese nicht als „Mit-Lebewesen", während andere, selbst wenn sie nur sehr kurze Zeit täglich mit Menschen zusammen kamen, diesen voll als einen der ihren ansahen. Sehr verblüfft waren SCOTT und FULLER aber darüber, daß es bereits genügte, wenn die Welpen den Menschen nur *sahen;* in der Prägephase wird also auch das „Bild" des Vertrauten im Gedächtnis gespeichert.

Für die Verhaltensentwicklung sind die Geschwister lange Zeit offensichtlich wichtiger als die Mutter. Bei Welpen, die ohne Kontakt mit anderen Hunden, ausschließlich beim Menschen aufgezogen wurden, konnte man das genau beobachten. Noch mit 16 Wochen zeigten sie ein Spielverhalten, das sonst für sehr viel jüngere Tiere typisch ist. Sie waren also regelrecht „zurückgeblieben".

Man brachte nun einen „Isolationswelpen" mit seinen normal aufgewachsenen Geschwistern zusammen. Sofort zog er sich angstvoll zurück, was ihm nicht viel nützte, denn die anderen gingen trotzdem auf ihn los. Seine „rabiaten" Geschwister hatten nämlich die Fähigkeit, Beziehungen aufgrund bestimmter Verhaltensweisen aufzubauen. Davon hatte er überhaupt keine Ahnung.

Als die anderen frohgemut auf ihn zustürmten, hatte er nur Angst, denn er hatte nicht gelernt, die Reaktionsweise seiner Geschwister richtig zu deuten. Die Körpersprache selbst ist angeboren, nicht aber, sie zu verstehen. *Seine* ganze Körperhaltung war Angst und ein herrliches Signal für die anderen, sich über ihn herzumachen.

Für diesen Welpen hat die erste Begegnung mit seinen Geschwistern *prägenden* Charakter: Er hat „gelernt", daß er der Unterlegene ist. Er wird seine Demutshaltung ein Leben lang sofort einnehmen, wenn ihm ein anderer Hund begegnet, ein Leben lang entsprechend behandelt werden und immer der letzte im Dominanzgefüge sein.

Normalerweise fangen Welpen mit etwa fünf bis sechs Wochen an, *gemeinsam* zu handeln und nicht mehr zufällig miteinander zu spielen. Wenn sie etwa sieben bis acht Wochen alt sind, führen sie erste „Angriffe" als Rudel durch und entwickeln nun, wenn sie noch zusammenbleiben, erste Anfänge einer Rangordnung.

Meistens bleiben Welpen ja nicht solange beisammen. Daher wurden in einem weiteren Aufzuchtversuch Welpen ohne jeden menschlichen Kontakt „wild" im Rudel aufgezogen. Sie hatten im Alter von elf bis 15 Wochen feste Dominanzverhältnisse untereinander ausgehandelt und waren überhaupt nicht erpicht auf menschliche Gesellschaft. Auch später ließen sie sich nicht mehr umgewöhnen oder erziehen.

Die sogenannte Sozialisierungsphase erstreckt sich also etwa vom ersten bis dritten Monat, dann sind die *Grundlagen des Verhaltens erlernt.* Jedes Tier hat innerhalb seines Wurfs sich einen bestimmten Platz erobert. Jetzt kann man große Unterschiede zwischen den Geschwistern feststellen.

Das Sozialverhalten wird also zunächst aufgrund einfacher, angeborener Verhaltensweisen ausgelöst und gelernt. Erstens werden die Rudelmitglieder eng miteinander verbunden und ihr Verhältnis zueinander geregelt. Zweitens werden nun die Welpen keine Bindungen mehr eingehen mit irgendwelchen anderen Tieren, außer denen, die sie in einer bestimmten Lebensphase kennengelernt haben.

Die Welpen haben spielerisch gelernt, wie man sich auch später über seine Absichten verständigt. Wenn die Mutter, die sich nun nicht mehr dauernd bei den Welpen befindet, zurückkehrt, wird sie sofort höchst beglückt von den Welpen umkreist: Sie wollen Futter haben, versorgt werden. Sie kommen freudig, schwanzwedelnd, leckend und schnauzestoßend und -beißend. Man kann die Übereinstimmung der sozialen „Begrüßungsgeste" mit dem „Bettelverhalten" der Jungtiere leicht erkennen. Nicht nur beim Wolf, sondern bei vielen hundeartigen Raubtieren, stoßen erwachsene Gruppenmitglieder gegen die Mundwinkel des Partners, wie es auch die Jungen tun, um von der Jagd heimkehrende Alttiere zum Hochwürgen von Nahrungsbrocken zu veranlassen. Das Anspringen des Hundes am Menschen ist etwas sehr Ähnliches.

Spiel / Gruppenbildung / Agonistisches Verhalten

Verhalten muß sich aus vielen einzelnen *Verhaltenselementen* erst herausbilden. Welpen lernen auch im Spiel, wie man droht, angreift, sich unterwirft und aus den Bewegungen der anderen, deren Gemütsverfassung abzulesen. Die Neigung zum Spielen und bestimmtes Spielverhalten sind angeboren, es entwickelt sich langsam aus den ersten, mehr reflexartigen Reaktionen: Schnauzenstoß, Berührungen mit den Pfoten, angenehme oder zu vermeidende Kontakte, aus ihnen entstehen die späteren *Verhaltenskomplexe*.

Auch die Entwicklung des Gruppen- und des agonistischen Verhaltens formt sich im Spiel und ist genetisch bedingt. Agonistisches Verhalten enthält ein sehr wichtiges Element: Ohne dieses wären die Welpen nur vertrauensvoll und eine Rudelbildung und der damit verbundene Aufbau von eindeutigen Beziehungen wäre nicht möglich.

Als *agonistisches Verhalten* bezeichnet man alle „mit der kämpferischen Auseinandersetzung zwischen Individuen in Zusammenhang stehenden Verhaltensweisen: Angriff, Drohverhalten, Verteidigung und Flucht." Wie wir später noch sehen werden, stehen diese Begriffe nicht nur als Verhalten in engem Zusammenhang, sondern werden auch durch bestimmte, endokrine Vorgaben beeinflußt.

Zunächst zeigen sich deutlich Fluchtverhalten und Angst, ebenso aber auch die Fähigkeit, sich, je nach Temperament, zu wehren oder ernsthaft zu kämpfen oder klein beizugeben. Das Dominanzverhalten ist meist mit acht Wochen, spätestens aber mit 15 Wochen, voll erkennbar. So baut sich das Verhalten stufenweise auf aus: Spielverhalten, Sozialverhalten und Gruppenverhalten. Die Welpen verändern sich nachhaltig. Bei jedem von ihnen lassen sich Charakterzüge beobachten, die er auch später nicht mehr verlieren wird. In diesem ersten „Rudel" sind die Welpen nun so zusammengefügt, wie es ihrem individuellen Temperament entspricht. Jeder hat seinen festen Platz, das gibt ihnen Sicherheit und Selbstbewußtsein. Am Ende der Sozialisierungphase zeigen Welpen das gesamte Verhaltensinventar der erwachsenen Tiere, aber noch in einer spielerischen Form.

Die wichtige zweite Sozialisierungsphase

Wie nachhaltig wirkt die frühe Sozialisierung im späteren Leben weiter? Hat sie den gleichen lebenslänglichen Effekt wie Mängel in der Prägephase? Selbst gut sozialisierte Welpen bereiten ihren Züchtern gelegentlich Kopfzerbrechen. Sie kamen, konnten sie mit acht Wochen nicht verkauft werden, wieder in den Zwinger der anderen Hunde.

Seltsamerweise waren diese Welpen dann mit sechs Monaten scheu, unerziehbar, was sich niemand erklären konnte. Man vermutete, dies sei ein genetisch bedingter schwerer Wesensmangel. Allerdings hatte man ihn bei den übrigen Welpen nicht feststellen können.

Das Rätsel ließ sich durch Versuche mit Wolfswelpen klären. GINSBURG gelang in geduldigen Bemühungen das erstaunliche Experiment, auch *ausgewachsene* Wölfe zu sozialisieren. Bemerkenswerterweise blieb bei den spät sozialisierten Wölfen dies Verhalten *lebenslänglich* erhalten, während sozialisierte Wolfswelpen wieder verwildern konnten.

Das führte zu der Entdeckung, daß Wölfe offensichtlich eine *zweite*, eminent wichtige Sozialisierungphase durchlaufen müssen. Diese Fähigkeit zur zweiten Sozialisierungphase ist bei allen rudelbildenden Caniden genetisch bedingt vorhanden und verfestigt die Sozialisierung der Welpen. Tiere, die zu einer zweiten Sozialisierung nicht fähig sind oder bei denen sie unterbleibt, sind nicht gemeinschaftsfähig und nicht erziehbar.

Diese Erkenntnisse sind für den Hundehalter von großer Bedeutung: Züchtern oder Besitzern können hier aus Unkenntnis nicht wiedergutzumachende Fehler unterlaufen. Trotz guter Veranlagung können junge Hunde bei Zwingerhaltung untrainierbar oder „wesensschwach" werden. (Wir kommen in anderem Zusammenhang nochmals darauf zurück.)

Zusätzlicher Streß in der Sozialisierungsphase

Das Gegenteil von restriktiver Aufzucht sind zusätzliche, gezielte Stimulation und Streß im frühen Welpenalter. Welpen, die in einer besonders abwechslungsreichen Umwelt und darüber hinaus in der ersten bis fünften Woche einer täglich etwa einstündigen Stimulation gezielt ausgesetzt waren, wurden gründlich examiniert.

Sie unterschieden sich in vielen Punkten von den Vergleichswelpen. Ihr Gehirn war früher ausgereift. Sie waren dominant über die „normalen" Welpen und verkrafteten befremdende, neue Situationen ohne Schwierigkeiten. Die innere Untersuchung ergab, daß sie die fünffache Menge Noradrenalin produzierten, ein Hormon, das für die Streßverarbeitung wichtig ist; daß sie besonders leistungsfähig waren, bewies auch ihre Herzrate.

In verschiedenen Entwicklungsphasen hat *zusätzliche* Stimulation jeweils typische Effekte. Im frühen Stadium werden die autonomen Reaktionen vermehrt angeregt. Die Phase sozialer Bindungen ist mit der Ausreifung des subkortikalen Bereichs (Sitz der Emotionen) verbunden. In der dritten Phase fördern zusätzliche soziale und Umweltkontake die Ausreifung der Großhirnrinde, d. h. des „Verstandes".

Bis zu ihrer 12. Woche erhielten diese Welpen eine gezielte Sonderbehandlung. Sie wurden weiterhin täglich bestimmtem Streß (Geräusche, Licht, Wärme, Kälte) ausgesetzt, aber auch aus dem Zwinger regelmäßig zu Ausflügen in die Umgebung gebracht.

Zunächst hatte man die Welpen verschiedener Hündinnen ausgetauscht, so daß sich neue Familien ergaben. Je größer die Welpen wurden, in umso kleineren Gruppen wurden sie zusammengehalten, wobei aber immer wieder andere Welpen zusammengebracht wurden, so daß sich zwischen ihnen keine festen Beziehungen entwickeln konnten. Als sie 12 Wochen alt waren, bestand jede Gruppe nur noch aus jeweils zwei Welpen. Sie waren an ihre Betreuer gewöhnt, die sie regelmäßig versorgt und getestet hatten und sie nun ihren Anlagen gemäß richtig einstufen konnten. Auf diese Weise entstanden Hunde, die später hervorragende Leistungen erbrachten.

Wie und wann sucht man sich einen Welpen aus?

Häufig wird der Welpe erst ab der achten Woche an den Käufer abgegeben. Viele Züchter halten dies für einen günstigen Zeitpunkt: Sie möchten die Welpen noch solange beisammen lassen, bis die Impfungen abgeschlossen sind.

Dabei ist dieser Zeitpunkt, der Höhepunkt der Sozialisierungsphase, tatsächlich ungünstig. Besser wäre es für alle Beteiligten, den Übergang bereits ab der sechsten Woche vorzunehmen, da die Angstphase ab der siebten Woche einsetzt. Der Welpe hat, zusätzlich zum Umgewöhnungsstreß, im neuen Heim zumeist noch das Wechselbad vernünftiger und unsinniger Erziehungsmethoden auszuhalten. Wird der Welpe *vor* dieser Zeit umgepflanzt, ist er noch nicht *fähig*, Angst zu haben und wird sich daher reibungslos eingewöhnen.

junge Dogge

Bevor man zur Tat schreitet, um sich „seinen" Welpen auszusuchen, bekommt man unzählige Ratschläge. Derart umfassend gewarnt, steht man nun beim Züchter und versucht zunehmend ratlos, die Welpen mit Kennerblick zu begutachten. Meistens sehen sich Welpen in diesem Alter doch sehr ähnlich. Aber auch, wenn sie sich durch Farbe oder andere äußere Merkmale unterscheiden, kann man in so kurzer Zeit bei keinem von ihnen besonderes Verhalten registrieren.

Besser ist es, wenn man die Welpen schon längere Zeit beobachten kann und herausfindet, was sie so miteinander unternehmen. Wer ganz gründlich ist, wird die Welpen markieren und sich über jeden einzelnen Notizen machen. Allerdings sind Welpen groß darin, diesen Zierrat schnell zu entfernen, wenn man nicht haltbares Material nimmt. Am sichersten ist, ihnen an bestimmten Stellen etwas Fell abzurasieren, denn alle Aufzeichnungen sind wertlos, wenn man die Welpen nicht einwandfrei identifizieren kann.

Nicht alle Ratschläge, die man so bekommen hat, sind geeignet, daß man gerade *den* Welpen auswählt, der zu einem paßt. Sucht man sich nämlich, wie anbefohlen, den Welpen aus, der einem vor allen anderen entgegenläuft, ist damit zunächst nur gesagt, daß er in *diesem* Wurf ein dominantes Tier ist. Das sagt noch nichts darüber aus, wie sein späterer Herr mit ihm fertig wird. Da gibt es schon einiges zu überlegen.

Meistens wird abgeraten, Welpen auszuwählen, die sich bei der allgemeinen Begrüßung stets etwas im Hintergrund halten. Nun haben kluge Leute aber auch diese Welpen getestet. In der Rangfolge im Wurf standen sie zwar ganz hinten, besonders auffallend war aber auch ihre Anhänglichkeit an den Menschen. Setzte man sie Streßsitutationen aus, waren sie auch keinesfalls ängstlich. Wer sich einen dieser Welpen auswählte, entschied sich also *gegen* ein sehr dominierendes und *für* ein sehr anhängliches, ruhigeres, gemäßigtes und angstfreies Tier.

Man kann ja schon unter den Winzlingen richtige „Prachtkerle" entdecken: Sie dirigieren die gesamten Geschwister, sind dauernd in irgendwelche Händel verwickelt und fangen auch sogleich mit dem Besucher einen fröhlichen, recht unsanften Kampf an, bei dem sie gehörig mit ihren Zähnen zwicken können.

Eines sollte einen sofort abhalten, überhaupt einen Welpen auszusuchen: Wenn nämlich *alle* Welpen ängstlich sind, wenn ein Fremder sich ihnen nähert. Dann nämlich haben sie ziemlich wenig Umgang mit Menschen gehabt. Wie schwierig ein solcher Hund zu erziehen ist, merkt man im Verlauf der nächsten Wochen und Monate. Allerdings hat man den kleinen Kerl dann doch sehr ins Herz geschlossen und wird sich nun ein Leben lang mit ihm abplagen, obwohl es schade ist, denn mit wesentlich weniger Aufwand wäre ein besser veranlagtes Tier eine lebenslange Freude geworden.

Einen überaus ängstlichen Welpen sollte man lieber auch dann nicht nehmen, wenn die anderen sonst ganz keß sind. Knurrt und beißt dieser dann auch noch, wenn man sich ihm zuwendet, kann man sich ausmalen, wie er sich später einmal benehmen wird. Ein aggressiv-ängstlicher Hund (wir gehen später noch ausführlich darauf ein) kann aber nicht nur unbequem, sondern auch gefährlich werden.

Am sichersten fährt, wer die Welpen nicht nur frühzeitig beobachten, sondern auch testen kann. Unter den vielen, zum Teil sehr komplizierten Welpentests haben wir einen, der in Blindenhundschulen angewendet wird, übernommen. Er ist einfach und ohne großen Aufwand durchzuführen. Wenn man Welpen im Alter von sechs bis acht Wochen damit testet, ergibt sich ein erstaunlich gutes Bild, das meist durch die spätere Entwicklung des Hundes bestätigt wird.

Ein sehr einfacher Welpentest
für sechs- bis achtwöchige Welpen

Getestet wird in einem Raum, der dem Welpen *unbekannt* ist. Der Raum sollte wenigstens sparsam möbliert sein, also den Welpen anregen, ihn zu untersuchen und ihm die Möglichkeit bieten, sich bei Bedarf zu verstecken. Jeder Welpe wird *einzeln*, in Gegenwart von zwei ihm *fremden* Personen, getestet. Notfalls kann aber ein Züchter seine Welpen selbst bewerten, aussagekräftiger ist aber der Test mit *fremden* Personen. Vorzubereiten ist für jeden Welpen ein Testblatt, auf dem die Aufgaben bereits eingetragen sind und nur noch die Bewertung hinzugefügt wird. (Bewertung: 1= sehr gut, 2 = gut, 3= noch befriedigend, 4= nicht ausreichend)

Die Gesamtzeit aller sieben Tests (jeder dauert etwa 10 - 15 *Sekunden*) beträgt etwa zehn Minuten. Als „Testmaterial" wird benötigt:

ein Ball, den der Welpe leicht mit der Schnauze fassen kann,
ein leerer Plastikeimer,
eine leere Papp(Zigaretten)schachtel an einem Bindfaden

Test Nr. 1: Kommen

(Ängstlichkeit, Soziales Angezogensein, Vertrauen in Umgebung, Neugierde)

Der Welpe wird auf den Boden des Zimmers gesetzt, der Untersucher bleibt ruhig *stehen* und kümmert sich nicht um den Welpen. Der Welpe sollte sofort neugierig und ohne Angst (Schwanz/Körperhaltung) das Zimmer untersuchen.

Negativ ist, wenn er in der unbekannten Umgebung ängstlich oder panikartig reagiert, nach draußen will, sich hinkauert, weint, zittert, uriniert.

Nach 15 Sekunden geht der Untersucher durch den Raum und lockt den Welpen.
Positiv ist: Der Welpe unterbricht sofort seine Aktion, folgt dem Lockruf bereitwillig, ohne Murren aber auch ohne Aggression, läßt sich streicheln ohne zu beißen oder zu knurren.

Bewertungsbeispiel (ist vorher genau festzulegen, damit alle Welpen gleich bewertet werden): 1= Reagiert schnell auf Anruf und bleibt bei Untersucher 2= Muß nochmals aufgefordert werden, bleibt bei Untersucher 3= Muß nochmals aufgefordert werden, bleibt nur kurz bei Untersucher 4= Beachtet überhaupt nicht, gleichgültig, ängstlich, aggressiv usw.

Test 2: Apportiertest

(Jagdinstinkt, Intelligenz, Willigkeit, Vertrauen)

Der Welpe untersucht weiterhin den Raum, dann rollt der Untersucher einen Ball vor der Nase des Welpen vorbei, so, daß der Welpe dem Ball nachsehen kann, der auf eine Wand zurollt.

Bei diesem Test sind bereits deutliche Unterschiede und vielfach abgestuftes Verhalten daran zu erkennen, wie der Welpe auf den Ball reagiert. Nicht zu erwarten ist, daß der Welpe den Ball holt und zum Tester zurückträgt.

Negativ: Welpe geht dem Ball zögernd nach; beachtet mehr den Tester als den Ball; ein träger Hund beachtet den Ball nicht; ängstlicher Hund folgt dem Ball gar nicht / nicht unter einen Tisch usw.

Positiv: Welpe saust ohne zu zögern hinter dem Ball her, auch unter Tisch, Stuhl oder Schrank, hält ihn in der Schnauze, spielt mit ihm. Wenn der Ball von der Wand zurückprallt, duckt sich der Welpe, um ihm dann sogleich zu folgen. Besonders apportierfreudige

Hunde halten den Ball meist in der Schnauze, andere neigen mehr dazu, den Ball zu verfolgen und damit zu spielen. Ein guter Hund ist willig in allem, was der Mensch mit ihm tut, voller Energie, Neugierde, Selbstvertrauen. *Apportierfreudigkeit ist eng korreliert mit Intelligenz, Selbstsicherheit und Willigkeit.*

Test 3: Herbeilocken

(Soziales Angezogensein, Vertrauen, Willigkeit)

Welpe wird nun zwischen zwei Testpersonen hin- und hergelockt. Der Tester A *kniet*, Tester B *kriecht* in etwa 3 m Abstand, lockt den Welpen mit Worten und klopft mit den Fingern auf den Boden. Ist der Welpe bei B angekommen, wiederholt nun Tester A die Prozedur, insgesamt vier- oder fünfmal.

Negativ: Welpe kümmert sich überhaupt nicht und untersucht den Raum weiter; der Welpe nähert sich zögernd und ängstlich; geht knurrend auf die Hand los = aggressiv usw.

Positiv: Der Welpe stürmt ohne zu zögern, Schwanz und Kopf erhoben, auf den Rufenden los, folgt ebenso begeistert dem Lockruf der zweiten Testperson und wiederholt dies unermüdlich. Jedesmal wird er heftig gelobt und gestreichelt.

Test 4: Pfotendruck

(Körperempfindlichkeit, nachtragend, Dominanzverhalten)

Welpe wird in die Arme genommen und gestreichelt. Dann wird eine Vorderpfote genommen und die Haut *zwischen* den Zehen fünf *Sekunden* lang fest zwischen die Fingerkuppen (nicht die Fingernägel) von Daumen und Mittelfinger gepreßt. Mit sechs Wochen haben Welpen normalerweise hier kein Schmerzempfinden.

Negativ: Welpe weint, quietscht, wehrt sich, versucht zu beißen. (Später ist er vermutlich scheu, panisch, unsicher.) Welpe läßt sich nicht stillhalten, läßt sich nicht kneifen, versucht zu beißen. (Später vermutlich empfindlich und überdominant.) Ist er bereits in diesem Alter körperempfindlich, wird er es auch später sein. Seine abwehrende Reaktionsweise kennzeichnet seinen mutmaßlichen Charakter.

Positiv: Welpe läßt sich alles friedlich gefallen und scheint den Druck auf seiner Haut nicht zu bemerken.

Test 5: Rückenlage

(Dominanzverhalten, Zutraulichkeit)

Welpe wird vom Boden aufgehoben und langsam, mit etwas ausgestreckten Armen zwischen den Händen gewendet, bis er auf dem Rücken liegt. Eine Hand unterstützt dabei den Hals, die andere den Körper des Welpen, der zehn *Sekunden (!)* so gehalten wird.

Negativ: Welpe wehrt sich gegen die Rückenlage (mit seinem Typ entsprechenden Reaktionen)

Positiv: Welpe läßt sich alles entspannt und friedlich gefallen.

Test 6: Lärm

(Geräuschempfindlichkeit)

Welpe wird wieder zwischen den beiden, knieenden Testpersonen hin- und hergelockt. Wenn er an einem nicht sehr hohen Tisch oder Stuhl vorbeikommt, fällt etwa 60 - 80 cm *hinter* ihm ein leerer *Plastik*-Eimer herab. Ist der Welpe dann beim Tester B angekommen, wird er von A zurückgerufen und das ganze noch einmal wiederholt, indem ihn B nochmals lockt.

Negativ: Welpe legt Ohren an, zieht Schwanz ein, läuft aber nicht weg; Welpe hat panische Angst, rennt weg oder kauert sich bewegungslos hin, uriniert.

Positiv: Welpe erschrickt nicht durch die Bewegung, mit der hinter ihm der Eimer umgestoßen wird, untersucht interessiert, was hinter ihm herunter- oder umgefallen ist, beriecht und berührt den Eimer und folgt dann dem Lockruf.

Test 7: Bewegtes Objekt:

(Jagdinstinkt, Willigkeit, Neugierde, Begeisterungsfähigkeit)

Welpe bleibt noch weiter im Raum und beschäftigt sich. Testperson zieht im Umhergehen eine Schachtel an einem Strick dicht hinter sich her und regt den Welpen an, indem er die Pappschachtel in großen oder kleineren Sprüngen über den Boden hüpfen läßt.

Negativ: Welpe kümmert sich überhaupt nicht; Welpe hat deutlich Angst;

Positiv: Welpe saust begeistert darauf zu, stößt mit den Pfoten danach, springt darauf, springt hoch, wenn Schachtel in die Luft gehoben wird, verfolgt eifrig alle Bewegungen der Schachtel und geht auf sie spielerisch oder kämpferisch und knurrend (weniger günstig zu bewerten) los.

Von der Jugendphase zum Erwachsenwerden

Den Welpen bekommen wir meistens dann, wenn seine Sozialisierung noch nicht vollständig abgeschlossen ist. Das ist auch gut so. Denn jetzt sind wir dran. Jetzt nämlich muß unser Welpe erfahren, daß er zu *uns* gehört und wir *immer* die sind, die das Sagen haben. Sie können sicher sein, daß er viel zäher ist, das immer wieder auszuprobieren, als wir uns das vorstellen können.

Im Wolfsrudel ist es wichtig, daß sich die Rudelstruktur immer wieder bestätigt. Solange eine feststehende Ordnung herrscht, ist Ruhe, sobald aber neue Kräfte spürbar werden, weil z. B. die dominanten Tiere ausfallen, geht das Aushandeln neu los. Daß dies lebensnotwendig ist, sehen wir später. Daher ist es eine angeborene „Sucht" des Welpen, mit allen ihm zur Verfügung stehenden Mitteln zu versuchen, seine Grenzen zu erkennen und uns, mit denen er nun anstelle seiner Wurfgeschwister Umgang hat, „durchzuchecken".

Vor allem darf es in dieser neuen Umgebung für ihn keine echten Angsterlebnisse geben. Er darf z. B. einen „Schreck" bekommen, wenn er dem heißen Ofen zu nahe kommt. Das Stehlen vom Tisch wird ihm verleidet, weil z. B. dann jedesmal eine unangenehm klappernde Blechdose herabfällt. Aber wir selbst dürfen für ihn nichts Schreckliches haben; wenn er zu uns kommt, muß es für ihn angenehm sein.

In diesem Alter lernt er noch überwiegend durch Gewohnheit, weniger durch Erfahrung. Großartige Lernergebnisse sind noch nicht zu erwarten. Die grundlegenden Lernprozesse sind abgeschlossen, man hat sogar das Gefühl, daß er langsamere Fortschritte macht als vorher. Dies täuscht, denn jetzt ist der Zeitpunkt, wo er „umschaltet" vom bloßen Erfahrungen-Sammeln zum wirklichen Lernen. Er sortiert sozusagen seine bisherigen Erkenntnisse, um sie in ein geordnetes Wissen umzuwandeln und anzuwenden. Außerdem ist bis zur 12. Woche die Angstphase noch im Abklingen, was seine Aktivitäten ebenfalls etwas bremst.

Obwohl er seine Körpergröße bald erreicht hat, ist er noch lange nicht ausgereift. Schwierige Trainingsaufgaben kann man ihm noch nicht zumuten, konzentrieren kann er sich jedenfalls noch ziemlich schlecht. Ab dem vierten Monat beginnt sich das Verhalten des Welpen endgültig zu festigen, es bildet sich nun die Grundlage für sein späteres eigentliches Lernen.

Während der *Jugendphase* vollenden sich die vorher angelegten Charakterstrukturen bis zum Erwachsenwerden. Der Junghund bezieht nun seinen Menschen in seine Verhaltensweisen immer mehr mit ein: Er folgt ihm, wie er den Rudelgefährten folgen würde und ordnet sich – normalerweise – unter seine Menschen ein. Er lernt, unsere „Sprache": unsere Worte, aber auch unseren Gesichtsausdruck und unsere Gebärden zu verstehen und ist uns darin oft weit voraus.

Irgendwann kommt jetzt ein Abschnitt, wo man seinen Hund am liebsten zum Züchter zurückbringen möchte. Er ist ein wahrer Unband. Alles, was er schon recht schön „konnte", ist wie weggeblasen. Meistens fällt dies mit dem Zahnwechsel, zwischen dem vierten oder sechsten Monat, zusammen. Diese Zeit, sie ähnelt der Trotzphase des Kindes, geht, ebenso wie bei diesem, mit Sicherheit vorüber. Hier heißt es, konsequent, ruhig und freundlich zu sein. Man kann sehr viel verderben, wenn man zunächst zu wenig konsequent und dann zu rabiat vorgeht.

Wenn ein Rüde das Bein hebt oder die Hündin zum ersten Mal läufig wird, haben sie ihre Geschlechtsreife erreicht. Deswegen sind Hunde aber noch keinesfalls „erwachsen". Bis die Hunde auch charakterlich voll ausgereift sind, vergeht noch viel Zeit. Meistens mit zwei Jahren, bei einigen Rassen noch später, stabilisiert sich der Hund. Die Trainingsergebnisse werden von da an erst restlos zuverlässig. Auch das Bewachen des Territoriums setzt erst ab dem zweiten Lebensjahr ein, allerdings ist dies Verhalten rassebedingt unterschiedlich stark ausgeprägt.

Verhalten – mehrere Beteiligte in konzertierter Aktion

Daß Herumtollen und Spielen für die Welpen lebenswichtig und eigentlich bitterernst ist, darauf kommt man am wenigsten, schaut man ihnen zu. Man registriert zwar ihre vielen körperlichen Fortschritte und findet es erheiternd, wenn sie, so niedlich und klein, alles mögliche unternehmen, was ja auch rührend komisch deswegen wirkt, weil ihre Bewegungen zum Teil noch sehr unbeholfen sind und dies ihre Begeisterung nicht im geringsten trübt.

Sie sind so ungeheuer optimistisch, neugierig und unternehmungslustig; darüber übersieht man völlig, mit welcher Ernsthaftigkeit sie ihre Ziele verfolgen. Sie sind ja keineswegs kleine Clowns und führen ihre Spiele keinesfalls zu unserer Belustigung vor. Es wäre auch besser, man versuchte, sie nicht so sehr als kleine Komiker zu sehen. Was sich da vor unseren Augen vollzieht, ist etwas ganz „Wunderbares". Es wäre schade, wenn uns das nicht bewußt würde. Wir erleben, wie sich aus einem hilflosen, unbeholfenen Lebewesen ein eigenständiges, einzigartiges Individuum entwickelt. Wir erkennen, daß dies die Grundlagen des sozialen Miteinanders sind, und daß „Gesellschaft" sich einerseits aus einzelnen Individuen zusammensetzt und diese andererseits gleichzeitg auch formt. Es entstehen nun enge Verflechtungen, die sich auf den genetisch bedingten Grundvoraussetzungen aufbauen.

Nicht nur im Hinblick auf den Hund ist das interessant. An diesem vergleichsweise einfachen Modell begreifen wir, auf welchen Grundlagen sich eine soziale Organisation aufbaut, was ja auch nicht zuletzt das Zusammenleben der Menschen ist. Je mehr man sich mit Hunden beschäftigt, umso mehr lernt man auch, das Gefüge menschlicher, sozialer Strukturen, und ihre Wechselwirkung auf die daran Beteiligten, zu verstehen. In diesen Prozess ist man zwar selbst mit einbezogen, hat aber meist wenig Anlaß und Zeit, darüber nachzudenken.

Verhalten ist situationsbedingtes Handeln

Zunächst: Zum sozialen Verhalten gehören immer mehrere Tiere, d. h. ein Welpe kann Verhaltensweisen erst entwickeln, wenn er einen entsprechenden Anlaß hat, also zu einem oder mehreren anderen Beziehungen aufnimmt. Begegnen sich zwei Welpen, ist „jeder ein Problem für den anderen". Sie beginnen, sich spielerisch zu nähern, um herauszubekommen, ob der andere freundlich oder unterwürfig gestimmt ist oder Angst hat und wegläuft. Entsprechend verhalten sie sich. „Soziales Verhalten beginnt also als Problem oder Frage und endet in einer Handlung. Diese zunächst einfache Reaktion wird meistens beibehalten, da sie dem dann normalerweise üblichen Verhalten schon sehr ähnlich sein kann."

Wenn also zwei Welpen sich nähern und einer ist kooperativ oder unterwürfig, wird der andere das wohlwollend registrieren. Wenn beide kämpferisch gestimmt sind oder keiner nachgeben will, werden sie kämpfen. Wenn einer wegläuft, weil er bedroht wurde, läuft ihm der andere noch etwas nach, läßt ihn aber dann in

Ruhe. So entwickeln sich das Droh- und auch das Fluchtverhalten. Unnötige, ernsthafte Kämpfe werden auf diese Weise vermieden. Der Drohende ist völlig zufrieden, wenn der andere das Feld räumt; der Flüchtende lernt schnell, wenn er sich unterwürfig zeigt oder wegrennt, passiert ihm nichts.

Das alles wird sehr früh bereits spielerisch mit den verschiedensten Methoden ausprobiert. Das ist ein wichtiger Lernprozess: Was die angenehmsten Ergebnisse brachte, d. h. die wenigsten negativen Folgen hatte, wird beibehalten. Allerdings schreibt es sich nicht unveränderlich fort, es kann immer wieder, je nach Situation geändert werden.

Verhalten, so kompliziert es erscheint, besteht aus vielen einfachen Beziehungen. Welpen haben zunächst nur wenige Ausdrucksmöglichkeiten: Sie können quietschen, weglaufen oder sich wehren. Aber ihre Verhaltensentwicklung wird deutlich durch das Temperament bestimmt, das jeder Welpe von Geburt an hat und wir können bereits sehr früh einige, sehr einfache Dominanzverhältnisse (Beziehungen) erkennen.

Ganz eindeutig ist das *Verhältnis der Hündin zu den Welpen*. Sie ist von vornherein, ohne daß es irgendwelcher vorhergehenden Auseinandersetzungen bedarf, dominant über die Welpen. Sie zeigt den Welpen gegenüber nur wenige und typische Verhaltensweisen: Füttern, reinigen, schützen, eintragen usw. Dabei spielt der individuelle Charakter der Welpen noch keine Rolle.

Die Welpen untereinander entwickeln ein zunehmend sich veränderndes Verhältnis. Über erste Körperkontakte entstehen soziale Kontakte, in denen sich unterschiedliche Temperamente nicht nur herausstellen, sondern auch formen und festigen. In allen Abstufungen beobachten wir: Angriffslust, Ängstlichkeit, Gleichgültigkeit, Nervosität, Empfindlichkeit usw. Die später so komplexe Dominanzstruktur wird nach und nach aus vielen Charakterbausteinen zusammengefügt. Obwohl die Welpen in ihrer Beziehung zur Mutter ausdrucksreicher werden, bleibt deren Dominanz grundsätzlich unverändert.

Mit diesem Beispiel wird etwas Wichtiges erklärt: Man kann niemals grundsätzliche Aussagen über ein *Tier* machen, sondern nur über seine bei verschiedenen Anlässen gezeigten *Verhaltensweisen*. Ein über andere Welpen dominanter Welpe ist dies nicht auch in Bezug auf seine Mutter und auch nicht generell in Bezug auf alle anderen Hunde. Ein Individuum ist nicht an sich aggressiv, friedlich oder ängstlich, sondern entwickelt oder zeigt dies erst im Zusammenleben. Das gleiche Tier kann in einer Situation aggressiv und dominant, in einer anderen kooperativ, untergeordnet oder ängstlich sein. Jeder Welpe ist von Geburt an mit vielen Anlagen und Eigenschaften ausgerüstet. Diese können zwar niemals verlorengehen, aber möglicherweise auch niemals zur Entfaltung kommen. Ein Charaktermerkmal ist nicht das Verhalten selbst, sondern Bestandteil *aller* Verhaltensweisen.

Grundformen des Verhaltens

Wir können grundsätzlich in den Beziehungen zwischen Hunden zwei Grundformen unterscheiden, die in einer für die Rasse oder das Individuum typischen Weise modifiziert werden.

I. Konstante Verhaltenskomplexe. Gleichförmig und festgelegtes, spezielles, typisches Verhalten in bestimmten Situationen (z. B. Beziehung Hündin-Welpen, Paarungsverhalten) die wenig durch Lernen beeinflußt werden und oft von Hormoneinfluß abhängig sind.
Diese Verhaltensformen sind innerhalb der Art ähnlich. Es können sich aber rassenbedingte Abweichungen ergeben, wenn man z. B. die Beziehungen der Hündinnen zu ihren Welpen untersucht. Sie sorgen, individuell und auch rassebedingt, sehr unterschiedlich für ihre Jungen. Wir bezeichnen Verhaltensweisen als gutes, typisches oder gestörtes Mutterverhalten, je nachdem, ob in unseren Augen die Jungen mehr oder weniger optimal versorgt werden.

Hier werden oft Fehlschlüsse gezogen, denn häufig ist das Verhalten typbedingt, also keinesfalls wirklich „gestört". Normalerweise, so nimmt man jedenfalls an, trägt eine Hündin ihre Welpen immer wieder zurück ins Nest. Bei den fünf Rassen des JACKSON LABORATORY gab es da deutliche Unterschiede. Am eifrigsten waren die Basenji-Mütter, darauf folgten Sheltie und Foxterrier, dann kamen die Cocker und am bequemsten waren die Beagles. Ganz offensichtlich sind also die Apportierneigung des Cockers und das Welpenapportieren zwei Paar Stiefel.

Eines gilt für alle Hündinnen, ganz gleich, wie sie sich aufführen: Niemals aber bevorzugt eine Hündin *einen* sehr jungen Welpen besonders, sie behandelt alle gleich gut oder gleich schlecht. Immer sind Hündinnen dominant über ihre Welpen.

II. Variablere Verhaltenskomplexe: Verschiedene, begrenzte, typische Verhaltensweisen sind wahlweise möglich und können durch Erfahrung beeinflußt sein. (Beziehungen zwischen Welpen, zu anderen Hunden; Verhalten gegenüber dem Menschen.)
Bei diesen Verhaltensformen zeigen verschiedene Tiere rasse-, geschlechts- und erfahrungsbedingte Abweichungen in ihren Beziehungen zueinander. Ein einfaches Beispiel sind Aggressionen, die sich zwischen verschiedenen Hunden entwicklen können. Bei Versuchen wurde festgestellt:

> *Hündinnen gehen eher auf fremde Hündinnen als auf fremde*
> *Rüden los.*
> *Cockerhündinnen greifen eher fremde Cockerhündinnen als*
> *fremde Basenjis an.*

Wie ist das zu verstehen? Angriffe gehen eher gegen *ähnliche,* als gegen deutlich andere Tiere. Es gibt tatsächlich keine grundsätzliche Feindlichkeit gegen *unähnliche* Tiere. Ein Tier wird bekämpft, weil es als Eindringling oder Rivale betrachtet wird und wird umso stärker angegriffen, als es ähnlich ist. Es gilt im weitesten Sinne, daß andersartige Tiere in einem Revier ohne Schwierigkeiten völlig unbeachtet ein- und ausgehen können und nicht als störend empfunden werden. Wie wir später sehen, gilt dies auch für die Beziehungen zwischen Welpen und erwachsenen Tieren.

Wenn Hunde gleicher Rassen oder gleichen Geschlechts aufeinander losgehen, ist man zunächst erstaunt darüber. Aber ein dominantes Tier wird die von ihm ausgeübte Dominanz nicht nur über die Mitglieder seines „Rudels", sondern auch sofort über die *ähnlichen* Eindringlinge ausüben wollen; hat der Hund eine andere Rasse oder ein anderes Geschlecht, hat es dazu keinen so starken Anlaß. Auch hier sind große Rassenunterschiede (extrem verträglich oder extrem unverträglich) feststellbar; man sollte sich rechtzeitig auch darüber informieren, vor allem, bevor man mehrere Hunde *einer* Rasse zusammen im Haus halten will.

Die nicht immer restlos geklärte Rangordnung Hund – Mensch

In diesem Zusammenhang können wir nun sehr gut verstehen, daß Hunde, die überaggressiv auf fremde aber auch näherstehende Menschen reagieren, ein unangemessen dominantes Verhalten zeigen. Mit Wachsamkeit oder Beschützer-instinkten hat das nämlich nichts mehr zu tun. Erkennt man diese Zusammen-hänge nicht rechtzeitig, kann daraus bald nicht nur eine unangenehme, sondern auch gefährliche, sich steigernde Dauereinrichtung werden.

Das sind die Hunde, denen die Rangfolge, ihr Verhältnis zum Menschen schlechthin, noch nicht restlos klar ist. Sie sind daher dauernd damit beschäftigt, das herauszufinden. Sie siedeln sich in der Hierarchie nicht *unter*, sondern *neben*, gelegentlich auch *über* ihrem Menschen an. Meistens ordnen sie sich aber mehr *„neben"* und *„über"* ihrem Menschen ein. Diese Hunde tun zwar, was man von ihnen verlangt, erledigen dies aber widerwillig, murrend und zögernd. Meistens hat man sie regelrecht zu diesem Verhalten „dressiert". Manche Hunde sind schon so daran gewöhnt, daß ihnen alles mehrmals gesagt wird, daß sie von sich aus abwarten, bis endlich der letzte, sehr heftige Befehl erfolgt. Manchmal kommt der aber auch nicht, was dann ein weiterer Schritt in die ungewünschte Richtung ist.

Auch bei uns hat es vor einigen Jahren Probleme mit einem besonders selbstbe-wußten „Hausgenossen" gegeben. „Lord" (später nannten wir ihn unter uns „Teufel") akzeptierte zwar schließlich alle Familienmitglieder, hatte aber sehr bald heraus, daß er seine Hochachtung z. B. nicht auch auf meine etwas zaghafte Sekretärin ausdehnen mußte.

Im Grunde hatte sie dies selbst herbeigeführt. Wie mit den übrigen Hunden, tollte sie zunächst auch mit diesem Welpen herum. Aber bei ihren Versuchen, ihn auf seinen Platz zurückzuschicken oder ihm etwas zu verbieten, erwies sich, daß die Rechnung bei *diesem* Hund nicht aufging. Lord verfolgte interessiert ihre Anstrengungen und – tat, was *er* wollte. Wurde sie ihn endlich lästig, knurrte er sie an, worauf sie ihn, wie erwartet, in Ruhe ließ. Selbstverständlich wurde ihr der Hund, als er größer wurde, unheimlich, was er weidlich ausnutzte. Jetzt mußten beide trainiert werden. Sie übte: „Wie werde ich energisch"; Lord dagegen litt schwer unter der Lektion: „Wie lerne ich gehorchen".

Leider hatte sich Lord den „Typ" sehr wohl gemerkt. Bei in Sprache, Gestalt und Gebärden ähnlichen Personen probierte er zu gern ein gar nicht erfreuliches Benehmen aus. Bemerkt man bei einem Hund sehr früh, daß er „einen starken Charakter" hat, müssen derartige „Erfolgserlebnisse" mit ganz besonderer Sorgsamkeit gezielt verhindert werden.

Einigermaßen sichere Aussagen kann man daher nur über das Verhalten von zwei Hunden zueinander oder über das Verhalten eines Hundes bestimmten Person gegenüber, machen. Versucht man das Verhältnis mehrerer Individuen zueinander zu bestimmen, sieht man sich einem sehr verwickelten System vielfacher Beziehungen gegenüber, die einander bedingen, d. h. hervorrufen oder unterdrücken.

Bereits der mangelhaft sozialisierte oder besonders eigensinnige Hund wendet ja für jedes Familienmitglied eine spezielle Taktik an. Seinem Herrn folgt er aufs Wort, der Hausfrau gelegentlich, die das weiß und, weil sie es befürchtet, dieser Tendenz des Hundes neuen Anreiz gibt.

Es ist aber nicht gesagt, daß ein solcher Hund zu allen Kindern der Familie nun erst recht aggressiv und ungebärdig ist. Er kann ihnen gegenüber sogar weniger Aggressionen als gegenüber den Erwachsenen entwickeln. Dem einen Kind ordnet er sich willig unter, ein anderes macht ihm seine überlegenen Rechte niemals streitig. Das ist kein Zeichen von guter Sozialisierung. Es geht nur solange gut, bis diese labile Ordnung aus irgendwelchen Gründen gestört wird.

Beispielsweise dehnt sich, durch hinzukommende Kinder, der Kreis aus, zu dem der Hund Beziehungen entwickelt hat. Für den Hund wird nun die Lage unübersichtlich. Er muß jetzt erneut herausfinden, wie er sich auf jeden einzustellen hat, weil es ja mehrere Möglichkeiten für ihn gibt. Es kann auch zu unerwarteten Reaktionen kommen, weil die fremden Kinder, verlockt durch das freundliche Verhalten des Hundes der eigenen Familie gegenüber, mit ihm spielen oder ihn necken wollen, was er sich nicht gefallen läßt. Auch durch plötzliche Veränderung der Situation, z. B. ein Kind oder ein Erwachsener stürzt oder läuft unvermutet weg, ist die bisherige, ungefestigte Struktur verändert. Ohne dabei im üblichen Sinne „bösartig" zu sein, muß der Hund jedesmal seinen Standort neu bestimmen, was eigentlich gegen seine (auf feststehende Ordnungen eingerichtete) Natur ist.

Quellen des Verhaltens

Bei ihrer Geburt werden die Welpen in ein pannensicheres, hervorragend organisiertes Gemeinschaftsleben aufgenommen. Auch eine Hündin, die zum ersten Mal Junge hat, „weiß" sofort, wie sie sich ihren Kindern gegenüber zu verhalten hat und was sie in den verschiedenen Phasen ihres Lebens nötig haben. Aber auch die Welpen selbst scheinen von Anfang an ziemlich viel zu „wissen"; was sie auch unternehmen, erweist sich meistens im Hinblick auf ihr späteres Leben als nützlich. Wenn wir das ganze als „instinktiv" richtiges Verhalten bezeichnen, ist das zwar richtig, trotzdem wissen wir aber noch nicht, auf welche Weise dieses „instinktive" Verhalten eigentlich entsteht.

Das aber kann man nun in den ersten Wochen der Welpen recht genau verfolgen. Alles, was Tiere miteinander unternehmen, „wissen" sie nicht aufgrund eines Denkvorganges. Was sie in bestimmten Situationen zu tun haben, ist bereits in ihrem Erbgedächtnis verankert und muß nur abgerufen werden. Soziale

Verhaltensweisen sind daher, wie man so schön sagt, genetisch bedingt. Man könnte es mit einem Theaterstück vergleichen, mit dem der Lebenslauf eines Tieres aufgeführt wird. Die erste Szene ist die Geburt. Dort hat die Hündin eine bestimmte Rolle, die sie nun auf ein bestimmtes Stichwort hin ausführt. Darauf folgt die Szene „Betreuung der Kinder". Auch hierfür ist der „Text" bereits fertig und wird auf das Stichwort hin „vorgetragen". Was uns aber besonders daran interessiert, ist das jeweilige Stichwort und warum es merkwürdigerweise immer genau im richtigen Moment gegeben wird.

Das Stichwort für das Pflegeverhalten der Hündin wird zunächst durch die Ausschüttung bestimmter Hormone gegeben. Pflegeverhalten ist also geschlechts- und hormonabhängig, denn bei Hunden kümmert sich nur die Hündin um die Welpen.

An der scheinträchtigen Hündin kann man den Stichwortcharakter bestimmter Hormone sehr gut beobachten. Obwohl sie nicht trächtig ist, nimmt sie zu dem Zeitpunkt, wo die Geburt hätte erfolgen müssen, aufgrund einer Fehlausschüttung von Hormonen, irgendetwas Kurioses als „Kind" an. Wie einen richtigen Welpen pflegt und bewacht sie einen alten Schuh oder ein Spielzeug, bettet es warm an ihren Körper usw. Nach einiger Zeit läßt dann dies Pflegeverhalten nach, und bald darauf „erkennt" sie das Ersatzbaby nicht mehr als solches und läßt es liegen.

Daran, daß das Ersatzbaby nach einiger Zeit liegen bleibt und bedeutungslos wird, sieht man, daß das auslösende Hormon nur über einen gewissen Zeitraum wirkt. Danach müssen andere Signalgeber kommen, um die Hündin in ihrem Tun fortfahren zu lassen.

Das „Stichwort" für weiteres Pflegeverhalten sind also die Welpen selbst. Jetzt können wir erkennen, daß jede Entwicklungsstufe der Welpen ein neues Stichwort ist, das den jeweils richtigen Text in der Hündin abruft. Jeder Jammerlaut der Welpen versetzt die Hündin sofort in größte Aufregung. Sie beleckt die Welpen sorgfältig von allen Seiten, schiebt sie mit ihrer Schnauze in die Nähe der Milchquellen, leckt sie wieder ab. Sofort werden die Welpen friedlich, nuckeln und schlafen ein, und auch die Hündin beruhigt sich wieder.

Wenn die Welpen anders werden (äußere Gestalt, Bewegungsweise, Reaktionen), verändert dies auch die Zuwendungen der Hündin. Das Stichwort für „Pflege das Baby" wird nicht mehr so oft abgerufen, das Stichwort ist also ein bestimmter körperlicher Zustand der Welpen. Meistens wird einem nicht bewußt, in welch engem Zusammenhang auch bei Hunden Gestalt-Veränderungen mit Verhaltensänderungen stehen.

Werden die Welpen älter, stellen sich oft erhebliche Entwicklungsunterschiede zwischen ihnen ein. Jetzt beschäftigt sich die Hündin auch nicht mehr mit allen Welpen mit gleicher Intensität. Mit den in der Entwicklung etwas verzögerten

Welpen spielt sie noch längere Zeit aktiv, während sie sich den Spielaufforderungen der älteren nicht nur ganz gern entzieht, sondern auch Vorlieben oder besondere Aggressivitäten entwickelt.

Ihre mütterliche Betreuung ist also keinesfalls uniform, sondern individuell dem jeweiligen Entwicklungsstand angepaßt. Die Hündin kann nun verschiedene Rollen nebeneinander spielen, je nachdem, welcher Welpe ihr das Stichwort gibt. Die Kleinsten sind das Stichwort für „Pflegeverhalten", die Mittleren rufen den Test: „Versorgen und freundliches Spielen" ab, die Größten, d. h. die Aggressiv-Aufdringlichsten sind das Stichwort für: „Strengere Maßnahmen, Knurren und Zurechtweisen". Bestimmte angeborene Programme werden aber von den Welpen auch blockiert. Beispielsweise wird eine Hündin (normalerweise wenigstens) ihre Welpen niemals verletzen oder gar auffressen, sie kann also ihre Kinder durchaus von anderen, kleinen Beutetieren unterscheiden. Außerdem sind die Welpen für die Hündin das Stichwort für besonders aggressive Wachsamkeit Fremden gegenüber, auch das verliert seine Wirkung, wenn die Welpen größer werden.

Aber auch das Verhalten der Welpen wird auf ähnliche Weise durch bestimmte Stichworte abgerufen, ist also auch in den Kleinen bereits als vollständiger Text vorhanden, wobei zuallererst, wie gesagt, überwiegend reflexartige Reaktionen abgerufen werden. Die ersten Stichworte sind die körperlichen Kontakte der Welpen, alle übrigen entsprechen ihrem körperlichen Entwicklungsstand. Je mehr ihre Sinnesorgane, ihr Gehirn, ihre Körperfertigkeit sich vervollkommnen, umso mehr Signale oder Stichworte können sie aufnehmen, aber auch selbst geben.

Genetisch bedingt ist aber nicht nur der Programmablauf für verschiedene Verhaltensweisen, sondern auch das unterschiedliche Körperwachstum der Welpen, denn sie verändern sich jetzt, trotz des scheinbar gleichen Erbgutes und trotz der scheinbar gleichen Umwelt, auf völlig unterschiedliche Weise. Die Welpen unterscheiden sich also ziemlich bald nicht nur in ihrer Körpergröße, sondern immer deutlicher auch in ihren Reaktionen. Sie sind aktiver oder weniger aktiv, kräftiger oder weniger kräftig.

Haben die Welpen ein gewisses Alter erreicht, wird ein neues Stichwort unerhört wichtig: Sobald die Welpen anfangen, ihre Rolle auf *besondere* Weise zu spielen, also aggressiver sind, die anderen angreifen oder wegstoßen, ist dies für die anderen ein Stichwort, das nicht mehr bei allen die gleichen, uniformen Texte abruft. Jetzt beginnt sich in den Welpen ein unterschiedliches, typisches Temperament, eine unterschiedliche Form der Aggressivität zu entwickeln: Die Texte, die nun abgerufen werden, sind *psychologisch* verstehbare Reaktionen.

Sehen wir zu, wie sich Welpen untereinander oder aber mit ihrer Mutter benehmen, können wir bei dem Ablauf der Szenen Ursache und Wirkung, Stichwort und Text durchaus verfolgen. Sobald die Welpen nicht mehr nur betreut werden müssen und unabhängiger werden, kann es sogar vorkommen, daß ein bettelnder Welpe bei der Mutter Abweisung hervorruft. Je älter ihre Kinder werden, umso häufiger findet sie sie nicht mehr unbedingt anziehend, sondern stößt sie weg.

Die Hündin setzt Grenzen und die Welpen *lernen*, dies ziemlich schnell am handfesten Beispiel zu verstehen. Sie erfahren auf diese Weise sehr früh, daß es Situationen gibt, in denen sie sich generell unterordnen müssen, wenn sie nicht bestimmte Reaktionen hervorrufen oder erleiden wollen. Die „Erziehungsmaßnahmen" erfolgen aber niemals zum falschen Zeitpunkt. Ein Welpe, der keinen Grund zur Maßregelung gibt, hat noch die von ihm benötigte Ruhe, sich „ungestört" zu entfalten, zumindest was seine Mutter anbelangt.

Vererbung Erziehung – Umweltbedingungen Charakterliche Unterschiede sind die Grundbedingung des Sozialverhaltens

Man kann Verhalten daher tatsächlich mit einem Bühnenstück vergleichen. Es ist im Grunde nichts anderes als ein Wechselspiel von Reiz und Reaktion oder Stichwort und Text. Aber so einfach es einerseits ist, so kompliziert ist es auch andererseits. Beobachten wir mehrere Welpen, stellen wir fest, daß sich kein Welpe grundsätzlich immer gleich verhält. Sein Repertoire ist bereits bei Geburt nicht klein, wächst aber zunehmend an. Jede neue Situation ist für ihn ein neues Stichwort, das den für *diesen* Welpen typischen Text abruft. Auf diese Weise ergeben sich eine Menge unterschiedlicher Szenen oder Beziehungen.

Ein und dasselbe Tier kann acht anderen Tieren gegenüber in achtfacher Weise verschieden reagieren, wenn es sie einzeln trifft. Die Verhältnisse ändern sich sofort, wenn sich mehrere Tiere treffen oder wenn mehrere Tiere gemeinsam auf ein weiteres stoßen. Auch ein „Eindringling" kann von acht einzelnen Welpen in achtfacher Weise empfangen werden und sich in den verschiedenen Situationen völlig anders verhalten. Für diesen Szenenablauf ist es also entscheidend, wie die Gesamtsituation gerade ist, die von den jeweils Beteiligten gestaltet wird.

Jeder Welpe hat, außer seinem angeboren Repertoire, auch eine besondere Art, bestimmte weitere Texte hinzuzulernen, andere wieder sind gegen seine Natur. Somit hat jeder einzelne Welpe ein besonderes Erbgut, ist aber gleichzeitig für die anderen Welpen auch Umwelt und Erziehungsfaktor.

Daher kann man bei einem Wurf Welpen beobachten, daß sich zwischen den Akteuren sehr bald relativ feste Formen herauskristallisieren. Hier wird nun deutlich, wie schicksalhaft für jeden einerseits sein eigenes Erbgut (wozu auch seine besondere, individuelle Gemütsverfassung gehört) aber andererseits auch das seiner Geschwister ist, denn jeder wirkt ja auf jeden ein. Bereits sehr früh kann man bemerken, daß das angeborene Verhaltensrepertoire nachdrücklich durch das individuelle Temperament gestaltet wird. Sehr früh zeichnen sich die Welpen durch erhebliche Temperamentsunterschiede, unterschiedliches Wachstum aus, was dem Aufbau ihrer Beziehungen, aber auch dem „Aufbau jeder Person" die entscheidenden Impulse gibt.

Während der Rangeleien der Welpen beginnen einige, sich ganz erstaunlich zu profilieren. Dies sind meistens die größeren, schwereren, die dank ihrer körperlichen Kraft, zumindest in diesem Alter, den anderen überlegen sind. Besonders an einigen körperlich kleineren Welpen kann man aber auch erkennen, wie entscheidend das angeborene Temperament ist. Ein sehr kleiner Welpe kann sich sehr bald nachdrücklich zur Wehr zu setzen verstehen oder aber auch der ewig letzte, gelegentlich der „Prügelknabe" werden.

Dies, von den Wölfen „übernommene" Sozialverhalten unserer Hunde ist aber auch nur unter diesen Voraussetzungen möglich. Damit überhaupt ein Sozialgefüge entstehen kann, müssen die Tiere sich in ihrem Charakter *unterscheiden*. Oder anders gesagt: Sie müssen so unterschiedlich sein, damit bestimmte, lebenswichtige Texte abgerufen werden können. Daher ist bei allen soziallebenden Tieren nicht nur das Verhaltensrepertoire variabel, sondern eine Vielfalt möglicher Charakterunterschiede in ihrem genetischen Material vorhanden, das nun in vielfachen Varianten in Erscheinung tritt. Wir werden später noch sehen, welch unglaubliche Vielfalt man durch Kreuzungsversuche aus unseren scheinbar so einheitlichen Hunderassen hervorlocken kann.

Im Rudel entsteht die sehr differenzierte Partnerschaft oder konzertierte Aktion dadurch, daß es ganz verschiedenartige Individuen nicht nur enthält, sondern auch *vereinigt*. Allen bekannt ist die Führerschaft durch ein Alpha-Tier, das aber wiederum nur führen kann, wenn sich andere führen lassen. Einerseits ist dies durch Alters- und Geschlechtsunterschiede gegeben, d. h. die jüngeren ordnen sich normalerweise unter. Andererseits muß daher zwischen Gleichaltrigen, ähnlich Gearteten die Beziehung ausgehandelt werden. Die Spielkämpfe der Welpen sind eine Vorstufe der späteren Rangordnungsauseinandersetzungen.

Ausschlaggebend ist dafür aber, daß alle Tiere vor allem die Stichworte genau kennen und den richtigen Text dazu bereit haben. Niemals wird ein überaggressives Tier zum Alphatier, weil es zwar ständig angreift, nicht aber die Unterwerfung unterschiedlichen Grades der anderen akzeptiert. Im Theater könnte hier nun ein Regisseur eingreifen und die Spieler korrigieren. In der Natur kommt die Korrektur von den Mitspielern selbst. Überaggressivität ist für die anderen entweder das Stichwort „Kampf" oder das Stichwort „Flucht". In keinem Fall können aber die gewünschten Szenen: „Gemeinsames Leben im Rudel", „Gemeinsamer Beutezug", „Gemeinsame Jungenaufzucht" ablaufen. Ein Hauptaggressor hat also bald weder Freunde, noch etwas zu fressen. Also wird er von den übrigen vertrieben oder in die Schranken gewiesen, damit sich eine geordnete Gemeinschaft formieren kann.

So überraschend dies klingt: Wollen Tiere friedlich miteinander auskommen, müssen sie nicht nur ein bestimmtes Maß an Duldsamkeit, sondern auch ein bestimmtes Maß an Aggressivität entwickeln. Dies hält die Natur recht schön im Gleichgewicht. Wie wir später am Beispiel des „Prügelknaben" sehen werden, ist nämlich ein besonders ängstliches Tier nicht der Liebling aller, sondern vielmehr das Stichwort, sich auf ihn zu stürzen und ihn regelrecht auszulöschen. Also ruft auch das Gegenteil von extremer Aggressivität extrem aggressive Handlungen hervor.

Natürlich findet jeder selbstverständlich, daß verschiedene Tierarten ein spezielles Verhalten haben, also ein bestimmtes arteigenes Temperament und eine bestimmte arteigene Anzahl von Stichworten. Die wenigsten machen sich aber klar, daß hier nicht zufällig bestimmte Verhaltensweisen besonders häufig zu beobachten sind, sondern daß diese überlebenswichtig sind. Sie sorgen dafür, daß die Tiere auch die Szenen des täglichen „Broterwerbs" ordnungsgemäß ausführen können. Wobei sich nun zeigt, daß im Grunde alles, was eine Tierart verbindet, letztlich auf die unterschiedlichen Formen des Nahrungserwerbs und der Beute zugeschnitten ist.

Das kann man an den sogenannten „niederen" Tieren (Einzeller, Hohltiere, Insekten und Krebse) sehen, die relativ bescheidene Lebensansprüche stellen, auch Kriechtiere und Lurche haben eine einfachere Lebensweise, was sich auch in ihrem persönlichen, verhältnismäßig stereotypen und einfachen Verhaltensrepertoire widerspiegelt.

Ganz anders ist es, wenn man die „höher" entwickelten Tiere, Vögel und Säugetiere betrachtet, die in größeren oder kleineren Gruppenverbänden zusammenleben. Sie haben aber nicht nur höhere Lebensansprüche und ein differenzierteres Verhaltensrepertoire, sondern auch ein entsprechend größeres und leistungsfähigeres Gehirn, was ihnen auch die Bezeichnung des „höher" Entwikkeltseins eingebracht hat.

Hier leben einfachere Naturen in losen Gruppen oder Schwärmen zusammen oder sammeln sich zum Vogelzug. Das komplizierteste Verhalten, aber auch das „höchst" entwickelte Gehirn, haben die Tiere, die in Gruppen zusammenleben, in denen jeder jeden „kennt" und durch bestimmte Rangordnungsbeziehungen mit den anderen verbunden ist. Ihr besonderes Temperament (was ja letztlich auch von einem Teil ihres Gehirns bestimmt wird) vermittelt ihnen nicht nur ein Zusammengehörigkeitsgefühl, sondern gibt ihnen auch die Möglichkeit, zu *lernen*, ihre Aggression im Zaum zu halten und sich auf bestimmte Stichworte und Situationen hin unterzuordnen.

Von Unterschieden
zwischen Hunden und Hunderassen

Die scheinbar unübersehbare Vielfalt körperlicher Unterschiede bei Hunden läßt sich (s. „Gangwerk des Hundes") auf wenige Grundmodelle zurückführen. Die Proportionen des Körperbaus folgen bestimmten Gesetzmäßigkeiten des Wachstums. Genaugenommen handelt es sich bei dem Körperbau der Hunderassen um Abstufungen zwischen zwei extremen Typen. Von dem als „Normaltyp" bezeichneten Schäferhund ausgehend (weil dem Wolf am ähnlichsten) unterschied KLATT, nach zahlreichen Untersuchungen, bestimmte *„Wuchsformen"*. Dazu wurden ganz extrem vom Wolf abweichende Hunderassen, nämlich Whippet und Französische Bulldogge, gekreuzt. Aus der Untersuchung der Ausgangshunde und der Kreuzungstiere erarbeitete KLATT ihre Unterschiede und Gemeinsamkeiten. Er nannte die beiden gegensätzlichen Wuchsformen den Langschädel- und den Kurzschädeltyp (leptosom und eurysom) und stellte nicht nur im Körperbau, sondern auch in ihren inneren Organen typische Entsprechungen fest.

Die große Frage, die sich daraus ergibt, ist aber, wieweit in einem Körper auch immer ein bestimmter Geist zu suchen ist. Hat also ein Hund, der äußerlich die typischen Merkmale einer bestimmten Rasse hat, zugleich auch deren besonderes Verhalten? Um das herauszufinden, haben sich viele Wissenschaftler darum bemüht, etwas nahezu unmöglich Erscheinendes zu vollbringen. Beim Körperbau war die Sache ja relativ einfach. Selbst das tote Tier konnte man noch sinnvoll zerlegen und messen, zumindest was seine Maße und Gewichte betraf. Weniger einfach war das schon mit den Funktionen der Organe, die man lange Zeit nur dem toten Tier entnehmen und untersuchen konnte, um aus ihrem Zustand auf ihre Produktivität zu schließen. Da ging es schon mit den Vermutungen los.

Noch schwieriger wird es aber, wenn man das Verhalten oder Temperament eines Tieres untersuchen will. Das geht erstens nur am lebenden Tier, weil es dazu verschiedene Aktionen durchführen muß und zweitens nur in bestimmten Situationen. Wobei auch das problematisch ist, weil man vielfach ja gar nicht genau weiß, welche Situation für ein Tier eine natürliche ist. Vor allem aber kann man die Texte, die ein Tier von Geburt an oder im Laufe seines Lebens gespeichert hat, keinesfalls beim toten Tier einfach herausschneiden und analysieren. Allerdings kann man seit einiger Zeit viele davon beim lebenden Tier künstlich hervorrufen, also in den Handlungsweisen der Tiere sichtbar machen. Doch davon später.

Bei den Hunderassen wurde allerdings die anfängliche Hoffnung, daß in einem bestimmten Körper *immer* auch ein bestimmter Geist stecken müsse, zunichte. Es gelang, Hunde zu züchten, die einer bestimmten Rasse wie ein Ei dem anderen glichen und trotzdem überhaupt nichts von deren Verhaltensweisen hatten.

Also stand man nun vor der, zugegebenermaßen etwas bitteren Erkenntnis, daß „Verhalten" nicht nur etwas Immaterielles, also Körperloses ist, sozusagen eine „psychische" Gestalt, sondern auch noch dazu, anders als vermutet, keinesfalls etwas so Einheitliches, aus bestimmten garantierten Bestandteilen Zusammengesetztes ist, wie beispielsweise der Körperbau. Jeder Hund hat die gleiche Anzahl Knochen, Wirbel, innere Organe usw. Aber nicht jeder Hund hat auch alle „Bestandteile" bestimmter Verhaltensweisen, jedenfalls nicht so, daß man sie klar erkennen kann. Also, „das" Verhalten als Gegenstück zu „dem" Körper gibt es nicht.

Pawlows grundlegende Einteilung der Hunde-Temperamente

PAWLOW war einer der ersten, dem es gelang, hinter die Geheimnisse der gespeicherten Texte zu kommen. Wir werden darauf aber später, in anderem Zusammenhang, zu sprechen kommen. Hier intereressiert uns zunächst, daß er bei seinen Versuchen feststellte, daß es *generell „typische" und ganz gegensätzliche Charaktereigenschaften der Hunde* gibt, die sich immer wieder deutlich abzeichnen und in allen Tests zu typischen Reaktionen führen.

Wenn es auch offensichtlich nicht unbedingt in direktem Zusammenhang mit dem Körperbau steht, finden wir ein ähnliches System, nämlich verschiedene Abstufungen zwischen zwei Extremen, auch beim Charakter des Hundes wieder. PAWLOW beschreibt dies in seinem Aufsatz „Die physiologische Lehre von den Typen des Nervensystems, den Temperamenten":

„Die allgemeinste Charakteristik eines Lebewesens besteht darin, daß es durch seine bestimmte spezifische Tätigkeit nicht nur auf jene äußeren Reize reagiert, zu denen eine Beziehung seit seiner Geburt fertig ausgebildet ist, sondern auch auf viele andere Reize, zu denen sich eine Beziehung erst im Laufe des individuellen Lebens entwickelt. Mit anderen Worten: Das Lebewesen besitzt die Eigenschaft, sich anzupassen. Temperament bildet einen sehr wesentlichen Teil seiner Konstitution.

Die spezifischen Reaktionen der höheren Tiere werden bekanntlich als Reflexe bezeichnet. Durch diese Reflexe wird die Wechselbeziehung des Organismus zur Umwelt bestimmt. Natürlich ist diese Wechselbeziehung eine Notwendigkeit, weil der Organismus ohne sie gar nicht bestehen könnte.

Es gibt immer *zwei* Arten von Reflexen: *Beständige* Reflexe auf bestimmte Reize, die bei jedem Tier seit der Geburt bestehen, und *zeitweilige, unbeständige* auf die verschiedensten Reize, mit denen das Tier im Lauf seine Lebens in Berührung kommt. . . . Bei Hunden, die wir untersuchen, stehen diese zwei Arten von Reflexen sogar mit verschiedenen Teilen des Zentralnervensystems in Verbindung . . .

Betrachten Sie zuerst schädliche Bedingungen, z. B. Feuer, von denen das Tier natürlich sofort abrückt. Das ist natürlich ein gewöhnlicher *angeborener Reflex*, eine Angelegenheit der tieferen Teile des Zentralnervensystems. Wenn sich aber ein Hund bereits auf Distanz bei Abbildungen, die dem Feuer ähnlich sind, in acht nimmt, hat sich diese Reaktion erst im Laufe seines Lebens eingestellt.

Nehmen Sie ein anderes Gebiet von Reizen, den Nahrungsreflex. Das ist in erster Linie ein *beständiger Reflex*. Wenn das Tier jedoch aus einer gewissen Entfernung auf die Nahrung zuläuft, weil es diese Nahrung sieht oder Geräusche vernimmt, die es damit aus Erfahrung in Verbindung bringt, ist dies ein *zeitweiliger Reflex*. Er hat sich erst während des Lebens mit Hilfe der Großhirnhemisphären gebildet.

Hier ein gewöhnliches Beispiel: Sie geben dem Hund Futter oder zeigen es ihm. Auf dieses Futter entsteht eine Reaktion: Der Hund strebt zu ihm hin, nimmt es ins Maul, es fließt Speichel usw. Wir können dieses Futter durch einen beliebigen anderen Reiz ersetzen und damit die gleiche Reaktion, sowohl die motorische, als auch die sekretorische hervorrufen, wenn wir nur diesen Reiz vorher mit der Nahrung zeitlich in Verbindung gebracht haben. ...

Bei der Ausarbeitung bedingter Reflexe beobachteten wir an Hunden darin einen großen Unterschied... Bei den einen Tieren ist es sehr leicht, *positive Reflexe* auszuarbeiten, die sehr dauerhaft bleiben. Aber man kann bei ihnen nur schwer *Hemmungsreflexe* erhalten.

Demgegenüber gibt es solche Tiere, bei denen sich die positiven Reflexe nur mit großen Schwierigkeiten ausarbeiten lassen, sie bleiben immer höchst unbeständig und werden durch die geringste Veränderung in der Umgebung gehemmt. Umgekehrt bilden sich Hemmungsreflexe schnell aus und halten dann immer sehr gut.

Zwischen diesen äußersten Gegensätzen gibt es einen Hundetyp, der eine Mittelstellung einnimmt. Das sind Tiere, denen sowohl das eine als auch das andere leicht fällt. Folglich gliedern sich alle Hunde in drei Gruppen:

> Als äußerste Gegensätze:
>> Die Gruppe der Erregbaren,
>> die Gruppe mit den Hemmbaren
> und eine zentrale Gruppe,
>> bei der die Prozesse der Erregung
>> und Hemmung ausgeglichen sind.

Somit handelt es sich zweifellos um sehr verschiedene Hunde. Der *erregbare* Hund ist in seiner höchsten Vollendung größtenteils ein Tier von aggressivem Charakter. Der extrem *hemmbare* Typ ist, was man ein ängstliches Tier nennt.

Der *mittlere* Typ ist in zwei Formen vertreten: als *schwerfälliges, ruhiges Tier*, das scheinbar alles vollkommen ignoriert, was ringsherum geschieht (wir bezeichnen diese Tiere gewöhnlich als solide) und umgekehrt, als in wachem Zustand sehr *lebhafte, außerordentlich bewegliche Tiere*, alles musternde, alles beriechende Tiere. Aber bei den letzten ist folgendes höchst eigenartig: Diese Tiere haben gleichzeitig eine seltsame Neigung zum Schlaf. Sobald in ihrer Umgebung keine Veränderungen mehr stattfinden, beginnen sie sofort schläfrig zu werden und einzuschlafen. Das ist eine direkt erstaunliche Kombination von Beweglichkeit und Schläfrigkeit.

Auf diese Weise unterteilen wir *vier Gruppen:* Zwei äußere Gruppen, die der erregbaren und der hemmbaren Tiere, und zwei Gruppen der zentralen, ausgleichenden Tiere, von denen die eine Gruppe sehr ruhig und die der anderen äußerst lebhaft ist. Wir müssen dies als feststehende Tatschen ansehen.

Kann man das auf den Menschen übertragen? Warum nicht? Ich denke, daß man es nicht als Beleidigung für den Menschen auffassen kann, wenn sich bei ihm, ähnlich wie bei den Hunden, gemeinsame Grundcharaktere des Nervensystems finden. Wir sind jetzt schon dermaßen biologisch geschult, daß kaum jemand gegen diesen Vergleich protestieren wird.

Offenbar entsprechen diese am Hund festgestellten Typen dem, was wir beim Menschen als Temperament bezeichnen. *Das Temperament ist die allgemeinste Charakterisierung jedes einzelnen Individuums, die grundlegendste Charakterisierung seines Nervensystems, und es gibt der gesamten Tätigkeit eines Individuums ein ganz bestimmtes Gepräge.*

Wenn wir bei der Klassifizierung von vier Temperamenten (nach Hippokrates) bleiben, so kann man die Übereinstimmung der Versuchsergebnisse an Hunden mit dieser Klassifizierung nicht übersehen:

Der *extrem erregbare Typ* =cholerisches Temperament
   klar, kämpferisch, übermütig, leicht und schnell erregbar

Der *extrem hemmbare Typ* =melancholisches Temperament
      ist sichtlich ein hemmbarer Typ des Nervensystems
      der auf nichts hofft und nur Gefährliches sieht und erwartet.

Die zwei Formen des *mittleren Typ* =
   das phlegmatische und das sanguinische Temperament
      Diese sind zwei ausgeglichene und deswegen gesunde, widerstandsfähige und echte, lebenskräftige Nerventypen, wie verschieden, ja sogar entgegengesetzt die Vertreter dieser Typen im Äußeren auch sein mögen.

Der *Phlegmatiker* ist ein ruhiger, immer gleichmäßiger,
      unentwegter beharrlicher Arbeiter.

Der *Sanguiniker* ist ein feuriger, sehr produktiver Arbeiter,
      aber nur dann, wenn er viel und interessante Arbeit hat,
      d. h. wenn eine ständige Anregung vorhanden ist. Wenn aber
      Anregung fehlt, wird er langweilig, kraftlos, ganz
      wie unsere sanguinischen Hunde, die im höchsten Grade lebhaft
      und sachlich sind, wenn sie von der Umgebung angeregt
      werden, sofort aber schlummern und schlafen, wenn die
      Anregungen fehlen...."

Charaktereigenschaften zu wenig beachtet

Pawlow interessierten vor allem die immer wiederkehrenden „Temperamente". Im Kapitel über Verhalten und Nerventyp werden wir mehr darüber finden. Es war ihm aber gleichgültig, zu welchen Rassen die Tiere gehörten, und er untersuchte mögliche rassespezifische Zusammenhänge auch nicht weiter.

Bereits 1937 beschrieb SARRIS, daß er bei Hunden ganz verschiedene Charakter-eigenschaften bemerkte. Er bemängelte zu Recht, daß

„... vielen Versuchen, die mit Hunden durchgeführt wurden, in mancher Hinsicht die Exaktheit fehlt. Überall wird gesagt „ein Hund...", aber was für ein Hund, wird von fast keinem, selbst nicht von den vorsichtigsten Forschern angegeben. Ob es ein Rassehund ist oder nicht, ob ein Männchen oder ein Weibchen, ob ein junges, erwachsenes oder altes Tier, ob ein temperamentvolles oder passives, ängstliches oder nicht, all dies wird von den meisten nicht berücksichtigt, trotzdem es für die Auswertung des Verhaltens der Tiere von eminenter Bedeutung ist. Weiterhin werden nicht berücksichtigt, die bis zum Versuchs-tage gemachten Erfahrungen des Tieres - die historische Reaktionsbasis, um mit DRIESCH zu sprechen..."

Leider wurde offensichtlich nicht erkannt, wie wichtig dieser Hinweis von Sarris war, denn auch späterhin finden wir in zahlreichen Versuchsbeschreibun-gen, neben der Beschreibung der Leistungen, meistens weiterhin nur, daß es „ein Hund..." war.

Von Unterschieden, die rassebedingt sind

Bereits den MENZELS war es aufgefallen, daß ihre Boxerwelpen sich in einigen Punkten anders als die Schäferhund/Airedale-Mischlinge BAEGES entwickelten. Sie kamen zu dem Schluß, daß dies eine Eigenart planvoll gezüchteter Boxer sei, und daß eben die BAEGESCHEN Welpen nur Mischlingshunde seien. Da damals niemand mehrere Hunderassen planmäßig nebeneinander züchtete und testete, konnten sie nicht wissen, daß sowohl die Boxer, als auch die Mischlinge, in ihrer Verhaltensentwicklung ihrem Typ voll entsprachen.

Vergleichende Zuchtversuche mit verschiedenen Rassen in großem Rahmen wurden nur sehr selten durchgeführt. Immer aber war ihr Anlaß, daß man an ihnen bestimmte menschliche Verhaltens- und Reaktionsweisen verstehen lernen wollte. Auch PAWLOW untersuchte Hunde, um an ihren Reaktionen Erkenntnisse über *physiologische* Zusammenhänge zu gewinnen, da ja derartige Versuche mit Menschen kaum durchführbar waren. Auch das in den dreißiger Jahren in Ame-rika unter STOCKARD laufende große Versuchsprogramm diente ähnlichen Zwek-ken.

Im Gegensatz zu PAWLOW erkannte STOCKARD, daß man grundsätzlich mit Tieren einer klaren genetischen Herkunft beginnen muß, um überhaupt ver-gleichbare Versuchsergebnisse zu bekommen. Aus den Kreuzungsversuchen die-ser reinrassigen Tiere konnte er dann Hinweise darauf bekommen, auf welche Weise die typischen Merkmale der Rassen, des Körperbaus und des Verhaltens entstehen.

STOCKARD, wie auch später seine indirekten Nachfolger SCOTT und FULLER, JAMES und andere, gingen folgerichtig vor, indem sie mit Hunderassen arbeiteten,

die sehr gegensätzlich im Körperbau und auch im Verhalten waren. Über alle Ausgangshunde wurden die Daten sorgfältig ermittelt und festgehalten. Dieser (sonst oft vermißten) Sorgfalt verdanken wir es, daß diese Arbeiten noch heute nachprüfbar und wertvolle Dokumente sind.

Im JACKSON MEMORIAL LABORATORY, wohin auf Umwegen nach STOCKARDS Tod die restlichen 26 Hunde kamen, wurden fünf Rassen ausgewählt. Basenjis, Beagles, American Cocker Spaniels (Cocker), Shetland Sheepdogs (Sheltie) und Drahthaar-Foxterrier (Terrier). In Klammern, wie wir sie künftig bezeichnen. Alle Rassen hatten typische Eigenheiten, die sie von denen anderer unterschieden.

Cocker (amerikanische Variante der Englischen Cocker, ehemals Jagdhunde; Cocking-Spaniel, wurden zur Schnepfenjagd eingesetzt) sind freundliche, ungezwungene temperamentvolle Haushunde, die im Laufe der Jahre vielfach züchterisch verändert worden sind. Sie sind mehr gedrungen als schlank, haben Hängeohren und einen breiteren Kopf mit breiterem Fang und werden in verschiedenen Farben gezüchtet, mit denen gelegentlich auch Verhaltenseigenheiten korreliert sind.

Basenjis sind noch sehr ursprüngliche afrikanische Hunde. Vermutlich wurden niemals Europäische Rassen eingekreuzt. Man nennt sie gelegentlich auch „Kongo-Terrier", da sie, wie dieser, oft zur Jagd auf allerlei Raubzeug eingesetzt werden und in mancher Hinsicht ein „scharfes", terrier-ähnliches Temperament entwickeln. Der Basenji ist mittelgroß, hochläufig und schlanker als der Cocker, hat einen schmaleren, keilförmigen Kopf, Stehohren und Ringelrute. Er gehört zu den Primitiv-Hunden Afrikas. Er ist viel weniger domestiziert als unsere Haushunde und hat eine weniger enge Bindung an den Menschen.

Basenjis werden zwar auch als Jagdhunde eingesetzt, dennoch sind sie nicht besonders für spezielles Training geeignet, da sie sehr viel „wilder" als unsere Jagdhunde sind. Der Basenji hat einige Besonderheiten: Als einziger hat er noch die saisonal bedingte Läufigkeit einmal im Jahr, die sonst nur wildlebende Caniden haben. Der Volksmund behauptet, er belle nicht, was aber nur bedingt insoweit stimmt, daß ihm das typische Haushundbellen fehlt.

Auch *Terrier* wurden urspünglich als Jagdhunde verwendet und vorwiegend gegen allerlei Raubzeug eingesetzt. Sie sind kämpferische, scharfe Naturen, die beim Angriff wenig auf eigene Schmerzen achten. Terrier sind widerstandsfähig, besonders unempfindlich an Hals und Schultern, aggressiv, sie haben nicht immer Interesse am Fährten.

Unter der Bezeichnung „Jagdhunde" gibt es also zwei ganz gegensätzliche Typen und viele Abstufungen zwischen ihnen. Die einen werden aktiv zur Vernichtung und direkten Bekämpfung von Wild eingesetzt, führen also eine aggressive Handlung bis zum Ende durch (z. B. Terrier). Die anderen sind der verlängerte Arm des Jägers, indem sie stöbern, fährten, vorstehen, apportieren und ihre aggressive Handlung an einem bestimmten Punkt unterdrücken (z. B. Beagle, Cocker).

Der *Beagle* ist wenig aggressiv, sehr vital, immer gutgelaunt, zäh im Verfolgen seiner Beute. Er wurde in England als kleinster der Meutehunde gehalten, die sich ja durch hohe Verträglichkeit untereinander auszeichnen, d. h. keine strikten Dominanzverhältnisse entwickeln. Er ist gedrungen, hat einen Kopf von guter Länge und Hängeohren. Die Rute ist hoch angesetzt, aber nicht geringelt. Wegen seiner Verträglichkeit wird er auch als Versuchshund eingesetzt. Er ist daher eine der wenigen Hunderassen, die gut erforscht sind.

Auch *Hütehunde* sind eine Gruppe, die deutliche Wandlungen durchgemacht haben. Ursprünglich wurden sie sowohl als Hütehunde eingesetzt, mußten sich aber auch gegen Wölfe und andere Eindringlinge wehren. Zunächst wurden sie immer auch unter dem Gesichtspunkt Schärfe und Größe gezüchtet. Heute gilt für sie Ähnliches, wie für die Jagdhunde: Sie müssen zwar aggressiv sein, aber dennoch ihre Angriffslust in bestimmten Grenzen halten. Sie müssen energisch die Herde zusammentreiben, aber das Vieh nicht jagen, nicht beißen, sondern höchstens kneifen.

Der *Sheltie* ist ein kleiner, schlanker, gut bemuskelter Hund mit langem Schädel, mit kleinen, hochangesetzten Kippohren. Er wird zum Schafehüten eingesetzt und kam erst über zahlreiche Kreuzungsversuche zustande. Es sollen sowohl Border-Collie als auch Nordlandhunderassen an seiner Entstehung beteiligt gewesen sein. Er wurde erst relativ spät als „Rasse" anerkannt. Auch gibt es immer wieder Schwierigkeiten mit seiner „Größe" (er sieht wie ein verkleinerter Collie aus). Genau genommen, gerät er gelegentlich zu groß, seine Rasse-Entwicklung liegt noch nicht so lange zurück, als daß nicht immer wieder „Durchbrüche" sichtbar werden können.

Mit diesen Ausgangstieren wurde gezüchtet. Einerseits mußte ein möglichst großer Bestand vergleichbarer Versuchstiere geschaffen werden. Andererseits wurden Kreuzungsversuche gemacht, um dabei möglichst viel über den Erbgang von Verhaltensmerkmalen herauszufinden.

Zunächst mußten SCOTT und FULLER erkennen, daß nicht das einzelne Tier, sondern ein *Wurf* die beste Grundeinheit ist, bestimmte Rasseeigenschaften zu erkennen, die unterschiedlich gewichtet sein können. Denn bereits die reinrassigen Würfe ergaben keinesfalls so einheitliche Nachkommen, wie man angenommen hatte. Aber so verschieden einzelne Tiere auch sein mögen, wenn man den ganzen Wurf betrachtet, kann man sie einwandfrei als Hunde einer bestimmten Rasse erkennen.

Wie gesagt, sind bei neugeborenen Welpen wenig Rasseunterschiede feststellbar; sie kommen erst nach und nach im Laufe des Lebens zum Vorschein. Da, wie wir sehen werden, auch die scheinbar belanglosesten Beobachtungen sorgfältig notiert wurden, ergab sich aus den Aufzeichnungen, daß es *innerhalb* einer Rasse und *zwischen* den Rassen, große Unterschiede im Zeitpunkt gab, bei dem einzelne Entwicklungsabschnitte oder bestimmte Verhaltensweisen erkennbar wurden.

Verhalten, das war immer deutlicher zu erkennen, ist nicht eine konstante Größe wie z. B. Haarfarbe oder Körpergröße. Genetisch bestimmt ist es „nur" durch seine Verbindung mit Körperwachstum, Entwicklung der Sinne und Organe, zusätzlich wird es aber stark von Aufzucht- und Umweltbedingungen beeinflußt.

Je detaillierter die Kenntnisse wurden, umso deutlicher wurde auch den Forschern im JACKSON LABORATORY, wie wenig exakt ein und derselbe Begriff für unterschiedliche Formen des Verhaltens eingesetzt wird. Bereits der Begriff „Verhalten" ist mehrdeutig. Jede Art von Aktion wird „Verhalten" genannt; auch werden bestimmte Verhaltens-Grundeinheiten, aus denen sich ein Verhaltenskomplex zusammensetzt, als „Verhalten" bezeichnet.

Mehrdeutig ist auch der Begriff „Aggressivität", der sowohl echtes Angriffsverhalten, als auch besonders aktives Verhalten meinen kann. Im alltäglichen Sprachgebrauch verwenden wir ihn in völlig anderem, meist abwertenden Sinne und haben auf diese Weise noch eine weitere Möglichkeit, diesen Ausdruck mißzuverstehen.

Aber gerade daran, daß die Bezeichnungen knapp werden oder unzureichend sind, kann man feststellen, daß ein bestimmtes Wissensgebiet die Grenzen seiner angestammten Bereiche überschreitet. Für die Forscher, die sich im Dschungel menschlicher Komplikationen zurechtzufinden versuchten, waren die Hunde wahrhaft eine Goldgrube.

Ohne es zu wissen, hatte in Jahrtausenden die Hundezucht eine einmalige Kollektion reingezüchteter Charaktere, Temperamente und Körperformen hergestellt, die sich in grundlegenden Dingen entsprachen, aber in den Einzelheiten konkret voneinander abwichen.

Der Mensch, nicht derartig „reingezüchtet" und vor allem, nicht derart rein zu züchten, ist eine (oft nicht immer glückliche) Kombination von Eigentümlichkeiten, die ihm gelegentlich im Alltag ziemliche Komplikationen bescheren.

Bei den Hunden fand man viele davon wieder und konnte sie „isoliert" betrachten. STOCKARD suchte beispielsweise nach Körperwuchsproblemen, deren Ursachen und Begleiterscheinungen. Andere, von denen noch die Rede sein wird, untersuchten die Medikamentenwirkung auf bestimmte Konstitutionstypen. Von PAWLOW war schon die Rede.

Aufzucht- und rassebedingte Unterschiede

Die exakten Kenntnisse über die Prägungs- und Sozialisierungsphase waren sicherlich der wichtigste Teil der Untersuchungen von Scott und Fuller, die sie mit vergleichbaren Phasen anderer Tiere, vor allem aber mit den Entwicklungsabschnitten des Kindes, verglichen. Die Versuche mit Hunden waren allerdings besonders aufschlußreich, weil man die Folgen ungünstiger Verhältnisse in der frühesten Entwicklung ganz deutlich mit später im Leben auftretenden Verhaltensstörungen in den verschiedensten Lebensäußerungen in Bezug setzen konnte. Dabei rückte aber gleichzeitig auch die Verhaltensforschung am Hund immer weiter in den Vordergrund, sie erwies sich zunehmend nicht nur als wichtig, sondern auch als faszinierend, weil immer mehr die großen Zusammenhänge, die alle Lebewesen verbinden, deutlich wurden. Verfolgt man die vielen Arbeiten von Fox, kann man bemerken, wie sehr sich auch bei ihm, im Laufe seiner „Entwicklung", das Interesse in Faszination verwandelt:

„Kritiker mögen sagen, daß es unwissenschaftlich und anthropomorph ist, dem Hund menschenähnliche Gefühle und Wünsche nachzusagen. Wie man es auch sehen mag, unsere Untersuchungen ergaben, daß die Gehirnentwicklung des Hundes, seine langsame Entfaltung in der Sozialisierungsphase und andere kritische und sensible Perioden der Entwicklung, nicht nur ähnlich, sondern zeitweise identisch mit den Phänomenen sind, denen wir in der Entwicklung des Kindes begegnen; sie entwickeln sich beim Kind lediglich in anderer Reihenfolge und anderen Zeitabschnitten. (. . .) Hinzu kommt bei Hund und Kind die wichtige Variable der Bindung, die das Ergebnis der Sozialisierung sowohl zwischen Kind und Eltern, als auch zwischen Hund und Mensch ist. Daher ist es nicht überraschend, daß Kind und Hund unter bestimmten Bedingungen ähnliche oder gleiche Verhaltensstörungen entwickeln. (. . .)"

Im Jackson Laboratory wurden nun Hunde einer bestimmten Rasse auf die verschiedenste Weise aufgezogen. Sie veränderten sich unter den jeweiligen Bedingungen derartig, als hätte man die Rasse selbst verändert. Nachdem man die verschiedenen Aufzuchtrezepte bei allen Rassen durchprobiert hatte, stellte sich heraus, daß nicht jede Rezeptur bei jeder Rasse die gleiche Wirkung hatte. Also, obwohl sich die Hunde stark veränderten, so dann doch in bestimmte typische Richtungen, die aber mehr dem Typ des Hundes, als seiner besonderen Rasse entsprachen.

Am erstaunlichsten war aber, wie stark typische Rassemerkmale, von denen man angenommen hatte, daß sie in den einzelnen Rassen einzementiert waren, sich sofort *verwischten*, wenn Welpen „wild" in großen Gehegen (die Hunde ganz unter sich) aufwuchsen. Selbst so „freundliche" Rassen wie Cocker und Beagle wurden hier scheu und furchtsam, und es war mühselig, sie regelrecht einzufangen, wenn man etwas mit ihnen unternehmen wollte.

Zwischen den „wild" aufwachsenden Hunden bildete sich sofort eine starke Rangordnung, bei der sich aber mehr bestimmte Charaktertypen, als Rasseeigentümlichkeiten, durchsetzten. Interessanterweise waren immer Foxterrier, Basenji, Sheltie an erster Stelle, Beagle und Cocker immer die Schlußlichter. Beagles erklommen die Rangleiter überraschend hoch, obwohl sie, im Gegensatz zu Terriern, keine Neigung zu kämpfen zeigten.

Die ängstlichsten Hunde waren die *Basenjis*, mindestens bis sie etwa fünf Wochen alt waren, was sich mit etwa sieben Wochen verwischte. An den *Beagles*, die an sich eine höhere Fluchttendenz haben, konnte man verstehen lernen, wie stark der natürliche Drang zur Flucht durch Erziehung und Erfahrung beeinflußt werden kann.

Insgesamt waren die Unterschiede zwischen den Rassen komplex. Die vier Jagdrassen waren beispielsweise einheitlich mit Leckerbissen zu motivieren, differierten andererseits aber stark in ihrer Aggressivität. Die Shelties hatten eine reliv hohe Aggression, waren aber nicht mit Leckerbissen zu motivieren.

Dominanzverhalten ist rassebedingt

Die Kenntnisse über die grundlegenden Rasse-Unterschiede wurden in unzähligen Einzelversuchen zusammengetragen. Kompliziert daran war nur, daß sie erstens sehr einfach sein mußten, denn es sollte ja das *natürliche* Verhalten des Hundes in einer für ihn „normalen" Situation beobachtet werden. Zweitens waren sie sehr zeitraubend, denn sie mußten regelmäßig und mit vielen Hunden sowohl einzeln, als auch in verschiedenen Kombinationen und unter diversen Bedingungen, durchgeführt werden.

Mit allen Hunden wurde zunächst ein „Dominanz-Test" durchgeführt. Dabei wurden immer „zwei Welpen und ein Knochen" zusammengebracht. Bei *vollständiger Dominanz* nimmt sich ein Welpe den Knochen und gibt ihn nicht wieder her. Auch bei weiteren Begegnungen mit anderen Hunden wird immer er es sein, der den Knochen behält.

Läßt sich ein „dominanter" Welpe, in einem anderen Versuch, von einem anderen Hund den Knochen wegnehmen, spricht man von *unvollständiger Dominanz.*

Bereits bei diesen Versuchen war es keinesfalls einheitlich, ob und wann ein Welpe darauf bestand, den Knochen zu besitzen. In der „Dominanzrangfolge" waren die *Foxterrier* an erster Stelle, sie verteidigten ihren Knochen im zarten Alter von elf Wochen. *Basenjis*, meist an zweiter Stelle, ließen ihr Dominanzverhalten mit 15 Wochen erkennen. Beim *Sheltie* kam der „Durchbruch" erst mit etwa einem Jahr. *Beagle und Cocker* waren viel zu friedlich, um sich überhaupt wegen eines Knochens besonders aufzuregen.

Betraten die Forscher die verschiedenen Zwinger oder Gelände, fiel sofort das unterschiedliche Neugier- und Erkundungsverhalten der einzelnen Rassen auf. Es war jeweils typisch für bestimmte Rassen, wie und ob sie auf den Menschen zugelaufen kamen, um ihn schwanzwedelnd zu untersuchen.

Als man aber das Verhalten „Annäherung an den Menschen" (Schwanzwedeln, Näherkommen, Beschnuppern) analysierte, erwies sich, daß darin in Wirklichkeit mindestens zwei Verhaltensmerkmale vereint sind, die bei den Rassen auf typische Weise sowohl einzeln, als auch gemeinsam zu verzeichnen waren.

Es bestand aus: *„Anfängliches Angezogensein"* (Welpen laufen *neugierig* zum Menschen hin) und *„Nachfolgendes Untersuchen"* (Welpen beschnuppern den Menschen schwanzwedelnd und versuchen, mit ihm zu spielen).

Cocker z. B. kamen jederzeit freudig, schwanzwedelnd an und gingen recht ungeniert mit den Menschen um. Ebenso waren *Beagles* zutraulich und neugierig. Ganz anders die *Basenjis*, sie waren in überhaupt keinem Alter besonders begierig, mit Menschen in engere Berührung zu kommen. *Shelties* näherten sich dem Menschen vorsichtig und zurückhaltend.

Schwanzwedeln –
mehr als ein Stimmungsbarometer

Kaum jemand kann sich vorstellen, daß man den so vielzitierten, aber dennoch nicht leichtverstehbaren Begriff „Reizschwelle" am Schwanzwedeln des Hundes erklären kann. Hundebesitzer und sogar Leute die keinen Hund haben wissen, wenn er sich freut, dann wedelt er. Meistens werden aber bereits von den Züchtern irrtümlich diffuse Zuckungen des Schwänzchens (meist, wenn die Welpen nuckeln) als erstes Schwanzwedeln gewertet. Also, mit dem richtigen „Schwanzwedeln" ist immer das horizontale, freundlich gestimmte Wedeln gemeint, bei dem oft das gesamte Hinterteil ebenfalls mitschwingt. Es ist eine freundliche, erfreute, positive Reaktion und entspricht in etwa dem Lächeln des Menschen. Es ist als Reifemerkmal auch tatsächlich so ähnlich zu werten, wie das Lächeln eines Babys.

Jedesmal beim Wiegen wurde bei den Welpen im JACKSON LABORATORY so ziemlich alles notiert, was sich dabei an ihnen, außer dem Gewicht, feststellen ließ, also auch das „Schwanzwedeln". Beim Zusammenstellen der Notizen stellte sich nun heraus, daß die Welpen verschiedener Rassen keinesfalls alle wenigstens annähernd zur gleichen Zeit soweit waren. Die ersten Tiere „freuten" sich bereits mit 17 Tagen, von *allen* Rassen waren schließlich nach 30 Tagen jeweils mindestens einige Tiere soweit, nicht aber sämtliche.

Nach 30 Tagen wedelten:
83 % der Cocker, 56 % der Shelties, 49 % der Beagles,
42 % der Foxterrier, 27 % der Basenjis

Es fällt auf, daß gerade die Rassen, die bei Aggression und Dominanz immer ganz vorn sind, hier nun genau entgegengesetzt eingestuft werden müssen und der Cocker, sonst bei allen aggressiven Handlungsweisen das ewige Schlußlicht, an erster Stelle steht.

Am scheinbar so nebensächlichen Schwanzwedeln kommt nun eindrucksvoll das starke Verhaltensgefälle zwischen den Rassen, aber auch zwischen einzelnen Tieren innerhalb einer Rasse, zum Ausdruck.

Das kann man am deutlichsten daran erkennen, wenn man gegenüberstellt, wann in *einer* Rasse (jeweils nach Rüde und Hündin getrennt) das erste Auftreten des Wedelns bemerkt wurde und wie lange es dauert, bis auch der letzte Welpe der gleichen Rasse soweit ist. An dieser breiten Zeitspanne kann man ablesen, wie groß die Entwicklungsunterschiede selbst innerhalb *einer* Rasse sein können, was man am unterschiedlichen Auftreten eines neuen, deutlich erkennbaren Verhaltens sehr genau festhalten kann. Beim „Schwanzwedeln waren aber keine geschlechtsbedingten Abweichungen; die Werte von Rüden und Hündinnen liegen bei allen Rassen dicht beisammen.

Zeitraum *zwischen* erstem und letztem Wedeln (Tage)

Rasse:	männl.	weibl.	Rasse:	männl.	weibl.
Cocker	20	18	Terrier	46	40
Sheltie	21	23	Basenji	60	61
Beagle	26	49*)			

*) Diese Zahl ist tatsächlich so bei Scott und Fuller angegeben.

Übersicht: Erstes Auftreten des Schwanzwedelns

(CO = Cocker / Bs = Basenji / BG = Beagle / SH = Sheltie / FO = Foxterrier)

(*Co = 83%, Sh = 56%, Fo = 42%, Bg = 49%, BS = 27%)

Tag ♂♀	Tag	♂	♀	Tag	♂	♀	Tag	♂	♀	Tag	♂	♀	Tag	♂	♀
1	16			31		Sh/Fo	46			61			76		
2	17	Co*/Sh*	Co	32			47	Bg		62			77		
3	18	Fo*	Fo	33			48			63			78		
4	19		Bg/Sh	34		Bs	49			64	Fo		79		
5	20			35		Co	50			65			80		
6	21	Bg*		36	Fo		51			66			81		
7	22			37	Co		52			67			82		
8	23	Co	Co	38	Sh		53			68		Bg	83		
9	24			39			54			69			84		
10	25			40			55			70			85		
11	26			41			56			71			86		
12	27	Sh		42		Sh	57			72			87		
13	28	Bs*	Bs	43	BS		58		Fo	73			88	Bs	
14	29			44			59			74			89		Bs
15	30			45			60			75			90		

An der Übersicht, in der eingetragen ist, wann das *erste* Schwanzwedeln bei welchen Rassen festgestellt wurde, kann man sehen, wie groß die Differenzen sind. Insgesamt 72 Tage Zwischenraum liegen zwischen dem ersten Wedeln des ersten Welpen (Cocker), bis dann auch der letzte Welpe dies Stadium erreicht hat! Das Schlußlicht war in diesem Falle, wie erwartet, ein *Basenji*, der sein *erstes* Wedeln erst am 89. Tag zeigte.

Derart aufschlußreiche und eindeutige Vergleiche sind aber nur unter bestimmten Bedingungen möglich. Alle Hunde müssen unter etwa gleichen Umständen aufgezogen und auch den gleichen „erfreulichen" Stimulationen ausgesetzt werden. Veränderte Aufzuchtbedingungen können auch stark veränderte, unterschiedlich stark ausgeprägte Verhaltensweisen erzeugen. Daher sind Berichte über die Welpenentwicklung sonst fast nicht vergleichbar, da schon allein durch die Haltung (nur im Haus, nur im Zwinger, in Zwingern unterschiedlicher Ausstattung und Größe) erheblich veränderte Umwelteinflüsse auf die Welpen wirken, wir werden noch sehen, wie.

Die großen Unterschiede im „Schwanzwedel-Test" zwischen den fünf im JACK-SON LABOROTORY verwendeten Rassen, erklären auch auf sehr einfache Weise, daß Rassen verschiedene *Reizschwellen* haben, denn diese Werte kamen durch *uniforme* Behandlung aller Hunde zustande. Wenn die Stimulation erhöht würde, würden auch Basenjis früher wedeln usw.

Daher kennzeichnet das unterschiedliche Auftreten nicht nur einen Entwicklungsabschnitt, sondern auch eine bestimmte *Reizschwelle*. Wobei hier sowohl die Reizschwelle, als auch die Entwicklungsgeschwindigkeit, rassetypisch und daher genetisch vorbestimmt ist.

Ängstlichkeit und Aggressivität

Warum wedeln Cocker so früh in ihrem Leben und Basenjis dafür erst derart spät? Warum sind bei diesem Test gerade die Hunde „vorn", die bei den Dominanz-Tests, wenn überhaupt, dann sehr schwache und späte Reaktionen gezeigt haben? Eine mögliche, und vermutlich die einzig mögliche Erklärung für diese Reizschwellenunterschiede sind weitere Reizschwellenunterschiede. Weil das verwirrend klingt, soll es erklärt werden. Von Basenjis wissen wir, daß sie extrem ängstlich sind, also eine niedrige Reizschwelle haben, die leicht angesichts von fremden Personen angesprochen ist. Diese niedrige Reizschwelle erhöht aber gleicherweise die Reizschwelle, die freudige Erregung angesichts Fremder ausdrückt, nämlich die für's Wedeln.

Die Cocker wiederum haben eine niedrige „Freude-Reizschwelle", weil ihre Reizschwelle für „Angst vor Fremden" sehr hoch ist, sie gehen nicht mit bangen Gefühlen auf einen Menschen zu.

„Ängstlichkeit ist also ein entscheidendes Merkmal (eine wichtige, niedrige Reizschwelle) die alle anderen Reizschwellen oder Merkmale nachhaltig beeinflußt, indem sie diese regelrecht blockiert. Die Basenjis sind nicht nur ängstlich, sondern auch, hinsichtlich des Menschen, nicht einmal neugierig.

Untersucht man aber die Ängstlichkeit der Beagles näher, entdeckt man, daß es für Ängstlichkeit mehrere Reizschwellen geben kann, also ängstlich nicht gleich ängstlich ist.

Die Basenjis hatten nämlich nur hinsichtlich des Menschen eine niedrige Reizschwelle für Ängstlichkeit, sie waren keinesfalls ängstlich in ihrem sonstigen Sozialverhalten und nicht in ihrer spielerischen Aggressivität.

„Ängstlichkeit" bezeichnet also verschiedene Formen vorsichtigen Verhaltens, also auch unterschiedliche Reizschwellen, die man klar trennen muß, will man ein Tier richtig bewerten. Diese Reizschwellen sind aber die Schlüssel zur gesamten Verhaltensentwicklung, sie können in jeder Rasse anders gewichtet oder auch gar nicht vorhanden sein. Bereits unter diesen Rassen finden wir sie in folgenden Kombinationen:

> *ängstlich (gegen Menschen)* und aggressiv   (Basenji)
> *nicht ängstlich (gegen Menschen)* und aggressiv   (Foxterrier)
> *weder besonders ängstlich* noch besonders aggressiv   (Cocker/Beagle)

Ähnliche Verhältnisse finden wir bei den verschiedenen Formen der Aggressivität. Auch hier sind verschiedene Reizschwellen, in Kombination mit anderen, in allen Schattierungen und Abstufungen zu finden; z. B. sind Beagles sehr *spielerisch-aggressiv*, aber weniger *kämpferisch- aggressiv*.

Erst durch künstliche Selektion wurden also in verschiedenen Rassen unterschiedliche Verhaltensweisen isoliert, aus den ursprünglich bei Wildtieren *komplex* vorhandenen, biologischen Verhaltensweisen herausgezüchtet, indem man unbewußt lediglich bestimmte Reizschwellen favorisierte.

Dies bewies, daß es sich bei den „instinktiven" komplexen Verhaltensweisen der Wildtiere nicht, wie oft angenommen, um ein einheitliches Verhaltensmerkmal handelt, sondern um eine ausgewogene, zweckdienliche Kombination bestimmter Reizschwellen.

Mit anderen Worten: Wölfe sind sowohl ängstlich-vorsichtig, fluchtbereit, zeigen Meideverhalten gegenüber dem Menschen; untereinander entwickeln sie spielerische und kämpferische Aggressivität. Diese unterschiedlichen Verhaltensweisen lassen sich also nicht nur gezielt bei bestimmten Anlässen auslösen, sondern auch, genetisch aufgefächert, einzeln und unterschiedlich gewichtet bei den verschiedenen Hunderassen erkennen.

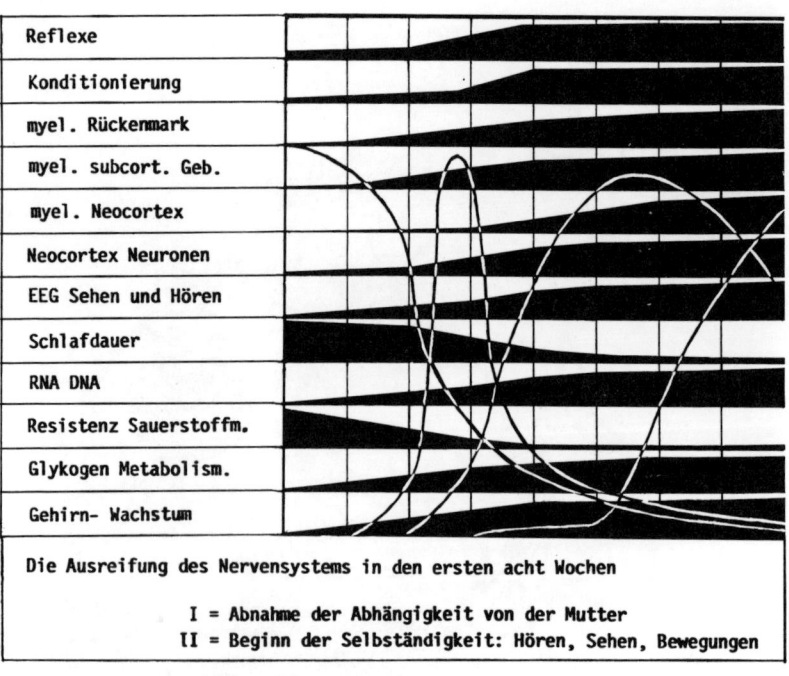

Reflexe								
Konditionierung								
myel. Rückenmark								
myel. subcort. Geb.								
myel. Neocortex								
Neocortex Neuronen								
EEG Sehen und Hören								
Schlafdauer								
RNA DNA								
Resistenz Sauerstoffm.								
Glykogen Metabolism.								
Gehirn- Wachstum								

Die Ausreifung des Nervensystems in den ersten acht Wochen

I = Abnahme der Abhängigkeit von der Mutter
II = Beginn der Selbständigkeit: Hören, Sehen, Bewegungen

Sozialisierung verändert überwiegend das Angstverhalten und weniger die Aggressivität

Mit der prosaischen graphischen Darstellung und den wenigen Kurven läßt sich der Zusammenhang von körperlicher- und Verhaltensentwicklung in den ersten Monaten des Lebens sehr übersichtlich erkennen. Mit fortschreitender Gehirnentwicklung geht auch gleichzeitig ein „Ansteigen" der Aktivitäten Hand in Hand. Interessant ist dabei aber nicht nur die Kurve, die „Angezogensein" beschreibt, sondern gerade die ansteigende Linie des „Abgestoßenseins", also die sich entwickelnde Furcht. Sieht man nach, wie weit das Gehirn gerade ist, stellt man fest, daß es nun alle Funktionen voll aufführen kann. So versteht man, daß zu diesem Zeitpunkt, wo der Welpe so ziemlich alles, was ihn umgibt, versteht, ihn dies auch einigermaßen verwirren muß. Trotzdem überschneiden sich „Angst" und „Angezogensein" noch eine Zeitlang. Das heißt, die Reizschwelle von „Angezogensein" ist immer noch recht niedrig, da es wichtig ist, daß in der Sozialisierungsphase auch beängstigende Faktoren vorkommen müssen, damit der Welpe sich daran gewöhnt.

Anm.: Übersichten gezeichnet nach FOX, SCOTT und FULLER, PFAFFENBERGER u. a.

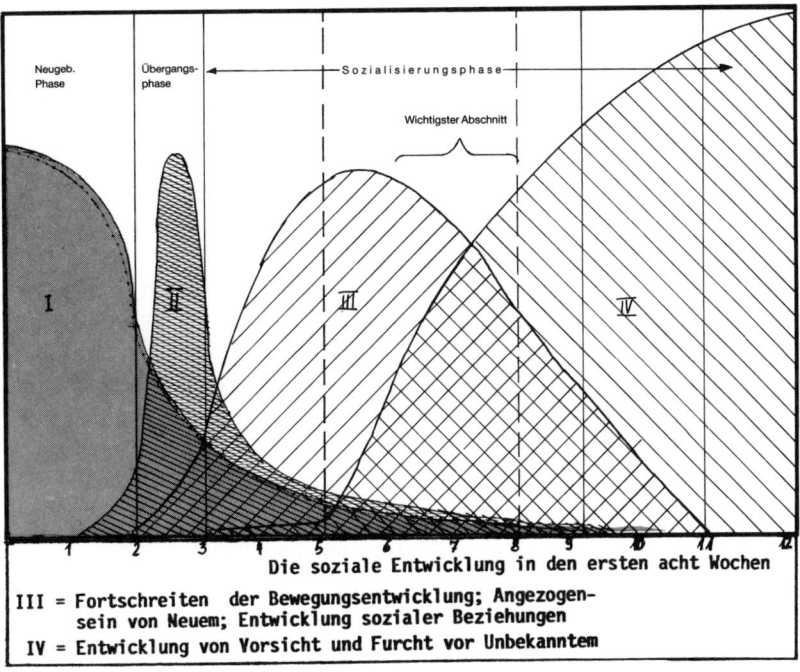

Neugeb.
Phase

Übergangs-
phase

Sozialisierungsphase

Wichtigster Abschnitt

I   II   III   IV

Die soziale Entwicklung in den ersten acht Wochen

III = Fortschreiten der Bewegungsentwicklung; Angezogensein von Neuem; Entwicklung sozialer Beziehungen
IV = Entwicklung von Vorsicht und Furcht vor Unbekanntem

Mit etwa zwölf Wochen ist aber für Hunde die Angstphase vorbei, d. h. ihre Reizschwelle für Angst ist nun wieder höher, und sie gehen weiteren Ereignissen vertrauensvoll entgegen.

Werfen wir aber einen Blick auf die Entwicklung der Wölfe oder anderer wildlebender Caniden, wird uns der Unterschied klar. Bei diesen wird eine enorme Veränderung bemerkbar, die mit ihrer sexuellen Reife einhergeht. Nicht nur das Territorium wird nun aktiv bewacht, sondern es steigt zunehmend die Furcht vor Fremden. Dies bereitet sich aber bereits ab dem dritten oder vierten Monat vor, also zu dem Zeitpunkt, wo beim Hund die Angst im Abklingen ist. Mit etwa zwei Jahren ist beim Wolf die Umweltfurcht vollständig ausgeprägt.

Beim Hund ist die sexuelle Reife „vorgezogen" und steht nicht in Verbindung mit seinem Verteidigungsverhalten, das sich bei ihm erst später entwickelt. Woran man erkennen kann, daß, obwohl beim wildebenden Tier stets gekoppelt, sexuelle Reife, Wachsamkeit und Aggression Einzelmerkmale sind und daher auch getrennt vorkommen können. In der Domestikation ist der Zeitplan ihres Auftretens getrennt worden, vor allem aber unterbleibt ein wichtiger Teil der psychischen Reife des Wolfes völlig: Bei Hunden wird die große, sich steigernde Umweltangst des Wolfes nicht hinausgeschoben, sondern unterbleibt überhaupt.

Damit müssen wir nun also als einen Faktor die Reifung des zentralen Nervensystems sehen, ein weiterer ist die Entwicklung der Geschlechtshormone, wobei letztere bereits anders als im Zeitplan des Wolfes liegen. Die größten Abwandlungen hat aber die Domestikation bei den verschiedensten Reizschwellen hervorgebracht. Die Neugierphase bleibt beim Hund nahezu lebenslänglich erhalten, die Furchtphase klingt sehr früh ab. Hunde bleiben daher in dieser Hinsicht auf der Stufe eines jungen Wolfes stehen, und damit sind sie für den Hausgebrauch geeignet.

Wenn wir voraussetzen, daß jede Aktion durch ein bestimmtes Signal oder Stichwort abgerufen wird und dieses umso leichter geschieht, wenn die Reizschwelle dafür besonders niedrig ist, kann man sich vorstellen, daß via Selektion auch bestimmte Reizschwellen favorisiert werden können und daher keinesfalls alle einheitlich sind.

Bei den einzelnen Hunderassen finden wir die Aggressivität in unterschiedlichen Abstufungen. Es gibt Hunde, die teilweise deutlich aggressiveres Verhalten zeigen als Wölfe. Andere sind das Gegenteil und daher oft besonders gut erziehbar. Leider ist es aber auch ebenso mit der Ängstlichkeit.

Bei Aufzucht und Erziehung von Wölfen hat man zu verstehen gelernt, daß die „Wildheit" des Wolfes nicht das Resultat seiner Aggressivität ist, sondern das Ergebnis seiner zunehmend feindlichen, d. h. angstvollen Lebenseinstellung. Woher die kommt, sehen wir später, jedenfalls ist sie es, die den Wolf, trotz anfänglicher, guter Erziehungserfolge, plötzlich unberechenbar werden läßt, so daß er als Haushund ungeeignet ist.

Auch aggressive Hunde sind daher erziehbar, da bei ihnen die spätere Angstphase des Wolfes unterbleibt. Im Gegenteil, einer der wichtigsten Faktoren bei der Entwicklung und Erziehung des Hundes ist seine *spielerische Aggressivität*. Dabei kann mal mehr das Spielerische, mal mehr das Aggressive überwiegen und entscheidet darüber, wie weit Hunde gemeinsam gehalten werden können.

Eine niedrige Reizschwelle für Angst erschwert die Erziehung des Hundes, wenn sie sie nicht sogar unmöglich macht. Wie schon gesagt, verändert diese *alle* anderen Aktivitäten des Hundes, sie behindert sein Neugierverhalten, seine Zutraulichkeit und seine Lernfähigkeit. Auch Wölfe haben nur für bestimmte, aber nicht alle Dinge des Lebens eine niedrige Angstschwelle. Ängstliche Hunde dagegen haben oft diffuse Angst vor überhaupt fast allem, was wir noch erklären werden.

An „gezähmten" Wölfen, Füchsen usw, hat man die auch für den Hundehalter wichtige Erkenntnis gewonnen, daß Tiere, solange sie keine Furcht haben oder diese verlieren, leicht sozialisierbar, d. h. erziehbar sind.

Unterschiede im Verhalten:
Kombinationen unterschiedlicher Reizschwellen

An den Basenjis kann man die besondere Kombination ihrer Reizschwellen gut erkennen. Sie sind vorsichtig in Bezug auf Menschen und Umwelt (Meideverhalten) nicht aber deswegen auch *niedrigrangige* Tiere. Hunden gegenüber zeigen sie durchaus aktive, dominante Aggressivität. Stellt man die Rassen gegenüber, kann man recht gut ihre unterschiedlich gewichteten Charaktereigenschaften (oder ihre Reizschwellenkombination) erkennen.

Rasse:	Verhalten: *Mensch/Umwelt*	Meideverhalten *Mensch:*	Aggression *gegen Hunde*	Dominant *gegen Hunde*
Basenji:	Besonders ängstlich	stark	stark	stark
Beagle:	neugierig	kein	spielerisch	gering
Sheltie:	nicht ängstlich	kein	nicht stark	kämpferisch
Terrier:	nicht ängstlich	kein	stark	stark
Cocker:	vertrauensvoll	kein	spielerisch	nein

Bedeutung und Wirkung
des Dominanzverhaltens

Vom Dominanztest „Zwei Hunde und ein Knochen" haben wir schon gehört. Er sagt uns etwas über den Charakter der einzelnen Hunde, damit wissen wir aber noch nichts darüber, wie sich das Gruppen- und Dominanzverhalten selbst entwickelt.

So sehr auch jeder Welpe für die anderen bereits Umwelt ist, sind auch die räumlichen Verhältnisse wichtig. Wenn ein Welpe droht und ein anderer das Weite sucht oder wenn sie rennen und jagen, spielt es eine große Rolle, wie groß ihr Aktionsfeld ist. Können sie niemals genügend Abstand gewinnen, steigert dies ihre Verärgerung gewaltig. Je häufiger ihnen ein sie störender Welpe in die Quere kommt, umso mehr sinkt ihre Reizschwelle „Bekämpfe den anderen" und umso mehr wird ihre Aggression insgesamt vermehrt.

Denn: Die Häufigkeit der Kämpfe steigt mit dem Alter, bis sich klare Dominanzverhältnisse ergeben haben. Danach wird deutlich weniger „jeder gegen jeden" gekämpft, weil es nicht mehr nötig ist. Allerdings steigern sich die Auseinandersetzungen zwischen Rüden ab etwa dem ersten Lebensjahr, während Auseinandersetzungen der Hündinnen untereinander oder zwischen Rüde und Hündin später konstant bleiben.

Wenn wir bisher gesehen haben, daß die Rassenunterschiede auch Reizschwellenunterschiede ausdrücken, wundert es nun wenig, daß sich auch die Dominanzverhältnisse der einzelnen Rassen völlig unterschiedlich gestalten. Bei *Basenjis* beispielweise, gilt die Regel nicht, daß Dominanz den Kampf erübrigt. Auch wenn die Verhältnisse geklärt sind, leben sie nicht sehr friedlich miteinander. Vor allem ist es unmöglich, die wütenden Kämpfe der Rüden untereinander zu unterbinden. Die Zahl ihrer *Angriffe* (einer greift an, der andere wehrt sich *nicht*) scheint sich ab der 11. Woche noch zu steigern, bis daraus bei den einjährigen Tieren echte Kämpfe werden (einer greift an, der andere wehrt sich). Die Anzahl der Kämpfe wird reduziert, wenn sich die untergeordneten Tiere nicht wehren.

Bei den *Foxterriern* geht es am Anfang ziemlich rauh zu, aber wenn sie etwa fünf Wochen alt sind, nehmen die heftigen Kämpfe und Angriffe deutlich ab. Dies ist die Rasse mit dem größtmöglichen Dominanzverhalten, denn bei den kampfeslustigen Terriern sind diese Positionen sehr früh festgelegt. Deutlich ausgeprägt ist bei Terriern die Dominanz der Rüden über die Hündinnen. Allerdings kann es schlimme Auseinandersetzungen gerade bei Terriern geben: sie gehen gruppenweise gegen ein unterlegenes Tier vor. Das kann ein „Prügelknabe" im gleichen Wurf sein oder ein Eindringling. Ist der „Störfaktor" entfernt (was so schnell wie möglich geschehen muß) ist sofort wieder Ruhe.

Beim *Sheltie* gibt es im Alter von fünf Wochen noch viele Angriffe und Kämpfe, bei diesen gehen auch Rüden auf Hündinnen los, was vorbei ist, wenn sie etwa elf Wochen alt sind. Dafür beobachten wir (was aus dem kämpferischen Verhalten der Welpen verständlich wird) bei Shelties, daß die Damen sich emanzipieren. Sind sie ausgewachsen, sind oft die Hündinnen dominant über Rüden; etwas, was auch bei wildlebenden Caniden vorkommen kann.

Ganz anders liegen die Dinge bei *Beagles* und *Cockern*. Hier wird wenig (und wenn spielerisch) gekämpft. Nicht immer sind die Rüden dominant über die Hündinnen, häufig sind später die adulten Hündinnen die dominanten Tiere.

Das Dominanzverhalten Rüde – Hündin einzelner Rassen kann bei der Paarung entscheidend wichtig sein. Überhaupt ist bei nahezu allen Rassen der Rüde im Prinzip weniger selbstsicher. Daher „fährt" meistens auch die Hündin zum Rüden, weil sich eine fremde Umgebung und die selbstsichere Hündin störend auf seine Leidenschaft auswirkten. In ungewohnter Umgebung wiederum wird eine selbstsichere Hündin meist etwas zurückhaltender.

Worüber man alles „streiten" kann

Genau genommen, ist also Dominanzverhalten, daß ein Hund auf einem bestimmten Recht besteht, das ihm kein anderer streitig machen darf. Es ist also wieder eine Art Reizschwelle, ein bestimmter Punkt, bei dem ein Hund besonders empfindlich reagiert.

Nach allem, was wir bisher erfahren haben, sollte es uns nicht wundern, daß es auch hier beträchtliche Rassenunterschiede gibt. Allerdings, einige davon sind trotzdem – wunderlich. Vor allem sieht man daran, daß der Test: „Zwei Hunde und ein Knochen" keinesfalls immer die Dominanzverhältnisse aufdeckt.

Von den Shelties haben wir gehört, daß sie erst realitv spät auf ihrem Knochen bestanden und überhaupt nicht so wild aufs Fressen waren. Um mehr über ihre „natürliche" Entwicklung zu erfahren, wurden daher Shelties im Gelände „wild", d. h. ohne größeren menschlichen Kontakt aufgezogen. Ziemlich schnell hatte sich im Rudel eine ordentliche Rangordnung gebildet. Wie die funktionierte, konnten die Forscher beobachten, wenn sie sich dem Gehege näherten.

Sobald sie des Menschen ansichtig wurden, kamen die Tiere sofort laut bellend angelaufen. Aber sie achteten dabei keinesfalls nur auf den Ankömmling, sondern behielten sich auch gegenseitig im Auge. Während die Tiere losstürmten, drehten sich zwei oder drei von ihnen um und trieben ihre Wurfgeschwister zurück in das Hundehaus, in dem Futter und Wasser waren.

Bei einem der Sheltiewürfe durfte bei solchen Anlässen eine der Hündinnen das Hundehaus überhaupt niemals verlassen. Sie wurde gejagt, angebellt und zurückgetrieben. Sie war also deutlich ein unterlegenes Tier, wie ebenso auch ein anderer kleiner Rüde. Der aber „durfte" wenigstens außerhalb des Hauses *sitzen* und den zwei größeren Rüden, die im Gelände umherrannten und tüchtig bellten, *zusehen*.

Hier war also der „Sieger", dem das Gelände gehörte! Dies muß mit dem typischen Hüteverhalten der Hütehunde zusammenhängen, wo also die Reizschwellenveränderung eine besondere Aufmerksamkeit für ihr Gelände hervorruft, dafür aber ihr Interesse am Futter gering ist. Sie dürfen sich ja auch nicht durch Beutereize weglocken lassen. Diese Eigenheit kam auch sonst im Zusammenleben der Shelties zum Ausdruck: sie kannten keinen Futterneid, Futter war nicht Gegenstand des Besitzergreifens, die untergeordneten Tiere wurden daher in das Haus, in dem Futter und Wasser waren, verbannt.

Ganz anders entwickelten sich die Verhältnisse bei den viel urtümlicheren *Basenjis*. Für sie hat Futter noch lebenswichtige Bedeutung, daher war bei ihnen auch der „Knochentest" aussagekräftig. Noch aussagekräftiger allerdings war eine Beobachtung, die die Betreuer königlich amüsierte.

Sobald nämlich das Futter gebracht wurde, übernahm ein dominanter Rüde die Herrschaft über den *Napf* und ließ nun keinen mehr daran. Aber Basenjis sind (nicht nur hier) erfinderisch. Eines der untergeordneten Tiere erfand einen Trick. Sobald das dominante Tier den Rücken kehrte, raste der andere von hinten herbei und kippte im vollen Lauf den Futternapf um. So. Das über den *Boden* verstreute Futter durfte er nämlich in Seelenruhe fressen, ohne angegriffen zu werden, *nicht aber den (leeren) Futternapf berühren*, den der andere weiterhin grimmig bewachte!

Dominanzgebaren enthält Symbolisches und erklärt die „Denkweise" des Hundes

Hunde gestalten ihre Machtposition also entsprechend ihrer individuellen Empfindlichkeit. Sie schützen so sich und einen bestimmten Raum oder ein bestimmtes Besitztum, das für ihre persönliche Sicherheit wichtig ist. Oder anders gesagt: von einem bestimmten Punkt an ist ihre individuelle Reizschwelle gesenkt, so daß sie entweder mit Angriff oder mit Flucht auf die Aktivitäten der anderen reagieren.

Daher demonstriert nicht nur einfach der Stärkere, daß er etwas darf oder besitzt, worüber andere nicht verfügen dürfen, sondern man erkennt auch die Grundzüge und Prinzipien, wie darüber eine Verständigung erfolgt. Allerdings ist man zunächst erstaunt darüber, wie ausgefeilt und nuancenreich das Verhaltensritual abläuft, was man als ausgesprochen intelligente Leistung empfindet; gleichzeitig verwundert es, wie regelrecht dumm sich Tiere dabei trotzdem (in unseren Augen) verhalten. Zumindest kommt es *uns* lächerlich vor, wenn der Basenji weiterhin seinen leeren Napf behütet, während der andere vergnügt sein Futter verschlingt.

Beobachtet man Hunde längere Zeit, bemerkt man, daß ihre Kommunikation ja nicht nur eine Laut- und Gebärdensprache enthält, sondern vieles davon den Wert von Signal-Symbolen hat. Hunde sind zu vielen Assoziationen fähig und in der Lage, die Symbolsprache des anderen umzusetzen.

Um das besser zu verstehen, muß man sich den Zusammenhang klar machen: Die symbolische Aktion *ersetzt* die reale. Sie macht es überflüssig, jedesmal die gesamte Prozedur durchführen zu müssen. Daher besteht die soziale Kommunikation aus zahlreichen, immer wieder anders zusammengesetzten Symbolhandlungen und Gesten, die tatsächliche Kämpfe und Auseinandersetzungen überflüssig machen.

Das Symbol (ein Teil oder ein Zeichen, das für das Ganze steht) erfordert scheinbar einen ziemlich komplizierten Denkprozess, in dem eine komplexe Aktion in einer komprimierten, ritualisierten Form wiedergegeben wird. Tatsächlich wird dies Verhalten durch einen bestimmten Reiz ausgelöst, und die nachfolgende Handlung kann unterbleiben, weil die „ritualisierte" Handlung bereits das gleiche Verständnis ausgelöst hat, als wäre die ganze Aktion abgelaufen.

In den Beziehungen zwischen Hunden müssen wir Signalgeber und -empfänger unterscheiden. Die Aktionen des Signalgebers sind angeborene Bewegungsweisen (davon später mehr) die seiner inneren Verfassung entsprechen. Der Signalempfänger muß aber zuvor am handfesten Beispiel erfahren haben, was ihn auf ein solches Signal normalerweise erwartet. Das versetzt nun auch ihn in eine bestimmte innere Verfassung und regt ihn zu entsprechender Reaktion an. Die

Signale, die gegeben werden, sind aber begrenzt und immer typisch. Dementsprechend müssen auch die Tiere darauf eingerichtet sein, ständig nach „dem" Signal, das immer „das" eine bedeutet, zu suchen und es sich gut einprägen. *Einmal gelernt, gilt für immer.*

Am Dominanzverhalten können wir die typischen Denkvorgänge des Hundes begreifen lernen. Veranlagungsgemäß beobachtet und registiert er genau. Bestimmte Gesten, Worte, Laute, Situationen haben für ihn „einfürallemal" symbolischen Wert. Sie lösen bei ihm, nach wenigen Wiederholungen, eine bestimmte Vorstellung und entsprechende Reaktion sicher aus. Für das wildlebende Tier ist diese Unbeirrbarkeit überlebenswichtig; Beobachtungsfähigkeit und Symbolverständnis sind unerläßlich für die reibungslose und schnelle Verständigung der Tiere untereinander.

Auch Hunde haben diese (für die Erziehung ja recht praktische) Denkweise beibehalten, die ein reibungsloses und vor allem nachhaltiges Training ermöglicht, das Handlungen, in der Art eines konditionierten Reflex', nahezu automatisch auslöst.

Diese Denkweise hat aber einen *Nebeneffekt,* der bei uns oft die Vorstellung erweckt, der Hund habe etwas wie einen *sechsten Sinn.* Denn er lernt nicht nur durch Training und Erziehung, sondern auch durch *Selbstdressur* sich in neue Verhältnisse einzupassen. Der Hund beobachtet uns dabei sehr genau. Er sucht und entdeckt auch bei uns starre Gewohnheiten (die wir selbst oft nicht einmal bemerken) an denen der Hund aber viel von uns erkennt und so viele unserer Absichten im voraus ablesen kann. Auf Grund seiner Erfahrungen zieht er die, aus seiner Sicht, logischen Schlüsse, um danach, oft mit einer beträchtlichen Sturheit, eine für seine Situation passende Handlung vorzubereiten oder auszuführen; wozu auch gehört, daß er einmal gar nichts tut.

Als GINSBERG einen Wurf junger Wölfe ohne Alttiere (d. h. ohne deren Einfluß) aufzog, bildeten sich zwischen den Tieren ganz selbstverständlich echte Rudelstrukturen und klares Dominanzverhalten. Sie lernten auch ohne Lehrmeister, sich zu verständigen. Allerdings konnte man auch hier erkennen, wie wichtig Geschwister sind.

Ein einzelner Wolf wurde isoliert aufgezogen. Er entwickelte die typische Gebärden- und Lautsprache und wirkte völlig normal. Als er aber nach zehn Monaten mit den anderen Wölfen zusammengebracht wurde, stellte sich heraus, daß sie füreinander etwas waren wie Ausländer: sie konnten ihre Sprache gegenseitig nicht verstehen. Der „zugezogene" Wolf benötigte einige Zeit, bis er die Signale der anderen begriffen hatte.

Diese Neigung zum sturen Denken ist bei der Erziehung des Hundes gut auszunutzen, beweist aber auch, wie wichtig beim jungen Hund einheitliche Befehle sind. Einen einfachen und wirkungsvollen „Trick" setzen wir bei allen unseren Hunden besonders gern ein. Schon unsere jungen Hunde lernen, daß sie bestimmte „symbolische" Grenzen einhalten müssen. Wir verwenden dabei einfach einen seitlich aufgestellten Tapeten-Tisch (die Beine haben wir entfernt). Der läßt sich leicht überall hin mitnehmen und kann, wenn wir einen neuen jungen Hund haben, in jedem Raum aufgestellt werden.

Hinter dieser Schutzwand darf der Welpe (der ja vorerst nicht darüber gelangen kann) tun und lassen, was er will. Er hat dabei recht viel Platz, da man ja fast ½ Zimmer für ihn so abteilen kann. *Über* diese Schutzwand dürfen aber auch die großen Hunde nicht zum Kleinen hinein, und der Kleine darf seinerseits auch später nicht über diese Schutzwand klettern, ja, nicht einmal sich darauf stützen. Obwohl alle dieses leicht könnten, wird diese Grenze niemals überschritten, wenn man es nachhaltig genug eingeprägt hat.

Diese zunächst deutliche Schutzwand ersetzen wir später durch beliebige andere „symbolische Grenzen". Es kann ein Pappstreifen sein oder auch ein Bindfaden. Besucher amüsieren sich oft, wenn sie einen unserer Hunde hinter seiner „symbolischen Grenze" entdecken. Sie können es fast nicht glauben, daß der Hund nicht über diese Grenze *kann*, obwohl er sie körperlich ohne jede Schwierigkeit überwinden könnte.

Diese symbolische Grenze hat sehr viele Vorzüge, weil sie *überall* gesetzt werden kann, also nicht ein bestimmtes Zimmer betrifft und jederzeit wirksam ist oder aufgehoben werden kann.

Besondere Dominanzverhältnisse

Entsprechend der Mentalität seiner Mitglieder ergeben sich bestimmte Formen, wie ein Rudel aufgebaut ist. Bildlich gesprochen, hat die aggressive Rasse eine geradlinig aufgebaute Hierarchie, mit meistens einem Tier an der Spitze, während die übrigen Rudelmitglieder sich darunter arrangieren. Man könnte es wie ein Dreieck zeichnen, das mit einer Spitze nach oben zeigt. Bei weniger aggressiven Rassen verändert sich diese Form, sie hat eine breitere Spitze aus mehreren gleichrangigen Tieren, selten allerdings zerfließt die Form so sehr, daß sie fast kreisförmig ist.

Rassebedingt unterschiedlich ist auch die Beziehung Rüde/Hündin. Meistens geht es zugunsten der Rüden aus; sie sind nicht nur die körperlich stärkeren, sondern auch, wie wir später noch näher erklären werden, die aggressiveren Tiere. Auch formt sich diese Dominanz Rüde/Hündin erst im Laufe eines kürzeren oder längeren Zeitraums. Mit fünfzehn Wochen hat der Faktor „Größe", selbst bei erheblich größeren und schwereren Hündinnen, noch keinen Effekt auf die Beziehungen zwischen *Hündinnen*. Bei *Rüden* dagegen obsiegt häufig der schwerere, größere; sie sind auch dominant über Hündinnen.

Allerdings haben hier geschlechts- und rassebedingte Verhaltensunterschiede große Bedeutung. Geschlechtsbedingt neigen Hündinnen weniger dazu, anzugreifen und zu kämpfen, während Rüden gern angreifen, wobei der Stärkere dann siegt.

Umwelt und Aufzucht haben großen Einfluß auf den Lernprozess der Hunde. Bis zu fünf Wochen sind die Reaktionen insgesamt noch undifferenziert. Dann aber sind z. B. besonders hungrige Welpen besonders aufmerksam, während die normal gefütterten, satteren alles gelassener hinnehmen.

Die im JACKSON LABORATORY handaufgezogenen Hunde schlossen sich enger an den Menschen an; die vielfach sehr variablen Umwelteindrücke erweiterten ihre Umwelterfahrung. Sie hatten frühzeitig Vertrauen in fremde Menschen, neue Situationen und wirkten daher „selbstsicherer". Der enge Kontakt mit dem Menschen formte sie *entscheidend*.

Der früh einbezogene Mensch ist für die Welpen ein sehr starker, ganz anders geprägter Partner, als seine Geschwister sein können. Das hat Folgen, wenn wir davon ausgehen, daß die Differenzierung des Verhaltens in einer sozialen Verbindung sich *proportional zu den unterschiedlichen Eigenschaften der Individuen* entwickelt. Die Beziehungsentwicklung bekommt ganz andere Dimensionen, als es unter Welpen möglich wäre und erweitert das Verhalten des Haushundes um ganz erhebliche Verhaltenseigenheiten.

Wie entstehen Dominanzverhältnisse

Diese Frage scheint zunächst sehr einfach zu beantworten zu sein: Einige Hunde in einer Gruppe sind stärker oder aggressiver als die anderen. Man erkennt dies auf den ersten Blick daran, daß sie die Situation meistern, indem sie zunächst kämpfen und das oder die anderen Tiere vertreiben. Entsprechend handeln ängstlichere Hunde: angesichts des überlegenen Hundes gehen sie in Demutshaltung oder fliehen. Stößt der dominante Hund auf einen anderen, der sich nicht augenblicks beeindruckt zeigt, sondern womöglich knurrt und sich widersetzt, kommt es zum Angriff durch das dominante Tier, wodurch dann die Sachlage geklärt wird.

Setzt man diese Beobachtungen über einen längeren Zeitraum fort, stellt sich etwas Merkwürdiges heraus: Das dominante, angreifende Tier ist nicht unbedingt das Stärkere, sondern das *Angriffslustigere*; das angegriffene Tier ist nicht unbedingt das körperlich schwächere.

Ganz offensichtlich haben einige (dominante) Hunde auf andere einen *Hinderungseffekt*, die sich daraufhin unterordnen, ablassen oder fliehen. Manche Hunde wagen nicht zu fressen, solange ein dominanter Hund zugegen ist. Scheue Hunde warten die Annäherung oft gar nicht erst ab und verschwinden schleunigst, wenn ein anderer Hund kommt, während aggressivere, mutigere Tiere die Annäherung gelassen abwarten und sich dann der Situation entsprechend verhalten.

Wie gesagt, wird die dafür benötigte Gebärden- und Symbolsprache bereits im Welpenalter gründlich gelernt. Meistens übersieht man aber den wahren Sachverhalt, wenn man die Begegnung zweier Hunde beobachtet: Es genügt im Normalfall bereits, wenn das dominante Tier seine symbolischen Dominanzgesten „aufführt" oder sich ganz einfach außerordentlich selbstbewußt bewegt. Das untergeordnete Tier *glaubt* ihm bereits diese Gesten und richtet seine Handlungen darauf ein; es geht beiseite, legt sich auf den Rücken, flieht. Dennoch kann der hier überlegene Hund, angesichts *eines* anderen, auch ohne tätliche Auseinandersetzung, selbst der gehemmte sein, was deutlich in seiner Körpersprache zum Ausdruck kommt.

Überraschenderweise entsteht also Dominanz
durch das Verhalten des untergeordneten Tieres!

Grundsätzlich enthält eine Begegnung zwischen zwei Hunden zwei Faktoren: *Annäherung und Rückzug.* Die Intensität, mit der beides ausgedrückt wird, entscheidet über den Verlauf der Begegnung. Ein sich dominant fühlender Hund wird in seiner Meinung *bestärkt* durch das Verhalten des anderen Tieres; beim von vornherein zaghafteren Tier wird, angesichts von so viel Selbstbewußtsein, seine schwache Position bestätigt, es zieht sich zurück. Annäherung hat also Rückzug hervorgerufen. Sind beide Tiere auf Annäherung eingestellt, kommt es häufig zum Kampf. Ist aber die Tendenz Annäherung und Rückzug bei den Tieren nur schwach ausgeprägt, gibt es ein friedliches Miteinander. Ist beiden Tieren nach Rückzug zumute, findet überhaupt keine Begegnung statt.

Jede Art der Annäherung wird durch *emotionalen Ausdruck* (Augenausdruck, Ohren- und Schwanzhaltung, Zähnefletschen usw.) durch *Laute* (Knurren, Winseln usw.) durch *Bewegungen* (Art und Weise der Annäherung: lebhaft/aufrecht oder geduckt/zögernd) signalisiert. Aus allem zusammen ergibt sich die Signalwirkung auf das Gegenüber und dessen prompte Reaktion. Bestimmte Annäherungweisen sind typisch für einen bestimmten Charaktertyp, wobei sich wieder die beiden extremen Typen und der mittlere Typ ergeben; mit der für sie typischen Annäherungsweise werden sie sich (fast ausnahmslos) allen Hunden nähern.

Das dominante Tier	*Mittlerer Typ*	*Das untergeordnete Tier*
reizbar, erregbar	gut ausgewogenes	nicht reizbar (gehemmt)
nicht gehemmt	mittleres Verhalten	zurückhaltend
= aggressiv	= situationsgerecht	= scheu

Für einige Hunde ist es typisch, daß sie sich anderen zwar nähern, dies aber *gehemmt* und *vorsichtig* tun. Dies ist eine interessante Reaktion. Sie ist vergleichbar mit dem *defensiven Verhalten*, das auch bei manchen Menschen sehr ausgeprägt ist. Es ist eigentlich eine *Verteidigungshaltung*; sie ermöglicht den Hunden einen Zeitraum, um herauszufinden, ob es sich empfiehlt, dem Gegenüber aggressiv oder submissiv entgegenzutreten. Nicht alle Hunde haben eine einleitende Hemmung. Hündinnen nähern sich meist ganz ungeniert Rüden, weil diese in der Regel Hündinnen nicht angreifen.

Während bei den frühen Welpenspielen noch die Muskelkraft den Ausschlag gab, bemerkt man bei den ausgewachsenen Tieren ihren Sinn für „Höheres" daran, daß körperliche Kraft im Dominanzgebaren eine sehr geringe Rolle spielt. Beim Menschen sagt man, er habe eine „Ausstrahlung"; für derartiges scheinen auch Hunde ziemlich anfällig zu sein. Allerdings entspricht die Haltung des Hundes nicht einer von ihm angenommenen körperlichen Überlegenheit, sondern seiner *inneren Verfassung*, im Gegensatz zum Menschen, der sich auch gegen seine Überzeugung so geben kann, als ob.

Hunde können offensichtlich ihre eigene körperliche Stärke nicht grundsätzlich selbst einschätzen, woran man den großen Unterschied im „Selbstbewußtsein" von Tier und Mensch gut erkennen kann.

Obwohl Tiere in bestimmten Situationen sich ihres Körpers sehr wohl bewußt sind (sie ducken sich, wenn sie unter etwas hindurchkriechen, ohne daß sie die zu geringe Höhe zuvor praktisch erproben müssen) ist ihnen die Identität ihrer Person nicht bewußt.

Ein großer oder ein kleiner Hund „weiß" nicht, ob er im Verhältnis groß oder klein ist zu einem anderen. Dies zu beobachten, gibt es täglich viele Gelegenheiten. Eine besonders erheiternde war der jahrelange Zwist zwischen unserem Trenck und Malermeister X.'s Dackel Seppi. Jedesmal wenn wir an Seppis Haus vorbeikamen, schoß dieser hervor und hatte Trenck, als dieser noch klein und unschuldig war, giftig und bösartig attackiert. So verhielt sich Trenck auch später, als er das kleine Ungetüm längst hätte verschlucken können, noch lange Zeit sehr „zurückhaltend", strebte lieber der anderen Straßenseite zu oder zerrte an der Leine, um einen anderen Weg einzuschlagen. Beendet wurde dies „unwürdige Verhalten" schließlich erst, als Seppi seine Angriffslust umwandelte und lieber seinerseits einen großen Bogen um uns machte.

Das allerdings hatte Seppi zuvor lernen müssen. Als er wieder einmal wutkreischend auf unseren Neufundländer zuschoß, wehrte ihn dieser mit einer gar nicht aggressiv gemeinten Pfotenbewegung ab. Diese hatte die dem Größenverhältnis entsprechende Wirkung. Seppi war, nach einem entsetzten Aufschrei, mucksmäuschenstill an den Boden gedrückt, und Trenck „sah" nun mit seiner Nase genau nach, um herauszufinden, warum da plötzlich solche Stille herrschte. Das war nun endgültig zu viel für den Giftzwerg – er schoß, mit eingekniffenem Schwanz humpelnd davon, mit schrillen Lauten des Entsetzens.

Weil Hunde sich nur praktisch (d. h. in einer aktuellen Situation) erproben, sich nicht aber „theoretisch" einschätzen können, kommt es immer wieder vor, daß Hunde, die eine intensive soziale Aggression haben, sofort angreifen, auch wenn dies unklug ist. Wenn sie nun in einem so unvernünftig begonnenen Kampf unterliegen, gibt es, je nach Typ dieses Hundes, zwei typbedingte Möglichkeiten künftigen Verhaltens.

Bei der einen Gruppe Hunde beeinflußt eine Niederlage keineswegs ihre künftigen Handlungen. Sie erkennen den Sieger aus einem Kampf an, probieren aber ihre Kräfte gegen andere Hunde weiterhin jedesmal neu aus. Andere Hunde wieder haben nach einem Mal bereits genug, sie bleiben generell zurückhaltend und haben künftig keine Neigung mehr zu kämpfen.

Womit wir wieder bei den grundsätzlichen „Temperamentunterschieden" PAWLOWS angekommen sind. Vergleicht man die Verhaltensweisen verschiedener Rassen, stellt sich immer mehr heraus, daß rassetypische Verhaltensweisen nicht nur einer bestimmten Rasse zuzuordnen sind, sondern daß Rassen, so sehr sie sich auch in ihrem Äußeren und in ihren Verhaltensweisen unterscheiden können, insgesamt ganz bestimmten Verhaltens-Typen mehr oder weniger ausgeprägt zuzurechnen sind. Aber auch Tiere *einer* Rasse unterscheiden sich wieder durch „typische" Merkmale.

Die ausschlaggebende Bedeutung des Konstitutionstyps

Temperamentunterschiede kommen, wie gesagt, als Folge von bestimmten Reizschwellenunterschieden zustande. Der dominante Hund hat weniger Furcht und nähert sich, der andere ist furchtsam und zieht sich zurück. Bei beiden wird durch dieses „Training" die Reizschwelle ständig verfestigt. Glücklicherweise hat diese Feststellung JAMES nicht ausgereicht, und er hat weiterhin versucht herauszufinden, auf welchen Grundlagen diese Unterschiede entstehen, da sie ja *nicht* das Resultat von besonderer Körperkraft sind. Von seinen Beobachtungen an Menschen ausgehend, nannte er es die „Signifikanz des Konstitutionstyps", da es typbedingte Reaktionen bei Hunden wie bei Menschen gibt, bei dem sich zwei extreme Typen gegenüberstehen:

der aggressive, extrovertierte Typ / der gehemmte, introvertierte Typ

Nicht immer ist aber die Zugehörigkeit zu einem bestimmten Typ sofort zu erkennen, da bestimmte Reaktionen erst in besonderen Situationen ausgelöst werden. Setzte er beispielsweise Tiere, die in ihrer gewohnten Umgebung überaus selbstsicher waren, fremden Einflüssen aus, konnte man sofort erkennen, daß einige von ihnen im Grunde nicht angstfrei waren.

Aus einer typbedingten Grundstimmung können auch bei Hunden regelrechte Neurosen entstehen. Wenn beispielsweise ein zuhause völlig selbstsicherer

Hund, außerhalb plötzlich ganz unvorgesehene Dinge fürchtet oder bekämpft, deutet man sie völlig falsch, wenn man sie mit dem aktuellen Ereignis in Beziehung bringt. Der Hund hat nicht plötzlich Angst, sondern er ist von sich aus ängstlich.

Im täglichen Umgang fällt nicht bei allen Tieren auf, daß sie im Grunde ängstlich sind, nicht alle müssen unbedingt neurotisch werden. So sehr sie auch „vom Leben verwirrt" werden können, kann vieles durch Erziehung wieder aufgefangen werden, weil sie gleichzeitig auch sehr anpassungsfähig und vom Menschen abhängig sind.

Beim *extrem ängstlichen* Hund ist aber Hopfen und Malz verloren. Solche Hunde sind grundsätzlich unfähig zur Anpassung, also wegen ihrer übergroßen Furchtsamkeit *unerziehbar*. Sie können daher überhaupt keine verhaltensbedingten, sondern nur konstitutionell bedingte Handlungsweisen zeigen, die alles bestimmende Angst färbt auf alle Handlungen ab.

Von vielfach verstrickten zwischenhundlichen Beziehungen

Die wenigsten Menschen haben eine Vorstellung davon, wie nachdrücklich und nahezu gesetzestreu und pingelig Hunde darauf bedacht sind, daß zwischen ihnen ja alles seine Ordnung hat. In mancher Hinsicht sind sie da noch schlimmer als Menschen, die schon mal Fünfe grade sein lassen oder sich, dank guter Erziehung, taktvoll verhalten. Die nun folgenden Szenen wurden durchgespielt von fünf *Basset-Schäferhund-Hybriden* (auf Basset zurückgekreuzt) im Alter von zwei Jahren. Der Einfachheithalber verzichte ich auf Namen und benenne sie stattdessen mit der Nummer ihrer Rangfolge: Es handelte sich um:

„*Rüde Nr. 1*" (extrem dominant)   „*Hündin Nr. 4*" (gehemmt)
„*Rüde Nr. 2*" (dominant)   „*Hündin Nr. 5*" (extrem angstvoll)
„*Hündin Nr. 3*" (dominant)

Konstellation	A	B	C	D	
Ranghöchster:	„Rüde Nr. 1"	Rüde Nr. 2"	„Hündin Nr. 3"	„Rüde Nr. 1"	+ „Hündin Nr. 3"
Folgende	2, 3, 4, 5	3, 4, 5	4, 5	4, 5	4, 5
Abwesend:		1	1, 2	2	
Letzter:	„Hündin Nr. 5"	„Hündin Nr. 5"	„Hündin Nr. 5"	„Hündin Nr. 5"	

Nach ihren Alltagsgepflogenheiten ergab sich die oben angegebene mutmaßliche und durch spätere Versuche (durch die Konstellationen A - D vollständig bestätigte) Reihenfolge. Die verschiedenen Konstellationen ergaben sich also jedesmal, wenn eines der dominaten Tiere ausfiel, und zwar rückten die übrigen streng ihrer Rangfolge gemäß nach. „*Rüde Nr. 1*" *ist immer dominant* über alle anderen Tiere, insbesondere aber über den „*Rüden Nr. 2*". Bei Abwesenheit von

„Nr. 1" trat „Nr. 2" an seine Stelle und war nun selbst dominant. Die „Hündin Nr. 3" war dominant über „Hündin Nr. 4" ; bei Abwesenheit von „Nr. 3" wurde dann „Nr. 4" die dominante.

Die dominanten Tiere konnte man leicht daran erkennen, daß sie die anderen höchst ungeniert vom Futternapf wegtrieben und überhaupt herumjagten. Interessanterweise ließ sich die „Hündin Nr. 3 " aber *nicht* von den (in der Rangfolge über ihr befindlichen) Rüden vertreiben; sie verteidigte sich aber in diesem Fall nicht aggressiv, sondern blieb einfach stur und fraß ihr Futter, ohne sich stören zu lassen.

Die Sache mit der „Hündin Nr. 5 " war regelrecht ein Trauerspiel. Sie wurde von allen anderen Hunden immer unterdrückt und niemals zum Freßnapf gelassen. Obwohl sie schon gar keine Anstrengungen mehr in dieser Hinsicht unternahm, blieb sie für alle immer das Angriffsziel. Niemals wurden die anderen Hunde durch sie irritiert; sie existierte als möglicher Konkurrent überhaupt nicht, weil sie sich stets in großem Abstand von den anderen Hunden aufhielt.

Aber es erwies sich auch als vollständig unmöglich, die „Hündin Nr. 5" im Versuchsraum irgendwelchen Tests zu unterziehen. Zitternd kroch sie in den Raum, obwohl ihr dort überhaupt nichts Unangenehmes zugefügt wurde. So schnell es möglich war, stand sie wieder an der Tür, um eiligst wieder zu entkommen. Es gelang auch mit größter Geduld nicht, sie hier einzugewöhnen; ihre Angst äußerte sich in vollständiger Passivität. *Diese überängstliche Hündin war restlos unerziehbar!*

Wie aber würde diese „glückliche Familie" sich in Gegenwart anderer Hunde verhalten? Würden sie ihrem „Wesen" treu bleiben oder galt dies nur innerhalb ihres Familienlebens? Es wurden also passende Hunde ausgesucht, die man zuvor gründlich auf ihre Eigenheiten hin getestet hatte und die Hunde zusammengebracht. Ein wenig erinnert so eine Situation schon an den Moment, in dem man verschiedene Chemikalien in ein Reagenzglas schüttet und nun darauf wartet, ob es explodiert, stinkt oder ob gar nichts passiert. Die Hundefamilie wurde also ergänzt durch:

„Rüde A" :	„Hündin B"	„Rüde C"
Schäferhundmischling	Basset/Schäferhund-	Reinrassiger Basset
ausgesprochen dominant	Mischling	ausgewogener
und sehr aggressiv	ängstlich (nicht extrem)	Mitteltyp

Alle Hunde 1 - 5 wurden durch den aggressiven „Rüden A" gehemmt (zeigten Furcht) veränderten aber ihr normales Verhalten nicht, wenn sie mit den weniger aggressiven Hunden B und C zusammenwaren. Die beiden „Hündinnen Nr. 2 und Nr. 3" waren kurz irritiert, aber nur solange, bis sie die „Sachlage" geklärt hatten. „Rüde Nr. 1" war irritiert und zögerte kurz, als er dem überaggressiven

„Rüden A" gegenüberstand, dann allerdings mußten diese beiden Rüden schleunigst getrennt werden, sonst wären sie aufeinander (*A auf Nr.1*) losgegangen. Die dominante „*Hündin Nr. 3*" war ebenfalls ernsthaft irritiert durch den extrem aggressiven „*Rüden A*", nicht aber von den anderen Hunden. Die extrem furchtsame „*Hündin Nr. 5*" benahm sich, wie es zu erwarten war, in allen Situationen extrem scheu.

Sowohl der extrem aggressive „*Rüde A*", als auch die extrem ängstliche „*Hündin Nr. 5*" waren bereits als Welpen sehr früh durch dies besondere Verhalten aufgefallen. Die übrigen Hunde ordneten sich jeweils so ein, wie es der jeweiligen Situation entsprach; geradeso hatten sie auch als Welpen situationsbedingt einmal die dominante, dann wieder die untergeordnete Rolle gespielt.

Erst durch derart gezielte Kombinationen lassen sich also klare Auskünfte über den wahren Charakter eines Hundes bekommen. Hätte man nur die Begegnung „*Rüde A*" und „*Rüde Nr. 1*" beobachtet, wäre weder das überaggressive Verhalten von „*Rüde A*", noch das ansonsten dominante Verhalten von „*Rüde Nr. 1*" erkennbar gewesen. Aufgrund dieser Versuche kann man die Hunde nun gut einordnen. Die extremen Temperamente sind „*Rüde A*" und die „*Hündin Nr. 5*", alle anderen gehören zum mittleren Typ. Ihre genetisch bedingte *Konstitution* ist auch ausschlaggebend für ihre *soziale Anpassungsfähigkeit* und ihre *Erziehbarkeit*.

Die beiden extremen Typen:		*Die mittleren Typen:*
„Rüde A"	„Hündin Nr. 5"	Hunde Nr. 2, 3, 4, B, C
Extreme Aggression	extreme Scheu	Dominanz der
reizbar, aktiv	zurückhaltend, passiv	Situation angepaßt,
nicht erziehbar	nicht erziehbar	ausgewogen, gut erziehbar

Zusammenhänge zwischen Körperform Konstitution und Verhalten?

Was ergibt sich, wenn man zwei im Verhalten und im Äußeren sehr entgegengesetzte Hunderassen kreuzt? Sind bestimme Eigentümlichkeiten mit bestimmten Besonderheiten des Körperbaus verbunden? JAMES hoffte, daß sich nach dem folgenden Kreuzungsversuch die Sache eindeutig klären lassen würde. Ganz offensichtlich aber war die Sache verzwickter, als vermutet.

Rasse:	*Bassethound*	×	*Deutscher Schäferhund*
Körperform:	gedrungen		schlank
	kurzbeinig		hochbeinig
Charaktertyp:	inaktiv		sehr aktiv
	uninteressiert		sehr aufmerksam

Wie dies für alle Kreuzungstiere normal ist, waren die Besonderheiten der Eltern schön gleichmäßig auf die Welpen der F_1-Generation verteilt. Sie waren einander so ähnlich, wie sich auch Welpen *einer* bestimmten Rasse ähnlich sind. Sie waren eine Mischung zwischen den Elterntieren, weder im Körperbau noch im Verhalten irgendwie extrem.

Diese Welpen wurden nun wieder miteinander verpaart, was also die F_2-Generation ergab. Trotz der großen Ähnlichkeit der Elterntiere wichen diese Welpen nun enorm voneinander ab. Sie unterschieden sich im Körperbau und im Verhalten, einige waren extrem aggressiv, andere extrem ängstlich. Derartige Ergebnisse sind normal und immer in der F_2-Generation nach extremen Tieren zu beobachten. Daher eignen sich solche Hunde, aber auch deren Rückkreuzungen, hervorragend, um eindeutigere Feststellungen über bestimmte Charaktereigenschaften machen zu können.

Besonders fiel aber auf, daß auch Hunde, die sich äußerlich in ihrer Gestalt recht ähnlich waren, in ihren Verhaltensweisen ganz enorm voneinander unterschieden. Körperliche, äußerlich sichtbare Merkmale entsprachen also nicht immer bestimmten Verhaltensweisen. So einfach, wie erhofft, ließen sich also die Zusammenhänge nicht aufklären.

In verschiedenen Tests untersuchte JAMES, wie sich das Rangverhalten der Hunde innerhalb des Rudels auf irgendeine Weise in ihren sonstigen Eigenschaften spiegelte. Wieder ergab sich, daß nicht Größe und Gewicht den Ausschlag für Ranghöhe gaben, sondern diese wieder durch das *individuelle Temperament* bestimmt wurde.

Ist also das individuelle, genetisch bedingte „Temperament" schicksalbestimmend für das ganze Leben eines Tieres? Dies sollte nun mit Versuchen geklärt werden, bei denen aggressive und ängstliche Tiere in verschiedensten Situationen beobachtet wurden.

Zusammengefaßt ergab sich folgende Sachlage: Beim Futtertest (zwei Hunde und ein Freßnapf) hinderten die dominanten Tiere die untergeordneten daran zu fressen.

Ebenso waren ängstlichere Rüden auch in ihrem *Sexualverhalten* empfindlich gestört; dies deutete auf Zusammenhänge zwischen Aggressivität und Sexual-Verhalten. Die Gegenwart der dominanten Tiere irritierte die anderen. Extrem ängstliche Rüden wagten, solange dominantere Rüden in der Nähe waren, überhaupt nicht, sich einer Hündin zu nähern.

Die gleiche Wirkung hatten aber generell alle Umweltstörungen, sie machten den ängstlichen Rüden genau so konfus und angstvoll, wie ein dominanter Rüde.

Die soziale Position, soviel war sicher, war also vorbestimmt durch den Konstitutionstypus, zu dem das Tier gehört. *Extrem ängstliche Hunde* bleiben in Gegenwart fremder Hunde immer ängstlich. Sie versuchen überhaupt nicht (also

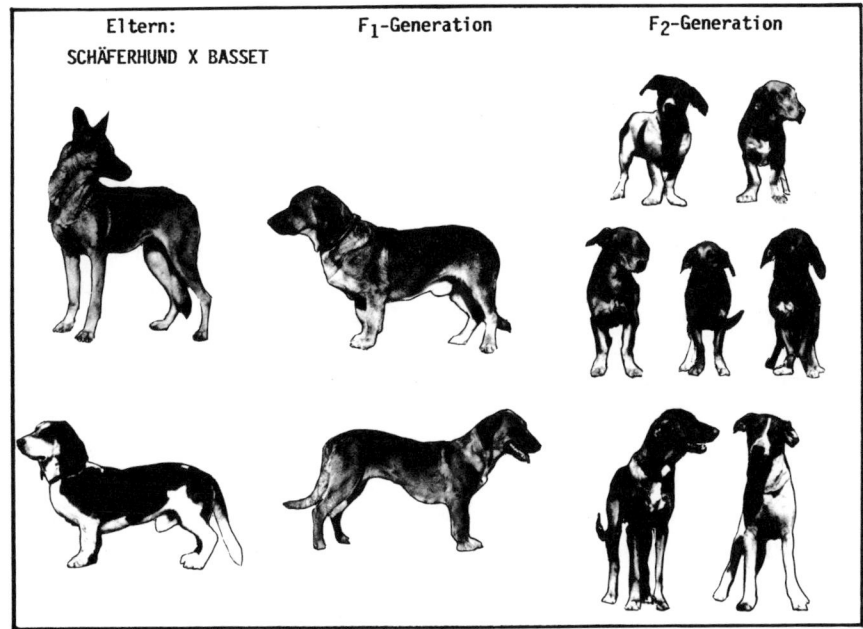

Eltern:	F$_1$-Generation	F$_2$-Generation
SCHÄFERHUND X BASSET		

auch nicht untereinander) ein Dominanzgefüge aufzubauen. Sie sind nicht nur in Gegenwart dominanter Tiere, sondern *überhaupt* in Gegenwart eines anderen Tieres, stark beunruhigt.

Extrem aggressive Hunde sind gegenüber fremden Hunden immer aggressiv; ihr Verhalten kann fallweise (durch andere Tiere) konditioniert, nicht aber grundsätzlich unterbunden werden. Auch größere Hunde werden durch die Gegenwart überaggressiver Tiere irritiert.

Der mittlere Typ ist der einzige, der ein Sozialverhalten aufzubauen fähig und lernfähig ist. Diese Tiere passen ihr modifiziertes Verhalten jeweils der Situation der Gruppe an, in der sie sich befinden.

Das Endergebnis dieser Untersuchung war, daß die typischen Reaktionen der Hunde deutliche Anzeichen dafür sind, daß ihr Verhalten auf neuro-physiologische Ursachen zurückzuführen und daher genetisch bedingt ist. Bestimmte quantitative und qualitative Aspekte ihres Organismus sind Vorbedingung für ihre soziale Position. Womit, wie so oft im Leben, eine Frage durch viele neue beantwortet wurde.

Auch Nahrungsaufnahme ist konstitutionsbedingt

Im allgemeinen geht man ja von der Überzeugung aus, daß Körpergröße und Gewicht und Futteraufnahme sich entsprechen, daß daher ein größerer Hund prinzipiell mehr und gieriger frißt als ein kleinerer, leichterer. Aber viele wissen selbst, daß diese Regel bei vielen Hunden nicht zutrifft. Sogar Hunde bei denen Rasse, Alter, Geschlecht gleich sind, können ganz unterschiedliche Futterportionen benötigen, ohne daß der Vielfraß deswegen eine Speckschicht bekommt. Was steckt dahinter?

In eindrucksvollen Versuchen wies JAMES nach, daß sich die verschiedenen Temperamente auch an den Freßgewohnheiten ablesen lassen. Unabhängig vom Typ fressen allerdings alle Hunde grundsätzlich erheblich mehr, wenn immer Futter zur Verfügung steht, als wenn dieses nur zu bestimmten Zeiten verabfolgt wird. Allerdings ist dies nicht das Zeichen für überzüchtete, instinktlose Hunderassen, sondern ein Wolfserbe. Der mußte darauf eingerichtet sein, zeitweilig am Hungertuch zu nagen und sich bei anderer Gelegenheit bis zum Platzen vollzuschlagen.

Bei JAMES Versuchen stellte sich interessanterweise heraus, daß bei den verschiedenen Rassen die Futteraufnahme *nicht* im Zusammenhang stand mit ihrem *Körpergewicht*, sondern mit ihrer allgemeinen *Aktivität*. Die aktivsten Hunde verbrauchten auch das meiste Futter.

Die aktiven Tiere (vier Salukis, vier Schäferhunde) waren immer irgendwie in Aktion. Sie fraßen nicht nur mehr, sondern liefen mehr herum, waren auch höher in der Ranghierarchie, als die anderen (sechs Bassethounds; ein Mischling bassetähnlich: 3/4 Basset-1/4 Schäferhund). Auch die Vermutung, daß die aktivsten Tiere die leichtesten sein würden, bestätigte sich nicht, da einige der aktivsten Tiere auch zugleich die schwersten waren.

Die Auswirkung der individuellen Konstitution ist umfassend und kann dramatische Folgen haben

Regelrecht dramatische Verhältnisse entwickelten im Laufe einiger Monate, während der ein Wurf von vier *Dalmatiner-Setter-Welpen* F_1-Generation beobachtet wurde. Unter den Welpen (eine Hündin und drei Rüden, 85 Tage alt) war ein klares Dominanzgefüge zu erkennen:

Dominanter Typ:	*„Rüde Nr. 1"* und *„Hündin Nr. 2"*
Mittlerer Typ:	*„Rüde Nr. 3"*
Ängstlicher Typ:	*„Rüde Nr. 4"*

Die jeweilige Rangposition ergab sich wieder sehr früh bei den Welpen durch ihre gesamten Verhaltensweisen. Wieder erwies sich der bestimmte Typ als schicksalbestimmend. Besonders der extrem ängstliche *„Rüde Nr. 4"* hatte grundsätzlich Schwierigkeiten, an das Futter zu kommen, weil er von den anderen ständig vertrieben wurde.

Um zu untersuchen, wie viel diese Welpen unter normalen Umständen zu sich nehmen würden, wurden daher die Hunde einzeln gefüttert. Erstaunlicherweise entsprach die ohne Streßsituation aufgenommene Futtermenge der einzelnen Tiere wieder ihrer Stellung in der Rangfolge: Die dominanteren Tiere benötigten mehr, die ängstlicheren weniger Futter. Der ängstliche Rüde, er war auch das kleinste aller Tiere, hatte auch jetzt, obwohl ihn die anderen nicht bedrohten, weniger Appetit.

Als die Tiere 119 Tage alt waren, erfolgte ein *Wechsel in der Rangfolge*. Ohne daß es deswegen große Auseinandersetzungen gegeben hätte, übernahm *„Hündin Nr. 2"* die erste Stelle.

Verblüffenderweise veränderte sich damit aber auch gleichzeitig der Appetit einiger Tiere: *„Hündin Nr. 2"* nahm von nun an deutlich *größere Futtermengen* zu sich, während der bisher dominante *„Rüde Nr. 1"* seine Futtermenge *reduzierte*. Der ängstliche *„Rüde Nr. 4"* fraß nun fast überhaupt nichts mehr.

Verglich man die Futtermengen, unterschieden sich *„Hündin Nr. 2"* und *„Rüde Nr. 4"* am stärksten, während *„Rüde Nr. 1"* und *„Rüde Nr. 3"* dicht beieinanderlagen; sie waren sich auch typbedingt sehr ähnlich und nahmen folgerichtig auch mittlere Portionen zu sich.

Dennoch, daß auch Hunde ihr ihnen aufgebürdetes Schicksal nicht klaglos hinnehmen, sich also, geradeso wie der Mensch, mit ihrer Situation nicht abfinden können, das ließ sich hier ganz besonders eindrucksvoll miterleben.

In den Auseinandersetzungen um das Futter offenbarten sich nicht nur Gefühlsausbrüche, sondern auch Gefühlsabgründe. Setzten sich nämlich die dominanten Tiere (*„Hündin Nr. 2"* und *„Rüde Nr. 1"*) wegen des Futters auseinander, gingen sie dabei nicht etwa aufeinander los, weil ja Rüden und Hündinnen sich nicht angreifen. Dafür griffen die erregten Tiere jedesmal den kleinen, restlos verängstigten *„Rüden Nr. 4"* an und ließen ihre Wut an ihm aus.

Mehr noch: Da alles genau protokolliert wurde, stellte sich heraus, daß die Zahl ihrer Angriffe genau der Schwere der *Frustration* entsprach, die sie erlitten hatten, wenn sie von einem ranghöheren Tier von der Futterschüssel vertrieben worden waren.

„Rüde Nr. 1", der seine Position an *„Hündin Nr. 2"* verloren hatte, griff 26 mal an. *„Hündin Nr. 2"*, nun das dominante Tier, attackierte den Kleinen fünfmal; *„Rüde Nr. 3"*, der seine mittlere Position beibehalten und seine Gemütsruhe bewahrt hatte, vergriff sich nur zweimal an dem Unglückshund.

Es hatte erstaunlicherweise auch keinerlei Wirkung auf die äußerst erregten Hunde, daß *„Rüde Nr. 4"* sofort in *„passive Verteidigung"* überging. Er lag auf dem Rücken, jaulte jämmerlich und machte überhaupt keinen Versuch, sich zu wehren.

Der kleine Rüde mußte von den Pflegern *„gerettet"* werden, um ihn vor ernsthaften Verletzungen zu bewahren. Wie wir etwas später sehen, gibt es nicht nur bei Hunden *„Prügelknaben"*.

Trotzdem war JAMES sich nicht restlos sicher, ob sich diese Verhältnisse vielleicht doch dank irgendwelcher Begebenheiten entwickelt hatten, die den Betreuern entgangen waren. Zufall oder, wie vermutet, logisches Ergebnis?

Es schien durchaus nicht alles zusammenzupassen. Beispielsweise ließ sich durch Injektionen mit dem männlichen Sexualhormon Testosteron die Aggressivität erheblich steigern, war also eindeutig hormonell bedingt. Doch bei diesem Wurf waren gerade die männlichen Tiere nicht in der Spitzenposition.

Vielleicht lagen also bestimmte psychologische Ursachen zugrunde? Dank der ständigen Angriffe wurde beispielsweise *„Rüde Nr. 4"* zunehmend irritiert; er fraß schließlich fast überhaupt nichts mehr. Weil beim Menschen unter solchen Umständen gelegentlich Alkohol die Lage entspannt, versuchte JAMES, die Gemütsverfassung des *„Rüden Nr. 4"* durch geringe Alkohol-Gaben zu verbessern.

Der Alkohol hatte die gewünschte Wirkung. *„Rüde Nr. 4"* traute sich unter Alkoholeinfluß tatsächlich, längere Zeit am Futternapf zu bleiben. Er floh auch nicht mehr in die *äußerste* Ecke des Raumes, sondern hielt sich in der Nähe des Freßnapfes auf, während die anderen fraßen. Nachdem seine Ängstlichkeit durch den gelinden Schwips reduziert war, fraß er nun auch deutlich mehr als zuvor. Aber auch die anderen Hunde fraßen, leicht beschwipst, mehr als sonst.

Einfluß von Konstitutionstyp und Rangposition auf das Wachstum

Alle Hunde dieser F_1-Generation *Dalmatiner × Setter* waren sich naturgemäß sehr ähnlich. Nur der ängstliche *„Rüde Nr. 4"*, der Prügelknabe, war deutlich kleiner, obwohl er körperlich völlig gesund war. Es lag also nahe zu vermuten, daß seine abweichende Wachstumsentwicklung vielleicht psychologische Gründe haben könnte.

War er deswegen so klein geblieben, weil ihn die anderen nicht nur ständig vom Futter verdrängten, sondern ihn auch sonst dauernd attackierten? Bedeutete für ihn bereits die Umgebung selbst eine ständige Streßsituation?

Folglich quartierte der nimmermüde JAMES seine Welpen, getrennt voneinander, nun in eine neue Umgebung um. Alle äußeren Schwierigkeiten wurden beseitigt, um herauszufinden, was *„Rüde Nr. 4"* tun würde, wenn er in Frieden sein Futter essen konnte.

Sofort veränderte sich der Hund nachhaltig. Er wurde interessiert, weniger scheu und nahm enorm zu. Trotzdem blieb er, im Verhältnis zu seinen Geschwistern, weiterhin nicht nur schlank, sondern nahezu dürr (ähnlich wie ein hagerer, ausgemergelter Mensch).

Der Grund für seine Unterlegenheit war also deutlich *zuallererst konstitutionsbedingt* und nur durch die ständige Streßsituation noch verstärkt worden.

Der Prügelknabe
oder die „Radfahrer-Reaktion"

Dies ist eines der zahlreichen Beispiele jener Verhaltensweisen, die man für eine typisch menschliche Reaktion halten würde. Offensichtlich sind sie aber *allgemeiner* Natur und kommen bei Mensch und Tier gleicherweise vor. Dies trifft auch für das Verhalten der Hunde zu, die regelmäßig ihre „Wut" an dem *„Rüden Nr. 4"* ausließen.

Bei Menschen finden wir den „Radfahrer-Charakter", der seine ihm zugefügte Frustration an völlig unschuldigen, ihm aber unterlegenen Menschen oder auch an Gegenständen ausläßt. Eine Steigerung davon ist bei Menschen die Lynchjustiz, der aufgebrachte Mob oder die (oft gezielt manipulierten) Angriffe auf Minoritäten, denen man die Schuld an allen möglichen Mißverhältnissen anhängen will.

Vielfach sind den Angreifern die Gründe ihrer Frustration nicht klar, bzw. haben sie auch wenig Interesse daran, sie herauszufinden. Denn es ist keinesfalls die *Ursache* der Frustration, die das Individuum außerordentlich stark bedrücken kann, sondern das *Gefühl des Frustriertseins* selbst. Von diesem aber kann man sich sehr schnell und sicher befreien, wenn man einem anderen – völlig Unbeteiligten – diese Frustration zufügt, d. h. sie nahezu weiterreicht!

Das wurde nachdrücklich demonstriert, wenn die *Dalmatiner/Setter-Mischlinge* auf den *„Rüden Nr. 4"* losgingen. Typisch für das „Radfahrer-Syndrom", machte sein submissives Verhalten überhaupt keinen Eindruck auf sie. Die Anzahl der Angriffe entsprach, wie gesagt, exakt dem Ausmaß der Frustration der Angreifer.

Diese zunächst nur vereinzelt, durch Futterneid ausgelösten Angriffe werden aber sehr schnell zur Dauereinrichtung. Jede mißliche Stimmung entlud sich prompt auf *„Rüde Nr. 4"*. Solche Gewohnheiten können sich schnell festschreiben, und besondere Aversionen der Hunde sind nach Möglichkeit energisch zu unterbinden.

Aber nicht nur bei Hunden und Menschen gibt es „Radfahrer". Völlig überrascht war GRZIMEK als er diese Reaktionen auch bei Schimpansen, Pferden, Rhesusaffen, Zwergeseln usw. entdeckte. Die Angriffe werden aber nicht nur gegen Tiere der gleichen Art gerichtet. GRZIMEK beobachtete einen Esel, der seine Wut an Hühnern ausließ! Er erklärt es damit, daß hier ein starker Affekt, dessen natürliche Entladung durch irgendwelche Umstände gehemmt ist, sich an einem Ersatzobjekt entlädt.

Bei unserem sehr temperamentvollen Wim wurde übrigens aus dieser Ersatzhandlung noch ein weiterführender Lernvorgang. Zuerst hatte er jedesmal, wenn er außer sich war (wobei sowohl Freude wie Zorn dies auslösen konnten) sämtliche erreichbaren Brücken und Läufer unter heftigem Knurren durchgeschüttelt. Wenn man ihn gewähren ließ, arbeitete er sich tatsächlich durch den gesamten „Bestand" durch; die Zimmer sahen aus, als sei eine Schlacht über sie hinweggegangen – und unser Wim lag schließlich friedlich schlummernd inmitten.

Gelegentlich vergriff er sich aber auch an den Sofakissen – und dabei lernte er! Bei einigen konnten wir nämlich relativ ruhig zusehen, wenn er sie ergriff und sie wild knurrend totschüttelte, fallen ließ und das nächste holte.

Bei zwei sehr wertvollen Seidenkissen aber geriet jedesmal *jeder* von uns *sofort* in Aktion und nahm ihm die kostbare Beute wieder ab. Er hatte sich aber sehr schnell gemerkt, daß er mit diesen Kissen sofort erreichte, daß wir uns um ihn kümmerten; so waren gerade diese „heiligen" Kissen auch für ihn besonders wertvoll!

Über Konstitutions-
und Verhaltenstyp

Zusammenhänge von Körperbau
Konstitution und Verhalten

Darüber müssen wir uns im klaren sein: Die schrittweise Entwicklung des Welpen bedeutet nicht, daß sich Hunde erst *nach* ihrer Geburt entscheidend zu verändern beginnen, sich aber zunächst einmal sehr ähnlich sind. Tatsächlich ist jedes Tier bereits bei seiner *Geburt* ein in seinen Grundzügen festgelegtes *einmaliges Individuum*. Oder anders ausgedrückt: Sein „Bild" (Körperform und Temperament) ist vollständig, aber wie mit einer Spezialtinte gezeichnet, es wird erst im Verlauf des Wachstums nach und nach sichtbar. Ebenso hat jedes Tier bereits bei seiner Geburt sein geistiges Rüstzeug mitbekommen: Den in seinem Erbgedächtnis gespeicherten Wissensschatz, der alles enthält, was jede Art an überlebenswichtigen Kenntnissen benötigt.

Ebenso hat man früher angenommen (was sich bis heute hartnäckig erhalten hat) daß besonders die Kopfformen bestimmter Zwergrassen der Beweis sind, daß es sich hier um nicht vollentwickelte Hunde, sondern um im Embryonalstadium stehen gebliebene handelt. Inzwischen weiß man, daß diese Hunde, gemäß ihrer genetischen Vorbestimmung, durchaus eine vollständige Entwicklung durchlaufen. Ihre unterschiedlichen Wuchsformen sind das Ergebnis bestimmter Wachstumsvorgänge, bei denen einzelne Wachstumsperioden abweichend zu denen verlaufen, die bei „normalen", bzw. anders gestalteten Hunden zu beobachten sind.

Wenn man als „Normal-Hund" ein Tier bezeichnet, das weitgehend in seiner Gestalt mit dem Wolf übereinstimmt, sind die „normalen" Wachstumsvorgänge in ihrem Verhältnis zueinander so abgestuft, daß sie am Ende den Proportionen des Wolfes ähnliche Tiere erbringen.

Aber nicht nur in der Gestalt, sondern auch im Charakter weichen Hunde sehr stark voneinander ab; sie entsprechen jedoch nicht immer dem nach ihrem Äußeren vermuteten Typ. Es ist offensichtlich nicht ganz einfach, die sicherlich bestehenden Zusammenhänge zwischen Körperbau und Temperament der Tiere zu erkennen.

Das Problem, daß Verhalten nicht nur psychologisch erklärbar ist, hat ja immer wieder sowohl Mediziner als auch Psychologen beschäftigt, die sich darum bemüht haben, diese Zusammenhänge beim Menschen zu klären. Wie oft fällt einem auf, wenn man einem Menschen von einem bestimmten markanten Äußeren begegnet, daß er einem anderen nicht nur hinsichtlich seiner Gestalt, sondern auch in seinem Benehmen unglaublich ähnlich ist, obwohl keinerlei Verwandtschaft besteht. Ja, es ist bemerkenswert, daß sich derart große Ähnlichkeiten sehr oft nicht *innerhalb* einer Familie (zwischen Geschwistern oder zwischen Eltern und Geschwistern) so deutlich erkennen lassen, sondern viel häufiger zwischen wildfremden Menschen anzutreffen sind, die sich im *Typ* und im *Verhalten* entsprechen.

Nur zu leicht unterliegt man der Versuchung, ähnliche Zusammenhänge auch beim Hund zu vermuten. Man wird in seiner Vermutung bestärkt, weil man feststellt, daß Hunde, die zu bestimmten Zwecken gezüchtet werden, ein bestimmtes Verhalten *und* eine bestimmte Körperform haben. Dieser Vermutung steht entgegen, daß wir bereits bei der Beschreibung der Kreuzungstiere bei JAMES den Hinweis darauf gefunden haben, daß äußerlich sehr ähnliche Hunde ganz extrem abweichendes Verhalten zeigen können. Andererseits kristallisierten sich in den Versuchen immer ganz ausgeprägte *Verhaltenstypen* heraus, die eindeutig genetisch bestimmt sind.

Trotzdem sei bereits hier gesagt, daß es *das* „Verhaltensgen" nicht gibt. Forscher, die wissen wollten, wie sich dies vererbt, haben nicht nur Kreuzungsversuche gemacht, um an dem Ergebnis zu sehen, wie sich die „Farben" des Verhaltens mischten, sondern auch die Hunde selbst immer wieder untersucht.

Die Mühe hat sich gelohnt, da Hunde ein wunderbares Modell sind, an dem wir entdecken werden, daß es für „Verhalten" recht handfeste, genetisch bedingte Ursachen gibt, deren Grundlage bestimmte körperliche Veränderungen sind.

Ganz offenkundig spielt hierbei die unterschiedliche Leistungsfähigkeit der Sinnesorgane eine große Rolle. Im Vergleich mit dem Menschen hat der Hund eine völlig andere Umweltbeziehung dank seiner besonderen Hör- und Riechfähigkeit und seiner mangelhafteren Sehleistung.

Wenn wir mit dem Hund im Wald spazierengehen, gerät er, während uns überhaupt nichts besonders auffällt, plötzlich in große Erregung: Er findet eine

Spur, die er verfolgt, er horcht nach Geräuschen, von denen wir keine Ahnung haben. Dafür haben wir aber ein Stück Wild weit entfernt vor uns über den Weg laufen sehen, was dem Hund entgangen ist. Da sein Gesichtssinn weniger gut ausgeprägt ist, hält er sich an seine Nase und seine Ohren, während wir mit den Blicken bereits weit voraus sind und eben das Reh in einiger Entfernung früher als der Hund bemerkt haben. Der Hund wird es überwiegend durch seinen Geruch wahrnehmen: Steht das Reh gegen den Wind, wird der Geruch den Hund mit der Luft erreichen, oder aber der Hund entdeckt die Fährte, wenn wir an der entsprechenden Stelle angelangt sind.

Es gibt aber auch unter Hunden sehr unterschiedlich befähigte Tiere: Neben den auf „Nase" spezialisierten Tieren, die meist nicht besonders gut sehen, gibt es andere, deren Gesichtssinn sehr ausgeprägt ist. Diese letzteren Hunde haben alle wenigstens ein bestimmtes gemeinsames körperliches Merkmal: Sie sind schlank, langgliedrig; wir finden sie bei den Windhundrassen, die ja speziell für die „Jagd mit dem Auge" und nicht für die „Jagd mit der Nase" gezüchtet worden sind.

Wenn wir noch etwas bei diesem Beispiel bleiben, sehen wir, daß der Hund auf diesem Spaziergang völlig andere Erlebnisse hat als wir. Nicht nur sein Umweltbild ist anders als unseres, sondern er verarbeitet auch die Sinneseindrücke völlig anders als wir. Beim Hund rufen diese Umweltsignale völlig andere „Texte" aus seinem Erbgedächtnis ab als bei uns.

Natürlich ist dieser Unterschied zwischen Mensch und Hund besonders deutlich und nahezu nicht vergleichbar. Vergleichbar ist aber, daß es auch zwischen den Hunderassen selbst Unterschiede gibt, die ebenfalls auf unterschiedliche Sinnesleistung und eine unterschiedliche „Datenbank" zurückzuführen sind.

Wenn wir den gleichen Spaziergang mit Hunden verschiedener Rassen unternehmen, wird jeder Hund für ihn typische Erlebnisse haben. Ein jagdlich passionierter Hund wird sich sehr viel heftiger, als ein weniger passionierter, für das uns begegnende Wild interessieren. Ein Windhund wird das Reh *erblicken* und ihm mit hocherhobenem Kopf, nicht aber mit der Nase am Boden folgen. Ein Hund mit geringerer Jagdleidenschaft wird kaum widerstehen können, wenn ihm ein Hase *direkt* vor die Nase läuft. Direkt vor dem Hund ist der Hase ein außerordentlich *starker Reiz*, der nun den Hund doch zum Handeln bringt, was er bei einem *weniger starken* Reiz *nicht* getan hätte, weil er diesen nicht als solchen empfunden hätte!

Bin ich mit Wim und Trenck unterwegs, geht Trenck in jeden Bach, ist sofort in jedem Tümpel – für ihn bedeutet Wasser offensichtlich höchstes Glücksgefühl. Schleudere ich aber für Wim, der sonst nie widersteht, einem Stock nachzujagen, diesen ins Wasser, rennt Wim zwar bis ans Ufer, streckt auch die Vorderpfote aus – um sie sofort zurückzuziehen und mich mißbilligend anzusehen: Eigentlich müßte ich doch wissen, daß Wasser ihn anwidert!

Unterschiedliche Verhaltensweisen sind daher nichts anderes, als Reaktionen auf die Umwelt, die so verlaufen, wie es die Sinnesorgane erfassen können, es vom Nervensystem weitergeleitet und vom Gehirn verarbeitet wird.

Verhalten psychologisch nur unzureichend erklärbar

Dabei wird uns bewußt, daß die „Umwelt" nur etwas scheinbar Absolutes ist. Klare, eindeutige Aussagen darüber sind nur insoweit möglich, als sie das Individuum (Hund oder Mensch) überhaupt berührt. Umwelt „betrifft" Mensch und Hund aus natürlichen und individuellen Gegebenheiten in unterschiedlicher Weise.

Umwelt kann aber auch, vorübergehend oder dauernd, veränderte und auch neue Reaktionen auslösen, wenn sich die Betroffenen selbst, vorübergehend oder dauernd, verändert haben.

Das läßt sich, besser als am Hund, am Beispiel anderer Tierarten erklären. Unter normalen Umständen wird ein *Huhn* keinen besonderen Haß auf einen Eindringling entfalten. Ganz anders ist es aber, wenn eine *Glucke Küken führt*: Sie wird diese auf furioseste Weise verteidigen. Weil das Tier *selbst* verändert ist, führt die gleiche Situation zu einer völlig veränderten Reaktion. Bestimmte Umweltreize werden daher erst wirksam, wenn die Reizschwellen dafür (wie bei der Glucke) aufgrund hormoneller Einflüsse verändert worden sind.

Beim Verhalten eines Tieres können daher nicht alle die ihm *möglichen*, sondern nur die in bestimmten Situationen *ausgeführten* Handlungen beobachtet werden. Oder anders gesagt: Erst bei Handlungen in extremen Situationen kann man den Grundcharakter eines Tieres vollständig sichtbar machen.

Leute, die alles psychologisch erklären wollen, werden nun sofort vom angeborenen „Jagdinstinkt" der Hunde reden und bei der Glucke vom „Mutterinstinkt". Letztlich lassen sich diese Begriffe aber nicht anders erklären, als die dadurch ausgelöste, in unseren Augen „vernünftige" oder „liebevolle" Handlungsweise. Bei Hunden oder Hühnern kann man nur Handlungsweisen in einer aktuellen Situation beobachten. Wollen wir unterschiedliche Reaktionen hervorrufen, müssen wir die entsprechende Situation herbeiführen. Beispielsweise können wir unseren Hund angesichts von Katzen, Hasen oder Rehen in allerhöchste Aufregung versetzen.

Ein „normales" Huhn können wir jedoch niemals in Rage bringen, es wird angesichts eines Eindringlings wegrennen. Nur die *Glucke* wird aggressiv, denn sie befindet sich in einer *momentan* veränderten inneren Situation. Ihre Reaktion ist also psychologisch nur unzureichend erklärbar.

Ein Aspekt beim Beurteilen von Verhaltensweisen ist daher, daß „unnormales" Verhalten auf Hormoneinfluß zurückzuführen ist, wir also gar kein „unnormales" Verhalten, sondern die Folgen einer bestimmten organischen Leistung oder Entgleisung beobachten. Ein anderer Gesichtspunkt ist aber auch, daß uns viele Verhaltensweisen unseres Hundes, zu denen er zweifellos fähig wäre, niemals bewußt werden können, weil sie nur unter bestimmten Voraussetzungen zu erwarten sind, aber ansonsten verdeckt bleiben.

Natürlich möchte jeder gern wissen, was am Verhalten des Hundes instinktiv und angeboren oder aber erlernt ist. Woher „weiß" beispielsweise eine Hundemutter ziemlich genau, was sie bei ihren Welpen jeweils zu tun oder zu lassen hat?

Auch dies läßt sich sehr eindrucksvoll an einer anderen Tierart erklären. Bei unseren Mäusezuchten können wir, sehr viel eindeutiger als bei Hunden (da Mäuse häufig Junge bekommen) bestimmte Verhaltensweisen beobachten, die im Zusammenhang mit der Jungenaufzucht stehen. Sie wiederholen sich von Mal zu Mal mit schöner Regelmäßigkeit bei allen Mäuseeltern. Es handelt sich also nicht um zufällige Ereignisse, sondern um typische Verhaltensweisen. Als relativ einfaches Beispiel sei hier nur einerseits vom Nestbau, andererseits etwas vom Verhalten ganz junger Mäuse berichtet.

Sobald wir ein Mäusepaar in einen Käfig setzen, beginnt es sofort in den Ecken des Käfigs mit heftigen Grabaktionen, mit denen es, wäre es im Käfig möglich, unterirdische Gänge anlegen würde. Aber, auch wenn sich herausstellt, daß in der Sandschicht tiefe Gräben nicht zu verwirklichen sind und auch die Käfigwände nicht nachgeben, werden die Mäuse weiterhin unermüdlich graben. Gibt man den Mäusen Heu, Stroh und anderes Baumaterial in den Käfig, fangen sie unverzüglich an, die Halme mit ihren Zähnen zu zerspleißen und bald beobachten wir, daß sie ein kunstvolles, stabiles, kugelrundes Nest bauen.

Eines Tages stellen wir fest, daß die Mäuse viel heftiger als zuvor das Nest verstärken. Die eifrige Bautätigkeit dauert an, bis plötzlich die Jungen im Nest liegen. Mäuse haben also zwei verschiedene Nester: Eines als normales „Wohnnest", das dann umgebaut wird, als Elternhaus für die Jungen. Mutterinstinkt? Noch etwas kann man beobachten: Hat eine Maus sehr viele Junge geworfen, wird sie gleich nach der Geburt das Nest nochmals stark vergrößern und verstärken. Vernünftig?

Geben wir einer nichtträchtigen Mäusin Progesteron-Injektionen (Gelbkörperhormon), wird auch die nichtschwangere Maus sofort mit dem Bau eines haltbaren Brut-Nestes beginnen. Nehmen wir aber einer Maus, die geworfen hat, Nest und Junge weg, baut sie sofort wieder ein neues, aber nur ein einfaches Wohnnest. Der Nestbau wird also durch hormonelle Einflüsse geregelt und durch das Vorhandensein vieler Jungen nochmals stimuliert. Ohne die Wirkung des Hormons und ohne die Stimulation durch die Jungen erlischt der „Mutterinstinkt".

Die jungen Mäuse werden sehr hilflos, blind und nackt geboren. Noch bevor sie die Augen geöffnet haben, verlassen sie, wenn der erste Haarflaum zu sehen ist, sie sich aber schon recht flink bewegen können, gelegentlich das Nest. Man kann beobachten, wie sie (noch blind!) sofort heftig zu graben beginnen. Wenn sie einen Heu- oder Strohhalm erwischen, zerspleißen sie ihn sofort, geradeso wie die Alten.

Also sind Graben und Zerspleißen *angeborene Fähigkeiten*, die sie ausführen, ohne daß sie dies bei anderen Mäusen absehen, d. h. lernen konnten. Die Handlungsweisen werden ausgelöst, wenn die Mäuslein Sand oder Heuhalme *berühren*, denn sehen können sie ja noch nicht.

Die typische Grab-Bewegung, mit der die Mäuse zuerst mit den Vorderbeinen den Sand unter sich zusammenscharren (um ihn dann hinterher mit elegantem Schwung der Hinterbeine nach hinten zu befördern) führt die Mäusemutter auch aus, wenn sie ihre Jungen regelrecht unter sich zusammenscharrt, um sie zu wärmen.

Beim Zerspleißen ziehen die Mäuse einen Halm mit beiden Pfoten zwischen den Zähnen durch. Ebenso packen sie mit beiden Pfoten ganze Heubündel in ihre Schnauze (es sieht aus wie ein riesiger Schnurrbart) um sie ins Nest zu tragen.

Auf die gleiche Weise werden aber auch die Jungen ins Nest zurückbefördert oder aber von der Mutter hochgehoben, um sie von allen Seiten zu reinigen.

Auch bei Hunden laufen die Brutpflegehandlungen nach einem, bei allen Hunden einheitlichen Muster ab. Doch am Beispiel der Mäuse läßt sich viel besser erklären, daß hier angeborene Bewegungskoordinationen unter Hormoneinfluß zu einem neuen, sinnvollen Verhaltensablauf zusammengefaßt werden und hierbei „Kenntnisse" des Tieres zum Ausdruck kommen, die es sich nicht erst aneignen muß, sondern die ihm, dank Hormoneinfluß, im richtigen Moment „einfallen", da sie in seinem Erbgedächtnis gespeichert sind.

Das wird uns erst durch die Beobachtung der jungen Mäuse klar: Die geschickten Bewegungen und Aktionen der ausgewachsenen Mäuse müssen nicht erst erlernt werden, sind also keinesfalls das Ergebnis von Lebenserfahrung und Übung. Sie sind bereits als vollkommen ausgebildete Bewegungskoordination angeboren, die später dann in völlig gleicher Weise auch für viele andere Zwecke eingesetzt wird.

Verschiedene Gesichtspunkte können wir nun so zusammenfassen: Verhalten entsteht durch (im weitesten Sinne) körperliche Reaktionen. Damit sind sowohl innersekretorische Vorgänge als auch Bewegungsabläufe gemeint, die angeborene, komplexe Verhaltensweisen sein können, aber auch erlernt, d. h. durch Einsicht und Erfahrung weiterentwickelt worden sein können.

Die gleiche Umwelt wird durch unterschiedlich ausgerichtete oder zeitweilig veränderte Organismen in unterschiedlicher Weise erfahren und beantwortet.

Alle Verhaltensweisen und ihre mehr oder weniger intensive Ausprägung, entstehen aufgrund organischer Reaktionen und sind genetisch bedingt.

Auch bei scheinbar „unnormalen" Reaktionen werden angeborene Verhaltensreaktionen aufgrund einer Reizschwellenveränderung abgerufen. Veränderungen von Reizschwellen erfolgen durch eine Wechselwirkung von Nervensystem und endokrinen Organen.

Ein Individuum ist also darauf angewiesen, daß in seinem Körper ein harmonisches Gleichgewicht zwischen Nervensystem und endokrinen Drüsen besteht.

Die Beziehung zwischen diesen beginnt lange bevor das Nervensystem fertig ausgebildet ist, hat bestimmenden Einfluß auf die Koordination des Körperwachstums und wird bereits im Embryo geformt. Wir kommen darauf in anderem Zusammenhang nochmals zurück. Wenn endokrine Organe nicht ordnungsgemäß arbeiten, führt dies oft nicht nur zu einer Veränderung der Körperstruktur, sondern gelegentlich auch zu verminderten Sinnesleistungen und reduzierten geistigen Fähigkeiten. Die Aktivität der endokrinen Drüsen steht in einem bestimmten Verhältnis zu der genetischen Konstitution eines einzelnen Organismus, d. h. Hormone beeinflussen nicht jedes Individuum in gleicher Weise.

Daraus ergeben sich Wechselwirkungen. Wenn Tiere sich in ihrer Gestalt und ihrem Hormonhaushalt unterscheiden, haben sie auch bemerkenswerte Verhaltensunterschiede. Es sind also, wenn wir den Hintergründen des Verhaltens auf die Spur kommen wollen, drei Gesichtspunkte von besonderer Bedeutung: 1. die Gestalt, 2. die endokrinen Drüsen, 3. die Qualität des Nervensystems. Beim Beobachten eines Hundes müssen außerdem sein Gesundheitszustand und sein Alter berücksichtigt werden.

Grundlagen
verschiedener Charakter-Typen

Welche Bedeutung hat die „Konstitution" für „Temperament" oder „Typ" des Hundes für seine Reaktionen? Wir können sie zwar beobachten, sie aber letztlich nur soweit erklären, als wir das Ergebnis beurteilen können. Wir wissen zwar, um es so auszudrücken, *wofür* sich unser Hund so oder so engagiert hat, nicht aber genau, *warum* er sich so oder so verhält.

Oder anders gefragt: Woher kommt es, daß man bei den Reaktionen eines Hundes insgesamt etwas wie seine persönliche Tonart feststellen kann? Bei seinen Untersuchungen über Körperform und Verhaltenstyp ging auch JAMES davon aus, daß ein dem Schäferhund ähnliches Tier den *Normaltyp* darstellt und für eine Untersuchung der Zusammenhänge hundlicher Verhaltensweisen auch Hunde verwendet werden müssen, die sich von ihm extrem in Körperbau und Verhalten unterscheiden.

Er bezeichnete nach eingehenden Untersuchungen als *aktive, bewegliche* Typen Schäferhund und Saluki, als *inaktiven und trägen* Typ den Bassethound.

Diese Hunde unterscheiden sich nicht nur in ihrer allgemeinen Wachsamkeit, sondern auch in ihrer Bewegungsweise, ihrer Reaktionsweise auf die Umwelt und in ihrer Lautgebung. JAMES bezeichnete sie als *zwei* ganz *gegensätzliche*, aber „*normale*" Typen, während er bei anderen, z. B. Bernhardiner und Dogge, abnormale Tendenzen und entsprechende typische Verhaltensweisen beobachtete. Zwergformen wiederum zeichnen sich aus durch ihren nervösen Charakter und ihre helle Stimme. Einige Rassen fielen auf durch ihr freundlich-aggressives Verhalten, andere waren durch ihr etwas unzugänglicheres Wesen gekennzeichnet. Insgesamt kam JAMES zu etwa den gleichen vier grundlegenden Charakter-Typen, die auch PAWLOW schon beschrieben hat; allerdings setzte JAMES seine Untersuchung nun gezielt mit Hunden bestimmter Rassen oder bekannter genetischer Herkunft fort.

Die vier Temperament-Typen nach JAMES	
Gruppe A lethargisch	*Gruppe B* hochaktiv
Gruppe A-plus	*Gruppe B-minus*
mittleres Temperament (mit Tendenz zur jeweiligen Extremgruppe)	

Bei den Hunden wurden aber nicht nur Gestalt und Verhalten, sondern auch die organischen Abläufe untersucht. Die leichter motivierbaren Hunde hatten nicht nur intensivere nervöse Reaktionen, sondern ihre Körperprozesse waren insgesamt lebhafter; sie haben einen nachweisbar höheren Stoffwechselumsatz. Das Verhalten aller Hunde wurde wieder in möglichst gleichen Versuchsbedingungen (kontrollierten Lernprozessen) untersucht, damit sich auch objektiv vergleichbare Werte ergaben.

Nicht nur *zwischen* den Rassen, auch *innerhalb* der Rassen trifft man unterschiedliche Temperamente an. Ihre richtige Beurteilung ist schwierig, weil sie relativ sind, sich also nur im Vergleich mit anderen Hunden in gleichen Situationen bewerten lassen. Nicht nur das. Erst mehrere Beobachtungen, in verschiedenen kontrollierten Situationen ermöglichen objektive Vergleiche, da ja nicht in erster Linie die Handlung selbst zu beachten ist. Den Charaktertyp erkennt man an der Art und Weise, *wie* er auf eine Stimulation reagiert und *wie* er die Handlung dann durchführt. Es ist ja auch im täglichen Leben ein Unterschied, ob ein Hund jeden, der das Haus betritt, sofort beißt, oder ob er dies nur tut, wenn er bis aufs Blut gereizt wird.

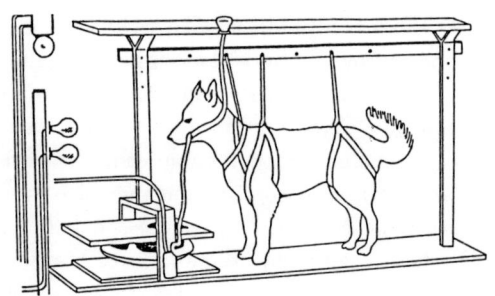

Versuchshund im Gestell.

Konditionierte Reflexe sind kontrollierbare Lernprozesse

Für „kontrollierte Lernprozesse" hat PAWLOW mit seinen klassischen Studien zur konditionellen Speichelabsonderung beim Hund ein grundlegendes Lern-Modell aufgestellt. Dazu wurden die Hunde jeweils in völlig identische Situationen gebracht, um Schritt für Schritt ihre Reaktionen verfolgen zu können. Dies Lernen ist im Prinzip dem Training der Hunde ähnlich.

Konditionieren unterscheidet sich vom Training aber in wichtigen Punkten: Erstens besteht kein Kontakt zwischen Hund und Trainer. Zweitens soll der Hund sich nur eine geringe Anzahl von Signalen einprägen, auf die er eine einfache Reaktion durchführen (oder unterlassen) muß. Also beispielsweise auf einen Gongschlag die Pfote heben, worauf es eine Belohnung gibt. Aber: Bei *zwei* Gongschlägen darf der Hund die Pfote *nicht* heben, usw.

Durchgeführt wurden diese Versuche, nach dem PAWLOW Modell, in einem nach außen völlig abgedichteten Raum. Dort wurde der Hund, wie auf der Abbildung, in ein Untersuchungsgeschirr eingeschnallt, um seine jeweiligen Reaktionen zu messen. Der beobachtende Untersucher saß in einem Nebenraum und protokollierte die vom Hund durchgeführten Handlungen. Zusammen mit den Meßergebnissen (Speichelabsonderung, Herzschlag, Muskeltonus usw.) ergab sich dann das typische Charakterbild des Hundes.

Damit man sich besser vorstellen kann, daß eine solche Lernreihe für den Hund auch eine Streßsituation ist, versetzen wir uns selbst einmal in eine vergleichbare Lage. Beim Maschineschreiben lernt man ziemlich schnell, *blind* mit dem richtigen Finger auf die richtige Taste zu drücken. Man denkt schon gar nicht mehr darüber nach und erledigt alles flink und „automatisch". Ihre Schreibgeschwindigkeit wird nun gesteigert, indem Sie im Takt zu immer schneller werdenen Metronomschlägen schreiben.

Anschließend lernen Sie neu, daß Sie auf einen bestimmten Ton hin die Taste A drücken müssen, das lernt man schnell. Sogar mitten in einem Schreibvorgang

124

berühren Sie auf Glockenton die Taste A. Zweiter Schritt ist, daß Sie auf zwei Glockentöne die Taste A auslassen, also *nicht* berühren dürfen. Tun Sie es doch, erfolgt ein leichter Stromschlag. Nachdem Sie die beiden ersten Aufgaben schon ganz gut begriffen haben, kommt als drittes hinzu, daß Sie auf einen längeren Gongschlag die Taste AA drücken müssen. Auch das werden Sie, wie alles andere, mehr oder weniger schnell begriffen haben.

Jetzt aber wird es ernst. Während Sie einen Text abschreiben, kommen nun die Signale in unterschiedlicher Reihenfolge: Also ein Gongschlag, ein langer Gong, zwei Gongschläge usw. Sie müssen also, während Sie im Takt der Metronomschläge schreiben, jeweils die Taste A richtig bedienen; machen Sie Fehler, gibt es jeweils einen Stromschlag. Selbst wenn Sie die Zusammenhänge überblicken können, werden Sie, da Sie sich konzentrieren, um möglichst keinen Fehler zu machen, im Laufe des Textes gelegentlich ganz schön nervös werden. Man kann also Konzentrationsfähigkeit, Reaktionsfähigkeit und Auffassungsgabe, aber auch Nervosität auf relativ einfache Weise messen, vor allem dann, wenn man die Ergebnisse mit anderen Testpersonen vergleichen kann.

Mit seinen Versuchen bewies PAWLOW (in einem späteren Kapitel wird das noch näher erklärt), daß es sich im Prinzip „nur" um die beiden Gegensätze *Erregung* und *Hemmung* handelt, die beeinflußt waren durch die Stimulation, d. h. den Anlaß, der sie ausgelöst hat und durch das Individuum, das darauf in unterschiedlicher, aber typischer Weise reagiert.

Als Stimulation oder Reiz wurden Metronom- oder Licht- oder Tonsignale eingesetzt, woraufhin das Tier etwas zu tun oder zu lassen hatte. Beispielsweise wurde mit einem Ton von 800 Schwingungen eine bestimmte Reaktion eingeübt. Jetzt muß der Hund lernen, Töne in benachbarten Schwingungen zu unterscheiden, d. h. auf diese hin nichts oder etwas anderes zu tun. „Auf diese Weise wurde in unseren Hunden ein Achtelton (812 und 800 Schwingungen in der Sekunde) differenziert."

Ein bestimmter Ton war ein „positives" Signal und bedeutete, daß das Tier Futterbrocken bekommt, wohingegen auf ein „negatives" Signal nichts zu erwarten ist.

Das sind die allen bekannten Versuche mit dem Speicheltest: PAWLOW bot einem Hund Futter an, worauf dieser, als natürliche Reaktion, Speichel absonderte und Orientierungsbewegungen machte. Parallel dazu lief ein Metronom. Nach einiger Zeit wurde die Reaktion nur durch die Metronomschläge ausgelöst, also bevor der Hund das Futter überhaupt sah. Der natürliche Reiz (Futter) konnte also durch einen *neutralen Reiz* (Metronom) ersetzt werden, obwohl der neutrale Reiz allein diese Wirkung nicht gehabt hätte. Auf diese Weise ist die gleiche Reaktion (Speichelabsonderung, Orientierungsbewegungen) einmal ein unkonditionierter Reflex, das andere Mal ein konditionierter Reflex.

Stellt man zusammen, mit welchen Reizen die Forscher die Hunde stimulierten, könnte dies, wenn sie dazu fähig wären, Hunde zu allerlei Karikaturen ihrer Erforscher anregen: Sie bewaffneten sich mit Klingeln, Gongschlägen, Böllerschüssen, Rasseln, Trommeln, Autohupen, Tonfolgen, rhythmischen Lichtsignalen, Luftstößen, Stromstößen, Schütteltrommeln . . . um die Kapazitäten der Hunde damit auszuloten.

War der positive Reflex „ausgearbeitet", wurde das „negative" Signal eingeübt, der bisher positiv verwendete Reiz wird durch ein weiteres Signal ergänzt. Diese Kombination wurde zunächst vom Hund genau so wie das positive Signal beantwortet. Nach einigen Erfahrungen und Enttäuschungen „lernte" er jedoch, daß diesmal *nichts zu erwarten* war. Also reagierte er bald auf diese Signale *nicht* mehr, seine Speichelabsonderung, seine erwartungsvollen Orientierungsbewegungen wurden *gehemmt.*

Hatte der Hund auch das „negative" Signal begriffen, wurden beide innerhalb eines Tests abwechselnd eingesetzt, um festzustellen, wie gut der Hund die verschiedenen Signale auseinanderhalten konnte, bzw. wie er von „Aktion" zu „Hemmung" umzuschalten verstand, wie gut oder schlecht, schnell oder langsam er sich unterschiedlichen Situationen anpassen konnte.

Ein weiterer Lernschritt ist dann die *passive Vermeidung* (passive avoidance). Bei bestimmten Reizen lernt der Hund, eine beabsichtigte Handlung zu vermeiden. Durch aversive Reize werden seine Reaktionen unterdrückt; er lernt also, auf ein bestimmtes Signal, jede Aktion zu *unterlassen.*

Ein wichtiger Lernprozeß ist die *„aktive Vermeidung"* (active avoidance). Während der Hund bei der passiven Vermeidung lernt, eine Verhaltensantwort zu *unterdrücken,* lernt er nun, daß er etwas Bestimmtes *tun* muß, um sich einer unangenehmen Situation zu entziehen. Dazu kann das Tier sich einfach aus der „Gefahrenzone" entfernen oder durch ein Bestimmtes Verhalten (z. B. Pfote-Heben) das Einsetzen des unangenehmen Stimulus verhindern.

Sind die Reaktionen eingeübt, und der Hund beantwortet die Signale sicher und richtig, kann man mehrere verschiedene Stimuli in einem Versuchsablauf zusammenziehen; der Hund bekommt hintereinander die verschiedenen Signale. Er hat nun zu unterscheiden zwischen: Erstens *etwas erwarten,* zweitens *nichts erwarten,* drittens *etwas unterlassen,* viertens *etwas tun.*

Man kann nun beobachten, untersuchen und messen, wie die verschiedenen Hunde sich in diesen für sie oft schwierigen Situationen (nur die erste ist mit Belohnung verbunden) zurechtfinden. Bewertet wird, wie lange sie zum Erlernen gebraucht haben und welche Veränderungen ihres Verhaltens zu beobachten sind.

Die in diesen Tests gewonnen Erkenntnisse sind objektiv, im Gegensatz zu der Beurteilung von Trainingsleistungen. Aussagen, die ein Trainer über einen Hund machen kann, sind anekdotenhafte Situationsbeschreibungen. Anhand der im

Training gemachten Beobachtungen kann man die Hunde nicht vergleichen und keine definitiven Aussagen über ihren Charakter bekommen, da viele, unkontrollierbare Umwelteinflüsse hinzukommen: die Person des Trainers, eventuell vorangegangenes Training, Unruhe auf dem Übungsplatz usw.

Im Versuchsraum aber kommt *jeder* Hund in eine ihm bis dahin völlig unbekannte Situation. Er wird zunächst an den Raum und an das „Geschirr" gewöhnt und an die verschiedenen Meßgeräte, die an ihm befestigt werden. Mit wenigen Ausnahmen empfinden aber Hunde den Ausflug in den Versuchsraum nicht als unangenehm. Sowohl STOCKARD wie auch JAMES notierten immer wieder, daß sich die Hunde schwanzwedelnd und vergnügt in den Raum begaben, sich ihr Geschirr anschnallen ließen, denn zwischen den verschiedenen Signalen, Tönen usw. winkten ja immer verlockende Belohnungen.

Das Verhalten des Typ A = Lethargischer Typ
Eingewöhnung und Reaktionen
in verschiedenen Testserien

Auf die oben beschriebene Weise wurden von JAMES sämtliche Hunde getestet und in verschiedene Gruppen eingeteilt. In die Gruppe A wurden eingeordnet: Vier Bassethounds, zwei Mischlinge (überwiegend Dackel) zwei Dackel-Boston-Terrier F_1, ein Basset-Dt.-Schäferhund F_2, zwei Basset-Englisch-Bulldog F_2.

Die Tiere hatten sich in kurzer Zeit mit ihren Untersuchern angefreundet und liefen ihnen sofort entgegen. Niemals waren sie verstört, wenn sie erstmals in den Versuchsraum gebracht wurden. Nach fünf Tagen hatten sie nicht nur bereits die Signale „gelernt", sondern sie gingen von selbst in den Versuchsraum und setzten sich auf „ihren" Platz vor den Futternapf und harrten der Dinge (Anschnallen, Signale, Futter) die da nun kommen würden. Zwischen dem „Futter-Signal" und dem Einsetzen des Speichelflusses lag eine bemerkenswert lange Pause.

Solange die Situation noch ungewohnt war, warteten sie aufmerksam, aber mit *langsamen* Kopf- und Körperbewegungen auf den Futternapf, später *standen* sie bewegungslos und erwarteten das Futter, schließlich *setzten* sie sich hin, während sie warteten! Die Werte aller Hunde dieser Gruppe waren ziemlich einheitlich (Lernzeit, Reaktionen, Speichelfluß). Hunde dieses Typs sind leicht zu behandeln und zu trainieren. Sie sind kooperativ und behalten dies auch bei veränderten Versuchsbedingungen bei. Aber in dieser Gruppe sind auch einige der Hunde, bei denen PAWLOW bereits eine „erstaunliche Kombination von Beweglichkeit und Schläfrigkeit" aufgefallen war.

Vor allem beobachtete auch JAMES, daß diese Hunde nach einer gewissen Zeit deutlich „keine Lust" mehr hatten. Die Signale wurden ihnen völlig gleichgültig.

Sie warteten nur noch, ob nun Futter kommt oder nicht, d. h. sie konzentrierten sich ausschließlich auf den Futternapf, statt auf die Signale. Je häufiger sie die Versuche mitgemacht hatten, an denen sie sich zunächst noch aktiv beteiligten, umsomehr durchschauten sie zunehmend die Situation. Sie gingen zufrieden in den Versuchsraum, ließen sich anschnallen. Sobald aber der Experimentator den Raum verließ, verfielen sie in absolute Passivität. Durch nichts waren sie mehr aus der Ruhe zu bringen, schließlich legten sie sich einfach hin und – schliefen ein . . .

Schwer durchschaubar war die Reaktion dieser „lethargischen Hunde" auf negative Signale, d. h. es war schwierig herauszufinden, ob sie nicht nur aus purer Passivität nicht reagierten. Aber es fiel auf, daß, nach einigem Training der negativen Signale, die Hunde auch die *positiven* Signale *nicht* mehr beachteten. Selbst bei starken Geräuschen, Klingeln, Knall und körperlichen Stimuli usw. blieben die Hunde nun völlig gleichgültig und entspannt. Ein besonders lethargisches Tier weigerte sich schließlich, überhaupt noch Futter anzunehmen.

Testete man diese sehr passiven Tiere allerdings nicht im Versuchsraum, sondern anschließend draußen erneut, wurde ihre Lethargie unterbrochen. Sie wurden wieder aufmerksam, mit größerer körperlicher Beweglichkeit, d. h. ihre Reaktionen waren in besonderem Maße durch die Umgebung beeinflußbar und ihre Lethargie durch Umweltreize zu unterbrechen. Die Stille des Versuchsraumes reduzierte ihre ohnehin nicht sehr ausgeprägte Aktivität in bemerkenswerter Weise.

Sie reagierten auch nicht in typischer, unterschiedlicher, *stereotyper* Weise auf verschiedene Signale, so daß es oft schwer war, zu erkennen, ob sie nun die gewünschte Reaktion ausgeführt hatten. Vor allem aber fielen sie in endgültige Lethargie, wenn sie „genug" hatten und waren durch nichts mehr daraus zu erwecken. Typisch für sie ist die *Tendenz zur völligen Inaktivität.*

Verhalten des Typ B = Aktiver Typ
Eingewöhnung, Reaktionen

In diese Gruppe ordnete, nach den Testergebnissen, JAMES fünf Hunde ein. Zwei Bassethound-Saluki F_2 (deutlich Saluki-Typ, ohne Ähnlichkeit mit dem Bassethound), zwei Deutsche Schäferhunde und einen Bassethound-Deutscher Schäferhund F_2 (Körperform Schäferhund).

Die aktiven Hunde des B-Typs freundeten sich (im Gegensatz zum passiven A-Typ) *schwer* mit Fremden an. Sie mußten wegen ihrer hysterischen Erregbarkeit mit Vorsicht behandelt werden. Bereits an die Leine waren sie schwer zu gewöhnen: Sie wehrten sich wütend dagegen und versuchten, sich zu befreien. Sie tobten, bissen, heulten wie bei großem Schmerz, zitterten und mochten keine Berührung. Typisch waren auch die erweiterten Pupillen, schneller Atem, heftiger, schneller Herzschlag. Wenn die Tiere kurz zuvor gefüttert wurden, erbrachen sie das Futter. Diese Hunde brauchten 30 Tage, bevor sie die Leine akzeptierten, selbst dann mußten sie zuvor in einer Ecke des Auslaufs eingefangen werden. Auch in den Versuchsraum mußten sie unter Zwang gebracht werden, sie wehrten sich hysterisch dagegen, ins Geschirr geschnallt zu werden und versuchten, sich daraus zu befreien. Hatten sie nach einigen Tagen diesen Widerstand aufgegeben, weigerten sie sich standhaft zu fressen; man mußte sie erst durch zwei oder drei Hungertage dazu bringen.

Schließlich waren sie dann also soweit, daß man sie konditionieren konnte. Sie reagierten wachsam, mit vielen Kopf- und Körperbewegungen auf alles, was im Raum passierte und behielten das auch bei, als sie vertraut waren mit Versuchsraum und -anordnung. Sie benötigten etwa die gleiche Zeit wie die Hunde der Gruppe A, um die Signale richtig erlernt zu haben.

Sobald das Signal ertönte, hoben sie gespannt den Kopf und fixierten schwanzwedelnd den Futternapf, dabei war ihr ganzer Körper in erwartungsvoller Bewegung. Sie bleiben auch, wenn das Futter gefressen war, aktiv und aufmerksam. Diese Hunde blieben bis zum Ende der Versuche, auch wenn diese sich über Monate oder Jahre erstreckten, aufmerksam. Sie waren immer in Bewegung, sie hatten offensichtlich einen großen Vorrat an Energie, die sich Luft machen mußte, entweder als Reaktion auf Signale oder durch zwischenzeitliche Aktivitäten.

Die Hunde wurden auch an das „negative" Signal (bei dem es kein Futter gab und sie ruhig bleiben sollten) gewöhnt. Während sie dieses Signal erlernten, wurden sie nicht „belohnt". Die aktiven Hunde des B-Typs blieben auch bei den negativen Signalen wachsam und in ständiger Bewegung. Wenn sich das positive und negative Signal nicht stark unterschieden, beantworteten sie beide mit den gleichen positiven Reaktionen. Wenn das negative Signal sehr deutlich abwich, unterblieb ihre Aktion wie gewünscht; sie wendeten sogar den Kopf ab, er war nicht mehr erwartungsvoll auf den Napf gerichtet.

Sobald aber wieder ein positives Signal ertönte, waren auch die Hunde gleich wieder „da". (Im Gegensatz zu den lethargischen Hunden, die durch die „negativen" Signale so beeindruckt waren, daß sie anschließend jede Reaktion einstellten.) Auch Geräusche und Berührungen beeindruckten die Hunde des B-Typs nachhaltig. Bei überlautem Lärm nahmen sie das angebotene Futter nicht an, dafür gerieten sie von Kopf bis Fuß in diffuse Erregung. Besonders auffällig war, daß sie nach Schock-Reaktionen, solange sie im Versuchsraum waren, unansprechbar für alle weiteren Signale waren; man durfte diesen Versuch nur mit allergrößter Umsicht durchführen.

Die Hunde des B-Typs waren aktiv und wachsam. Sie wehrten sich gegen die Experimente, alle Änderungen der Umgebung verstörten sie sehr. Sie waren überaus nervös und konnten leicht in Hysterie geraten. Sie reagierten auf positive und negative Signale, letztere haben aber nach einiger Zeit für sie den gleichen Wert wie die positiven. Niemals gewöhnten sich Hunde an die Versuchsbedingungen. Sie waren niemals ruhig und entspannt, blieben ständig in Bewegung, stets bereit, in Panik zu geraten. *Typisch für sie ist Über-Reaktion.*

Verhalten des mittleren Typs A-plus und B-minus
Eingewöhnung und Reaktionen

Die lethargischen Hunde des Typs A-plus waren das gemäßigte Abbild des extremen Typs, schalteten also nicht auf absolute Passivität um. Vor allem verweigerten sie nicht nach einer größeren Versuchsanzahl jede Aktion. Sie setzten sich zwar gelegentlich hin und machten Pause, wurden aber von neuen Signalen sofort wieder angesprochen, blieben also generell aufmerksam. Durch starke Geräusche wurden auch sie zunächst erschreckt und verstört, gewöhnten sich aber bei deren Wiederholung daran. In ihrem Nervensystem war das Verhältnis Erregung und Hemmung ausgewogen, daher konnten sie sich auch unterschiedlichen Situationen gut anpassen.

Die aktiven Hunde des Typs B-minus sind gut ausgewogene Tiere, denen die hysterischen Reaktionen des B-Typs fehlen. Ihr Widerstand gegen die Versuche war gering, aber sie waren empfindlich gegen Veränderungen der Umgebung; die Gegenwart Fremder oder besondere Geräusche veranlaßten sie gelegentlich zur Futter-Verweigerung. Bemerkenswert gut hatten diese Hunde sich die verschiedenen Signale eingeprägt, die sie auch nach längerer Pause beherrschten und nicht erst erneut konditioniert werden mußten.

Grundsätzlich sind also die mittleren Gruppen den ihnen entsprechenden extremen Typen ähnlich, jedoch im Temperament erheblich gleichmäßiger und zuverlässiger. Sie werden weder besonders verstört über-reagieren, noch in passiven Widerstand verfallen. Sie sind in der Lage, auch weniger eindeutige Signale genau unterscheiden zu können.

Hunde haben nicht zufällig
verschiedenes „Temperament"
ihre Umweltbeziehung entspricht ihrer Konstitution

An dieser Stelle werden nun einige verschiedene Hoffnungen begraben, anderen geht ein Licht auf. Die Hoffnung begraben werden Müllers, die immer noch hofften, sie könnten, durch liebevolle Aufheiterung, ihren tiefsinnigen Basset doch noch so weit bringen, daß er so übermütig wird, wie Nachbar Schulzes Schnauzer. Aber auch Schulzes müssen erkennen, daß sie mit ihrem Treibauf niemals so friedliche Zeiten, wie Müllers mit ihrem Basset, verbringen werden.

Ein Licht geht auch jenen auf, die gemeint haben, jene Bassets und Dackel, die *sie* kennen, hätten nur *zufällig* ein so unterschiedliches Temperament. Das einzige, was sie gemeinsam haben, sind tatsächlich die verhältnismäßig zu kurzen Beine.

Aber auch wer darüber nachgrübelt, warum manche Leute (meist mit bestimmten Rassen) immer so hervorragend und mühelos zu erziehende Hunde haben, ahnt nun, daß dies nicht *nur* eine Frage der Erziehungskünste zu sein scheint. (Worauf wir später noch eingehen. Vorher allerdings müssen wir noch fortfahren, „Material" zu sammeln.)

Aus den vorstehenden Testergebnissen, aber auch aus physiologischen Meßwerten, kommt heraus, daß hier nicht nur zufällig abweichendes Verhalten beobachtet wird, sondern daß diesem *gravierende konstitutionelle Unterschiede* zugrunde liegen müssen.

Ein Tier, das eine sehr nervöse Natur hat, erkennt man leicht an seiner Speichelreaktion und seiner hohen motorischen Aktivität. Auch ein gehemmtes, lethargisches Tier drückt dies durch seine gesamten physiologischen und motorischen Reaktionen aus. Beide extremen Typen neigen dazu, jedes in seiner Richtung zu überreagieren: Das nervöse Tier neigt zur Hysterie (aktivem Widerstand), das lethargische zur völligen Passivität (passivem Widerstand).

Auch „Umwelt" wird entsprechend dem Verhaltenstyp erlebt. Ganz eindeutig ist „Umwelt" etwas Relatives und wirkt sich so aus, wie sie vom Tier empfunden wird. Entsprechend sind auch die Reaktionen auf Umweltbedingungen nicht in erster Linie durch diese bereits vorbestimmt. Es gibt daher auch keine Faustregel, welche Umwelteinflüsse generell herbeigeführt oder vermieden werden müssen, damit ein Hund sich optimal entwickeln kann. Für jeden Typ hat daher der Versuchsraum eine grundsätzlich andere Bedeutung.

Daher ist die Beziehung zwischen dem Tier und seiner augenblicklichen Umgebung eines der wichtigsten Kennzeichen seines Verhaltens.

Für die Hunde des lethargischen A-Typs wird der Gang in den Versuchsraum zu einem Ausflug, wo es etwas zu fressen gibt. Wenn sie nicht (mehr) hungrig sind, ist es nur noch ein Raum, in dem sie sitzen, bis sie wieder hinausgelassen werden. Wenn sie nicht mehr hungrig sind, sehen sie darin aber auch keinen besonderen Grund, den Versuchsraum verlassen zu wollen. Sie sehen (wenn sie satt sind) aber auch keinen Anlaß, nun noch auf irgendwelche Reize zu reagieren. Das Training ist als abgeschlossen zu bezeichnen, wenn das Tier sein bestimmtes Verhalten tagelang nicht mehr verändert.

Für die lethargischen Hunde ist der Versuchsraum ein Ort, wo sie entweder fressen oder gar nichts tun.

Die aktiven Hunde des B-Typs sind das genaue Gegenteil. Für sie gibt es so etwas wie Passivität überhaupt nicht. Sie fügen sich unwillig in das Training;

vermutlich ist es aber nicht Widerwillen gegen das Training selbst, sondern mehr die Unmöglichkeit, sich zu befreien und ihre große Empfindlichkeit für alle Veränderungen der Umwelt, die sie in Hektik versetzen.

Sie gewöhnen sich niemals an die Testsituation. Stets beobachten sie auch die Futterschüssel, selbst wenn nichts Freßbares angekündigt ist; „satt" scheinen sie niemals zu werden. Sie sind ständig mißtrauisch und erwartungsvoll und erinnern an einen leicht reizbaren, nervösen, unsicheren, ungeduldigen Menschen.

Diese Hunde drücken ungeheuer viel Energie aus. Auch ohne vorherige Signale machen sie viele „unnötige" Bewegungen, halten keine Energie-Reserven, verausgaben sich voll. Sie müssen ihrem „Aktivitäts-Überschuß" immer wieder freien Lauf lassen, während die lethargischen Typen ihre Aktivität völlig zum Erliegen bringen können.

Für Hunde des aktiven B-Typs ist der Versuchsraum ein Ort,
den sie mit der Erwartungshaltung eines Löwenbändigers
betreten. Ständig kann sich etwas Unvorhersehbares ereignen,
worauf sie vorbereitet sein müssen.

Die mittleren Typen A-plus und B-minus sind, wie gesagt, besser ausbalanciert und weniger extrem. Der von PAWLOW als *sanguin* bezeichnete Typ ist ruhig, aber auch ohne besonders starke Stimulationen zu weiteren Leistungen zu motivieren. Der *melancholische* Typ scheint Züge von beiden extremen Gruppen zu haben, die in ihm eine entsprechende Konflikthaltung auslösen.

Insgesamt ist es nicht einfach, bei diesen Versuchen die PAWLOWSCHEN Typen, z. B. auch den cholerischen oder den phlegmatischen, herauszufinden. Der *phlegmatische* Typ beispielsweise ist ruhig und zurückhaltend und tendiert zur *Verweigerung* unter *normalen* Umständen. Unter *besonderen* Umständen ist er aber sehr anfällig für große *Erregung*, beispielsweise wenn ein Hund erschreckt oder verletzt wird.

Ein interessanter Mischtyp ist die Englische Bulldogge, deren Verhalten später noch eingehender beschrieben werden wird. Der Hund ist ruhig und zurückhaltend unter normalen Bedingungen. Wenn ein schmerzvoller Stimulus gegeben wird, um eine Vermeide-Reaktion zu erzielen, gerät der Hund sofort in große Erregung. Die Englische Bulldogge hat Züge beider Extrem-Typen, außerdem hat sie Eigenschaften, die bei keinem von beiden vorkommen.

Für die Hunde des mittleren Typs bedeutet der Versuchsraum
keine Ausnahmesitutation. Sie betreten ihn vorurteilsfrei,
ihr Verhalten wird der aktuellen Situation angepaßt; auch
negative Erfahrungen beeinträchtigen sie nicht dauerhaft.

Mehr und mehr fand JAMES seine Vermutung bestätigt, daß Verhalten ohne genetische Hintergrundinformation leicht mißzuverstehen ist und falsch gedeutet werden kann. PAWLOW benutzte noch Hunde unbekannter Herkunft. Manchmal haben solche Tiere, wie JAMES nachweisen konnte, Verhaltensstrukturen beider polarer Typen; es ist daher sehr schwierig, besondere Gesetzmäßigkeiten aufzudecken.

Verhalten ist in dieser Hinsicht ähnlich der Gestalt. Man kann einen Mischlingshund zwar betrachten, aber man kann vieles an seinem Äußeren, ohne seine genetische Herkunft zu kennen, nicht klar deuten. Ein Mischling kann einem Bernhardiner oder einem Dackel ähnlich sein, obwohl keines dieser Tiere, sondern völlig andere unter seinen Vorfahren waren. Er sieht nur so aus, ist aber nicht. Ebenso ist aber auch ein bestimmtes Verhalten, das beobachtet wird, leicht mißzuverstehen.

Der Charakter-Typ
und seine Beziehung zur Körperform

Bei seinen weiteren Versuchen drehte JAMES den Spieß zunächst um. Ohne Rücksicht auf eine besondere Körperform wurden alle Hunde getestet und nach den Testergebnissen in die besonderen Gruppen eingeteilt. Die beiden Extremgruppen unterscheiden sich im Charakter und in der Körperform, wie hier nochmals aufgeführt:

A – Typ (inaktiv)	B – Typ (aktiv)
z. B.: Basset	z. B.: Saluki / Schäferhund
verkürzte Beine	lange, schlanke Beine
Kopf lang, gut entwickelt	Kopf lang
Großes Hängeohr	Stehohr/ Kleineres Hängeohr
Brustkorb gerundet	Brustkorb oval
Leib ausgefüllt	Leib aufgezogen
gedrungene Gestalt	stromlinienförmig
Neigung zu Korpulenz	schlank

Folgende Fragen galt es nun zu beantworten: Gibt es möglicherweise eine Beziehung zwischen der Körperform und den neurophysiologischen Merkmalen? Dann hätte das Tier im Zusammenhang mit seiner Körperform gleichzeitig eine bestimmte innerorganische Struktur, einschließlich einer bestimmten Leistungsfähigkeit des Nervensystems und hormoneller Zusammenhänge, geerbt, sozusagen Körperform und Verhalten in *einem* „Aktionspaket".

Daraus ergibt sich dann die nächste Frage: Sind die Faktoren, die Körperform und Verhalten bestimmen, unabhängig voneinander? Außerdem interessiert uns, ob diese Faktoren (die z. B. bei den Hunderassen *immer* gemeinsam auftreten) eine *natürliche* Zusammengehörigkeit haben oder wurden sie durch künstliche Selektion lediglich miteinander verbunden? Und weil wir schon beim Überlegen sind: Warum haben Hunde der *gleichen* Rasse ein sehr einheitliches Verhalten, während zwischen Hunden allgemein doch sehr große Unterschiede bestehen?

In zahllosen Meß- und Testversuchen, die hier nicht alle beschrieben werden können, suchte JAMES jene Körpermaße herauszufinden, die in *allen Fällen typisch* für einen bestimmten Charaktertyp waren. Nach und nach fielen fast alle üblichen Maße weg, bis auf eines, das er als *„Körperindex"* bezeichnete.*)

Als eine Regel fand er heraus, daß Hunde mit runderem Brustkorb auch sonst „dick", d. h. ohne Taille waren, während Hunde mit schlankem, schmalem Brustkorb auch einen schlanken Leib hatten. Für alle Hunde ermittelte er den *„Körperindex"*, der sich von den stämmigen abgestuft zu den schlanken Tieren feststellen ließ. Diese grobe Kennzeichnung einer bestimmten Körperform ließ tatsächlich auch ungefähre Angaben über den Verhaltenstyp A oder B zu.

Um diese Überlegungen zu erhärten, wurden nun Körperform und Verhaltenstyp bei Tieren aus Kreuzungen der gegensätzlichen Rassen Schäferhund und Basset in der F_1- und F_2-Generation untersucht.

Am Beispiel der F_1 Welpen *Basset × Schäferhund* können wir nun sehen, wie sehr der Augenschein trügt. Wie gesagt, ist das Ergebnis vorhersehbar. Jede F_1-Generation erbt die gleichen Faktoren von beiden Eltern, die Tiere sind sich ähnlich, wie Welpen *einer* Rasse. Das traf auch für diese Hunde zu: Alle hatten kurze Beine und lange Hängeohren wie der Basset. Erst ihr Körperindex (in Klammern) brachte zutage, daß sie sich dennoch körperlich durchaus voneinander unterschieden:

Eltern:	*Wurf F_1:*
Basset (90) × Schäferhund (68) (Indexdifferenz der Eltern 22 Punkte)	2 Rüden (77 u. 88), 2 Hündinnen (77 u.88) (Indexdifferenz der Geschwister 11 Punkte) Rüde (65) (geringerer Körperindex als Schäferhund!) Alle Welpen Temperament Typ A-plus: gut ausbalancierter mittlerer Typ.

F_2-Generation Basset × Schäferhund: Aus Verpaarung der kurzbeinigen F_1-Tiere entstand das typische Ergebnis jeder F_2-Generationen; die gegensätzlichen Merkmale der Großeltern wurden im erwarteten Mendelverhältnis 3 : 1 wieder sichtbar: Die kurzen, gebogenen Beine des Basset, die langen, geraden des Schäferhundes, mit Varianten zwischen den Kurzbeinigen. Bei einem von dreien sind sie so kurz wie beim Basset, die anderen sind denen von F_1 ähnlicher. Die des langbeinigen F_2-Tieres sind ebenso lang wie die des Schäferhundes. Außerdem bestehen Unterschiede in der Körperform zwischen diesen F_2-Tieren, allerdings sind die Indexdifferenzen nicht größer, als bei den F_1-Tieren. Für Beinlänge und (Körperindex) gab es folgende Variationen: 1 Rüde, lang, (68); 2 Rüden, mittel (69); 1 Rüde, lang (75); 1 Rüde, mittel (80).

Nach Eltern F_1 (77 und 65, Indexdifferenz 12) war die Kombination Beinlänge und (Körperindex) der F_2-Tiere: 1 Rüde, kurz (74); 1 Rüde, lang (90) / (Indexdifferenz 16). Zwischen den F_2-Tieren waren die Unterschiede im Körperindex größer als bei den F_1-Tieren. Besonders bemerkenswert ist, daß zwischen den F_2-Tieren eine größere Differenz

*) $\text{Körperindex} = \dfrac{\text{Größte Tiefe des Brustkorbes (Rücken /Brustbein 8. - 9. Rippe)}}{\text{Größter Querschnitt Brustkorb (gleiche Stelle)}} \times 100$

als zwischen ihren Eltern ist. Damit entstehen ähnliche Verhältnisse wie bei ihren Großeltern (Basset (90) /Schäferhund (68)!)

Auch in anderen F_2-Würfen befanden sich Hunde, die überwiegend schlank waren wie der Schäferhund (Index unter 70), während andere aber den gedrungenen Körper des Basset hatten. Dessen Körperindex wurde gelegentlich von den F_2-Tieren (mit einem Index von 94) übertroffen.

Einige der F_2-Tiere hatten die Gestalt des Schäferhundes, lange Beine und waren schlank, aber auch ein schlanker, *kurzbeiniger* Hund war vertreten.

Die größeren körperlichen Unterschiede der F_2-Generation lassen vermuten, daß auch im Verhalten der Tiere größere Unterschiede, als in der F_1-Generation, zu erwarten sind. Vor allem: Wenn Zusammenhänge zwischen Körperform und Verhalten bestehen, müßten sie bei diesen Tieren auftreten! Sehen wir uns an, was sich nun anhand der Testergebnisse herausstellte (Körperindex in Klammern)

Körperform und Charaktertyp der Basset-Schäferhund F_2-Welpen:			
Tiere:	*Körperform*	*Beinlänge*	*Temperament*
2 Rüden (68; 69)	schlank	mittel	Typ A-plus
			mittlerer bassetähnlicher Typ wie die F_1-Tiere.
1 Rüde (69)	schlank,	lang	Typ B-minus
			gut ausbalanciert, lernfreudig, schäferhundähnliche Gestalt, Verhalten mehr wie Schäferhund
1 Rüde (90)	rund	mittel	Typ B
			Obwohl äußerlich Basset-Typ, Verhalten wie Schäferhund. Körperform und Verhalten genau entgegengesetzt!
1 Rüde (74)	rund	kurz	Typ A
			Aussehen und Verhalten wie typischer Basset. Körperform und Verhalten stimmen genau überein!

In der Testsituation ergaben sich wenig Typ-Abweichungen. Nur ein Rüde und eine Hündin, zunächst *einheitlich* als Typ-A-plus bezeichnete Hunde, fielen aus dem Rahmen. Sie fielen in *unterschiedliche* Klassen, als sie für die „Aktive Vermeidung" trainiert wurden. Hier zeigte die Hündin eine gut ausbalancierte Reaktion im Speichel-Test, jedoch eine Über-Reaktion auf den Schock. Dies Verhalten ist ein ganz gegensätzliches sowohl zum Basset-Großvater (inaktiv in beiden Tests), als auch zum Schäferhund (aktiv, aber trainierbar in beiden Tests). Aus diesem Grund wurde die Hündin als „gemischter Verhaltenstyp" bezeichnet.

Hunde aus der Rückkreuzung der Basset-Schäferhund F_1-Generation auf den Basset wurden untersucht, um herauszufinden, ob Hunde, die theoretisch genetisch überwiegend Basset sind, auch im Charaktertyp entsprechend sind. Alle F_1-Tiere (die Eltern) haben mittlere Beinlänge, d. h. tragen den Faktor sowohl für lang wie auch für kurz. Die Rückkreuzungstiere hatten Basset-Aussehen (kurze Beine, Körperindex zwischen 87 und 89).

Ihr Temperamenttest kam zu einem überraschenden Ergebnis: Der Rüde gehörte nach dem Speicheltest dem aktiven Typ B-minus, die Hündin dem überaktiven Typ-B an, beide Hunde verhalten sich *untypisch* für ihr Äußeres. Beim Test aktive Vermeidung wurde nur der Rüde getestet, hier paßte sein Verhalten (passiver A-Typ) mit seinem Äußeren zusammen.

Die Ergebnisse dieser Versuchsserie sind erstaunlich. Nirgendwo kann man besser begreifen lernen, wie langwierig der Weg zu den einheitlichen Hunderassen gewesen sein muß. Wieviel Selektion nötig war, um eine bestimmte Körperform und ein bestimmtes Verhalten dauerhaft zu verbinden. Eine Rückkreuzung auf den Bassethound führt nicht zuverlässig zu in Verhalten und Körperbau einheitlichen Tieren.

Die genetischen Faktoren, die das Verhalten bestimmen, sind offensichtlich zu kompliziert, als daß sie über eine einfache Rückkreuzung erzeugt werden können, d. h. sie werden nicht gemeinsam mit *sichtbaren* körperlichen Merkmalen vererbt! Wenn extreme Hunderassen gekreuzt werden, die an sich körperliche und charakterliche Eigenschaften in typischer Weise vererben, bricht diese Harmonie in der Kreuzungsgeneration auseinander. Etwas später in diesem Buch werden wir zu verstehen lernen, aus wievielen Bausteinen sich „Verhalten" zusammensetzen kann.

Interessantes Beispiel Englische Bulldogge

Um die komplizierten Verschachtelungen sichtbar zu machen, die in einer Hunderasse vereinigt sein können, eignet sich ganz besonders die Englische Bulldogge. Wie wir bereits bei den Kreuzungstieren gesehen haben, können ganz gegensätzliche Verhaltenstypen in einem Hund vollständig oder teilweise vereinigt sein. Dies ist generell bei Kreuzungstieren gegensätzlicher Rassen der Fall, jedoch läßt sich dort nicht eine bestimmte „Mixtur" planmäßig erzeugen. Bei der Bulldogge wurde aber erreicht, daß eine derart komplizierte Verschachtelung dauerhaft, d. h. ein Rassemerkmal ist.

Obwohl Basset und Schäferhund deutliche Gegensätze sind, fallen sie in die Gruppe der „normalen" Typen; in Körperbau und Verhalten lassen sie sich klar einordnen. Bei der Bulldogge ist vieles ganz anders. Ihre Körperform ist hundähnlich, der Körper ist rund und ohne Taille. Ihre Gestalt ist gedrungen, ihre Beine sind gerade, ohne Zeichen von Verkürzungen. Aber an beiden Enden der Wirbelsäule, nämlich am Kopf und am Schwanz, zeigt sie starke Deformierungen*).

Dieser kuriose Hund ist aber auch im Verhalten außerordentlich bemerkenswert. Die Jagdpassion ist vollständig erloschen. Bei einigen Tieren ist auch der

---

*) Im „Gangwerk des Hundes" werden die Besonderheiten ihres Körperbaus ausführlich erklärt.

„Mutterinstinkt" gelegentlich gestört, was auf hormonelle Unausgewogenheit hindeutet. Außerdem sind diese Hunde, wenn sie erregt sind, für ihre übermäßige Zähigkeit und Grausamkeit bekannt; sie sind stark auf diese Eigenschaft hin gezüchtet worden. Ebenso weichen die inneren Organe (z. B. Schilddrüse und Hypophyse) stark vom Normalen ab. Es ist also anzunehmen, daß verschiedene extreme Rassen hier im Laufe der Rassenentwicklung vermischt wurden und zu diesem, in Körperform und Verhalten erstaunlichen Hund geführt haben.

Im Speicheltest wurde die Bulldogge zwar generell dem überaktiven B-Typ zugerechnet, obwohl viele ihrer Reaktionen davon abwichen: Sie war nicht nur sehr lebhaft, sondern führte derart übererregte Körperbewegungen aus, daß das Meßgerät für die heftigen Ausschläge nicht ausreichte!

Auch sonst war es ein Erlebnis, die Bulldogge zu beobachten. Sobald das Signal ertönte, versuchte sie, das Erscheinen des dringend erwarteten Futternapfes zu beschleunigen. Sie geriet dabei in heftige Aktion, knurrte mit heftigen Kopfbewegungen zum Napf hin, versuchte, ihn stampfend und schnaufend, mit den Pfoten zu erreichen. In ihrer extremen Erregung sonderte sie enorme Mengen Speichel ab; die hemmungslose Kampflust der Bulldogge ließ sich nun als ein Zustand der Ekstase erklären.

In der Pause zwischen zwei Signalen dagegen blieb die Bulldoge normalerweise völlig passiv, besonders, als sie schon häufiger trainiert worden war. Sobald das Signal wieder ertönte, war sie sofort wieder in vollster Aktion. Bei keinem der anderen Hunde wurde dieses *Umschlagen von völliger Passivität in äußerste Aktivität* beobachtet. Daher sind in der Bulldogge die entgegengesetzen Eigenschaften des Typ A und Typ B, noch dazu besonders ausgeprägt, vereinigt.

Nach längerer Übung hatte sie auch begriffen, auf das negative Signal mit Nichtstun zu reagieren; kaum aber ertönte das positive Signal, legte sie aus voller Kraft wieder los: Mit heftigen Kopfbewegungen strebte sie in die Richtung, aus der der Futternapf gleich kommen mußte, knurrend trampelte sie mit heftigen Beinbewegungen, so daß der Körper hin- und herschaukelte, bereit, sich unverzüglich auf den Napf zu stürzen, wenn er nur erst da wäre.

Bei weiteren Tests kamen allerdings ganz *unvermutete* Charaktereigenschaften der Bulldogge zutage. Sie verhielt sich, wie gesagt, in den Pausen zwischen den Signalen völlig passiv wie Typ A, was sich verstärkte, als sie sich an den Versuchsablauf gewöhnt hatte. Um den Grad dieser Passivität herauszufinden, wurden nun die Versuche mit Schock (Vermeidung) und Geräusch (laute Klingel) durchgeführt. Auf das Klingelgeräusch war ihre einzige Körperbewegung, daß sie ihren Kopf langsam zur Seite drehte.

Aber kein anderer Reiz verursachte eine derart unterschiedliche und aufschlußreiche Reaktion wie der Schock, eine leichte elektrische Stimulation. Der erste Schock am Vorderbein erzeugte nur eine schwache Bewegung, kein Zeichen von

Abwehr oder anderer Beunruhigung. Solange das Tier in einer *passiven* Phase war (es döste friedlich vor sich hin) konnte keiner der Schocks es beunruhigen. Wurde ein Schock aber gleichzeitig mit dem Futter-Signal (in einer Phase der Erregung) verabfolgt, führte er zu einem explosiven Anstieg der Erregung und zu *gewaltsamen Reaktionen*.

Eine andere, verborgene Eigenart der Bulldogge konnte durch den Test „Aktive Vermeidung" aufgedeckt werden. Die damit verbundene, aversive Stimulation beeindruckte das Tier in passiver Gemütsverfassung überhaupt nicht. Wurden aber das negative Signal (Pause, kein Futter) *und* der Schock wiederholt, versetzte diese Kombination das Tier in allerhöchste Panik. Es wurde völlig hysterisch und mußte aus dem Versuchsraum entfernt werden. Als Ergebnis veranlaßte diese aversive Stimulation künftig (ganz gleich in welcher Phase) immer, daß die Bulldogge gewaltige Anstrengungen unternahm und sich zu befreien versuchte.

Hunde des A-Typ waren normalerweise nicht in der Lage, die Vermeidereaktion vollständig durchzuführen, während der B-Typ dies leicht und dauerhaft erlernt hatte. Die Englische Bulldogge war durch den Schock selbst nicht beunruhigt worden, was sich aber in der Kombination Signal/Schock dramatisch änderte. Von da ab war das Signal für sie, anders als bei anderen Tieren, *direkt* bezogen auf den unkonditionierten Stimulus. Die Bulldogge erwartete in dieser Situation nicht den Schock, bereits das Signal allein genügte, um sie sofort in Überreaktion zu versetzen. Sie wurde also, erlitt sie den Schock während einer Erregungsphase, stärker als alle anderen Hunde irritiert. Daher scheinen diese Hunde besonders wenig widerstandsfähig bei schmerzlichen Erlebnissen zu sein und unfähig, sich an eine mit Schmerz verbundene Situation zu gewöhnen.

Kreuzungsversuche zwischen
Englischer Bulldogge × Bassethound
Eigenheiten der F_1- und F_2-Generation

In diesem Versuch (Englische Bulldogge × Bassethound) kommen ganz unvermutete Hintergründe, die in den beiden Rassen verborgen sind, zutage. Die F_1-Tiere haben kurze Beine, einen runden Rumpf und eine abgeschwächte Achondroplasie des Bassethound. Der Kopf ist „normaler" als der der Bulldogge, d. h. sie haben keinen Vorbiß mehr; der Schwanz ist lang und gerade wie beim Basset. Im Verhalten lagen die F_1-Tiere etwa in der Mitte zwischen den Elterntieren. Vor allem war die übergroße Erregbarkeit der Bulldogge nicht mehr bemerkbar, wie sie andererseits auch keine vollständige Passivität entwickelten.

Die F_2-Generation Englische Bulldogge × Bassethound brachte geradezu erstaunliche Ergebnisse, die die normalen Erwartungen, die man in eine F_2-Generation hat, weit übertraf. Vor allem hatte man sie angesichts dieser Großeltern keinesfalls erwartet.

In nahezu allen körperlichen Faktoren ergaben sich gravierende Veränderungen: Es variierten die Beinlänge, der Schwanz und die verschiedensten Abstufungen der Schädelverkürzung. Da waren verschiedene Abstufungen des übermäßigen Wachstums der Haut und ganz erhebliche Unterschiede der Körpergrößen und -formen. Die Wachstums-Abnormalitäten waren verbunden mit einer besonderen Situation der endokrinen Drüsen und zahlreichen komplexen Konstitutionen; sie entstanden aus den neu kombinierten Faktoren der beiden Rassen.

Zwischen diesen Tieren fanden sich weniger Abweichungen der Rumpfform als bei anderen Rassen. Die meisten haben einen runden Brustkorb und einen fülligen Körper, wenn sie auch nicht so rund sind, wie der Bassethound. Die kurzbeinigen Hunde haben den runderen Brustkorb, die langbeinigeren sind geringfügig schlanker, aber niemals so schlank wie z. B. beim Schäferhund.

Das Verhalten der Englisch-Bulldog-Basset F_2-Tiere: Alle Hunde mit *kurzen* und *mittellangen* Beinen gehören zum passiven Typ A oder Typ A-plus. Jedoch zeigten zwei von ihnen im Schockversuch ähnliche Ergebnisse wie die Englische Bulldogge (konnten Schmerz nicht akzeptieren) hatten also gemischte Verhaltensstrukturen.

Auch unter den *langbeinigeren* (mit etwas schlankerem Körper) waren sehr entgegengesetzte Temperamente. Die Speichelreflexe waren mangelhaft, in der Schocksituation wurden sie völlig untrainierbar. Sie waren unfähig, selbst einfache Übungen zu begreifen und wirkten daher ausgesprochen dumm. Während sie sich in gewohnter Umgebung noch einigermaßen „vernünftig" benahmen, waren sie in fremder Umgebung im höchsten Maße verwirrt.

Bei den Kreuzungsversuchen werden, besonders an den F_2-Generationen (Bulldogge × Basset) viele Eigenheiten aufgedeckt, die sonst in den Rassen verschmolzen sind. Normalerweise erlebt man selbst ja höchstens *einen* solchen „Unglückswurf", d. h. es kommt in den wenigsten Fällen überhaupt bis zu einer F_2-Generation, also zu einer Geschwisterpaarung. Daher sind diese von STOCKARD durchgeführten Kreuzungsversuche wirklich außerordentlich interessant, weil man nirgendwo besser die vielen Einflüsse, die in unseren Hunderassen verschmolzen sind, verstehen lernen kann.

Überdies sind sie erst durch die unter kontrollierten Bedingungen durchgeführten Charakter-Tests restlos aufzuklären. Die überraschend große Vielfalt betrifft ja nicht nur ihre äußere Gestalt, sondern vor allem die großen Unterschiede in den Verhaltensweisen, die auf entsprechende Verhältnisse der *inneren Organe* zurückzuführen sind.

Der Verhaltenstyp bei Hunden unterschiedlicher Größe und innerhalb einer Rasse

Nun fragt man sich natürlich, ob das passive Verhalten des Typ-A (Basset) und das aktive Verhalten des Typ-B (Schäferhund) auch in ähnlicher Weise bei Rassen zu beobachten ist, die in der Größe, nicht aber in der Körperform abweichen. Dem Basset sind ähnlich Dachshund, Beagle und Bloodhound. Bei diesen entsprechen die Abweichungen im Typ ihrem Körperindex, wofür der erheblich aktivere Dackel ein Beispiel ist. Der Boston Terrier, kleiner als die Bulldogge, hatte ähnliche Abnormalitäten wie diese.*)

Wie ist es aber mit den Charaktereigentümlichkeiten dieser Tiere? In vielen Versuchen wurde zunächst festgestellt, daß die Ähnlichkeiten des Temperaments oft mit dem *Körperindex* (Form des Rumpfes, rund und gedrungen oder oval und schlank) zusammenhängen, *nicht* aber mit der Körpergröße.

Sehr oft bemerkt man, daß sich Hunde *gleicher* Rasse erheblich voneinander unterscheiden. STOCKARD beschreibt einen schweren Schäferhund, der einen extrem runden Körperindex (85 fast wie Bulldogge) hatte. In den Tests entsprach dieser Schäferhund ebenfalls dem passiven Typ A (bassetähnlich). Die spätere Obduktion ergab, daß dieser Hund erhebliche Veränderungen der endokrinen Organe hatte. Daher kann man davon ausgehen, wenn Hunde *innerhalb einer Rasse* stark voneinander abweichen, ist dies auf eine bestimmte veränderte Organ-Hormon-Situation zurückzuführen. Das muß aber keinesfalls immer bedeuten, daß solche Hunde krank sind! Aber sie sind - oft nur sehr geringfügig - „innerlich anders", was durchaus das Kennzeichen einzelner Zuchtlinien sein kann. Bei diesen Hunden kann man mit großer Sicherheit davon ausgehen, daß man an ihrem Äußeren wertvolle Hinweise für bestimmte Eigenschaften ablesen kann.

*) Die „Wuchsformen" sind im „Gangwerk des Hundes" ausführlich erläutert.

Verhalten und allgemeine Konstitution

Diese Untersuchungen führten zu einem *scheinbar* widersprechenden Ergebnis. Einerseits war eine bestimmte Körpergestalt *nicht* grundsätzlich mit einem bestimmten Verhalten gekoppelt. Andererseits wurde bestätigt, daß sowohl Körperwachstum, als auch das Maß einer bestimmten Aktivität letztlich auf eine bestimmte hormonelle Ausgangssituation zurückzuführen ist; sie ist die Grundlage, die den gesamten Organismus bestimmend formt.

In den *reingezüchteten* Rassen sind bestimmte körperliche und charakterliche Merkmale *gekoppelt*. In den *Kreuzungstieren* brechen die komplex zusammengefügten „Einheiten" auf und werden nun einzeln weitervererbt. In reingezüchteten Tieren können oft ganz extreme und mehrfache körperliche und charakterliche Faktoren *harmonisch* in ein Gesamtgefüge von hormonellen und physikalischen Zusammenhängen eingebettet sein. Bei diesen Rassen ist der Zusammenhang von Körperform und typischem Verhalten genetisch bedingt.

Daher kann man beim Basset und beim Schäferhund von reinen „Konstitutionstypen" sprechen, was den gesamten Organismus (Skelett, endokrine Organe und Nervensystem) einschließt. Dies gilt gleicherweise auch für ein bestimmtes, genetisch bedingtes Verhalten und bestimmte besondere Fähigkeiten. Bassethound und Schäferhund sind homozygot nicht nur in bezug auf ihre Gestalt, sondern auch in Hormongefüge und Verhalten.

Das Ergebnis seiner Untersuchen faßt JAMES mit dieser wichtigen Feststellung zusammen:

„Obwohl Selektion eine wichtige Rolle in der Entwicklung der verschiedenen Rassen gespielt hat, bedeutet dies nicht, daß sie auch verantwortlich ist für die (offensichtlichen) Zusammenhänge zwischen physischer Gestalt und Verhaltens-Faktoren. Dieser Zusammenhang *ist natürlich* und kann nur dann auftreten, wenn zahlreiche Typen gekreuzt werden. *Es wird niemals einen echten Bassethound geben, der gleichzeitig das für den Schäferhund typische Hormonalsystem hat."*

Konstitution, Temperament, Instinkt

Die Feststellung, daß doch einige *äußere* Merkmale der Hunde auch Rückschlüsse auf ihren Charakter zulassen, führt sogleich zu weiteren Fragen. Sind die im Test gewonnenen Erkenntnisse über typische Charaktereigenschaften überwiegend theoretische „Testergebnisse"? Spiegelt sich das auch im Zusammenleben der Tiere?

Das individuelle Temperament der Geschwister spielt eine entscheidende Rolle bei der schrittweisen Entwicklung jedes einzelnen Tieres und somit des Sozialgefüges. Trotzdem ist es nur bedingt richtig, wenn in einem neueren Buch über Wesensgrundlagen des Hundes die verschiedenen „Triebe" aufgeführt werden, mit dem Hinweis, „aus diesen resultiert die charakteristische soziale Rangordnung". Tatsächlich ist aber gerade *das Gegenteil der Fall*: Erst durch den schrittweisen Aufbau sozialer Verhaltensweisen in der Kinderstube beginnen sich die (sowohl für das einzelne Tier, als auch für die Rasse typischen) Verhaltensweisen zu entwickeln.

Die überragende Bedeutung, die in diesem Zusammenhang der (für die Art spezifische) Konstitutionstyp hat, werden wir später in anderem Zusammenhang, durch den Vergleich unterschiedlicher sozialer Verhaltensweisen *wildlebender* Caniden, erklären. Zwischen Tieren *einer* Art besteht jeweils eine große Einheitlichkeit. Sie sind verbunden durch eine gemeinsame Weise der „Lebensbewältigung"; sie haben Ähnlichkeiten in Gestalt und Verhalten. Letzteres beruht jedoch überwiegend auf einer unterschiedlich ausgeprägten, innerartlichen Aggression.

Daher sind viele der zahlreichen angeborenen „Triebe", mit denen man so gern das Verhalten des Hundes erklärt, untersucht man sie genauer, letztlich lediglich Reizschwellenunterschiede, durch die die grundlegenden, lebenserhaltenden Verhaltensweisen unterschiedlich stark ausgeprägt werden. Tatsächlich gibt es für ein Lebewesen nur drei Ziele, die es zielstrebig verfolgen muß (weil es von den Reaktionen seines Körpers dazu nachhaltig aufgefordert wird): Es muß sich ernähren, es muß sich fortpflanzen, und es muß sich schützen.

Nur auf diese einfachen Grundforderungen ist das breite Spektrum der Verhaltensweisen ausgerichtet; bei den Caniden entscheiden Typ- oder Temperamentunterschiede darüber, *wie* dieses Ziel erreicht wird.

Bei wildlebenden Caniden sind, wie wir später sehen werden, die Verhaltensunterschiede größer als ihre Gestaltunterschiede. Letztlich also ist es das *„Temperament"* (der Charakter, der Typ oder die Konstitution) und *nicht das Äußere*, das den Unterschied macht.

Daher sind auch die in den Tests gewonnenen Erkenntnisse über die Charakterstruktur der einzelnen Tiere nicht nur im Test gültig. Es werden dabei nur die „einfachen", bzw. grundlegenden typischen Eigenschaften herausgeschält, aus denen auch im „normalen" Leben das Verhalten erwächst, wie die Pflanze aus dem Samen.

Soviel war nach den *Kreuzungsversuchen* klar: In den reingezüchteten Tieren schlummerten Eigenschaften und Qualitäten, die in keiner der Rassen, aber auch keiner Wildform jemals aufgetreten waren. Die Tiere waren also keinesfalls so einheitlich, wie man sich vorgestellt hatte, unter bestimmten Bedingungen ließen sie sich bis zur Unkenntlichkeit verändern. Die ihnen innewohnende Variabilität ließ sich durch Kreuzungsversuche hervorbringen, bei denen Veränderungen von Gestalt und Verhalten hervorgerufen wurden. Aber auch bei reingezüchteten Hunden kamen, bei unterschiedlichen Aufzuchtmethoden, Verhaltensänderungen zutage, die das rassetypische Verhalten oft nicht mehr erkennen ließen.

Damit ergab sich für JAMES eine völlig neue Fragestellung. Würden sich Rasse-
oder Charaktereigenschaften auch verändern lassen, wenn man Welpen verschiedener Rassen und gegensätzlicher Temperamente gemeinsam aufzog? Würden
sich eventuell eine „Stiefmutter" oder „Stiefgeschwister" einer aktiveren, aggressiveren Rasse vorbildhaft auf Welpen mit weniger ausgeprägter Aktivität auswirken? Wie würde sich überhaupt das *Zusammenleben* von Tieren unterschiedlichen Temperaments entwickeln, wenn sie von Geburt an zusammen aufgezogen
würden? Verändert sich ein Welpe, wenn er nicht bei seiner eigenen Mutter,
sondern von einer Hündin einer sehr gegensätzlichen Rasse, aufgezogen wird?

Bei diesem Versuch wurden *Terrier* und *Beagles* in zwei Gruppen aufgezogen.
Zwischen zwei gleichzeitig gefallenen Würfen wurden einige Welpen ausge-
tauscht, so daß eine Terrier-Hündin und eine Beagle-Hündin einige ihrer eigenen
Welpen und einige der anderen Rasse großzog. Für die Welpen war nun die
„Umwelt" verändert: Sie hatten eine Stiefmutter und Stiefgeschwister, die im
Wesen völlig anders waren als sie selbst. Die Welpen blieben mit ihrer jeweiligen
Mutter zusammen, bis sie etwa ein Jahr alt waren, dann wurden alle Tiere
zusammengebracht.

Beagle und Terrier unterscheiden sich deutlich in Körperform und Charakter:	
Beagle	*Terrier*
mittelgroß, etwa 22 Pfund	sind kleiner, etwa 16 Pfund
untersetzter, kurzer Körper	schlanker, sehniger Körper
Brustkorb mehr rund und breit	Brustkorb mehr oval als rund
Kopf breit und	Kopf lang und schmal
entsprechende Schnauzenpartie.	entsprechende Schnauzenpartie
Hängeohren	Kippohren
ruhig, zurückhaltend	aktiv, leicht erregbar
Typ A (passiver Typ)	*Typ B (aktiver Typ)*

Die Charakterunterschiede wurden zunächst auf die bereits beschriebene Weise
im Versuchsstand ermittelt; sie bestätigten sich nun durch die Beobachtung der
Tiere: Die *Terrier* waren außerordentlich aktiv und leicht erregbar. Sobald man
den Auslauf betrat, stürmten sie herbei, sprangen an den Eintretenden hoch, um
deren Aufmerksamkeit zu erregen. Die *Beagles* waren das genaue Gegenteil. Sie
hielten sich stets in Hintergrund und kamen selten sehr nahe an den Experimentator heran. Sie waren scheu und daher auch ziemlich schwer einzufangen. Nur,
wenn man die Terrier für eine Weile aus dem Gelände entfernte, wurden auch die
Beagles aktiver, einige besonders kühne näherten sich dann sogar dem Menschen.

Dieser Aufzuchtversuch bestätigte JAMES' Vermutungen nicht nur, sondern
führte nun am praktischen Beispiel eindrucksvoll vor, welche Bedeutung das

individuelle Temperament im „wirklichen" Leben hat; es war nur insoweit zu beeinflussen, als seine *überwiegenden* Eigenschaften *verstärkt* hervorgebracht werden können.

In jeder der gemischten Gruppen wurden, um die aus der Beobachtung gezogenen Schlüsse zu untermauern, Dominanz-Tests durchgeführt, und in beiden Gruppen waren die Terrier dominant. Weder bei den Beagles noch bei den Terriern hatte also die „gegensätzliche" Pflegemutter irgendeinen erkennbaren Einfluß auf die Kinder. Auch bestätigte sich erneut, daß es zwischen dominanten und submissiven Tieren keine Kämpfe gab. In jeder der Gruppen entstand das Dominanzverhältnis ohne größere Reibereien „automatisch": Die Terrier knurrten ein bißchen, und sofort hielten die Beagles sich zurück.

Als später die bis dahin getrennt gehaltenen Gruppen zu weiteren Beobachtungen zusammengeführt wurden, blieben auch in den neuen Gruppierungen stets die Terrier die dominanten Tiere. Alle Aktivitäten der Welpen wurden mit Spannung beobachtet und dokumentierten immer erneut, daß „der Typ das Schicksal ist". In einem gemeinsamen Futtertest beispielsweise fraßen die Beagles in Gegenwart der dominanten Terrier überhaupt nichts; sie drangen gar nicht erst bis zum Napf vor. Aber auch im Zweiertest (Beagle/Terrier) fraß ein Beagle, solange ein Terrier zugegen war, nichts aus seinem Napf (obwohl jedes Tier einen für sich hatte!). Dafür leerten die Terrier, mit der ihnen eigenen, unverfrorenen Unbekümmertheit, auch gleich noch den Freßnapf der Beagles zusätzlich!

Als die Welpen herangereift waren, wurden die Hündinnen in den gemischten Gruppen läufig und brachten nach einiger Zeit ihre Welpen zur Welt. Vor den verblüfften Forschern tat sich weiteres über das „Wesen" dieser Hunde, insbesondere das der Terrier, auf: Die Welpen waren entweder *reinrassige Terrier* oder *Beagle-Mischlinge!* Die Terrier-Rüden hatten schlichtweg *alle* Hündinnen für sich beschlagnahmt, so daß *alle* Welpen *Terrier-Väter* hatten!

Auf welchen Grundlagen aber auch so etwas wie „Zuneigung" entsteht, konnte man mit diesen Hunden regelrecht ausprobieren. Wer liebt wen, wenn er die Wahl hat, sich entweder zu einem Beagle oder Terrier oder zu einem Menschen hingezogen zu fühlen? Das Ergebnis war „typisch". Die Beagles wählten möglichst wieder Beagles, die Terrier wählten auch Beagles (weil diese sich stets unterordneten). Auch versuchten Terrier, andere sehr aggressive Terrier möglichst zu umgehen. Terrier, die sich in ihrem Rang oder ihrer Aggressivität sehr ähnlich waren, gerieten sich leicht in die Haare. Die sicherste Grundlage für ein friedliches Zusammenleben sehr aktiver Tiere waren also wieder einmal möglichst große charakterliche Unterschiede, was *indirekt* von den Tieren selbst *gefördert* wurde, als die kämpferischen sich ein submissiveres Pendant aussuchten. Der Mensch wurde von keinem der „wild" aufgezogenen Tiere als möglicher Partner in Betracht gezogen.

Die Verhaltensstruktur ist genetisch bedingt
durch konstitutionelle Faktoren

Eine bestimmte, grundlegende Verhaltensstruktur ist also *angeboren* und wird sich auch niemals mehr ändern. Dies wird leicht dann falsch gesehen, wenn ein Tier bei einer Umstrukturierung der Gruppe seinen bisherigen „Standort" in der Hierarchie verliert. Dabei hat sich aber dann nicht, wie man annimmt, das Tier *grundlegend* verändert, sondern es bekommt in einer anders strukturierten Gruppe einen anderen Platz, weil nun andere Tiere, als in der bisherigen Konstellation, *im Verhältnis zu ihm* dominant oder untergeordnet sind. Dabei können bei den Hunden ungeahnte „Qualitäten" zum Vorschein kommen, die sich bislang einfach nicht entfalten konnten oder aber, im Gegenteil, andere auch unterdrückt werden. Denn auch, wenn ein „Spitzentier" ausgefallen ist, verändert sich die Struktur der Gruppe; allerdings rücken dann alle anderen, ihrem bisherigen Rang entsprechend, nach. Niemals aber verliert sowohl das extrem aggressive wie auch das extrem ängstliche Tier seine Spitzen- bzw. seine „Schlußlicht"-Position.

Die Gründe für ein bestimmtes Verhalten liegen also *immer* im einzelnen Tier. Sein bestimmter Typ kommt auch im „wirklichen" Leben, den jeweiligen Verhältnissen entsprechend, so zum Ausdruck, wie er sich auch in „Test"-Situationen spiegeln würde. Ausschlaggebend ist tatsächlich das „Temperament" des Tieres, was JAMES als „Life Pattern" bezeichnet. Auf welche Weise er die Daten auch zusammenträgt, er findet immer wieder „typische" Ergebnisse, die sowohl Verhaltensweisen, als auch gewisse körperliche Besonderheiten einschließen.

Körperbau – Konstitutionstheorien
auf Hunde übertragbar?

Auch beim Menschen hat man ja versucht, aus der Körperform auf den Charakter zu schließen. Es gibt viele, sehr komplizierte Systeme, „Charaktertypen" zu klassifizieren. Wieweit lassen sich derartige, auf den Menschen bezogene Erkenntnisse, auch auf Hunde übertragen? Die von KRETSCHMER entwickelte Typologie für den Menschen eignet sich aber, wenn man sie näher betrachtet, wenig; man stößt zu oft auf Punkte, die schon hinsichtlich des Menschen fragwürdig, noch weniger aber auf den Hund übertragbar sind.

Anders ist es mit der von W. H. SHELDON entwickelten, Körperbau- und Konstitutionstheorie, die sich eng an das anlehnt, was wir bereits als „Wuchsform" kennengelernt haben. Er vergleicht dabei den „Typ" mit dem *spezifischen Gewicht* (z. B. sinkt eine Feder langsam, während Blei schnell und direkt stürzt). SHELDON nennt die drei „spezifischen" Typen: *Endo-, Ekto- und Mesomorphie* mit diesbezüglichen temperamtsmäßigen Entsprechungen. Sie stimmen überraschend oft mit den beobachteten Zusammenhängen zwischen Gestalt und Charakter von Hunden überein und sind tatsächlich bei reingezüchteten Hunden, sehr viel zweifelsfreier als beim Menschen anzuwenden. Beim Hund wird bei diesem System ja nur nach dem Grundcharakter, seiner Ausgangslage, gefragt, was sich auf diese Weise auch begründen läßt. (Beim Menschen wird darüberhinaus der unsinnige Versuch gemacht, von diesen körperlichen Grundlagen auf z. B. künstlerische oder kriminelle Neigungen zu schließen, was nicht nur fragwürdig, sondern schlechthin unmöglich, hier aber nicht das Thema ist.)

Wesenstest und konstitutionelle Unterschiede

Es ist ja nicht so, daß nicht versucht würde, Hunde auch hinsichtlich ihres Charakters zu prüfen, wenn auch dieser Gesichtspunkt meist zugunsten der Bewertung der sichtbaren Körperoberfläche vernachlässigt wird. Allerdings ist es bedauerlich, daß die innere und äußere Beurteilung getrennt vorgenommen werden, also die Ergebnisse (meistens) nicht miteinander in Beziehung gebracht werden können.

Jedenfalls fehlen auf den Testbögen der Wesenstests die wichtigen Hinweise auf wenigstens den Körpertyp vollständig. Dabei fragt man sich, liest man die Testergebnisse nach, unwillkürlich, wie dieser Hund wohl ausgesehen haben mag; man tut dies ja auch sonst, wenn von den Leistungen eines Hundes (oder auch von Besonderheiten eines Menschen) berichtet wird, um sich so ein besseres „Bild" machen zu können. Bei Hunden wüßte man dann gern noch mehr über den genetischen Hintergrund, Eltern, Geschwister, Nachkommen. Diese Angaben sind aber, wenn überhaupt!, nur mit detektivischer Kleinarbeit, gepaart mit hellseherischen Fähigkeiten, zusammenzubekommen. Leider. Es würde sich nämlich sehr schnell herausstellen, daß bestimmte Formen von Aggressivität, Angst, „Mut", „Kampfkraft" usw., die an sich schon sehr ungenau beschrieben und durchaus nicht einheitlich bewertet werden (einiges dazu später) sich völlig anders beurteilen ließen, wenn man gleichzeitig Informationen über Gestalt und genetischen Hintergrund erhielte.

Hierbei sind *nicht* grobe Maßstäbe (analog des *Rassenstandards*) ausschlaggebend, sondern gerade die feinen *Schattierungen*, die kein Standard mehr erfaßt. Eine bestimmte, erwünschte Körpergröße kann ja ein schlankes, aber auch ein gedrungeneres, kompakteres Tier gleicherweise erreichen. Gelegentlich findet man in Zuchtbestimmungen den (auf den Laien ebenso erheiternd wie verwirrend wirkenden) Hinweis, daß ein Rüde „maskulin" sein soll und eine Hündin „feminin". Dies ist eine erste, schwache Annäherung an die Erkenntnis, daß bestimmte Schattierungen des Typs sich auf die Nachkommen mehr oder weniger günstig ausgewirkt haben.

146

Das Problem, das sich unter der etwas verwirrenden Bezeichnung der „femininen" Rüden und „maskulinen" Hündinnen versteckt, wird leider nicht gezielt und systematisch untersucht, sondern nur gelegentlich konstatiert, daß es sich in einer bestimmten Richtung ausgewirkt haben soll, was aber damit keinesfalls bewiesen ist. Ein „femininer" Rüde ist selbstverständlich trotz allem männlichen Geschlechts, aber äußerlich weniger ausgeprägt in seiner Gestalt. Er hat einen etwas feineren Knochenbau, weniger ausgeprägte Bemuskelung und ist insgesamt weniger groß. Wenn er nicht gleichzeitig Züge besonderer Nervosität oder Furchtsamkeit hat, ist er auch nicht übermäßig aggressiv. Hier muß man die verschiedenen Formen der Aggressivität, Sensibilität oder Furcht streng auseinanderhalten.

Besonders eine „maskuline" Hündin ist eine oft hervorragende Zuchtgrundlage. Bei Zuchtschau-Wettbewerben ist es beeindruckend, wie unterschiedlich die Nachkommen *eines* Rüden bei *verschiedenen* Hündinnen ausfallen können. Immer werden Sie feststellen, wie überragend der Einfluß der Hündin gewesen ist, und daß gerade die kompakteren, stabileren Hündinnen, bei dem Vergleich nach Vätern, sehr vorteilhafte Nachkommen bringen. Das drückt sich im Körperbau *und* im Wesenstyp aus; von den Vätern hingegen werden besondere Leistungseigenschaften vererbt.

Daher ist bei der Hündin die Art ihres aggressiven Verhaltens und vor allem ihre seelische Ausgeglichenheit, fast noch eingehender als beim Rüden zu prüfen, da die Charaktereigenschaften der Hündin mit Sicherheit an die Kinder weitergegeben werden. Viel zu wenig wird aber berücksichtigt, daß (anders als beim Rüden) auch *erworbene* Charaktermängel der Hündin sich nachteilig auf die Welpen auswirken. Die erste „Umwelt" der Welpen ist ja die Mutter, die sie auf diese Weise bereits *vor* der Geburt beeinflussen kann, was sich später in der ersten Zeit der Welpenbetreuung fortsetzt.

Typenlehre nach Sheldon

Warum es Zusammenhänge von Konstitution und Charakter gibt, wird durch die Typenlehre nach SHELDON erklärt. Er führt den jeweiligen Typ auf eine bestimmte Entwicklung bereits im Keimstadium zurück und drückt dies auch in seinen Typ-Bezeichnungen deutlich aus.

Bringen wir uns kurz in Erinnerung, wie sich die Entwicklung des Keims vollzieht. Durch die Furchung kommt es zu einer raschen Vermehrung der Zellen, die anfangs mehr oder weniger ungeordnet und undifferenziert sind. Zunächst sind also die Zell-Typen noch nicht spezialisiert. Jede Zelle trägt bekanntlich den vollständigen genetischen Code; bei der Zelldifferenzierung, bei der Leber-, Gehirn- oder Muskelzellen entstehen, werden bestimmte Teile des genetischen Code nicht gelöscht, aber für diesen Zelltyp „unlesbar" gemacht. Oder anders ausgedrückt: Jede Zelle hat zwar weiterhin den gesamten Text, jedoch ist alles, außer ihrem eigenen, unkenntlich gemacht. Jede Stimulation, die sie erreicht, wird künftig nur noch ihren spezifischen „Text" abrufen, also die Phasen von Wachstum oder Aktivität bestimmen.

Auf die Furchung erfolgt eine zielstrebige Umlagerung der Zellen, die zu einer festgelegten Häufung bestimmter Zellgruppen führt. Diese Vorgänge sind irreversibel. Allgemein werden dabei die Zellen flächenhaft angeordnet; die dabei entstehenden *Keimblätter* sind die Vorstufe zur Bildung des Embryos. Sie bewirken eine Anordnung der organbildenden Keimbezirke (sind also eine Ansammlung spezialisierter Zellen) die sich nun weiter vermehren. Sie folgen der grundlegenden Bauplanregelung.

Mit der Keimblattbildung geht gleichzeitig die *Anlage* der dazugehörigen *Organe* einher. An den anscheinend gleichartig aufgebauten Keimblättern sind bereits die Bezirke für die Entwicklung bestimmter Organe oder Organteile vorbestimmt.

SHELDON geht davon aus, daß bereits mit der *Gewichtung* der *Keimblätter* der spätere Typ festgelegt wird, da ja durchaus in einer sehr frühen Phase sich graduelle Entwicklungsunterschiede ergeben können. Wir müssen uns darüber im klaren sein, daß Leben aufgrund chemischer Prozesse abläuft, also bereits im frühen Keimstadium bestimmte Prozesse individuell bevorzugt oder vernachlässigt sein können. Im genetischen Code ist nicht nur die Reihenfolge, sondern auch die Geschwindigkeit der Reaktionen festgelegt. Es ist daher entscheidend nicht nur der Zeitraum selbst, sondern auch unterschiedlich, wie viel innerhalb eines Zeitraums „erledigt" wird.

Ein Lebewesen entwickelt die zu jedem Keimblatt gehörenden grundlegenden Merkmale in jeweils typischer Weise und, entsprechend der erblichen Gewichtung der Keimblattanlage, mehr oder weniger dominierend. So ergibt sich dann der bestimmte Typ, der sich deutlich im Körperbau, den inneren Organen und folglich auch im Charakter von anderen unterscheidet, bestimmte Eigenschaften überwiegen, während, ebenso folgerichtig, andere weniger ausgeprägt sind.

Die drei Konstitutionstypen nach SHELDON werden aus dem Überwiegen eines oder mehrerer Keimblätter erklärt:

Endomorph (abgeleitet von *Entoderm* das innere Keimblatt. Daraus entwickeln sich z. B. Verdauungsorgane: Magen-Darmkanal, Leber, Pankreas, Schilddrüse, Thymus; Teile des Atmungsapparates.)

Der endomorphe Typ Stichworte: Körperliche und charakterliche Anlagen sind wenig differenziert ausgeprägt, der Stoffwechselumsatz ist niedrig, neigt zu Fettansatz. Passiverer Typ: Bewegungen sind ruhig, entspannt, niemals hastig, liebt körperliche Annehmlichkeiten, frißt gern.

Geringe Neigung zu großem Energieaufwand: nicht aggressiv, nicht ängstlich, zugänglich, freundlich, schläft viel.

Mesomorph (abgeleitet vom *Mesoderm* das mittlere Keimblatt. Daraus entwickeln sich z. B. Körperwände und -höhlen, Skelett, Bindegewebe, Muskeln, Fortpflanzungsorgane) *Der mesomorphe Typ* Stichworte: Robust in Knochenbau, Muskeln und Bindegewebe, zäh, widerstandsfähig. Große Körperkraft, kräftige Bewegungsweise. Aggressive Grundhaltung; Dominanzansprüche; psychisch robust; prompte, nachdrückliche Handlungsweisen, Aktion und Rauferei. Zwingerhaltung und Einengung fördert Aggressivität, Angriffs- und Bell-Lust.

Ektomorph (abgeleitet von *Ektoderm* das äußere Keimblatt. Daraus entwickeln sich z. B. Gehirn, Rückenmark, Neurohypophyse, Nervensystem (einschl. Nebennierenmark); Sinnesorgane (Sinnesepithelien, Augenlinse, Irismuskulatur) Haut (z. B. Federn, Fell), Pigmentzellen.)

Der ektomorphe Typ Stichworte: Langwüchsig, zarterer Knochenbau, lange, schlanke Muskulatur, dünnhäutig, ausgeprägter Gesichtssinn. Hohe Herzfrequenz, schmerzempfindlich. Sein „Nervensytem und seine Sinnesorgane sind der Welt nackt ausgesetzt": Zurückhaltend, überaufmerksam, wachsam, vorsichtig, gehemmt, ängstlich, empfänglich für psychischen Druck, Umweltreize und -gefahren. Wenig Schlafpausen, ist immer aktiv.

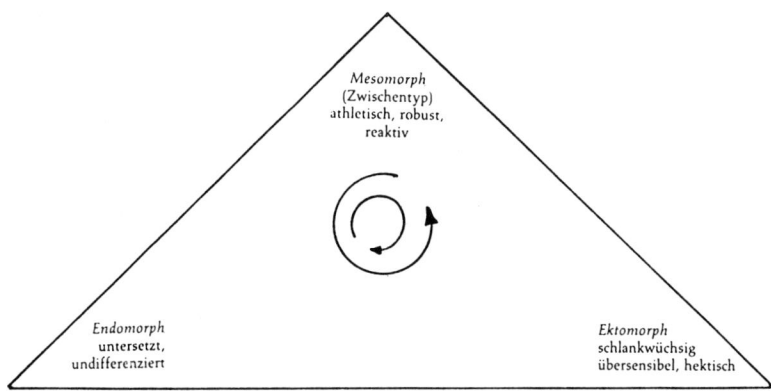

Zwischen diesen Varianten, die den extremen Fall kennzeichnen, gibt es zahlreiche Übergänge und auch Querverbindungen. Man kann die drei Extreme einander, in Form eines Dreiecks, zuordnen.

Interessant ist aber, daß bestimmte Übergänge von einem zum anderen häufiger sind als andere; sie werden sich auch bei den Nachkommen gegensätzlicher Eltern bevorzugt durchsetzen. Die *wenigst* wahrscheinlichen Übergangstypen sind (im Uhrzeigersinn) von Mesomorph zu Ektomorph, von Ekto- zu Endomorph, von Endo- zu Mesomorph. Am *wahrscheinlichsten* sind (entgegen dem Uhrzeigersinn) die Übergangstypen von Endo- zu Ektomorph, von Ekto- zu Mesomorph, von Meso- zu Endomorph.

Der offenkundige Zusammenhang von Gestalt und Charakter läßt sich am *Gestaltwandel* des ausreifenden Tieres sehr gut verfolgen. Bei der Entwicklung (Welpen /Junghund /adultes Tier) ist der Stand der Entwicklung ohne weiteres abzulesen. Zunächst sind Körper und Verhalten völlig undifferenziert. Die Körperhöhlen überwiegen, d. h. das Tier ist zunächst überwiegend auf „Ernährung" eingestellt. Die Charakter- und Verhaltensentwicklung des Tieres verläuft parallel zur Entwicklung seiner Körperform, seiner inneren Organe, Nervensystem usw.

Merkmale bestimmter Typen: Bewegungsaktivität und Körperindex

Wie weit können diese grundlegenden Überlegungen durch Beobachtungen bei den einzelnen Hunderassen bestätigt werden? Kann man, was bei den Kreuzungsversuchen über Basset, Bulldogge oder Schäferhund herausgefunden wurde, auch auf andere Rassen übertragen? Auch JAMES bedauerte, daß es auffallend wenig systematische Verhaltensbeschreibungen einzelner Hunderassen gab; er war also völlig auf seine eigenen Beobachtungen angewiesen und mußte sich auch die Vergleichswerte anderer Rassen erst selbst beschaffen.

Wie auch bei den Körpermaßen suchte er nach einem Merkmal, das sich bei *allen* Varianten signifikant verändert hatte. Auffallend war in seinen Datenübersichten, daß offensichtlich generell die *allgemeine Aktivität* ein kennzeichnendes Merkmal war, das sich außerdem vergleichsweise einfach (ohne besondere Maßnahmen) ermitteln und auswerten ließ. Man brauchte dazu nur die Anzahl der Bewegungen, die bei einem Tier in 24 Stunden registriert wurden, in eine Wertskala zu übertragen, worauf sich, wie erhofft, ein typisches Bild ergab.

An dem einen Ende seiner Skala fanden sich die *extrem aktiven Tiere.* Ihr Umweltinteresse ist groß, sie sind dauernd in Bewegung und legen daher größere Entfernungen zurück. Sie werden leichter aus ihrem Schlaf geweckt, schlafen weniger. (Häufigere Wachperioden.) Am anderen Ende der Skala sind die *extrem passiven Hunde.* Ihr Umweltinteresse ist gering. In 24 Stunden sind bei ihnen erheblich weniger Bewegungen feststellbar. Sie sind insgesamt ruhiger, schlafen erheblich mehr. (Seltenere Wachperioden.) Zwischen diesen extremen befanden sich die mittleren Typen in entsprechenden Abstufungen.

Dies Bild wiederholte sich insofern, als bestimmte Rassen immer die gleichen Ergebnisse brachten und daher auch ein bestimmtes Temperament (ebenso wie der Körperindex) ein Rassekennzeichen ist. Das Ergebnis sah nun folgendermaßen aus:

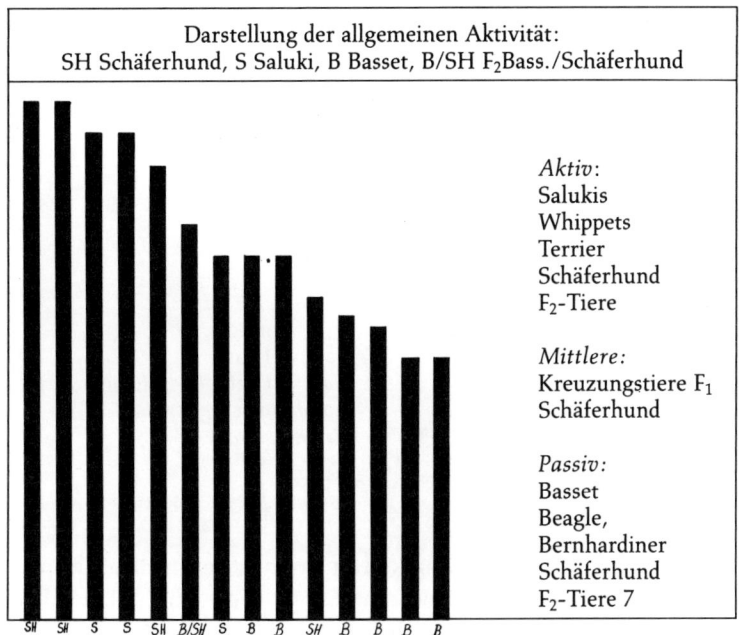

Darstellung der allgemeinen Aktivität:
SH Schäferhund, S Saluki, B Basset, B/SH F$_2$Bass./Schäferhund

Aktiv:
Salukis
Whippets
Terrier
Schäferhund
F$_2$-Tiere

Mittlere:
Kreuzungstiere F$_1$
Schäferhund

Passiv:
Basset
Beagle,
Bernhardiner
Schäferhund
F$_2$-Tiere 7

SH SH S S SH B/SH S B B SH B B B B

Bemerkenswerterweise finden sich sowohl bestimmte Rassen, als auch einige F$_2$-Tiere in den extremen Gruppen, während andererseits sich z. B. der Schäferhund sowohl in der aktiven, als auch der passiven oder der mittleren Gruppe befand, was ja den praktischen Anforderungen, die an diese Rasse gestellt werden, durchaus entspricht. Auch die aufgenommene Futtermenge dieser Tiere ensprach wieder dem Grad ihrer Aktivität, ebensolches traf, wie bereits besprochen, auch für ihre Trainierbarkeit zu.

Entsprechungen Temperament und Körperindex

Ganz besonders aufschlußreich war, die Werte Aktivität und Körperindex zu vergleichen, wobei sich tatsächlich die Bedeutung des Körperindex beweisen ließ. Die aktivsten Tiere hatten einen deutlich geringeren Körperindex, d. h. waren schmalwüchsiger und schlanker als die passiven. Die exakten Aufzeichnungen von JAMES ermöglichen glücklicherweise, seine Daten auch heute noch unter den verschiedensten Gesichtspunkten auszuwerten.

Der Körperindex hat seine Bedeutung nämlich keinesfalls nur für die reingezüchteten Rassen, sondern auch für die Kreuzungstiere. Die Abstufungen im Körperindex spiegeln exakt auch ihre Aktivitätsunterschiede wider. Als ich die Daten unter verschiedensten Gesichtspunkten zusammenstellte, war es bemerkenswert, wie die Kreuzungstiere sich hier verteilen, sich also extreme Kreuzungsergebnisse auch in den extremen Indexgruppen befinden.

Gruppe mit Körperindex 51 – 69: Aktive Hunde: *Salukis* die Kreuzungstiere: Basset × Schäferhund; Engl. Bulldog × Basset *Rückkr.:* Basset/Schäferhund F_1 auf Engl. Bulldog/Basset F_1;	Gruppe mit Körperindex 78 – 88: Mittlere Gruppe *Nur* Kreuzungstiere: Engl. Bulldog × Basset; Dachshund × Bostonterrier; Basset × Schäferhund; Engl. Bulldog × Basset; *Rückkr.:* Basset/Schäferhund F_1 auf Engl. Bulldog/ Basset F_1;
Körperindex 70 – 77: Aktive Hunde: *Schäferhund, Dachshund* die Kreuzungstiere: Engl. Bulldogge × Basset; Basset × Schäferhund; Basset × Saluki	Körperindex 89 – 94: Passive Hunde *Basset, Englische Bulldogge, Schäferhund, Bostonterrier* die Kreuzungstiere: Basset × Schäferhund; *Rückkr.:* Basset/Schäfer F_1 auf Basset;

Daß diese unterschiedlichen Charaktertypen konstitutionell begründet sind, ließ sich ebenfalls eindeutig nachweisen. Einige Tiere, die sich in den Tests „hound-like" verhielten, wurden deutlich aktiver und ansprechbarer nach Injektionen von Prostigmine. Die übererregbaren Typen hingegen waren durch Nembutal von ihrer hysterischen Überreaktion abzubringen.

Temperament und Frustration
getestet an Schäferhund und Basset
Neurotische Reaktionen

Wie verhält sich ein Hund in extremen Situationen? Eine Frage, die immer wieder auftaucht, weil ja die Belastbarkeit der Hunde außerordentlich unterschiedlich ist. Über „Wesenstests" bemüht man sich, Tiere mit unerwünschten Überreaktionen von der Zucht auszuschließen. Besonders aber die Frage, wie Hunde eine sie frustrierende Situation ertragen, ist von Bedeutung wegen der sicheren Leistung einerseits und eventuell bleibender Störungen andererseits. Auch beim Menschen kennen wir Dickhäuter und Mimosen.

Gibt es einen besonders empfindlichen „Typ" oder einen Typ, der auf bestimmte Rassen bezogen ist? Ein extrem aktiver Schäferhund und ein extrem passiver Basset wurden zur Klärung dieser Frage dem Test „Aktive Vermeidung" (der Hund muß etwas *tun*, um einen unangenehmen Schock zu vermeiden) unterzogen. Überraschenderweise waren die Ergebnisse den erwarteten geradezu *entgegengesetzt*.

Der extrem aktive Schäferhund, von dem man erwartet hatte, daß er von einem bestimmten Punkt an hysterisch „ausflippen" würde, schien plötzlich restlos „abzuschalten", d. h. er reagierte auf noch so starke Stimulationen einfach überhaupt nicht mehr und wurde völlig passiv. Erst als die unangenehme Situation sich sehr lange hinzog, wurde das Tier ernsthaft gereizt und begann, sich gegen das Geschirr zu wehren und um sich zu beißen. Letztlich erwies sich dieser Hund als *sehr belastbar.*

Der passive Basset hingegen, von dem man eigentlich die passive Reaktion erwartet hatte, reagierte, viel früher als der Schäferhund, hysterisch, verwirrt und veränderte sich völlig. Der Test wurde nach sechs Monaten wiederholt. Bereits bei der ersten Stimulation geriet der Hund in panische Angst und versuchte rasend, sich zu befreien. Nach einer Zeit der Gewöhnung behielt er weiterhin ein stark *neurotisches Verhalten* bei: Seine Beine waren ständig in Bewegung (ganz im Gegensatz zu seiner sonst passiven Haltung nach Gewöhnung) außerdem kaute er dauernd nervös an allem, was er erreichen konnte.

Dieser Hund war tatsächlich im Ernstfall wenig belastbar. Unter dem „Schock" der Ereignisse verlor er auch seine „passive Haltung" und damit alle Reserven. So gesehen, ist die diesen Tieren eigene Passivität *keinesfalls* ein Zeichen von Schwäche.

Während dieser Versuche mit Tausenden von Hunden schälte sich heraus, daß erstens die Tiere der mittleren Gruppe insgesamt weniger exzessiv in ihren Reaktionen waren. Zweitens erkannte man aber auch das Wesen neurotischer Reaktionen.

Eine Neurose an sich ist nicht typbedingt. Vielmehr ist sie letztlich bei jedem Hund vorauszusehen. Sie wird regelmäßig dann erzeugt, wenn die Anforderungen die spezifischen Kräfte eines Tieres dauernd übersteigen (Lebensweise, Handlungen) was von den Hunden mit gravierenden Verhaltensstörungen beantwortet wird.

Wenn an sich aggressive, lebhafte Tiere dauernd dazu gezwungen werden, ihre Aktivitäten zu unterdrücken, ihre Aggression zu „speichern", ist Erziehung hier nur bedingt wirksam. Ist die Grenze überschritten, werden sie nachdrücklich und dauerhaft in ihrem Verhalten gestört. Dies ist auch zu beobachten, wenn weniger mutige Tiere zu tüchtigen Angreifern „umerzogen" werden sollen und dabei in einen schweren inneren Konflikt geraten.

Sehr *emotional* veranlagte Hunde sind *empfindlich* gegen Strenge, Schmerz oder Lärm, die sich ihnen in der Art eines konditionierten Reflexes einprägen und zu hysterischer oder passiver Verweigerung führen. Aus Unvernunft, Ungeduld und Nichtwissen werden wertvolle, aber sensible Hunde durch schwere Erziehungsfehler für immer untauglich gemacht; mit Geduld und Sachverstand wären sie zu hervorragenden Leistungen fähig gewesen.

Vielen ist nicht genügend klar, daß die Verhaltensentwicklung mit dem Ende des Körperwachstums nicht abgeschlossen ist. Für das Wachstum von Einsicht, Verständnis, Erfahrung und Wissen eines Hundes gibt es *keinen* Stillstand. Seine dauernden Lebenserfahrungen entfalten in ihm, je nach seinem Temperament, eine additive Wirkung. Je größer seine Aufnahmebereitschaft für bestimmte Dinge ist, umso mehr wird er auch davon aufnehmen; es ist dabei leider so, daß er *alles*, also auch negative Entwicklungen, in sich folgerichtig weiter aufbaut.

Einige andere, viel diskutierte Fragen ließen sich ebenfalls durch die Kreuzungstiere beantworten. Solange man nur mit reinrassigen Tieren arbeitete, konnte man nicht erkennen, wie breit das Spektrum dessen war, was schlicht zunächst nur als „Aggressivität" bezeichnet wurde. In den normalen Hunderassen finden sich ja (glücklicherweise) weder extrem aggressive, noch extrem angstvolle Tiere; sie sind auf dem Wege der Selektion aus den Rassen verschwunden.

Bei den Kreuzungstieren, insbesondere bei den F_2-Tieren, kamen viele der „verlorenen" Verhaltenseigenschaften wieder zum Vorschein. Hier zeigten sich Tiere mit allen Variationen von Abnormalitäten und Disharmonien der Körperform, der physiologischen Strukur und extremem Verhalten. Welche Menge an Erbgut schlummert in diesen reinrassigen Tieren, sie ist also keinesfalls „weggezüchtet" oder verloren gegangen! Erst hier wird wieder bewußt, daß die große Variabilität der Verhaltensformen im genetischen Hintergrund der Rassen verborgen ist. Sie kommt bei den Kreuzungstieren ebenso hervor, wie sie andererseits eine der wesentlichen Voraussetzungen ist, die Zukunft der Arten zu sichern.

RG

Von den angeborenen und erworbenen Bestandteilen im Verhalten des Hundes

Wer hat dem Hund das beigebracht? Instinkt und Verstand – Gegensätze, die sich ausschließen?

So mancher Hundefreund beobachtet bei seinem Hund eine ziemliche Anzahl von Handlungsweisen, von denen er weiß, daß *er* sie seinem Hund *keinesfalls* beigebracht hat. Folglich befragt er einen „Fachmann", der schon große Erfahrungen mit Hunden hat, der ihm nun erklärt, daß dies eben die „Instinkte" das Hundes wären und ihm angeboren seien. Im Laufe der Zeit wird aber nicht nur die Liste der Instinkte immer länger, sondern vieles davon stellt sich erst im Laufe der Zeit heraus und ist keinesfalls bei allen Hunden rundherum gleicherweise zu beobachten.

Nun möchte der Hundefreund schließlich doch recht gern genauer wissen, was es mit „Instinkt" und „angeboren" und noch einigen anderen Schlagworten, die ihm nun auch noch mitgeteilt werden („Mut", „Kampftrieb", „Aggression" usw.) eigentlich auf sich hat. Befragt er seinen Fachmann erneut, ergänzt dieser nun seine Erklärung damit, daß der Hund „das" vom Wolf hätte und „es" instinktiv ebenso macht.

Bis vor nicht allzulanger Zeit hat man sich mit vagen Erklärungen und Hinweisen auf angeborene Verhaltensweisen und Instinkte zufrieden geben müssen, bzw. auch *wollen*. Schließlich gehörte es ja zum Selbstverständnis des Menschen, daß er selbst auf der einen Seite des Zauns das mit Verstand und Moral begabte, höhere Lebewesen war, während auf der anderen Seite sich die Tiere, ausgerüstet mit ihren (niederen) Instinkten mehr oder weniger blindlings durch das Leben schlugen. Man betrachtete Tiere wie etwas unvollkommene Automaten, demzufolge sprach man ihnen auch alles ab (und behandelte sie entsprechend) was nur irgendwie mit Denken und Fühlen zusammenhängen konnte, was ja die Domäne des Menschen war.

Erst PAWLOW (1849 - 1936) gelang es, durch seine Versuche mit Hunden, zu beweisen, daß viele Verhaltensweisen und „Instinkte" auf physiologischen Grundlagen beruhen, die bei Mensch und Tier gleicherweise anzutreffen sind. PAWLOW war bereits 52 Jahre alt, als er, aufgrund seiner Untersuchungen der Verdauungsphysiologie, damit begann, die bedingten Reflexe zu erforschen. Bezeichnenderweise war der Hund über 50 Jahre sein Versuchsobjekt. Es gibt wohl kein anderes Tier, das, dank seiner für den Menschen überaus einsichtigen Verhaltensweisen, auf mögliche Zusammenhänge physischer und psychischer Reaktionen deutlicher hingewiesen hätte.

Es gab noch einen weiteren Grund für PAWLOWS Auseinandersetzung mit diesem Thema: Er war ein glühender Bewunderer DARWINS und kam, bei jeder sich bietenden Gelegenheit, auf dessen Leben und Leistung zu sprechen. Rund dreizehn Jahre beschäftigte er sich mit der „höheren Nerventätigkeit (des Verhaltens) der Tiere." Ihm war bewußt, daß man die Zusammenhänge des Lebens durchaus auch anders sehen kann – obwohl das (richtige) Endergebnis immer das gleiche sein muß. „. . . es ist doch wunderbar, daß ein und dieselbe Hirnsubstanz Eindrücke aufnimmt und darauf bei Ihnen und bei mir völlig verschieden reagiert. Ich suche die Ursache dafür in der Biologie, in der organischen Chemie. Sie dagegen suchen die Ursache der Ursachen in irgendsoeiner Sozialchemie . . ." Wie eng die Ursachen der Ursachen tatsächlich verzahnt sind, war damals niemandem bewußt; daran hat sich leider bis heute nicht viel geändert.

Wer sich heute, wenn er Beschreibungen der PAWLOWSCHEN Versuche liest, darüber erregt, was den Hunden dabei zugemutet wurde an physischen und psychischen Leiden, bedenkt nicht, welche Kenntnisse und Möglichkeiten die Forschung damals hatte. PAWLOW erkannte, daß es unmöglich ist, Lebensvorgänge an mehr oder weniger toten, zumindest aber grausam verstümmelten Tieren zu untersuchen.

Er erkannte auch, daß man bei der *Vivisektion* (die damals allgemein angewendet wurde) mit ihren unvorstellbaren Grausamkeiten über das Funktionieren eines normalen, gesunden Organismus nichts erfahren konnte. PAWLOW suchte nach Möglichkeiten, Hunde für *Dauerversuche* tauglich zu machen, ohne ihnen dabei grausame Qualen zuzufügen und ohne sie dabei gewaltsam zu verstümmeln und zu zerstören. Das Tier sollte *gesund* bleiben und man brauchte ja nur quasi „einige Fensterchen einzubauen", um Einblicke in das Innenleben der Tiere zu bekommen.

PAWLOW und die Zusammenhänge
zwischen „Drüse und Psyche"

Bevor man die Hunde mit Futter oder anderen Signalen stimulierte, wurden ihnen Fisteln an Mund- und Bauchspeicheldrüse, Gallenblase, Magen usw. gelegt. Über die Versuchsanordnung und -methode haben wir bereits berichtet. Für die damalige Zeit waren diese Ergebnisse, die auf den Zusammenhang von Speichelabsonderung und psychischen Reaktionen hindeuteten, eine Sensation. Obwohl PAWLOW selbst schon viele psychisch bedingte Zusammenhänge vermutet hatte, kam er (durch einen jungen Psychiater angeregt) darauf, den offensichtlichen Zusammenhängen „zwischen Drüse und Psyche" auch mit den *Methoden der Psychologie* nachzuspüren.

Wie wenig man damals von Hunden wußte, obwohl man jede ihrer physiologischen Reaktionen in- und auswendig kannte, wurde nun offenbar. Also wurden Hunde und alle ihre Verhaltensweisen erstmals gründlich und systematisch *beobachtet* und über die Bedeutung der Art und Weise gesprochen, wie ein Hund in bestimmten Situationen seinen Empfindungen Ausdruck verleiht. (Dabei sollte man sich vorzustellen versuchen, in welche Begeisterung PAWLOW geraten wäre, hätte er die heutigen Kenntnisse der Verhaltensforschung gekannt.)

Bereits 1892 hatte GOLTZ eine Arbeit über den „Hund ohne Großhirn" veröffentlicht, die PAWLOW außerordentlich interessierte. „Ohne Großhirn kann der Hund fast keine bedingten Reflexe bilden, er ist nur noch zu angeborenen Reaktionen auf veränderte Umweltbedingungen fähig."

Insgesamt fügten sich Überlegungen und Fakten fast folgerichtig zusammen; der Gedanke lag nun in der Luft, daß das Beobachtete sich nicht nur psychologisch, sondern auch physiologisch untersuchen lassen müßte. Wie überrascht war man aber, als man entdeckte, daß seelische Tätigkeit nicht nur *meßbar*, sondern noch dazu *beeinflußbar* war. Angeborene Reaktionen des Organismus (Speichelsekretion, Herzschlag, Blutkreislauf) können eine zeitweilige Verbindung mit einer beliebigen Erscheinung annehmen, wenn diese Verbindung zuvor verknüpft worden war.

Ein bemerkenswertes Beispiel war jedoch eine riesige Dogge, die längere Zeit Morphium gespritzt bekam, *ohne* daß dabei gleichzeitig irgendwelche Reflexe mit ihr ausgearbeitet worden waren. Die Forscher standen vor einem Rätsel, warum die Dogge bald plötzlich in alle Phasen der durch Morphium erzeugten Begleiterscheinungen gestürzt wurde, *bevor* sie eine Injektion bekommen hatte, und ohne daß überhaupt irgendein Signal gegeben worden war. Das Geheimnis dieser Reaktion war, daß für die Dogge bereits *der Anblick der Spritze* genügte, um die gesamte Morphium-Reaktion, die mit unstillbarem Erbrechen begann, hervorzurufen . . .

Derartige *Assoziationen* waren allerdings unter bestimmten Bedingungen schneller, unter anderen schwerer zu erreichen. PAWLOW stellte fest, daß ein besonders starker Reiz für die Bildung eines Reflexes ein Hindernis sein konnte. Außerdem war es interessant, daß ein (aus mehr als einem Sinnesbereich) zusammengesetzter Stimulus, jeden dieser Bereiche einzeln konditionierte; einzeln dargeboten, konnte jeder von ihnen den bedingten Reflex auslösen, wobei beispielsweise taktile Reize stärker waren als Wärmereize, akustische stärker als optische. Außerdem spielte die Motiviertheit der Hunde eine bedeutende Rolle.

Bei einem späteren Versuch entdeckten andere Wissenschaftler etwas Kurioses, was ich nahezu als einen Rückwärtsreflex (den es natürlich so nicht gibt) bezeichnen möchte. Die Hunde waren trainiert worden, während des Fressens ein Hinterbein auf eine Kiste zu stellen. Später kauten und schluckten sie (auch ohne Futter) „automatisch", sobald ihr Bein hochgestellt wurde ... Etwas Ähnliches nutzt man allerdings praktisch beim Training des Hundes aus: Bringt man ihn (durch Befehl oder Zwang) in eine submissive Körperhaltung (Downlage, Herabdrücken oder Übergreifen der Schnauze usw.) wirkt sich dieses nachhaltig auf seine Stimmung aus!

Von der Physiologie zur Psychologie
– Verstand und Instinkt – Aufbau des Gehirns

Von der Physiologie geriet PAWLOW immer weiter in die Psychologie hinein, und auch hier stellte sich immer mehr heraus, daß die Abläufe bei Tier und Mensch durchaus vergleichbar waren. Niemand konnte sich aber damals vorstellen, auf welche Weise eigentlich „Vernunft" oder „Verstand" entstehen. Aber man beobachtete bei Hunden und Menschen, daß sie ihren „Verstand" einbüßen konnten. Man bezeichnete es als „seelenblind", wenn plötzlich bislang vertraute Dinge nicht mehr erkannt oder gekonnt wurden. Niemand hätte bis dahin vermutet, daß es für „Vernunft" und „Verstand" einen festen Platz im Körper und eine physiologische Erklärung geben könne. PAWLOW bewies, daß die

> *Rinde der Großhirnhemisphären der Sitz des Verstandes*
> (der bedingten, erlernten Reflexe) und
> das *subkortikale Gebiet der Sitz der Instinkte und Gefühle*
> (der unbedingten Reflexe, des Erbgedächtnisses) war.

Die 1961 von SLONIM erweiterte Klassifikation der Instinkte sei hier noch ergänzt; sie enthält alle wesentlichen, heute in der Ethologie gebräuchlichen Elemente. Die später in diesem Buch noch erklärten „inneren Bedingungen" lassen sich durch sie gut verstehen: SLONIM stellte die Reflexe und ihr Wirkungsfeld so zusammen:

1. Reflexe, die das innere Milieu und die Körperzusammen-
   setzung konstant halten.
   (Nahrungsaufnahme, Homöostase)
2. Reflexe durch Umweltveränderungen ausgelöst
   (Selbstschutz, Situationsreflex)
3. Reflexe dienen der Erhaltung der Art
   (Sexualverhalten, Brutpflege usw.)

Von der Kenntnis der Plastizität des Verhaltens war man damals allerdings noch weit entfernt. Es bedeutete aber einen ungeheuren Schritt nach vorn, daß PAWLOW nicht nur der Beweis gelang, daß Gelerntes in der Großhirnrinde gespeichert wurde, sondern auch den Schleier ein wenig lüftete, der über den so geheimnisvollen Instinkten lag. PAWLOW konnte zeigen, daß es eine Wechselbeziehung gab zwischen „Instinkten" und „bedingten Reflexen".

„Das obere „Stockwerk" des Gehirns, der Sitz der Erfahrungen, „hemmt", indem es sie analysiert und sinnvoll ordnet, die Tätigkeit des unteren, des Behälters und der Quelle der ererbten Eigenschaften". Ohne bedingte (d. h. erlernte) Reflexe hätte keiner der Instinkte seine Wirkung sinnvoll entfalten können. Aber auch der „Verstand" allein wäre machtlos gewesen, hätte er nicht auf die im Urgedächtnis der Instinkte gespeicherten Urerfahrungen, Impulse und Hemmungen zurückgreifen können.

Dieses „Urgedächtnis" speichert die unabdingbaren Grundlagen der Lebensreaktionen schlechthin. Sie sind *sofort*, d. h. bereits bei Geburt vorhanden und müssen nicht erst durch Erfahrung gelernt werden. Ihr Nichtvorhandensein schlösse ja tatsächlich jeden weiteren Lernvorgang aus, da das Lebewesen ohne diesen Grundvorrat an Erfahrung so grobe Fehler machen würde, daß es innerhalb kürzester Zeit bereits ausgelöscht worden wäre. Verstand und Erfahrungen bestimmen aber Maß und Ziel je nach der Leistungsfähigkeit, die das Gehirn sowohl ererbt, wie ebenso auch erworben hat.

Der „Sitz der unbedingten Reflexe" ist zugleich auch der „Sitz der Gefühle". Welche gewaltigen Kräfte werden hier aufgeboten, um die Kraft des Verstandes zu überbrücken; wieviel Verstandeskräfte sind zu mobilisieren, um Herr der Gefühle (Angst, Wut, Angriffslust, Fortpflanzungstrieb, Hunger usw.) zu bleiben. „Rasend vor Zorn und Schmerz", „außer sich vor Angst" sein.

Hier ist auch die Nahtstelle, wo sich Mensch und Tier sehr nahe sind. Bedingt durch den anderen Aufbau der „zuoberst" liegenden Gehirnteile hat der Mensch seinen ererbten Urerfahrungen, Kraft seines „Verstandes", ein erheblich größeres Gegengewicht entgegenzusetzen als der Hund. Im Bereich des Gefühls aber kann der Mensch sehr klar „nachempfinden" und verstandesmäßig erfassen, was in dem Hund vorgeht. Umgekehrt hat der Hund auch die Fähigkeit, die „Gefühlslage" des Menschen richtig zu interpretieren.

Der „Hund ohne Großhirnrinde" ist aber auch ein eindrucksvolles Beispiel, um den Aufbau der einzelnen Stufen des Gehirns im Verlaufe der Evolution begreifen zu können. Diese Zusammenhänge konnten zur damaligen Zeit noch nicht berücksichtigt werden, ermöglichen aber, die beobachteten Reaktionen zu erklären.

Das Gehirn, ursprünglich (und noch heute bei „niederen" Tieren) sozusagen ein Ende des Rückenmarks, hat sich regelrecht in verschiedenen „Etagen" aufgebaut. Die älteren Gehirnteile erfüllen die vegetativen Aufgaben des Organismus. Sie koordinieren Atmung, Kreislauf, hormonelle Regelung und sind die Instanz, die die verschiedenen Reizschwellen bedarfsgerecht (Hunger, Durst, Müdigkeit) erhöht oder absenkt. Darüber entwickelten sich schichtweise immer weitere, verbesserte Stufen des Gehirns, die miteinander korrespondieren.

Wenn Menschen einen neuen „Prototyp" konstruieren, wird ja jedesmal ein völlig neues Konzept gestaltet. Anders verfuhr die Natur mit der „Entwicklung" des Gehirns. Bei jeder neuen Stufe blieb, was sich bereits bewährt hatte, erhalten. Die Meldungen des unteren Hirnstamm gehen also nun an das darüber befindliche Zwischenhirn weiter.

Das Zwischenhirn ist etwas wie das „Gedächtnis der Art" und zugleich die Sammelstelle der Informationen. Dort ist als fertiges Programm gespeichert, was sich in Hunderten von Generationen bewährt hat: Verhaltensabläufe, Bewegungskoordinationen. In diesem Gehirnteil ist auch das „Bild", das jede Art von der Welt hat, festgelegt; ohne dies erst lernen zu müssen, werden „Freund" und „Feind" oder „Beute" an bestimmten Merkmalen, den Schlüsselreizen, erkannt; ein derartiger Schlüsselreiz genügt, um sofort den vollständigen und richtigen Verhaltensablauf auszulösen. In diesem Fall handelt das Tier aber noch nicht als *Subjekt*; es ist zwanghaft daran gebunden zu tun, was sein Gehirn ihm befiehlt.

Den Schritt in die freiere Entscheidung, den Schritt zum handelnden Individuum, ermöglichte erst die nächste Gehirnstufe, das Großhirn. Während Hirnstamm und Zwischenhirn vollgepackt mit Informationen und Programmen sind, die sich im Laufe eines Lebens *nicht* verändern lassen, ist das Großhirn „unbeschrieben". Es kann nicht nur, es *muß* im Laufe der Entwicklung eines Tieres erst die entsprechenden Informationen bekommen.

Dies ist der Teil des Gehirns, bei dem sich, in der „sensiblen Phase", die entscheidenden Veränderungen festschreiben, der aber auch später noch nahezu unbegrenzt aufnahmefähig ist.

Diese schrittweise Entwicklung des Gehirns läßt sich auch daran ablesen, wie der Informationsfluß, die verschiedenen Reize, weitergeleitet werden. Der große Sammelplatz ist das Zwischenhirn, von wo aus die entsprechenden Impulse umverteilt werden; während die Umrechnungsstelle Großhirn die automatenhaften, angeborenen Verhaltensweisen sinnvoll und abgewogen einzusetzen hilft, weil hier, durch den Schatz des erlernten Wissens, das Erbgedächtnis ergänzt wird.

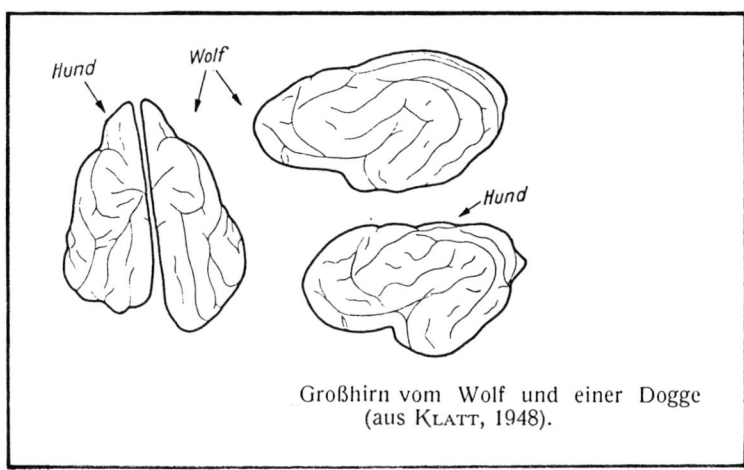

Großhirn vom Wolf und einer Dogge
(aus KLATT, 1948).

Daß die Hierarchie des Gehirns von „unten" nach „oben" gestaltet ist, wird am praktischen Beispiel deutlich: Während ein Hund ohne Großhirnrinde noch zu geringen, reizbedingten Umweltreaktionen fähig ist, da diese bei ihm noch nicht vollständig von der Großhirnrinde übernommen wurden, ist das Gehirn des Menschen so weit spezialisiert, daß er ohne Großhirnrinde absolut reaktionsunfähig ist. Was man bei einer Narkose erleben kann, bei der nach und nach die Gehirnteile etagenweise „abgeschaltet" werden. Auf die sich daraus ergebenden Konsequenzen für verschiedene Verhaltensweisen des Hundes kommen wir später nochmals zurück.

Ein Hund fällt in Hypnose

Durch Zufall beobachtete PAWLOW, daß Hunde auf merkwürdige Weise in „Hypnose" zu setzen waren. Ein Hund, der eben noch eifrig auf den Untersuchungstisch gesprungen war und sich anschnallen ließ, schlief dort augenblicklich ein und war durch nichts mehr aufzuwecken.

Als PAWLOW diesen – scheinbar – schlafenden Hund untersuchte, stellte er fest, daß „der Hund dabei erstarrt, seine Reflexe verschwinden, er kann seine Glieder nicht mehr bewegen. Der Speichel rinnt, aber das Tier frißt nicht, kann das Futter nicht nehmen." PAWLOW fiel auf, daß es die gleichen Erscheinungen waren, die er bei Menschen in Hypnose vorgefunden hatte. Er ist der Fähigkeit beraubt, sich selbst zu dirigieren. (Es ist PAWLOW nicht mehr gelungen, die komplexen biochemischen Zusammenhänge der Nerventätigkeit aufzudecken, die seine Überlegungen aber im Prinzip bestätigen.)

163

Wurde der Hund aus dem Untersuchungsraum gebracht und wieder geweckt, war er völlig normal, fiel jedoch augenblicklich in Schlaf, sobald er auf dem Untersuchungstisch angeschnallt wurde. Dieser Hund hatte sich zuvor in wochenlangen Versuchen derart oft und lange auf dem Versuchstisch gelangweilt, daß er dort schließlich stets eingeschlafen war.

PAWLOW erkannte, daß nicht nur besondere, *bewußt* aufgenommene Stimulationen großen Einfluß haben können, sondern daß auch eine bestimmte Umwelt (Situation) eine hypnotische Wirkung ausüben kann, ohne daß sie gewünscht oder bewußt ist und entsprechende Reaktionen auslöst, gegen die das Individuum tatsächlich machtlos sein kann. Auch durch nichts zu unterdrückende, oft unerklärbaren Phobien, die man bei einigen Hunden beobachten kann, sind meist auf ein vorangeganges, für den Hund sehr einprägsam gewesenes Erlebnis zurückzuführen. Ein ganz geringer Anstoß genügt, ein scheinbar belangloses Zusammenfallen bestimmter Umstände, um den Hund (scheinbar völlig unmotiviert) von einer Minute auf die andere in dramatischer Weise zu verändern.

PAWLOW bewies: In der Hirnrinde entwickeln sich Prozesse, die den Organismus nicht nur zur Tätigkeit anregen, sondern ihn auch hemmen. Im Wachzustand ist das Gleichgewicht der antagonistischen Kräfte hergestellt. Dauernde Reizung führt also unweigerlich zu einem Zustand der Erschöpfung der Nervenzellen; eine Aufgabe der Hemmung ist also, eine Erholung zu ermöglichen. (Inzwischen hat man allerdings mehr als zehn verschiedene „Hemmreaktionen" ermittelt, die, bei verschiedensten Ursachen, gemeinsam haben, daß etwas *unterbleibt*.)

Wenn wir sagen, daß Angst dumm macht und jemand rasend vor Wut den Verstand verliert, haben wir damit den Zustand charakterisiert, der bei einer Reizüberforderung oder -überflutung entsteht. Das Gehirn schaltet regelrecht ab oder wird insgesamt in einen Zustand diffuser Erregung versetzt, diese „Hemmung" löscht das Denken aus. Die Ordnung ist aus den Fugen geraten, es werden die verschiedensten Programme, scheinbar ohne „Sinn und Verstand" abgerufen: Schlaf, Ohnmacht, diffuse Angstzustände usw.; der überforderte Organismus blockt sich gegen weitere Signale ab. Die Sinnesorgane üben ihre Arbeit weiterhin aus, doch haben die Meldungen oft unvorhersehbare (oder keine) Wirkung, denn „nur" der *Verstand* ist ausgeschaltet, nicht aber das darunter liegende Gehirn, der „Sitz der Gefühle, Ängste und Stimmungen", Instinkte.

Derartige Ausnahmezustände werden nur zu gern „psychologisch" zu erklären versucht, dennoch sind sie ohne Verständnis der körperlichen Prozesse (wir kommen darauf später nochmals zurück) nicht zu begreifen.

Damit Gehirn und Nervensystem überhaupt Meldungen aufnehmen und weiterverarbeiten können, müssen diese zunächst erst über die Sinnesorgane angeliefert werden. Aber auch die Auswirkung, die eine eingegangene Meldung auf den gesamten Organismus hat, wird letztlich durch die ausgewogene Verarbeitung im Gehirn beeinflußt.

Die (wie auch immer geartete) von den Sinnesorganen aufgenommene Meldung wird in ein umfassendes Verteilernetz eingegeben, das die Meldung im *gesamten* Organismus durch eine unvorstellbare Menge einzelner Impulse und Reaktionen verteilt. Je nachdem, was die Meldung beinhaltet, wird sie nun von den verschiedenen Organen entweder gar nicht beachtet oder aber als Flüstern oder auch als etwas wie die Posaunen von Jericho empfunden und löst entsprechende Reaktionen aus.

Beim Hund bringt *„wohltuender" Gestank von angegangem Fleisch* ja nicht nur den Speichelfluß und die Magensäfte in Gang. Dabei sind motorische Reaktionen (Bewegungen Augen, Ohren, Beine, Körper, aber auch Erstarren und Beharren) zu beobachten; es verändern sich Atmung, Herzschlag, Pupillen, die Blutversorgung im Gehirn wird gesteigert; die Impulsübertragung wird in bestimmten sensorischen Bereichen verbessert, in anderen gehemmt; es kann auch ein laufendes „Verhaltensprogramm" zugunsten eines anderen abgebrochen werden, je nachdem, wie hungrig das Tier oder wie verlockend der Gestank ist. In jedem Fall ist dieser Zustand freudiger, positiver Erwartung auch mit starker Speichelabsonderung verbunden. Bei uns würde dieser Duft auch etwas auslösen: Uns würde speiübel. Der Duft von Blumen, von uns erfreut registriert, läßt den Hund jedoch gleichgültig.

Brandgeruch hingegen wird das Tier ebenfalls in insgesamt allergrößte Aktion versetzen, die aber jetzt eine negative Erwartung ist. Nervensystem und Hormone setzen es in Alarmzustand. Seine Adrenalinausschüttung steigert sich, gleichzeitig werden Zwischenhirn und Hypophyse aktiviert, die ein weiteres Hormon ACTH ausschüttet, das seinerseits die Produktion von Adrenalin in Gang hält.

Unter Adrenalineinfluß steigen Blutdruck und Körpertemperatur, das Blutbild verändert sich. Der ganze Organismus wird auf Angst, Flucht oder Aggression umgestellt, Herzschlag und Atemfrequenz sind erhöht, das Blut wird überwiegend in die Skelettmuskulatur verlagert. Gleichzeitig wird die gesamte Verdauungstätigkeit reduziert, also auch der Speichelfluß unterbleiben. Die Angstreaktion (Speichelfluß unterbleibt) ist also das deutliche Gegenteil freudiger Erwartung (Speichelfluß gesteigert).

Mit diesen Stichworten ist nur ein Bruchteil der körperlichen Prozesse erwähnt; tatsächlich gibt es keine Reaktion, die *nicht* den gesamten Organismus in irgendeiner Weise betrifft. Das gleiche Erlebnis kann aber in ganz unterschiedlicher Weise erlebt und verarbeitet werden. Erstens reagiert der Hund auf bestimmte Stimulationen „hundgemäß" (Sinnesorganen und Erbgedächtnis entsprechend). Eindrücke, die in seiner natürlichen Umwelt nicht vorkommen, nimmt er nur dann wahr, wenn er dies gelernt hat. Zweitens kann seine Reaktionsweise aufgrund persönlicher Erlebnisse verändert oder aufgrund einer bestimmten Konstitution abweichend vom Normalen sein.

Stellen Sie sich vor, der Hund hatte bereits ein einschneidendes Erlebnis im Zusammenhang mit Feuer und Rauch. Für dieses Tier hat die *Meldung* „Brandgeruch" einen völlig *anderen, panikauslösenden Wert*, als für eines, das lediglich dem beißenden Geruch möglichst aus dem Wege gehen will. Dies ist also eine durch Erfahrungen veränderte Ausgangslage des Hundes.

Die andere Möglichkeit ist genetisch bedingt. Unterschiedlich empfindliche Sinnesorgane können zu abweichenden Reaktionen führen. Einige Hunde sind (weit über das normale Maß hinaus) lärmempfindlich, obwohl sie sonst nicht ängstlich sind. Sie reagieren nur bei bestimmten Geräuschen regelrecht allergisch; andere Hunde werden niemals von Geräuschen irritiert, obwohl sie ebenfalls gut hören. Das gleiche gilt auch für unterschiedliche Grade der Schmerzempfindlichkeit, die in ebensolchen Abstufungen und Unterschieden wie der Lärm erlebt und ertragen werden.

Also sind die Tiere mit unterschiedlich sensiblen Sinnesorganen und -leistungen ausgerüstet, die dann die Meldungen auch in entsprechender Weise in der Anlaufstelle eingeben. Hinzu kommt, daß auch Sinnesleistungen selbst bereits konditioniert sind. Aus bestimmten Gründen wird ein Tier eine mehr oder weniger starke *Aufmerksamkeit* bei bestimmten Situationen entwickeln.

Seine Sinnesorgane arbeiten ja nicht mechanisch wie Mikrophon oder Fotoapparat und machen einfach nur „Klick", auch die Meldungen laufen nicht gleichmäßig wie Wasser in der Leitung zu ihrem Bestimmungsort. Wenn auch den Sinnesorganen selbst die Qualität der Meldung, die sie aufnehmen, gleichgültig ist, haben bestimmte körperliche Prozesse ihre Reizschwelle abgesenkt, sorgen eine Vielzahl von Reaktionen für eine „Beförderung der Nachrichten in sachdienlicher Geschwindigkeit." In diesem Zusammenhang können nun Veränderungen im Hormonhaushalt der Hunde verantwortlich für eine Über- oder Unterreaktion sein. (Darauf kommen wir später, bei den „Nerven" das Hundes nochmals zurück.)

Jedenfalls werden die Meldungen im Gehirn „bearbeitet", erkannt, berechnet, zu einer „Wirklichkeit" umgeformt, die nun weitere Reaktionen des Körpers und seiner Organe gezielt in Gang setzt und wieder an das Gehirn zurückgemeldet, das weiter damit beschäftigt ist, die nun zunehmend exakter beschriebene „Wirklichkeit" zu gestalten. Ein Gegenstand oder Vorgang wird *genauer* fixiert, ein Geräusch stärker überwacht, ein Geruch gründlicher aufgenommen und alles wieder weitergeleitet und nun mit einer gewissen gesteigerten Erwartungshaltung aufgenommen. Der Hund wird aufgrund dieser Prozesse auf für ihn typische Weise reagieren.

Verhalten, eine Folge von Reflexen?

Gelegentlich sind Fragen nur scheinbar dumm. Wenn man nämlich fragt, warum ein Hund etwas „instinktiv" tut oder, dank welcher „Triebe" er sich mehr oder weniger gut ausbilden läßt, erhält man (etwas gönnerhaft) den Hinweis, daß Instinkte und Erfahrung im Gehirn gespeichert seien. Daher verkneift man es sich lieber vorsichtshalber, noch weitere (dumme?) Fragen zu stellen. Erstens möchten wir wissen, was mit „Instinkte" oder „Triebe" überhaupt gemeint ist. Zweitens können wir uns schwer vorstellen, was eigentlich passiert, wenn diese ausgelöst werden. Drittens wüßten wir gern, auf welche Weise diese Speicherung eigentlich möglich ist.

Obwohl man sich einig war, daß mit „Instinkt" etwas gemeint ist, was das Tier in einer bestimmten Situation von sich aus richtig macht, ohne es erst lernen zu müssen, war man bei der *Definition* der Instinkte und Triebe keinesfalls einer Meinung.

Dies wird eindrucksvoll illustriert durch den heftigen Disput, der sich in den vierziger Jahren zwischen Konrad Lorenz und Bierens de Haan entwickelte. Dieser griff Lorenz und dessen Kreis heftig an, weil er mit deren Definition des Instinktbegriffs keinesfalls übereinstimmte. Er war der Überzeugung, daß „Instinkt" *rein psychologisch* zu verstehen sei, also keinesfalls „etwa an morphologische Erscheinung zu kuppeln sei, wie den Bau des Gehirns oder die Struktur des Nervensystems." Er führte aus, „der Instinkt ist eine psychische Veranlagung, die ein bestimmtes Fühlen an ein bestimmtes Erkennen und ein bestimmtes Streben an das von einem Erkennen erweckte Fühlen kuppelt..." Er betrachtete den Instinkt als ein Urphänomen, dessen „Ursprung rein naturwissenschaftlich, d. h. ohne Heranziehen von metaphysischen Momenten zu erklären, wird uns wohl immer *unmöglich* bleiben..."

Dieser Betrachtungsweise, die von subjektivem Erleben ausging, stand nämlich die völlig entgegengesetzte der Verhaltensforschung gegenüber, die sich mehr und mehr von der bisherigen Tierpsychologie zu trennen begann.

In der Verhaltensforschung bemühten sich zwei Richtungen, das Verhalten objektiv zu erforschen. Der eine Weg war die *Instinktphysiologie,* bei der man die Abläufe im Organismus untersuchte, die dem Verhalten zugrunde lagen.

Das andere war die Ethologie selbst, die die Beobachtung der Instinkthandlung in den Vordergrund stellte und danach ein Inventar aller beobachteten „Instinktbewegungen" (das Ethogramm) der Tierart aufstellte. Dies erbrachte nicht nur Aufschlüsse über die einzelne Tierart und die erstaunliche Einheitlichkeit ihrer Bewegungsweisen, sondern ermöglichte auch Vergleiche verwandter Tierarten. Dabei zeigte sich, daß von gemeinsamen Vorfahren stammende Ausdrucksbewegungen sich im Laufe der Stammesgeschichte gewandelt haben können und nun in „ritualisierter" Form, mit Signalbedeutung, auftraten. Wir kommen auf die „Körpersprache" des Hundes etwas später noch zurück.

Obwohl BIERENS DE HAAN dies für restlos unmöglich hielt, gelang es Physiologen und Verhaltensforschern zu beweisen, daß Instinkte keinesfalls etwas Metaphysisches sind, sondern auf ganz realen, körperlichen Voraussetzungen beruhen. Bei Instinkthandlungen werden festgefügte, angeborene Bewegungskoordinationen durch einen bestimmten Anlaß zuverlässig ausgelöst, wie wir dies bereits am Beispiel der Mäuseeltern beschrieben haben.

Mehr noch: Typische Verhaltensweisen ließen sich *künstlich* hervorrufen, indem man entweder entsprechende Umweltreize simulierte oder aber sie am Tier selbst, durch direkte Stimulation bestimmter Teile im Gehirn, auslöste. Das angeborene „Wissen" des Tieres erwies sich, wie auch das erworbene, als körperlich fixiert. Was nichts anderes bedeutete, als daß jede Handlungsweise durch physiologische Reaktionen angeborener und erworbener Reflexe hervorgerufen wurde.

Wie man sieht, wurde bestätigt, was auch PAWLOW bereits herausgefunden hatte, daß jedem Verhalten viele komplexe Reaktionen zugrunde liegen müssen. Trotzdem war die Sache mit dem „angeborenen" Verhalten keinesfalls klar, denn es war verwirrend, daß ein instinktiv handelndes Tier viel weniger „automatisiert" war, als man sich vorstellte, weil sich vieles an seinem Verhalten erst noch ausbildete.

Andererseits konnte man sich auch schlecht vorstellen, auf welche Weise der Inhalt der „angeborenen" Verhaltensweisen der Tiere vererbt werden sollte, weil man zunächst überhaupt nicht darauf kam, daß auch der „Verstand" des Menschen etwas Vergleichbares war.

Das Verständnis wurde nicht erleichtert dadurch, daß PAWLOW als angeboren die *unkonditionierten* Reflexe und alles, was individuell gelernt wurde, als *konditionierte* Reflexe bezeichnete. Dabei ging nämlich der Blick für das eigentlich Wichtige verloren: Daß alle, wie auch immer zu bezeichnenden, Reaktionen letztlich *ordnenden* Charakter haben, also *nur* aus ihrem Gesamtzusammenhang erklärbar sind. Sie ordnen sowohl den Organismus selbst, als auch dessen Beziehungen zu Umwelt; dieses Ordnungsprinzip hat sich aber im Laufe der langen Stammesentwicklung in jeweils typischer Weise erst ausgebildet. Mit der Erbkoordination bekam also jedes Tier die bewährten „Erfahrungen" der Generationen vor ihm gleich mit auf den Weg.

Noch schwerer war aber zu begreifen, daß dieses Ordnungssystem von dem Organismus, dessen Lebenslauf es regelte, selbst „erstellt" wurde und daher alles andere als ein metaphysisches Geschehen war.

Noch vor wenigen Jahren konnte man sich nicht vorstellen, wie angeborene oder erworbene Gedächtnisinhalte gespeichert werden können, obwohl dies unzweifelhaft geschah. Daß man aber Gedächtnisinhalte womöglich übertragen könne, wurde überhaupt für unmöglich gehalten. Allerdings wünschte man sich – spaßeshalber – oft genug den berühmten Nürnberger Trichter herbei, um sich so mühsames Lernen zu ersparen.

Dabei ist, wie sich vor einigen Jahren herausstellte, der „Witz" daran, daß es eigentlich keiner ist, da sich beweisen ließ, daß ein bestimmtes Wissen keinesfalls körperlos-geistig, sondern tatsächlich etwas Materielles ist und an chemische Substanzen und Reaktionen gebunden.

Die eigentliche Speicherung der angeborenen Programme beruht auf einer „Verdrahtung" der Nervenbahnen des Gehirns zu bestimmten Schaltkreisen, die durch elektrische Reize erregt werden. Was man nicht wußte war, auf welche Weise diese Schaltkreise zu immer neuen Kombinationen zusammengeknüpft wurden, also eine gleiche Bewegungsfolge für unterschiedlichste Zwecke eingesetzt oder mit anderen Bewegungsfolgen kombiniert wurde.

Dann aber gelang Professor UNGAR in Houston, Texas, ein erstaunlicher Versuch. Er hatte Ratten zum Umdenken gezwungen: Statt sich, wie es normal für sie ist, im Dunklen sicher und geborgen zu fühlen, lernten sie durch Dressur, dunkle Räume zu fürchten. Die trainierten Ratten wurden getötet und ihr Gehirnextrakt untrainierten Ratten eingespritzt. Auch diese entwickelten nach einigen Tagen – Furcht vor dem Dunkel, was sich dann allerdings wieder verlor. Professor UNGAR ging noch viele Schritte weiter. Aus viertausend trainierten Ratten wurde die Gehirnmasse gewonnen und nun in unendlicher Kleinarbeit nach und nach alle Stoffgruppen daraus entfernt, bis schließlich die gesuchte Substanz, die er „Skotophobin" nannte, übrig blieb. Wurde sie injiziert, erweckte sie nicht nur in Ratten, sondern auch in anderen Tieren die Vorstellung: „Dunkel ist gefährlich".

Nachdem Professor UNGAR „Skotophobin" analysiert hatte, war die logische Folge, daß man es im Labor „nachbaute". (Es war eine Verbindung einer besonderen Aufeinanderfolge von Aminosäuren, ein sogenanntes Peptid, also fast vergleichbar mit einem Wort. „Dunkel ist gefährlich" wurde mit Aminosäuren geschrieben.) Auch der künstlich erzeugte „Text", den es ja nur noch „abzuschreiben" galt, hatte die völlig gleiche Wirkung, wie die „natürliche" Substanz.

Damit war es zum ersten Mal gelungen, Gedächtnissubstanz, also ein bestimmtes Wissen, im Labor herzustellen und auf Lebewesen zu übertragen und deren Gedächtnis auf diese Weise – wie mit dem berühmten Nürnberger Trichter – zu erweitern.

Man muß sich vorstellen, was das bedeutet: Nach dieser Theorie stellt der Organismus, wenn er etwas lernt und speichert, Gedächtnismoleküle her, die als eine Art chemischer Schalter bestimmte Nervenzellen sinngemäß zu den jeweiligen Gedächtnisinhalten zusammenschließen. Ganz offensichtlich sehen diese Gedächtnismoleküle für jeden Inhalt völlig anders aus, was sich aus anderen, ähnlichen Versuchen (auf die wir später kommen) ergab. Aber wir können annehmen, daß auf ähnlicher Grundlage die zahlreichen „Assoziationen" zu verstehen sind, bei denen bestimmte Gedächtnisinhalte auf ein Stichwort hin als sinnvolle Gedankenverknüpfung zur Verfügung stehen.

Damit sind zwar alle metaphysischen Überlegungen restlos hinfällig geworden, aber es erweist sich auch hier, daß die Wirklichkeit alle noch so phantastischen Vorstellungen bei weitem übertrifft.

Unter diesen Voraussetzungen ist es klar, daß wir auch, wenn wir die Verhaltensweisen des Hundes *richtig* deuten wollen, *streng unterscheiden* müssen zwischen *angeborenen und individuell erworbenen* Reflexen, die letztlich nichts anderes sind, als eine Reaktion gemäß gespeicherter Erfahrungen.

Erinnern wir uns aber nochmals an die Mäuseeltern. Sie benutzen die gleiche, angeborene Bewegungskoordination für die unterschiedlichsten Zwecke; es ist also nicht unbedingt möglich, allein durch Beobachtung oder Beschreibung bestimmter Bewegungsabläufe, etwas über den „Inhalt" einer Handlungsweise zu erfahren, da *gleiche* Bewegungsabläufe für völlig *unterschiedliche* Handlungen eingesetzt werden können. Wir können daher, was wir bisher wissen, wie folgt zusammenfassen:

Jede sichtbare Handlung ist *wirkendes Verhalten*, also eine *assoziative Koppelung von (angeborenen und erlernten) Reflexen*. Um sie verstehen zu können, muß man nach der die Handlung auslösenden Ursache fragen, da beim Aufzählen der verschiedenen „Reflexe" letztlich ihre Bedeutung innerhalb eines Verhaltensablaufs nicht zureichend erklärt, sondern nur beschrieben wird.

Eine *Reflexbewegung* ist lediglich eine *Eigentätigkeit eines Organs* auf einen *Reiz* und mehr oder weniger unabhängig sowohl vom Willen als auch von einer bestimmten Situation. Sie reicht nicht aus, um ein Tier auf die verschiedensten Umweltereignisse *sinnvoll* reagieren zu lassen.

Daher ist eine sinnvolle *Handlung* immer die *Antwort des gesamten Organismus* auf eine *Situation* und keinesfalls die Reaktion nur eines Organs auf einen *Reiz*. In einer Handlung sind sowohl angeborene als auch erworbene Verhaltensweisen vereinigt.

Die *Situation* hat nicht nur den einfachen Charakter eines von außen wirkenden Reizes. Sie schließt auch den Zustand des Individuums selbst mit ein und hat so auf *mehrfache Weise Aufforderungscharakter*; sie betrifft daher auch nicht ein einzelnes Organ, sondern berührt das *gesamte* Individuum.

Beim Hund (ebenso beim Menschen) sind die Verhaltensweisen keinesfalls ein starres, stereotypes Reflexgefüge. Vielmehr bedient sich das Individuum ihrer sinnvoll, ähnlich dem Gebrauch eines Werkzeuges.

Daher ist eine Verhaltensweise etwas dem *Denken* ähnliches. Das Tier bestimmt vom *Ziel* her, welche Mittel es in einer bestimmten Situation einsetzen muß.

Auch dem Denken des Menschen liegen bestimmte Programme und ähnliche physiologische Abläufe zugrunde.

Verhalten – sinnvolle Kombination von Reflexen

In besonders eleganter Weise ist KRUSHINSKY, den Spuren PAWLOWS folgend, der Frage nachgegangen, wie sich in den Verhaltensakten angeborene und erworbene Einheiten variabel verbinden. Um zu erklären, was mit dieser Frage gemeint ist, beginnen wir mit einem ganz einfachen Beispiel. Wir beobachten einen Hund, der wegläuft oder wegschwimmt oder im Gebüsch verschwindet. Für sein Handeln *kann* es viele Gründe geben, die aber aus seiner Handlungsweise nicht zu erkennen sind, so daß also die gleiche Handlung unterschiedlichste Inhalte haben kann: Er folgt dem Pfiff seines Herrn; er folgt einer Katze; er will von sich aus nach Hause zurückkehren usw.

Stellen Sie sich nun weiter vor, wir schließen, weil wir dem Hund nah genug sind, aus seiner Körperhaltung und seinen Gebärden, daß der Hund sich vor uns oder etwas fürchtet. Der Hund drückt also in diesem Fall durch ganz unterschiedliche Handlungsweisen (die auch für völlig andere Zwecke eingesetzt werden können) seine *passive Verteidigung* aus: Alles, was er tut, folgt einer (gern als angeboren bezeichneten) komplexen Verhaltensreaktion: *Er fürchtet sich und will sich auf irgendeine Weise in Sicherheit bringen.*

Damit sind aber noch längst nicht alle möglichen Gesichtspunkte erschöpft: Denn, obwohl wir nun wissen, daß der Hund sich fürchtet, können wir nicht ohne weiteres das an ihm *beobachtete* Verhalten richtig *bewerten*, denn es kann auf unterschiedliche Weise entstanden sein.

Erstens besteht die Möglichkeit, daß der Hund erst durch *unsachgemäße Aufzucht* so ängstlich geworden ist und dies, unter besseren Umständen, keinesfalls geworden wäre. In diesem Fall ist es eine *erworbene* Ängstlichkeit. Es ist aber zweitens auch möglich, daß wir einen sachgemäß aufgezogenen Hund vor uns haben, der dank seiner *ungünstigen genetischen* Vorgaben an sich angstvoll ist. In diesem Fall ist es eine *angeborene* Furchtsamkeit.

Die „Komplexe Verhaltensreaktion" (Unitary Reactions of Behavior)

Damit sind wir bei einer der wichtigsten Überlegungen überhaupt angekommen, die wir uns bei *jeder* Beobachtung oder Beurteilung des Hundes *immer* vor Augen halten müssen: Ein äußerlich *ähnlich wirkendes Verhalten* kann durch *verschiedene Ursachen* geformt sein. Im einen Fall überwiegen die *erworbenen* (Aufzucht, besondere Erlebnisse) in anderen Fall die *angeborenen* Verhaltenselemente in seiner Verhaltensreaktion.

Viele Beobachtungen, von denen man häufig annimmt, daß sie angeborene oder erlernte Handlungseinheiten sind, werden bereits nur durch den Sprachgebrauch falsch verstanden, da die einheitlichen Bezeichnungen die *Zusammen-hänge* verdecken.

Daher sind nicht nur die hervorragend gestalteten, wirklich faszinierenden Untersuchungen, mit denen KRUSHINSKY Verhaltensweisen analysierte, interessant. Er bemühte sich auch, die sprachlichen Unzulänglichkeiten zu beseitigen und entwickelte Bezeichnungen, die, so ungelenk sie uns auch zunächst vorkommen werden, das sicherste Verfahren sind, die inneren Strukturen des Verhaltens exakt zu benennen.

Die globale Bezeichnung *Verhalten* (behavior) ersetzt er durch den Begriff „unitary reactions of behavior", was wir hier (aus praktischen Gründen etwas vereinfacht) mit „komplexe Verhaltensreaktion" übersetzen. In ihr sind sowohl *konditionierte* als auch *unkonditionierte Reflexe*, jedoch in jeweils *unterschiedlicher Proportion* vereinigt.

Ebenso, wie der furchtsame Hund, kann auch der aggressive seine Absicht, z. B. sich *aktiv zu verteidigen*, in unterschiedlichsten Aktionen zum Ausdruck bringen. Auf welche Weise er dies auch anzeigen wird, es ist letztlich nichts anderes als eine zielstrebige „komplexe Verhaltensreaktion": *Er will den Gegner beißen oder angreifen*. Die Gründe seiner Aggressivität (seine inneren Bedingungen) können wir allein aus der Beobachtung seines Verhaltens nicht vollständig erkennen.

Oder, um es noch an einem anderen Beispiel zu erläutern: Ein Hund, der etwas *apportiert*, kann dabei in unterschiedlicher Gewichtung angeborene und erlernte Verhaltensakte verbinden, die letztlich nichts anderes sind, als eine (unkorrekt als „angeboren" bezeichnete) „komplexe Verhaltensreaktion": *Er bringt (seinem Herrn) einen Gegenstand*. Wir können nämlich aus der Beobachtung *nicht* erkennen, ob der Hund dies überwiegend aufgrund einer genetisch bedingten Veranlagung oder als Folge vorangegangenen Trainings tut.

Arterhaltendes Verhalten ist keinesfalls stereotyp

Auch die „Reflexe (oder Instinkte) die der Erhaltung der Art dienen", sind „angeborene" Verhaltensmuster (Brutpflege, Beuteverhalten, Orientierung usw.) Dennoch werden sie keinesfalls in einheitlicher, stereotyper Weise ausgeführt. Wir können selbst beobachten, *wie* individuell unsere Hunde auch „angeborenes" Verhalten abwandeln.

Das kommt daher, daß aus „praktischen" (richtiger: erprobten) Gründen für die lebenserhaltenden Verhaltensmuster „im Prinzip" nur ein bestimmter *Inhalt* vorgegeben ist. Es ist aber *nicht* lebenswichtig, auf *welche Weise* dies erreicht wird, sondern nur, ob es seinen *Zweck* erfüllt. Sie können daher bedarfs- und situationsgerecht aus individuellen, „komplexen Verhaltensreaktionen" konstru-

172

iert sein, denn die *größte* Leistung jedes Organismus ist zweifellos, daß er fähig ist, sein Verhalten variabel zu gestalten.

Die dem Verhalten zugrundeliegenden *allgemeinen* physiologischen Mechanismen sind im Verlaufe der Evolution vorgeformt. Nur wenigen ist klar, wie *gering* in diesem Bereich die Unterschiede zwischen den Tierarten sind und auf die gemeinsame Wurzel alles Lebendigen hindeuten. Auf diese Weise wird ein großer Teil der grundlegenden, zu erwartenden Anforderungen abgedeckt.

Daher bleibt, trotz der enormen Bedeutung äußerer Einflüsse auf die Verhaltensentwicklung, die angeborene, *arteigene* Erbkoordination die Grundlage, auf der sich das mehr oder weniger umfangreiche Verhaltensprogramm aufbaut.

Verhalten kann durch Beobachtung oder „Wesenstest" nur unzureichend erfaßt werden

Bei unseren Hunden können wir die Fähigkeit „höher" entwickelter Tiere, angeborene Reaktionsweisen variabel einzusetzen, sehr gut beobachten. Bei bestimmten (lebenswichtigen) Situationen und Anlässen werden einzelne Reaktionsweisen zu „Verhaltenselementen" zusammengefaßt, die jeweils biologisch sinnvolle „Verhaltenskomplexe" bilden.

Die (scheinbar identischen) „komplexen Verhaltensreaktionen" bestehen also aus einer variablen Kombination von angeborenen und erworbenen Verhaltensakten. Der Hund fürchtet sich und handelt nun so, wie es ihm in einer bestimmten Situation am günstigsten zu sein scheint: Er versteckt sich oder läuft weg, usw. Obwohl sich dieser Vorgang deutlich beobachten läßt, kann man daraus keine Schlüsse über den Charaktertyp des Hundes ziehen. Später werden wir bei den Bewegungsweisen der Hunde noch genauer erklären, wie der Hund einen „Gedanken" in die Tat umsetzt.

Bei der Beobachtung des Hundes, sei es im täglichen Leben oder im Labortest, können wir klar erkennen, daß seine Handlungsweisen seiner inneren Motiviertheit (seiner Seelenverfassung, seinen Wünschen, Ängsten, Bedürfnissen) entsprechen.

Jede seiner Handlungsweisen wird unverwechselbar in der ihm eigenen Tonart zum Ausdruck gebracht; obwohl er „nur" ein Tier ist, können wir hinter all seinen Reaktionen seine eigenständige, seelen- oder gefühlvolle Motivation erkennen.

Während PAWLOW im Laborversuch die typbedingte Reaktionsweise der Hunde aufdeckte, gelang es HESS, fast jede erdenkliche Art von „motiviertem" Verhalten durch elektrische Reizung in subkortikalen Strukturen des Gehirns (besonders im Hypothalamus) auszulösen, also dem „Sitz" dieser geheimnisvollen Kräfte erheblich näher zu kommen. HESS setzte in das Gehirn *freibeweglicher* Tiere feine

Drähte ein und konnte nun die elektrischen Impulse, die sonst durch Umwelt- oder Innenreize ausgelöst werden, situationsunabhängig erzeugen.

Die Tiere selbst ahnten gar nicht, was mit ihnen geschah, da dieser „Einbau", mit dem sie jahrelang leben konnten, von ihnen nicht bemerkt wurde, zumal die weitere Entwicklung dazu führte, daß viele Impulse „ferngesteuert" ausgelöst werden konnten. Es gelang HESS, Verhaltensweisen wie Fressen, Trinken, Kopulationsverhalten, Jungenfürsorge, Nestbauen, Putzbewegungen, Kampfhandlungen, Flucht usw. auf dem Wege der Gehirnreizung *vollständig* ablaufen zu lassen; Verhaltensabläufe, die normalerweise ohne ein entsprechendes Bezugsobjekt nicht hervorzurufen sind.

Er konnte damit nicht nur präzise Angaben über die jeweils zuständigen Gebiete des Gehirns machen, sondern auch, durch Veränderung der Impulse oder durch gleichzeitige Stimulation mehrerer Gebiete, zeigen, daß eine Handlungsweise auf vielfältigste Weise verstärkt oder auch völlig verändert werden kann.

Eine der interessantesten Entdeckungen verdankten OLDS und MILNER dem Zufall. Bei Hirnreizungsversuchen, die Ratten *selbst* durch Hebeldruck auslösen und deren Häufigkeit bestimmen konnten, hatte sich ein Draht im Gehirn verschoben. Es was faszinierend zu beobachten, mit welcher Beharrlichkeit die Tiere jetzt die Möglichkeit ausnutzten, sich auf diese Weise sozusagen in den siebten Himmel zu versetzen; bei optimaler Stromstärke hielten sie dies oft stundenlang durch (es wurden bis zu 8000 Reaktionen pro Stunde beobachtet) bis sie restlos erschöpft waren.

Die Hirnreizung hatte einen eigentlich unvermuteten Nebeneffekt. Diesen Zustand zu erzeugen, wurde zum *Selbstzweck*, womit sich der Hintergrund mancher besonders beharrlichen oder auch ekstatischen oder süchtigen Handlungen erklären läßt.

Somit war nun zweierlei klar geworden: Erstens werden alle (angeborenen) Handlungsweisen durch Impulse in bestimmten Hirnregionen erzeugt; zweitens ist als „Motivation" das Bedürfnis des Tieres zu verstehen, sich in einen möglichst angenehmen Zustand zu versetzen oder sich diesen zu erhalten. Aber sowohl die Impulse, die das Tier (auf natürliche Weise) in den jeweiligen Zustand versetzen, wie auch seine dafür eingesetzten Handlungsweisen, sind als das Ergebnis seiner *gesamten* inneren Konstellation zu verstehen.

Letztlich ist es immer eine komplexe „Entscheidung", die das Tier dazu bringt, sich *aktiv* zu etwas hinzuwenden, also angezogen zu sein oder aber etwas als *nicht* erstrebenswert oder sogar abstoßend zu empfinden, was sich als Nichtbeachtung oder Flucht ausdrückt. Wie man es aber auch dreht und wendet: Die komplexe Entscheidung beruht auf nichts anderem als einer Vielzahl chemischer Reaktionen.

Die innere Struktur des Verhaltens

Um die unterschiedlichen Inhalte scheinbar gleicher Verhaltensweisen aufzudecken und genauere Hinweise auf ihre Vererbbarkeit zu bekommen, erarbeiteten KRUSHINSKY und seine Mitarbeiter eine *„Anatomie oder Architektur des Verhaltens".* Sie machten die kunstvoll verschachtelten Bausteine sichtbar, aus denen sich „Verhalten" oder eine Handlungsweise (Verhaltensreaktion) zusammensetzt.

Man kann das so ähnlich sehen, wie die berühmten Puppen in der Puppe: Jedesmal, wenn man eine von ihnen geöffnet hat, kommt die nächste hervor, die ihrerseits wieder eine kleinere Einheit enthält. Am Schluß dieser Aktion bleibt die kleinste Puppe über, was in diesem Fall der uns bereits bekannte „Reflex" ist, ohne den keine Handlungsweise entstehen kann, der selbst jedoch keine Handlung ist. (Auch die hier kleinste Einheit kann man immer weiter zerlegen: Am Schluß bleibt, wir sollten einen Gedanken daran wenden, jene *erste* Zelle, in deren genetischem Code, alles was später geschehen würde, unwiderruflich festgelegt war!) Damit der Verhaltensaufbau etwas übersichtlicher wird, sei das ganze zusammengefaßt hier gegenübergestellt.

Aus den Grundeinheiten:	*entstehen*	*die Handlungseinheiten:*
Ein Reflex (a oder b) *einfachste Einheit* *einer Aktivität des Nervensystems.*	→	Die *„komplexe Verhaltens-* *reaktion"* ist die *kleinste Einheit* des *Verhaltens.*
a) der *unkonditionierte* (angeborene) Reflex ist eine *dauernde Reaktion* b) der *konditionierte Reflex* eine *zeitweilige Reaktion* des Nervensystems	→	In der *„komplexen Verhaltens-* *reaktion"* werden Reflexe (a/b) in *variabler Kombination* vereinigt.
Der *Reflex* (a/b) ist ein von Anfang bis Ende *eindeutiges* Verhaltensmuster auf einen bestimmten Reiz	→	Für die *„komplexe Verhaltens-* *reaktion"* dagegen ist es typisch, daß sich ihr Verhaltensmuster erst aus dem *Endergebnis* erkennen läßt.
Unkonditionierte Reflexe sind *ohne* Mitwirkung des höheren Nervensystems möglich.	→	Die *„komplexe Verhaltensreaktion"* enthält sowohl konditionierte als auch unkonditionierte Reflexe und kann *nur* über das höhere Nervensystem koordiniert werden

↓   ↓

„Biologische Verhaltensmuster" sind das *fundamentale Grundverhalten,* das individuell gestaltete *„komplexe Verhaltensreaktionen"* vereinigt.

„Komplexe Verhaltensreaktionen" werden also durch ein bestimmtes Problem hervorgerufen, das nicht auf feststehende Weise, sondern *situationsgerecht* gelöst werden muß. Sie können daher nur durch ihr *Ergebnis*, nicht durch die darin enthaltenen Verhaltensakte, beschrieben und gedeutet werden.

Wir unterliegen also gar keinem so großen Irrtum, wenn wir bei der Beobachtung unseres Hundes geneigt sind, bei ihm die verschiedensten Gedankengänge und Überlegungen zu vermuten, da seinem Verhalten ein dem Denken ähnlicher Vorgang zugrunde liegt.

Die „komplexe Verhaltensreaktion" kommt nur über assoziative Vorgänge des Gehirns zustande, die eine bestimmte Reflexkombination (a/b) zusammenfügt, in denen ja auch individuelle Erfahrungen eingeschlossen sind.

Zu den grundlegenden, ganz allgemeinen biologischen (arterhaltenden) Verhaltenszielen der Tiere gehören z. B. Nahrung, Verteidigung, Fortpflanzung, Brutfürsorge usw. Jedes dieser *„biologischen Verhaltensmuster"* beinhaltet mehrere „komplexe Verhaltensreaktionen". Beim Pflegeverhalten sind nicht nur Füttern und Pflegen zu beobachten, sondern auch Verteidigung, Nestbau usw., die wiederum ihrerseits aus vielen dazugehörigen Verhaltenseinheiten bestehen. Beispielsweise sind Neugier- und Orientierungsverhalten Bestandteil fast aller Verhaltensformen.

Verhalten: genetisch bedingte „konzertierte Aktion"

Diese „biologischen Verhaltensmuster" werden durch Umweltsituationen und Schlüssel-Reize ausgelöst, die in bestimmten biologisch bedingten Situationen entstehen und verstanden werden. Es genügt dann eine einfache Stimulation, die sofort eine Vielzahl Einzelreaktionen zu einer „konzertierten Aktion" zusammenfassen kann. Hier wird nun auch deutlich, daß das „Verhalten" nicht eine zufällige Reaktion auf eine momentane Situation ist, sondern in mehrfacher Weise individuell vorgeformte Verhaltenselemente entsprechend *genetischer* Vorgaben zusammenschließt zu Einheiten, die dann auf einen bestimmten „Schlüsselreiz" abgerufen werden.

Das einzelne Tier hat, wenn man es bildlich ausdrücken will, genetisch ein doppeltes Schicksal. Einmal entsprechen seine Verhaltensweisen der Art, zu der es gehört. Brutpflegeverhalten beipielsweise, bei vielen Tierarten anzutreffen, wird auf jeweils ganz unterschiedliche Weise (Art, Umfang, Auslösemechanismus, Dauer) vollzogen. Diese artspezifische Verhaltensweise läuft insgesamt, unabhängig von der Umwelt, nach einem vorgegebenen Schema ab, kann aber auch durch das einzelne Tier individuell modifiziert werden. Dies kann dann sowohl auf Umwelteinflüsse, als auch auf eine genetisch bedingte Varianz zurückzuführen sein und zeigt sich in der Organisation seines Organismus.

Die Rolle der Vererbung
bei bestimmten Verhaltensweisen der Hunde

Es ist also gar nicht so einfach, die Rolle der Vererbung bei der Entstehung bestimmter Verhaltensweisen klar zu erkennen. Verhaltensunterschiede sind einerseits als *rassespezifische Besonderheiten*, andererseits als unterschiedliches *individuelles Temperament* (z. B. verschiedene Abstufungen des aggressiven Verhaltens) zu beobachten.

Rassespezifische Verhaltensweisen sind, ebenso wie unterschiedliche Formen der Aggressivität, als Folge von Selektion auf bestimmte Verhaltensmerkmale entstanden, die auch in der Ausgangsform Wolf vorhanden, dort aber nicht in so einseitiger Weise ausgeprägt sind.

Verhalten ist ein Mosaik unterschiedlichster Elemente. In Anlehnung an PAW- LOWS „Abwehrreflex" unterscheidet KRUSHINSKY beim aggressiven Verhalten zwischen *aktiver* und *passiver Verteidigung*. Diese jeweilige Bezeichnung werden wir als „Verteidigungsverhalten" (Verteidigungsreflex, Verteidigungsreaktion) beibehalten, da so die jeweilige, unterschiedliche Gewichtung ihres Inhalts klar zum Ausdruck kommt.

Eine interessante Untersuchung über das Verteidigungsverhalten von Hunden wurde 1934 von HUMPHREY und WARNER vorgenommen. Sie kamen zu dem Ergebnis, daß das *Verteidigungsverhalten* als einzelnes Merkmal generell *gene- tisch* bedingt ist. Aber auch z. B. Angst vor starken körperlichen Schmerzen oder besondere Lärmempfindlichkeit können davon unabhängig als *einzelne* Merk- male vererbt worden sein. Es war aber zweifelsfrei abhängig von den Lebensbe- dingungen, auf welche Weise die Merkmale bei einzelnen Tieren später mehr oder weniger ausgepägt zum Durchbruch kamen.

Bereits STEPHANITZ hatte herausgefunden, daß Wolf-Schäferhundmischlinge meistens sehr *ängstlich* sind. HUMPHREY und WARNER versuchten ebenfalls, Wolf-Hund-Mischlinge zu erziehen. Die Erziehungsfortschritte waren aber jedesmal sofort vergessen, wenn die Tiere von der Leine freigelassen wurden. Ähnliche Beobachtungen machte auch ADAMETZ bei Wolf/Hund Mischlingen. Er bezeichnet diese überaus starke Neigung wegzulaufen, als eine *passive Verteidi- gungsreaktion* und als *typisch für fast alle Wolf-Hund-Kreuzungen*, die nicht nur furchtsam, sondern generell ängstlich sind.

WHITNEY (1947) beobachtete bei einfachen Impfvorgängen, daß bestimmte Hunderassen in ganz unterschiedlicher Weise schmerzempfindlich sind. Einigen Welpen schien die Injektion überhaupt nichts auszumachen (z. B. Bullterrier) während andere (z. B. Cocker-Spaniel) sehr empfindlich reagierten.

Ebenso untersuchte WHITNEY, wie weit sich das Bellen einiger Hunde auf der Fährte vererbt. Er kreuzte Hounds aus „spurlauten" Linien mit solchen, die dies nicht waren. Es erwies sich eindeutig als genetisch bedingt: Die F_1-Tiere bellten alle, in der F_2-Generation ergaben sich „spurlaute" und „schweigende" Tiere.

Überhaupt machte WHITNEY bei seinen Hounds noch einige andere bemerkenswerte Entdeckungen. Während die einen nur einer tierischen Fährte „lauthals" folgten, taten einige andere dies auch bei einer menschlichen Fährte. Bei Kreuzungsversuchen kam er zu der Überzeugung, daß dieses eigentümliche Verhalten dominant vererbt werden muß. Nach einem Bloodhound mit diesem Merkmal fand sich in dem nachfolgenden Wurf dies Verhalten bei drei der sieben Welpen. Besondere Verhältnisse müssen vorliegen, wie das typische, melodische Bellen der Hounds (das „Geläut") vererbt wird, da es bei Kreuzungsversuchen mit anderen Rassen verlorengeht.

Bei Jagdhunden ist ein Rassemerkmal, daß sie entweder mit erhobenem Kopf oder mit dem Kopf dicht an der Fährte dem Wild folgen. Dies wird dominant oder unvollständig dominant vererbt; bei Kreuzungstieren mit anderen Gebrauchshunden kann man beobachten, daß sie *beide Verhaltensweisen* fakultativ einsetzen. Einige andere Verhaltensweisen der Jagdhunde werden rezessiv vererbt. Interessant sind auch ganz typische und einmalige Verhaltensweisen einiger Rassen z. B. Hütehunde, Dalmatiner. Ebenso lieben einige Hunde (Neufundländer, Cocker) das Wasser sehr, nach WHITNEY wird dies bei Kreuzungen mit anderen Rassen dominant vererbt.

Bei allen Kreuzungsversuchen stellte sich nicht nur heraus, daß rassespezifische Eigenschaften genetisch bedingt sind, sondern auch, daß sie, so komplex sie sind, vermutlich auf relativ einfache Weise vererbt werden. (Ein Phänomen, das Scott und Fuller ebenfalls bemerkt haben.)

Wir können uns aber nun auch vorstellen, *warum* dies so ist. Verhalten setzt sich ja nicht nur aus vielen Einzelbausteinen zusammen, sondern diese werden ebenso als kleine Einheiten vererbt. Einige von ihnen haben aber die logische Folge, daß sie alle anderen entscheidend beeinflussen können. Beispielsweise beruht Furchtsamkeit auf einer bestimmten biochemischen Grundlage, die das Absenken bestimmter Reizschwellen besonders leicht herbeiführt. Furchtsamkeit aber beeinflußt *alle* Reaktionen des Hundes.

KRUSHINSKY nimmt daher als Modell, an dem er diese Zusammenhänge besonders gut erklären kann, das *Verteidigungsverhalten* (defensive reactions) des Hundes, um daran zu zeigen, daß Verhalten durch eine genetisch bedingte Kombination verschiedenster Bausteine mosaikartig zusammengesetzt ist. Das Verteidigungsverhalten ist deswegen ein hervorragendes Modell, weil es bei *allen* Rassen *einheitlich* und in *konstanter* Form auftritt.

Formen der Aggression
Angst – Verteidigung

Wie bereits beschrieben, treten „Aggression" und „Angst" in der Entwicklung der Welpen relativ früh auf, wobei dann zu dem Zeitpunkt, wo die größte „Angst" bei den Welpen zu beobachten ist, auch gleichzeitig das Dominanzverhalten der Welpen sich erkennen läßt, weil jetzt das Gehirn des Tieres nahezu fertig entwickelt ist. Die zeitlich früher zu beobachtenden schreckhaften Reaktionen auf laute Geräusche, aber auch die gelegentlich früh zu beobachtende „Wut" (wenn man sie aus dem Schlaf schreckt oder ihnen etwas wegnimmt) sind weniger als Zeichen von Aggressivität (mit der *Selbsterhaltung* verteidigt wird) zu bewerten, sondern mehr als der noch undifferenzierte unwillige Ausdruck des *„Gestörtseins"*.

Den Charakter eines Hundes beschreiben wir oft analog der Art und Weise, wie er auf Neues oder ihn Bedrohendes reagiert. Fühlt er sich dabei bedroht, verteidigt er sich entweder *passiv* (flieht) oder *aktiv* (greift an). Eine dritte Möglichkeit ist, daß er überhaupt keine Verteidigungshandlung unternimmt. KRUSHINSKY ging daher den Untersuchungen über das Angst- und Verteidigungsverhalten, die bereits bei PAWLOW vorgenommen worden waren, weiter nach.

Die passive Verteidigungsreaktion ist *Furcht* vor den verschiedensten Dingen, und bereits PAWLOW hat gezeigt, (was ja auch durch neuere Forschungen bestätigt wurde) daß Furcht sich besonders vor unbekannten, *ungewohnten Stimuli* entwickelt. Außerdem sind manche Hunde *Fremden* gegenüber in besonderer Weise vorsichtig, zurückhaltend oder furchtsam.

KRUSHINSKY kam aber zu der Überzeugung, daß es sich hierbei bereits um *unterschiedliche Formen der Furcht* handeln müsse, denn bei vielen Hunden stellte er fest, daß sie zwar durch extreme Geräusche, wie Schüsse oder Explosionen, *nicht aus der Ruhe zu bringen waren*, während sie aber Fremden gegenüber deutlich furchtsam reagierten. Auch die *aktive Verteidigungsreaktion* (PAWLOW's *„Wächterreflex"*) ist ebenfalls am deutlichsten im Verhalten der Hunde gegenüber Fremden zu erkennen.

Aus diesem Gründen wurden bei den Versuchen das Vorhandensein und das Ausmaß der aktiven, bzw. der passiven Verteidigung nur am Verhältnis des Hundes zu einer *fremden Person* nach einer Punkteskala bewertet. Es erwies sich, daß beim Hund die passive Verteidigung am ausgeprägtesten mit etwa einem Jahr oder etwas später zu beobachten ist, und daß beim adulten Hund das Verteidigungsverhalten (bei gleichbleibenden Verhältnissen) über viele Jahre konstant bleibt.

Das aktive Verteidigungsverhalten wird bei Hunden in unterschiedlichen Abstufungen beobachtet. Ein Hund *bellt* einen Fremden an, macht aber keinen Versuch ihn zu beißen. Oder aber, ein Hund *bellt* nicht nur, sondern *beißt* auch noch. Es gelang KRUSHINSKY auf überraschende Weise, das „aktive Verteidigungs-verhalten" auch meßbar zu machen. Er befestigte unter dem Unterkiefer der Hunde einen Gummiballon, dessen Kontraktionen beim Bellen dann gemessen werden konnten. Daß diese Methode gültige Werte dieses aggressiven Verhaltens brachte, war zuvor durch den Vergleich mit Ergebnissen anderer Untersuchungs-methoden überprüft worden. Auf diese Weise konnten die Hunde in drei Gruppen eingeteilt werden:

1. Hunde mit keiner aktiven Verteidigungsreaktion ganz gleich, was passiert.	2. Hunde die einen Fremden anbellen, aber nicht beißen.	3. Hunde die beißen
(Fehlende Aggressivität)	*(aggressiv/bellt)*	*(aggressiv/beißt)*

Um die *genetischen Grundlagen der aktiven und passiven Verteidigung* her-auszufinden, testeten KRUSHINSKY und seine Mitarbeiter Hunderte von Hunden. In der einen Gruppe waren 224 Hunde (Schäferhunde, Airedale und diverse Kreuzungstiere) die „normal" (in Freiheit) bei privaten Besitzern oder Züchtern aufgezogen worden waren. In der zweiten Gruppe waren 89 Hunde (überwiegend Mischlinge) die in den Zwingern des Instituts (in Isolation) aufgezogen wurden.

Die Hunde beider Gruppen sollten nach einem Test in zwei Kategorien unter-schieden werden, je nachdem, ob sie sich *passiv* verteidigt hatten oder nicht. Dabei stellte sich heraus, daß es noch eine *dritte* Möglichkeit gab: Einige Hunde hatten sich sowohl *aktiv* als auch *passiv*, also durch Angriff *und* Flucht, zu verteidigen versucht. Die Untersuchung des genetischen Hintergrundes des passiven Vertei-digungsverhaltens bewies, daß die überwiegende Zahl der furchtsamen Hunde in solchen Fällen zu beobachten waren, wenn *beide* Eltern diese Eigenschaft ebenfalls hatten und umgekehrt, daß furchtlose Hunde auch von ebensolchen Eltern abstammten.

Gravierend war jedoch der Unterschied zwischen den entweder in *Freiheit* oder in *Isolation* aufgezogenen Hunden. Bei letzteren war eine erhöhte „Anfälligkeit" für furchtsames Verhalten zu erkennen. Insgesamt erkannte man, daß für diese Verhaltensunterschiede genetische Vorgaben zwar großes Gewicht haben, aber erst die Umweltbedingungen ausschlaggebend dazu beitragen, ob und in welchem Ausmaß genetisch bedingte Anlagen zum Durchbruch kommen.

Bereits 1944 hatte THORNE eine Untersuchung veröffentlicht, in der er bewei-sen wollte, daß Furchtsamkeit genetisch bedingt und sich durchschlagend verer-ben würde. THORNE wies nach, daß mehrere Generationen ängstlicher Welpen auf eine *einzige* Hündin zurückzuführen waren. KRUSHINSKY, der diese Zusammen-hänge nochmals gründlicher untersuchte, weist zu Recht darauf hin, daß THORNE den wesentlichen Einfluß der Umwelteinflüsse dabei völlig außer acht gelassen hat. Daher soll hier das Ergebnis einer von KRUSHINSKY durchgeführten geneti-schen Analyse von 178 Hunden wiedergegeben werden.

Vererbung des Verteidigungsverhaltens bei Hunden			
Verhalten der Eltern	Zahl der Welpen		Total
	zeigt aktive Verteidigung	keine aktive Verteidigung	
Beide aktive Reaktion	21	2	23
Ein Hund passiv, ein Hund aktiv**)	42	28	70
Beide *keine* aktive Reaktion	0	28	28

An den mit **) gekennzeichneten Vorgängen wird klar, daß eine genetische Vorgabe *keinesfalls grundsätzlich* zum Durchbruch kommen muß, sondern bedeutend von Aufzucht und Erziehung des Hundes abhängt.

Auch die *„aktive Verteidigungshaltung"* der Hunde wurde untersucht. Maßstab hierfür war, ob der Hund versuchte, auf einen Fremden *loszugehen* mit der Tendenz, ihn zu *beißen*. Die überwiegende Zahl der Welpen aus Verbindungen, wo beide Eltern dies Merkmal hatten, waren ebenfalls sehr aggressive Tiere. Würfe aus „gemischten" Eltern enthielten Welpen, die *entweder* aktive *oder* passive oder *beide* Merkmale aufwiesen (d. h. aggressiv-ängstlich waren). Bei Würfen nach Eltern ohne „aktive Verteidigung", fehlte diese auch bei den Welpen.

Obwohl genetische Vorgaben eine erhebliche Rolle spielen, sind sie jedoch nicht immer von ausschlaggebender Wirkung. Es kann sowohl ein bestimmtes Verhalten sehr ausgeprägt, als auch eine *Tendenz*, ein bestimmtes Verhalten zu entwickeln, vererbt werden.

Hier erweist sich, wie groß der Einfluß von Aufzucht und Erziehungsbedingungen ist. Bei Hunden mit etwa gleichem genetischen Hintergrund beobachtete KRUSHINSKY, daß bei in Privathand (in Freiheit) erzogenen Hunde keine Zeichen von Ängstlichkeit festzustellen waren, während sich diese bei den in Zwingern (in Isolation) aufgezogenen Hunden deutlich nachweisen ließ.

Der Einfluß der Umwelt auf ererbte Anlagen

Immer wieder stoßen wir auf das viel diskutierte Problem, auf welche Weise angeborene und individuell erworbene Verhaltensweisen die Verhaltensentwicklung beeinflussen. In welchem Ausmaß verändert sich „instinktives" Verhalten durch individuelle Erlebnisse? Bereits KONRAD LORENZ hat den Vergleich gebraucht, daß Verhalten sich ähnlich bildet, wie die Organe des Embryo. Bestimmte Entwicklungsprozesse sind in beiden Abläufen „kritisch", d. h. Störungen können zu bleibenden Schäden oder Ausfällen führen. Bei der Untersuchung von soziallebenden Insekten kam SCHNEIRLA auf wichtige *Wechselwirkungen*, die zwischen angeborenen und erworbenen Eigenschaften entstehen.

Er bewies, daß es komplexe Beziehungen gab zwischen morphologischen, physiologischen, verhaltensbedingten und Umweltfaktoren. Während der Reifung jedes Tieres ist seine Verhaltensentwicklung das Ergebnis sich verändernder Wechselbeziehungen, in der genotypische Faktoren auf die Verhaltensentwicklung einwirken, die wiederum selbst von Umwelteinflüssen stark beeinflußt wird. Es ist also nicht ausreichend, Begriffe wie „angeboren" oder „erworben" alternativ einzusetzen, um die Verhaltensentwicklung daraus abzuleiten. Vielmehr läßt sich oft schwer erkennen, ob eine Fähigkeit oder Reaktion eines Tieres nur angeboren ist, oder ob sie nicht auch durch individuelle Erfahrungen geformt worden ist. SCHNEIRLA weist hier auf eine „Reifung" des Individuums hin, die nicht nur die körperliche Entwicklung, sondern ebenso auch die zunehmende Formung des Verhaltens betrifft.

Der Streit, ob man in bestimmten Fällen nicht oder doch auf eine Instinkthandlung schließen kann, dauert an, da ständig neue Zusammenhänge auch da offenbar werden, wo man meinte, längst alles zu wissen.

Insgesamt ist die Quelle dieser unterschiedlichen Auffassungen darin zu sehen, daß nicht nur *unterschiedliche* Verhaltensweisen, sondern auch *gleiche* Verhaltensweisen auf unterschiedliche Weise entstehen können. Daher weisen die einzelnen Untersuchungen, je nachdem, wie ein Verhalten entstanden ist, entweder überwiegend auf angeborene oder überwiegend auf erworbene Ursachen hin. In einigen Fällen überwiegen eben die angeborenen, in anderen die jeweils gelernten Faktoren. Damit es noch ein wenig komplizierter wird, kommt hinzu, daß auch die Fähigkeit, Verhalten mehr oder elastisch zu gestalten, genetisch bedingt sein kann.

Bedeutende Rasse-Unterschiede bei der Verhaltensentwicklung

Eine der wichtigsten Fragen überhaupt ist, wie weit sich einzelne *Rassen* nicht nur in ihren speziellen Fähigkeiten, sondern vor allem in ihrer grundsätzlichen *Belastbarkeit* und *Lernfähigkeit* unterscheiden. Hierzu bringt KRUSHINSKY einige konkrete Beispiele, die von großem Interesse sind, sucht man nach Ansatzpunkten, auch unterschiedliche Rassen zu vergleichen. Er untersuchte die „passive Verteidigungsreaktion" bei Hunden, die sich sowohl in ihrem Genotyp, als auch in ihren Aufzuchtbedingungen unterschieden. Er verwendete dazu *Deutsche Schäferhunde* und *Airedaleterrier*. Von jeder Rasse wurden einige Tiere „in Freiheit" (in Privathand) andere in „Isolation" (im Zwinger) aufgezogen.

Im Vergleich brachten die beiden unterschiedlichen Aufzuchtmethoden auch *erstaunliche, rassebedingte Unterschiede* zutage. Bei in Privathand aufgezogenen

Schäferhunden und Airedales war die passive Verteidigungshaltung jeweils ganz *unterschiedlich* ausgeprägt.

Schäferhunde waren deutlich und nachdrücklicher furchtsam als *Airedales*. Aber auch die Aufzucht in *Isolation*, die generell ein deutliches Ansteigen furchtsamen Verhaltens nach sich zog, wirkte sich wieder *stärker* auf die *Schäferhunde* aus, bei denen mehr Tiere stärker negativ durch Isolation beeinflußt wurden als bei den Airedales.

Der *Genotyp* kann also durch veränderte Umwelteinflüsse verstärkt oder abgeschwächt zum Durchbruch kommen und läßt sich daher auch auf diesem Wege klar definieren. Um dies genauer abzuklären, wurden daher auch *Dobermann-Welpen* in strikter Isolation, d. h. von ihrer Mutter getrennt aufgezogen und nur von einer Person betreut. Es wurde also eine Situation herbeigeführt, von der man annimmt, daß sie mit ziemlicher *Sicherheit* furchtsame Hunde heranwachsen läßt.

Als aber dann die erwachsenen *Dobermänner* getestet wurden, war es erstaunlich, daß bei ihnen nur eine *sehr geringe* „passive Verteidigungsreaktion" und diese insgesamt seltener festgestellt wurde, als bei den anderen Rassen, die unter erheblich weniger extremen Bedingungen aufgezogen worden waren.

> *Im Vergleich waren die „Isolations-Dobermänner"*
> *in etwa so furchtsam, wie die „Freiheits-Schäferhunde".*

Furchtsames Verhalten (passive Verteidigungsreaktion) entsteht also nicht zwingend bei isolierter Aufzucht, sondern aufgrund genetischer Prädisposition, also durch Wechselbeziehungen zwischen genetischen und Umwelteinflüssen.

Mit bestimmten Maßnahmen kann man die Neigung eines Hundes sicher verstärken, sich aggressiv aktiv zu verteidigen. PAWLOW und PETROVA zählen als auslösende Umstände auf:

Erstens *isolierte Haltung und Erziehung*, zweitens *Freiheitsentzug* (Leine, Eingesperrtsein, Isolation) und drittens *Bedrohung* (durch Signale, Gesten) können den Hund in rasende Angriffswut versetzen.

Es fragte sich nun, ob ähnliche Bedingungen auch während der *Aufzucht* eines Hundes zur Ausbildung „aktiver Verteidigungshaltung" beitragen oder nicht. Daher wurden in einem neuen, groß angelegten Versuch nun 242 Hunde (Schäferhund und Airedale) unter reduzierten Bedingungen (wie oben: Freiheitsentzug, Isolation) aufgezogen. Keiner dieser Hunde hatte eine genetische Prädisposition für Ängstlichkeit.

Dieser Aufzuchtversuch lohnte sich, da er weit mehr, als nur die vermuteten Ergebnisse brachte. Bei diesen Hunden bewirkte die erfahrungsarme Aufzucht nicht nur eine *verminderte* Neigung zu aktiver Verteidigungshaltung, sondern diese wurde dann auch noch in *abgeschwächter* Weise ausgeführt. Sowohl die

Schäferhunde, als auch die Airedales waren generell weniger aggressiv, als die bei privaten Haltern aufgezogen Vergleichshunde. Von beiden Rassen hatten, wurden sie im *Zwinger* aufgezogen, *40 - 53 %* keine aktive Verteidigungshaltung, bei den in *Privathand* aufgezogenen Hunden waren es dagegen nur *8 - 16 %*.

Für die Verhaltensentwicklung sind *individuelle Erfahrungen* unerläßlich. Interessant ist aber, daß ein Umweltfaktor nicht generell die gleiche Bedeutung hat, sondern sich in enger Verbindung mit dem Entwicklungsstand des Tieres auswirkt.

Isolation während der Erziehung wirkt sich einerseits *ungünstig* aus, indem sie in einem *frühen* Stadium die Ausbildung einer aktiven Verteidigungshaltung behindert. Isolation trägt aber andererseits, wenn das Verhalten bereits ausgebildet ist, bei der *späteren* Erziehung ebenso deutlich dazu bei, daß diese Verhaltenstendenz sich *verstärkt* manifestiert.

Die vollständige Ausformung des „aktiven Verteidigungverhaltens" ist also das Ergebnis der *vorangegangenen Entwicklung*, der Wechselbeziehungen zwischen genetischen und Umwelteinflüssen. Diese beeinflussen entscheidend das Ergebnis einer *aktuellen Situation*, in der der Hund sich in einem bestimmten Augenblick befindet.

Noch etwas anderes fällt uns hier auf. Die *rege* Wechselbeziehung eines Hundes zu einer vielseitigen Umwelt führt einerseits zu einer *verminderten passiven Verteidigungshaltung*, führt aber andererseits zu einer *verstärkten „aktiven Verteidigungshaltung"*. Der Hund *lernt* also, weniger furchtsam zu sein und ist daher einfach mutiger.

Ereignis- und bezugsarme Aufzucht beeinflußt das Verhalten des Hundes paradox und einschneidend: Isolation verändert, in genau *entgegengesetzter* Weise, sowohl die aktiven und als auch die passiven Verteidigungsreaktionen. Es genügt daher keinesfalls, nur auf möglichst gutes Erbgut zu achten, sondern es ist ebensolche Sorgfalt auf die Aufzuchtmethoden zu verwenden.

Unsachgemäße Aufzucht kann zu schweren Mängeln führen:	
Sie *verstärkt* genetisch bedingte *unerwünschte* Anlagen.	Sie *vermindert oder schwächt* genetisch bedingte *erwünschte* Anlagen!

Angeborene und erworbene Verhaltenskomponenten bei Apportierverhalten, Charaktermerkmalen und besonderer Leistungsfähigkeit

Mit Begeisterung läuft nahezu jeder junge Hund weggeworfenen Gegenständen nach und bringt sie zu seinem Herrn zurück. Dieses Verhalten verliert sich, wenn es nicht gezielt geübt wird, bei einigen Hunden, während andere es auch weiterhin ohne größeres Training beibehalten. Bei einigen Rassen (z. B. Retriever) ist die hohe Apportierfähigkeit das Ergebnis gezielter Selektion. Aber auch unter den anderen Rassen finden sich Hunde, die hervorragende Leistungen erbringen und andere, bei denen man sich ziemlich bemühen muß, um sie zuverlässig apportieren zu lassen. Kann man aus Beobachtungen dieser Hunde erkennbare Hinweise auf ihre besondere Begabung finden?

Um dies zu klären, untersuchte KRUSHINSKY diese Zusammenhänge an fünfzehn Schäferhunden, die zum Apportieren trainiert wurden. Es war erstaunlich, wie stark die Hunde sich bereits generell in der Fähigkeit, etwas zu lernen, unterschieden. Besonders bei komplizierteren Trainingsstufen (Einsatz als Polizeihund, Sanitätshund, Suchhund) konnte er feststellen, daß es bedeutungslos für ihre Leistung war, ob die Hunde bereits früher trainiert worden waren oder nicht. Ist also die Apportierfreudigkeit der Hunde auf besondere, eventuell auch genetisch bedingte Neigungen zurückzuführen?

Bei einigen Jagdhunden ist die genetische Grundlage feststellbar: Sie sind leicht trainierbar, z. B. Hound, Spaniel und Retriever, die schnell lernen, das Wild beim Apportieren nicht zu verletzen. Dagegen ist es außerordentlich schwer, einen Pointer zum Apportieren zu bringen.

Wie immer ging KRUSHINSKY daran, alle Punkte, die er täglich bei Hunden beobachten konnte, zusammenzutragen. Bereits in ihren alltäglichen Gepflogenheiten hatten die Hunde ganz individuelle „Angewohnheiten", ob und wielange sie irgendetwas in der Schnauze halten. Einige halten einen Gegenstand einige Minuten und lassen ihn dann fallen. Andere lassen ihn fallen, heben ihn aber wieder auf. Wieder andere transportieren einen Gegenstand gern und längere Zeit mit sich herum. Einige gibt es auch, die sofort, wenn man ihnen etwas abgenommen hat, sich nach etwas anderem umsehen, das sie nun herumtragen. Einige Hunde haben eine Vorliebe für kleinere Objekte, andere entwickeln eine Zuneigung für größere Gegenstände.

Bereits als Welpe war unser Wim besonders apportierfreudig und obendrein ein „Besenfetischist". Er konnte einfach nicht widerstehen, auch die unhandlichsten Besen sofort zu beschlagnahmen. Der kleine Kerl schleppte sie aber nicht etwa am Bürstenteil herum, sondern ergriff sie irgendwo etwa in der Mitte des Stiels. Kompliziert wurde es, wenn sich Türen, Gänge oder Treppen als zu schmal erwiesen, da Wim einen Besen auch aus dem Keller oder aus oberen Stockwerken requirierte und ihn dann notfalls vorübergehend am Bürstenteil packte, mit Gepolter und großer Anstrengung durch enge Passagen oder über Treppenstufen zerrte. Dann packte er den Besen aber sofort wieder „richtig", d. h. in der Mitte des Stiels und transportierte ihn in Richtung Hundehaus. Gelegentlich lag dann der Winzling gleich mit drei Besen in der Hütte: Drei Bürstenteile, fast so groß wie er selbst, mit ihm innerhalb der Hütte, drei Stiele ragten aus dem Eingang!

Jedoch stellte KRUSHINSKY auch fest, daß Hunde, die solche „Neigungen" haben, diese keinesfalls sicher auf ihre Nachkommen vererben. Obwohl die Fähigkeit zu Apportieren genetisch beeinflußt sein muß, scheint der Erbgang keinesfalls eindeutig zu sein. Aus einer Linie, in der „Apportieren" nicht vorkommt, kommen auch keine entsprechenden Welpen. Andererseits: Nicht alle Welpen nach apportierenden Hunden tun dies auch.

Trotzdem eignen sich bestimmte Rassen besonders zum Apportieren, andere dafür überhaupt nicht. Wenn sich das „Apportieren" selbst nicht deutlich vererbt, durch welche genetisch bedingten Besonderheiten zeichnen sich apportierfreudige Hunde aus?

Bereits Pfaffenberger hatte erkannt, daß ein sicherer Eignungs-Test für Welpen, die er zu Blindenhunden ausbilden wollte, der Apportier-Test war.

Erst durch die Untersuchungen von KRUSHINSKY kam heraus, welche besonderen Eigenschaften diese Hunde tatsächlich auszeichnen. Er arbeitete bei Hunden, die sich hervorragend zum Apportieren hatten abrichten lassen, konditionierte Reflexe aus, um daran ihr „Charakterbild" erkennen zu können.

Alle Hunde, die gute Apportierleistungen brachten, waren in ihrem Charakter als „sanguin" zu bezeichnen. Dabei war es aber nicht ausschlaggebend, ob die Hunde vorher auch Freude daran gezeigt hatten, einen Gegenstand herumzutragen. Auch Hunde ohne diese Neigung, gehörten sie zum sanguinen Typ, ließen sich leicht und in gleicher Weise zum Apportieren bringen, wie sie *überhaupt* leicht und gut erziehbar waren. Wenn zusätzlich eine diesbezügliche „Neigung" der Hunde vererbt wird, werden diese das Apportieren auffallend leicht und exzellent erlernen, d. h. *diese Neigung hat die Natur eines unkondionierten Reflexes.*

Auch mit anderen Hunden kann das Apportieren trainiert werden. Bei diesen ist das Training ebenfalls auf einem *unkonditionierten Reflex aufgebaut:* Sie werden zunächst durch eine schmerzhafte Einwirkung dazu gebracht (Anpressen der Lefzen an die Zähne) einen Gegenstand zu ergreifen und zu halten. Später wird der Hund diesen Vorgang, den er als Reaktion auf einen Befehl und damit verbundene schmerzhafte Stimulation erlernt hat, auch erbringen, wenn nur der Befehl gegeben wird.

Nicht nur beim *Apportier-* oder beim *Verteidigungsverhalten* ist die scheinbar gleiche Leistung verschiedener Hunde offensichtlich auf ganz *unterschiedliche* Kombinationen angeborener und individuell erworbener Eigenschaften (also bestimmte Reizschwellen) zurückzuführen.

„Passives Verteidigungsverhalten" kann sowohl genetisch bedingt sein, als sich auch ebenso durch besondere Umweltbedingungen entwickeln. Es ist also zu bedenken, daß, wenn wir bei zwei Hunden ein absolut identisches Verhalten beobachten, wir sie jedoch keinesfalls von vornherein gleich bewerten dürfen. Das gilt auch für:

Widersprüchlich oder unerwartet entwickelte Verhaltensmerkmale:		
Veranlagung *des Hundes:*	*Entwicklung durch Umweltbedingung:*	
	Zwinger-Aufzucht	*Aufzucht in Privathand*
Ängstlichkeit (Passive Verteidigung)	Hunde ängstlich	a) Hunde *nicht* ängstlich b) *nicht alle* Hunde ängstlich
Aggressivität (Aktive Verteidigung)	a) *Verminderte* Aggressivität (Aktive Verteidigung) b) Neigung zu *passiver* Verteidigung	a) Ausgeprägte Aggressivität (Aktive Verteidigung) b) keine passive Verteidigung

Ein bestimmtes Verhalten kann, wie man sieht, durch die Verbindung von völlig unterschiedlichen relativen Proportionen von individuell erworbenen und angeborenen Komponenten geformt sein. Man muß daher bei der Beurteilung von einer relativ höheren oder relativ geringeren Beteiligung angeborener oder erworbener Komponenten ausgehen.

Vom „Schwellenwert" der Reflexe
Lernbegabung der Hunde
Vom „untrüglichen" Instinkt

Sowohl Apportieren (Beute) als auch Verteidigungsverhalten (Angst, Angriff) gehen auf natürliche Verhaltensweisen des Hundes zurück. Der relativ höhere oder niedrigere Anteil des angeborenen Verhaltens ist in der trainierten Leistung des Hundes unterschiedlich. Aber es ist ein wichtiger Gesichtspunkt, ob die Ausbildung eines Hundes mühelos und schnell zu zuverlässigen Leistungen führt oder ob sie erhebliche Anstrengung und großen Zeitaufwand erfordert.

Lassen wir aber jetzt einmal den Bezug auf ein spezielles Training beiseite. Auch andere, völlig natürliche Verhaltensreaktionen sind ja nichts anderes als „komplexe Verhaltensreaktionen". Auch hier gilt: Hat bei einem Hund ein bestimmter unkonditionierter Reflex eine *hohe* Reizschwelle, ist eine entsprechend *stärkere* Stimulation nötig, um ihm zum Durchbruch zu verhelfen. (Nehmen wir einen Schwerhörigen als Beipiel: Wir müssen regelrecht brüllen, damit er uns hört!)

Auf diese Weise entstehen völlig unterschiedlich konstruierte „komplexe Verhaltensreaktionen", und man kann nicht generell entscheiden, ob es sich hierbei um überwiegend „instinktives Verhalten" handelt oder nicht. Dies gilt z. B. auch für Verteidigungsreaktionen, die man nur insgesamt beobachten, nicht aber ohne weiteres beurteilen kann, in welcher relativen Proportion sie sich aus Angeborenem und Erworbenem gebildet haben.

Das führt uns nun zu weiteren Folgerungen. Die Gewichtung der grundlegenden Reflexe (angeborene/erworbene) ist nicht generell einheitlich in der Ausbildung von Verhaltensakten. Trotz *„äußerlich" identischer* Reaktionen können es *„innerlich"* ganz unterschiedlich aufgebaute „komplexe Verhaltensreaktionen" sein, die sich, entsprechend den genetischen Vorgaben des Tieres, in seiner Anpassung an die Umwelt gebildet haben.

Daher ist es nicht richtig, hierbei von Instinkthandlungen zu reden, sondern sie sind, wie Krushinsky sie bezeichnet, „Biologische Verhaltensmuster", die sich aus individuell gestalteten Einheiten „komplexer Verhaltensreaktionen" zusammensetzen.

Dies ist eine außerordentlich wichtige Erkenntnis: In besonderen Fällen (z. B. Hirnverletzungen) löst sich ein „biologisches Verhaltensmuster" wieder in seine einzelnen (genetisch bedingten) Komponenten auf: Sie laufen ab, ohne daß sie zu einer sinnvollen Handlung zusammengefaßt werden. Wir können dies auch verstehen, wenn wir an die Gedächtnismoleküle von Professor UNGAR denken. Die verschiedenen Schaltkreise können nicht mehr zusammengeschlossen werden, weil die Verbindungsstücke fehlen.

Ähnliche interessante Zusammenhänge lassen sich besonders gut bei Kreuzungstieren beobachten. Bei ihnen kann sowohl „Erkennen" eines bestimmten Auslösemusters, als auch „Handeln" als *einzelnes* Merkmal von den Eltern ererbt sein, nicht aber sinnvoll verknüpft werden. Von Artbastarden bei Enten berichtet LORENZ, daß diese die Balzhandlungen nicht auf Bruder oder Eltern richteten, sondern gegen *große* Hausenten, ohne Rücksicht auf Geschlecht und Gestalt. Nur recht *groß* mußten sie sein. In ihrem angeborenen „Weltbild" waren offensichtlich einige Erkennungsmerkmale verlorengegangen. Aber der Restbestand, nämlich der Hinweis „groß" und „Gestalt Ente", wirkte nun als auslösender Stimulus.

Isoliert aufgezogene Vögel beherrschen zwar alle zum Nestbau notwendigen Bewegungen, sind aber nicht fähig, sie anzuwenden, auch hier konnten wieder einzelne Schaltkreise nicht sinnvoll gekoppelt werden.

Das Pflegeverhalten von Ratten wurde durch eine Gehirnoperation nicht ausgelöscht, aber in seine Einzelhandlungen aufgelöst, die nicht mehr zu einem „biologischen Verhaltensmuster" koordiniert werden konnten.

Und damit kommen wir zu einem unglaublich wichtigen Zusammenhang:

Isolations-Aufzucht kann zu gleichen Ergebnissen führen wie Hirnverletzungen!

Vieles, was wir als „untrüglichen" Instinkt der Tiere bezeichnen, muß tatsächlich erst erlernt werden, weil, wie wir nun wissen, jeder Lernprozeß etwas Materielles herstellt, das die Bausteine des Verhaltens oder die Reaktionskreise erst sinnvoll zusammenfügt.

Das Verhaltensmuster des „Angstbeißers"

Erst im Laufe der Untersuchungen von Hunderten von Hunden hat man zu verstehen gelernt, daß in biologischen Verhaltensmustern auch *gegensätzliche*, genetisch bedingte Verhaltensweisen *vereinigt* sein können. Zum Beispiel ist sowohl das *aktive* als auch das *passive* Verteidigungsverhalten ein jeweils *komplexes* Verhaltensmerkmal, das eindeutig auch als solches vererbt wird.

Bei den sogenannten *Angstbeißern*, also Hunden, die aggressiv *und* ängstlich zugleich sind, geht man zunächst davon aus, daß „Angstbeißen" *ein* typisches Verhaltensmerkmal sei. Es war auch für KRUSHINSKY eine überraschende Erkenntnis, daß dies keinesfalls so ist.

Jeder kennt das typische Verhalten des „aggressiv-ängstlichen" Hundes. Wenn eine fremde Person sich nähert, bellt der Hund bereits aus Entfernung. Wenn die

Person sehr nahe kommt, rennt der Hund weg, um dann aus sicherer Entfernung wieder zu bellen. Diese Phasen (aktive/passive Verteidigung) wechseln sich ab.

Als Antwort auf plötzliche Bewegungen oder wenn der Hund gereizt wird, geht der Hund auf den Fremden los und versucht ihn zu beißen. Normalerweise überlegt er es sich dann aber im letzten Moment anders und rennt mit eingezogenem Schwanz wieder fort. Wenn aber der Fremde versucht, sich zu entfernen und dabei dem Hund den Rücken zukehrt, springt der Hund ihn an und versucht ihn zu beißen. Wenn die Person sich umwendet und den Hund bedroht, zieht der Hund seinen Schwanz ein und läuft weg.

Ein solches Verhalten wird oft *fälschlich* als *eine einzige* Verteidigungshandlung gesehen, von der man annimmt, daß sie sich, je nach der Stimulation, in unterschiedlicher Weise zeigt. Bei einer schwachen Stimulation (der Fremde ist in größerer Entfernung) will der Hund angreifen, bei einer stärkeren Stimulation (der Fremde ist in unmittelbarer Nähe) verwandelt sich Angriff in Flucht.

Nach gründlichen Untersuchungen kam aber KRUSHINSKY auf eine andere Erklärung für dieses Verhalten. Bei den aggressiv-ängstlichen Hunden vermengen sich zwei autonome Reaktionen (aktive und passive Verteidigung) in *ein* mehrfach wirkendes Verhalten, sie verbinden sich zu einem *neuen „biologischen Verhaltensmuster"*.

Mehr noch: Aggressiv-ängstliches Verhalten wird, anders als vermutet, überraschenderweise nicht als *ein* Verhaltensmerkmal vererbt. Passive Verteidigung und aktive Verteidigung sind jeweils ein eigenständiges, genetisch bedingtes Verhaltensmerkmal. Das aggressiv-ängstliche Verhalten der Hunde ist das Ergebnis einer zufälligen Kombination aus beiden. Sie entsteht aus der Verbindung eines ängstlichen und eines furchtlosen Elternteils! (Wobei jetzt die Notwendigkeit der umständlichen Bezeichnungen klar ist: Furchtlos und aktive Verteidigung ist *nicht* das gleiche. Der aggressiv-ängstliche Welpe stammt aus den Eltern „aktive Verteidigung" × „passive Verteidigung".)

Der Erbgang dieses nur *scheinbar* einheitlichen Verhaltens ließ sich beweisen: Wenn aggressiv-ängstliche Hunde mit unterschiedlichen Verhaltenstypen gekreuzt werden, wird dieses Verhalten nicht als einheitlicher Komplex vererbt. Bei den Tieren der nachfolgenden Würfe waren *alle* Formen des Verhaltens (aktive, passive, aggressiv-ängstlich, keine Verteidigung) feststellbar, es wurden also entweder aktive oder passive Verteidigungsreflexe unabhängig voneinander weitergegeben.

Daß im aggressiv-ängstlichen Verhalten tatsächlich zwei eigenständige Verhaltensweisen vereinigt sind, bewies KRUSHINSKY außerdem durch ein physiologisches Experiment.

Injektionen geringer Morphin-Dosen führen prinzipiell bei *aggressiven* Hunden zu einer *geringeren Bewegungsaktivität* und zu einer *deutlichen Verminde-*

rung der Aggression, während sie die *Furchtsamkeit* der ängstlichen Hunde *nicht* beeinflussen.

Bei *aggressiv-ängstlichen* Hunden *erlosch,* unter Morphin-Wirkung, ihr *aktiver* Verteidigungsreflex *völlig,* während bei einigen Hunden der *„passive* Verteidigungsreflex" sogar noch *gesteigert* wurde; bei ihnen führte die *beruhigende* Droge also zu *gesteigerter* Furchtsamkeit.

Das Verhalten der Hunde enthält eine Vielzahl solcher, oft aus ganz gegensätzlichen Komponenten zusammengesetzter „Biologischer Verhaltensmuster". Für ein bestimmtes Gesamtverhalten bei typischen Situationen genügt ein einziger Stimulus, um das gesamte „Programm" ablaufen zu lassen. Dabei spielen auch hormonelle Einflüsse eine entscheidende Rolle.

Das umfangreiche Programm aggressiver oder sexueller Verhaltensweisen wird lediglich dadurch ausgelöst, daß eine bestimmte erhöhte Hormonmenge im Blut vorhanden ist und eine entsprechende Schwellenwertveränderung verursacht.

Aber denken wir jetzt an die Stockwerke des Gehirns: Ein bestimmter Reiz (der vom Organismus selbst, aber auch von außen erzeugt werden kann) läuft über unzählige Zwischenstationen, die sich wechselseitig beeinflussen. Ebenso verhält es sich mit dem „Mutterinstinkt", bei dem unter dem Einfluß von Hormonen ein völlig neues, konzertiertes Zusammenspiel der verschiedensten „komplexen Verhaltensreaktionen" hervorgerufen wird.

Hormone, deren Ausschüttung durch das zentrale Nervensystem reguliert wird, rufen nicht das Verhalten selbst hervor. Sie sind lediglich dafür verantwortlich, daß bestimmte *Reizschwellen* verändert werden. Dies führt dazu, daß bestimmte Reaktionen nun *sehr leicht,* andere wieder *nicht* mehr ausgelöst werden können, also gehemmmt werden. Jetzt verstehen wir auch, warum wir anfangs betont haben, daß alle Reaktionen eines Tieres insgesamt als ein Ordnungsprinzip zu begreifen sind, und daher eine bestimmte Konstitution die Grundlage ist, nach der alles ausgerichtet wird, so, wie sich Eisenfeilspäne nach dem Magneten ausrichten.

Gesamtverhalten, „Nerventyp" und Konstitution

Obwohl man es ihnen dauernd in die „Schuhe" schieben will, sind es gar nicht die „Nerven" allein, wenn ein Tier „nervös" ist; aber auch, wenn wir von einem Hund sagen, er habe „gute" Nerven, erweckt dies die völlig falsche Vorstellung, daß „die Nerven" dafür zuständig sind, wie gut oder schlecht die Lebensanforderungen bewältigt werden. Den „Nerven" selbst ist es ziemlich gleichgültig, welche Nachrichten und Meldungen sie weiterleiten; auch ist es etwas verwirrend, wenn wir jetzt feststellen, daß „die Nerven" absolut objektiv bleiben. Eine

Tastsinnzelle beispielsweise reagiert bei unterschiedlicher Reizstärke nicht mit unterschiedlicher Stärke der Entladung (die bleibt immer gleich) sondern erhöht bei starkem Reiz lediglich die *Frequenz ihrer Entladungen.*

Das Nervensystem des Hundes besteht aus Gehirn, Rückenmark, peripheren Nerven, dem willkürlichen (motorischen und sensorischen) Nervensystem, das der Auseinandersetzung mit der Umwelt dient und dem vegetativen Nervensystem, das sozusagen automatisch die Arbeit der Organe regelt. Das Rückenmark enthält die wichtigsten Funktionsbausteine für die Steuerung von Skelettmuskeln (und z. T. der Eingeweide) und ist Schaltstelle wichtiger Reflexe. Auch der Hirnstamm ist eine Schaltregion wichtiger, autonomer Reflexe; sie laufen unterhalb der Bewußtseinsschwelle ab. Uns interessieren aber in diesem Zusammenhang nur die Nervenleistungen, die das Verhalten beeinflussen.

Die Informationen der Sinnesorgane über die Außen- und Innenwelt eines Organismus werden in Sinnesbahnen ausgewertet. Die Sinneseingänge aus der Haut, dem Bewegungsapparat und den Eingeweiden laufen über die *Dorsalwurzeln des Rückenmarks* direkt (oder nach Umschaltung) zum Hirnstamm und dem Kleinhirn. Alle Sinnesbahnen laufen letztlich zum Thalamus und gelangen (nach Umrechnung – besser: Angleichung an eine Vielzahl Ist- Sollzustände) zu den entsprechenden Cortexfeldern (Großhirnrinde), wo die endgültige „Umrechnung" und Weiterleitung stattfindet.

Im *vegetativen Nervensystem* arbeiten zwei antagonistische Systeme, nämlich *Symphatikus* (ergotrope Funktion = Energieentladung) und Parasymphatikus (trophotrope Funktion = Energieeinsparung, Erholung), die im Gegen- und Wechselspiel die unwillkürlichen Reaktionen des Körpers aufeinander abstimmen.

Die ersten, einfachen Mehrzeller brauchten noch keine „Nerven"; sie konnten die wenigen Prozesse, die benötigt wurden, um die Aktivität mehrerer Zellen harmonisch zu verbinden, ohne besondere Systeme durch flüssige Stoffwechselprodukte regulieren.

Erst die komplizierter aufgebauten Organismen benötigten dann ein Ordnungssystem, das die verschiedenen Zustandsmeldungen auch über größere Entfernungen sehr schnell als elektrische Impulse (erregende und hemmende Prozesse) weiterleiten und in Beziehung zueinander setzen konnte.

Vom Nervensystem werden Umwelteindrücke aufgenommen und verarbeitet. Aber: Die Umwelt ist, anders als wir es uns meist vorstellen, nicht konkret Schall, Wärme oder Schmerz, sondern besteht aus elektromagnetischen Wellen, periodischen Schwankungen des Luftdrucks, Molekülen, die sich mit mehr oder weniger großer kinetischer Energie bewegen. Aus diesen Werten bestehen die eingehenden Meldungen, die von speziell auf sie eingerichteten Sinnesorganen aufgenommen und als entsprechender Impuls weitergeleitet werden. Die Impulse von den

Tastwahrnehmungen werden im Gehirn in Korrelation gebracht mit den Impulsen des visuellen Sinneseindrucks oder des Geruchs usw.

Im Gehirn entsteht aus der Menge der Impulse der „Eindruck" oder das „Bild" dessen, was als „Wirklichkeit" empfunden wird. Die Impulse, die es weiterleitet, führen zu so unterschiedlichen Ergebnissen wie Muskelkontraktionen oder Denken, Gedächtnis und Bewußtsein, zu Angriff oder Flucht, Paarung oder Brutpflege.

Anders als es sich viele vorstellen, sind „Nerven" keinesfalls ununterbrochene, direkte „Leitungen". Sie sind nicht fest „verdrahtet", zwischen zwei Nervenzellen besteht kein direkter, körperlicher Kontakt. Die „Synapse", die Verbindungsstelle zwischen zwei Nervenzellen, verhindert das Überspringen eines elektrischen Impulses solange, bis eine entsprechende „Transmittersubstanz" sozusagen diese Kluft überbrückt. Auf diese Weise wird der Strom der Impulsmeldungen (normalerweise) sinnvoll kanalisiert, denn es können entweder erregende oder hemmende Synapsen aktiviert werden.

Die Wirkung dieser Transmittersysteme kennen wir insofern, als moderne Psychopharmaka gezielt (hemmend oder aktivierend) auf sie einwirken. Das *Dopaminsystem* sorgt für motorische Impulse; das *Noradrenalinsystem* vermag laufendes Verhalten zu blockieren, erhöht die Wachsamkeit und erzeugt Angstgefühl, Gonadotrope Hormone werden vermehrt, das Streßhormon ACTH vermindert ausgeschüttet; das *Serotoninsystem* erzeugt einen Zustand der Ruhe und des Wohlbefindens, senkt die Wachsamkeit, bremst gonadotrope Hormone, vermehrt aber die Produktion von Prolaktin, das die Brunst steuert.

Entgleisungen der Transmittersysteme kennen wir auch als einige der sogenannten „geistigen" Erkrankungen; sie sind, bei Tier und Mensch, *nur* als eine chemische Fehlsteuerung zu verstehen und auch bei Hunden durch entsprechende Medikamente (wovon wir an anderer Stelle berichten) zu behandeln.

Aber auch „echte" Hormone sind an der „Nervenleistung" beteiligt, wie z. B. das Adrenalin, ein Hormon des Nebennierenmarks. Verfolgen wir seine Wirkungsweise, können wir gut erkennen, daß „die Nerven" die Kombination eines elektrischen und chemischen Signalsystems sind. Die Ausschüttung von Adrenalin wird durch einen vegetativen Nerv, den Symphatikus, ausgelöst, erfolgt also schnell und zielsicher.

Das sich diffus im ganzen Körper verteilende Hormon entfaltet nun an den verschiedensten Stellen eine typische Ketten-Wirkung: Es stoppt die Verdauungsvorgänge, was gleichzeitig eine gehörige Blutmenge zur Versorgung der Skelettmuskulatur freistellt; es beschleunigt den Herzschlag und erhöht den Blutdruck; die Bronchien der Lungen weiten sich aus: verbesserte Sauerstoffversorgung; der Zuckergehalt des Blutes steigt an: Energie für die Muskeln; die Pupillen werden erweitert: erhöhte Reizempfindlichkeit der Augen. Kurz: der

Körper wird auf *ein* entsprechendes Signal hin umfassend in Alarmbereitschaft versetzt.

Hormone und Transmittersubstanzen werden im Organismus selbst hergestellt. Das bedeutet, daß bereits hier Fehlerquellen entstehen können, aber auch, daß aufgrund unterschiedlicher Struktur einzelner Organe, die individuellen Grundvoraussetzungen erheblich abweichend sein können.*). In diesem Rahmen können nur einige Stichworte auf die Zusammenhänge aufmerksam machen.

Bei *Basenjis* wurden beispielsweise große Unterschiede der Schilddrüse und ihrer Leistung zu der europäischer Hunderassen, also an einem entscheidenen „Knotenpunkt" des Geschehens, festgestellt. Die Balance des vegetativen Nervensystems entscheidet darüber, ob ein Tier sich bei Streßanforderungen flexibel einrichten kann. Beim Vergleich hochrangiger und niedrigrangiger Tiere stellte sich heraus, daß bei höherrangigen das sympathische Nervensystem überwog, also auch eine wirkungsvollere Adrenalin-Ausschüttung (Streßreaktion) erfolgte, als bei den niedrigrangigeren. In der Frühentwicklung eines Hundes trägt gezieltes „handling" (Welpen werden täglich geringem Streß ausgesetzt) nachhaltig dazu bei, ihre Streßfähigkeit (aber auch ihre Gehirnentwicklung) entscheidend zu verstärken.

Diese Erwähnung muß uns genügen, sie führt uns aber dazu, unsere Vorstellung dahingehend zu korrigieren, daß für die Nervenleistung eine überragende Bedeutung auch chemischen Vorgängen zukommt. Um es ganz einfach auszudrücken: Die sogenannten „schwachen Nerven" sind nichts anderes, als ein Zeichen für den Gesamtzustand des Organismus; sie sind sein Kontrollsystem und leiten (mit unerbittlicher Konsequenz) alle notwendigen Maßnahmen ein, um den Organismus in eine bestimmte Bereitschaft zu setzen und ihn gleichzeitig vor *Unbill* zu bewahren.

Je weniger widerstandfähig der Organismus ist, umso stärker muß er geschützt werden. Je schwächer ein Tier, umso häufiger schaltet es auf Angst um; ein Zeichen, daß sämtliche anderen „Anlaufstellen" nicht mehr aktionsbereit sind. Obwohl es logisch ist, spielen auch hier, mehr als man sich vorstellen kann, Lernvorgänge eine wichtige Rolle, weil die Reizverarbeitung frühere Erfahrungen berücksichtigt. Gemäß einer ersten Einschätzung werden die Körperprozesse in Gang gesetzt, wo bereits jetzt typische Komponenten bemerkbar sind.

Daher kann verschiedenes gleicherweise „nervös" machen: Erstens ein starker Druck der Umwelt, zweitens aber auch eine Unausgewogenheit oder Erkrankung oder geringe Belastbarkeit innerer Organe, drittens vorangegangene, schädliche Erfahrungen. Werden also im Versuchsstand bei Hunden verschiedene „Typ"-Kategorien beobachtet, sind dies nicht nur Nerven-, sondern generell Konstitutionsunterschiede, sagen also etwas über den Gesamtzustand des Tieres aus. So gesehen, erläutert dies auch die Typenlehre Sheldons aus anderer Sicht.

*) Im „Gangwerk des Hundes" werden diese Zusammenhänge ausführlicher erklärt, da sie auch entscheidend auf das Körperwachstum einwirken.

194

Weichen im Organismus bestimmte Sollwerte ab, wird dies nicht etwa durch direkten Draht quer durch den Körper weitergeleitet, sondern in bestimmten Zentren registriert, die dann das Nötige veranlassen. Das Hungergefühl (wir empfinden es als leeren Magen) wird gar nicht dort erzeugt; im Stammhirn selbst sind die Meßfühler, die im Blut (das es selbst zu seiner Ernährung braucht) den benötigten Zuckergehalt messen und bei seinem Absinken Alarmsignale geben.

Mit Drogen oder Hormonen ist es möglich, das Verhalten eines Tieres zu beeinflussen, was soweit gehen kann, daß vollständige Verhaltensprogramme (aber auch starke psychische Veränderungen) abgerufen werden.

Hormone haben einen Einfluß auch auf die allgemeine Aktivität eines Tieres, sie können eine ähnliche Wirkung haben wie sedierende oder stimulierende Medikamente. Diese haben aber lediglich eine Wirkung auf das zentrale Nervensystem selbst, während Hormone die Abläufe im gesamten Organismus beeinflussen können.

Zusammengefaßt sind also Hormone ein Steuerungs- oder Ordnungssystem, das vom Körper selbst, in bestimmten Zellen gebildet wird und durch innere Sekretion in die Blutbahn gelangt. Über das Blut gelangen sie zu den verschiedenen Organen, sind bestimmend für Schwellenwertveränderungen, die weitere Reaktionen erschweren oder erleichtern. Daher ist ihre Aufgabe ähnlich der des Nervensystems; ihre Wirkung tritt jedoch, im Gegensatz zu der schnellen und kurzfristen Wirkung der Nervenimpulse, langsamer ein und hält für längere Zeit an.

Hormone aber sind es auch, die den Selbstaufbau des Organismus zu einem *lebendigen System* (nicht einer Maschine) verursachen. Sie sind es auch weiterhin, die die „übermaschinelle" Eigenart des Lebewesens den Lebensumständen anpassen, indem sie eine Veränderung des gesamten Organismus bewirken und auf diese Weise auch das Zentralnervensystem beeinflussen, also Verhalten beständig sein lassen oder verändern.

Inzwischen verstehen wir nun schon viel besser, wie aus der Wechselwirkung von Erbgut und Umwelt sowohl extreme (besonders aktiv /besonders passiv) als auch „mittlere" Charaktertypen entstehen; wir begreifen aber auch die deutlichen Zusammenhänge zwischen motorischer Aktivität und Aggressivität einerseits und Aktivität und Körperform (Körperindex) andererseits. Wenn auch PAWLOW den Konstitutionstyp überwiegend als „Nerventyp" bezeichnet, beschreibt er klar die vielen Zusammenhänge von körperlichen Grundlagen und psychischen Reaktionen:

„Unser eigenes Verhalten und das Verhalten höherer Tiere wird bestimmt und kontrolliert durch das Nervensystem. (...) Das Studium bei einer großen Anzahl von Hunden warf allmählich die Frage nach den verschiedenen Nervensystemen der einzelnen Tiere und ihrer systematischen Einteilung auf. (...) Als solche sind drei zu nennen: Die *Stärke* der nervalen Grundprozesse (Erregung und Hemmung), ihr *Gleichgewicht* untereinander und die *Beweglichkeit* der Prozesse.

Die tatsächlichen Kombinationen dieser drei Grundzüge zeigen sich in mehr oder weniger scharf ausgeprägten *vier Typen des Nervensystems*.

Dies deckt sich annähernd mit der klassischen Systematisierung der Temperamente:

Unausgeglichener Typ:	*Ausgeglichener Typ:*
Erregbarer, hemmungsloser Typ (Choleriker): Starke, *unausgeglichene* Tiere, starke *Erregungsprozesse überwiegen* die ebenfalls starken Hemmungsprozesse	*Ruhiger, schwerfälliger Typ:* *(Phlegmatiker)* völlig *ausgeglichen,* stark aber träge
Schwacher gehemmter Typ (Melanchoniker) *unausgeglichen* überwiegend *hemmbar* durch geringfügige Reize: Nervöse *Aktivität* oder nervöse *Reaktionslosigkeit*	*Lebhafter, beweglicher Typ (Sanguiniker):* völlig *ausgeglichen,* aber labil

Der Typ ist also die angeborene, konstitutionelle Form der Nerventätigkeit eines Tieres, der Genotyp. (...) *So ist die schließlich vorhandene Nerventätigkeit des Tieres eine Legierung aus den Grundzügen des Typs und den durch die Umwelt bedingten Veränderungen: Es entsteht der Phänotyp, der Charakter. (...)*

Für einen Hund ist die Wirklichkeit in den Großhirnhemisphären fast ausnahmslos nur durch Reize und deren Spuren signalisiert. Das ist das, was auch *wir* als Eindrücke, Empfindungen und Vorstellungen von unserer Umwelt haben. Es ist dies das erste Signalsystem der Wirklichkeit, das wir mit den Hunden gemeinsam haben. (...)

Die Norm der Nerventätigkeit ist das Gleichgewicht aller beschriebenen Prozesse. Diejenigen unserer Hunde, die zu den *extremen Typen* gehören, dem erregbaren oder dem schwachen Typ, werden besonders leicht in ihrem *Gleichgewicht zu stören* sein, wenn extreme Bedingungen vorliegen: *Überbeanspruchung* des Erregungs- oder Hemmungsprozesses und der direkte Zusammenprall der beiden entgegengesetzten Prozesse, d. h. eine Überbeanspruchung der „geistigen" Beweglichkeit. "

Während PAWLOW die Art und Weise untersuchte, in der Hunde auf verschiedene Stimulationen reagierten, bemühte sich KRUSHINSKY darum, die Zusammenhänge zwischen *Gesamtverhalten, Nerventyp* und *Konstititution* grundlegend zu klären, da aus *nur* der Beobachtung oft völlig falsche Schlüsse gezogen werden.

KRUSHINSKY untersuchte die Verhaltensentwicklung und ihr Verhältnis zu nur zwei fundamentalen Eigenschaften des Nervensystems: seiner *Stärke* und dem Maß seiner *Erregbarkeit*. Erstens waren die Untersuchungen so auf einen überschaubaren Umfang eingegrenzt, zweitens waren an diesen fundamentalen Eigenschaften die genetischen Zusammenhänge klar zu erkennen, da sich ja nicht der gesamte Typ, sondern *bestimmte Fähigkeiten* des Nervensystems vererben.

Motorische Mobilität und Nerventyp

Auch Krushinsky nahm wieder die *körperliche Mobilität* der Tiere als Maß, um auf charakteristische Eigenheiten des *Nervensystems* zu schließen. Dem mobilen, aktiven Typ steht der träge, inaktive Typ gegenüber, der eine ist also extrem erregbar, schnell, der andere wenig erregbar und langsam. Hunde mit hochempfindlichem Nervensystem haben gleichzeitig auch eine entsprechend niedrige Aufmerksamkeitsssschwelle, daher reagieren sie auf erheblich mehr Umweltreize, was auch ihre hohe, motorische Aktivität erklärt.

Zuvor war geprüft worden, ob tatsächlich ein Zusammenhang zwischen körperlicher Mobilität und bestimmten psychischen Eigenheiten besteht. Mit einem Pedometer wurden (ähnlich wie bei James) die Bewegungen eines Hundes in einem bestimmten Zeitraum gemessen; diese Werte wurden mit denen verglichen, die sich im Test an konditionierten Reflexen ablesen ließen, wobei sich das Reflexverhalten und die motorische Aktivität als vergleichbar zeigten, d. h. *aktivere Tiere waren auch leichter konditionierbar!*

Außerdem erwies sich „Aktivität" als deutlich genetisch bedingt, was sich am mittleren Verhalten der F_1-Kreuzungstiere zwischen aktiven und weniger aktiven Tieren nachweisen ließ. Adametz kreuzte extrem nervöse Pointer, die sehr schnell in ihrer Arbeitsweise und daher leicht ermüdbar waren, mit weniger erregbaren Settern. Die Hybriden waren eine gute Mischung, in der eine etwas geringere Aktivität und weniger rasche Ermüdbarkeit zu guten Leistungen führte.

Die Vererbbarkeit von „Aktivität" beruht also, stark vereinfacht ausgedrückt, auf nichts anderem, als auf konstitutionell bedingten, unterschiedlichen Graden der Erregbarkeit des Nervensystems. Auch erwies sich, daß eine erhöhte Erregbarkeit teilweise dominant ist über eine geringe Erregbarkeit.

Nun kann man zwar anhand von Kreuzungsversuchen beweisen, daß bestimmte Eigenschaften genetisch bedingt sein müssen. Es überrascht aber, daß nichts anderes als letztlich biochemische Grundbedingungen „vererbt" werden, die sich wechselseitig beeinflussen und zu so komplexen Verhaltensunterschieden führen. Der nächste Schritt war daher für Krushinsky zu untersuchen, auf welche Weise das Nervensystem selbst beeinflußbar ist.

Die Wirkung von Drogen und Hormonen auf das Nervensystem der Hunde

Wie wohltuend sich für ein extrem nervöses Tier ein bißchen Alkohol auswirken kann, haben wir bereits beschrieben. Die unterschiedliche Wirkung verschiedener Drogen (bzw. die von ihnen bewirkten Verhaltensänderungen) ermöglichten Krushinsky oft ganz unerwartete Einblicke in die innere Struktur bestimmter

Verhaltensweisen. Beispielsweise führten *geringe* Gaben von Koffein zu einer Steigerung der Erregbarkeit, während *höhere* Gaben nicht nur die Erregungs-, sondern auch die Hemmfaktoren aktivieren. Koffein hat also eine zentral erregende und sympathikotone Wirkung. Hier kommen wir erstmals mit einer erstaunlichen „Nebenwirkung" in Berührung, die weniger einem Medikament, sondern mehr dem jeweiligen „Typ" zuzurechnen ist:

> *Die Wirkung jeder Droge beruht auf zwei Faktoren:*
> *Einerseits ihrer Dosis, andererseits*
> *auf den individuellen Voraussetzungen des Organismus.*

Bei Tieren, mit einem sogenannten schwachen Nervensystem, führt eine geringe Dosis zu einer Steigerung, eine hohe Dosis zu einer Verminderung der Reflexe. Dies ist kein Widerspruch, denn die Droge verändert ja sowohl die erregenden, als auch die hemmenden Reizschwellen; ein überwiegend gehemmtes Tier wird im Endeffekt *noch* gehemmter erscheinen, weil ja seine ohnehin überproportionale Hemmung noch erhöht wurde.

Ähnliche Wirkungen ließen sich auch durch *Hormongaben* erreichen. An Tieren, bei denen beispielsweise Hypophyse, Schilddrüse, Nebenniere usw. entfernt wurden, konnte man den entscheidenden Einfluß dieser Hormone auf die Nervenleistung erkennen, aber auch, daß die Hormonwirkung wieder dem Typ des Tieres entsprach.

In bestimmten Fällen können Verhaltensabweichungen der Hunde auf eine Über- oder Unterfunktion endokriner Organe zurückzuführen sein. Ist z. B. übergroße Ängstlichkeit oder Aggressivität aufgrund hormoneller Unstimmigkeiten oder durch Entgleisungen der Transmittersysteme entstanden, bleiben erzieherische Maßnahmen wirkungslos, wenn nicht auch gleichzeitig eine medikamentöse Behandlung durch den Tierarzt durchgeführt wird; die Wirkung solcher Maßnahmen ist allerdings oft erstaunlich.

Zusammenhänge von Aktivität und Trainierbarkeit
Leistungsgrenzen bei extremen Anforderungen
am Beispiel der Anti-Tank-Hunde

Auch HUMPHREY und WARNER stellten 1934 einen Zusammenhang zwischen der allgemeinen, mobilen Aktivität der Hunde und ihren Leistungen fest. Bei 254 Hunden mit Spitzenleistungen hatten 70 % ein hohes Maß an Aktivität, während dies in einer anderen Gruppe von 96 Hunden, mit weniger guten Trainingsergebnissen, nur bei 33 % zutraf.

Eine klare Korrelation zwischen Erregbarkeit und *Lernfähigkeit* stellte auch KRUSHINSKY bei 271 Hunden fest. Wie immer, hatte er einen relativ einfachen

Weg gefunden, diese „allgemeine Erregbarkeit" zu messen. Bevor am Abend die Fütterung begann, wurde den Hunden ein Pedometer umgehängt; sie konnten das Futter zwar *sehen*, aber nicht erreichen und steigerten sich so in eine immer größere Erregung hinein. Die Unterschiede der Hunde waren beeindruckend: Sie reichten von nur 10 bis zu 360 Bewegungen in zwei Minuten!

Normalerweise nutzen wir bei ihrem Training natürliche Eigenschaften der Hunde aus, sei es beim Schutzdienst, beim Fährten, beim Apportieren usw. Auch die im Krieg eingesetzten Hunde ließen sich aufgrund angeborener Anlagen relativ leicht zu speziellen Aufgaben abrichten; das Hauptproblem war, sie an Kriegslärm, Gestank usw. zu gewöhnen.

Trotzdem läuft die Ausbildung zum Kriegshund in extremen Fällen fast allen natürlichen „Instinkten" des Hundes zuwider. Es interessiert uns aber in diesem Zusammenhang nicht so sehr, *wie* und wozu diese Hunde ausgebildet wurden, umso mehr aber die Untersuchungen, die KRUSHINSKY bei einigen dieser Hunde durchgeführt hat, die entweder diesen Anforderungen gewachsen waren oder aber auch versagt hatten.

Im Krieg wurden einige Hunde zu Meldehunden, andere als *„Anti-Tank-Hunde"* (Panzerhunde) ausgebildet. Diese Ausbildung enthielt verschiedene, sich steigernde Schwierigkeitsgrade. Noch dazu mußten die Hunde innerhalb kürzester Zeit ausgebildet werden, weil sie nach ihrem ersten, echten Einsatz „verbraucht" waren.

Die Hunde wurden trainiert, auf den mit hoher Geschwindigkeit fahrenden Panzer zuzurennen und sich ohne Zögern unter ihn, zwischen die Panzerketten zu begeben. Auf ihrem Rücken transportierten sie eine Sprengladung, die unter dem Panzer ausgelöst wurde.

Zu diesem Todeskommando werden, wie man sich vorstellen kann, Hunde mit besonderer Nervenfestigkeit benötigt. Aber es ist ein Irrtum, diese unter den ruhigeren, passiveren Hunden zu erwarten, vielmehr waren sie alle hochgradig erregbar und aktiv. Das kam aber erst heraus, als man die Hunde, die besonders gute Trainingsleistungen erbracht hatten, auf ihre allgemeine, mobile Aktivität hin testete und die Test- mit den Trainingsergebnissen verglich.

Zusammengefaßt ergab sich, daß die aktiven Hunde nicht nur leichter trainierbar waren; ihre bessere Gesamtbewertung beruhte auch darauf, wie *präzise* sie letztlich ihre Aufgabe durchgeführt hatten. Sie mußten nicht nur schnell und ohne zu zögern, sondern auch genau und ohne Fehler arbeiten.

Die Hunde hatten dabei aber in mehrfacher Weise ihre natürliche Angst zu überwinden. Bei diesen extremen Anforderungen gab es eine klare Beziehung zwischen der motorischen Aktivität der Tiere und sowohl der Schnelligkeit, mit der sie unter den Panzer gingen, als auch der Präzision, mit der sie ihre Aufgabe durchführten.

Medikamentöse Leistungsbeeinflussung
macht deren Struktur sichtbar

Insgesamt ergab sich ein deutliches Leistungsgefälle zwischen den schließlich zu den verschiedensten Kriegszwecken ausgebildeten Hunden. Da ein auffallender Zusammenhang von Aktivität und Leistung bestand, wurde mit verschiedenen Drogen getestet, auf welchen besonderen Grundlagen diese Unterschiede beruhen.

Bei einigen Hunden, die sich schlecht oder gar nicht zum Panzer-Hund hatten ausbilden lassen, ließ sich durch entsprechende Medikamente die Trainierbarkeit auffallend verbessern. Bei diesen Hunden stand damit eindeutig fest, daß sie nicht dank mangelhafter Begabung oder angeborener Fähigkeiten, sondern lediglich durch ihr besonderes Temperament für diese Aufgabe ungeeignet waren.

Besonders beeindruckend war die Sache mit „Ema", einem etwa sechsjährigen Schäferhund, der bereits zwei Monate „Antitank-Training" absolviert hatte. Der Hund war enorm langsam, er näherte sich dem Panzer vorsichtig und schrittweise, und meistens weigerte er sich, wenn er endlich sein Ziel erreicht hatte, unter den Panzer zu gehen. Schließlich war das Training abgebrochen worden.

Dem sturen, tranigen Ema wurde nun Thyroidin, ein Schilddrüsen-Präparat, verabfolgt. Bereits nach neun Tagen veränderte er sich auf beeindruckende Weise. Kaum wurde er des Panzers gewahr, geriet er nun knurrend, bellend, zähnefletschend in gewaltige Erregung. Nachdem ihm aber weiterhin Thyroidin und Koffein verabfolgt wurden, vollbrachte er weiterhin diese für ihn beachtliche Leistung, die sich nach 21 Tagen sogar noch steigerte. Bei der fortgesetzten Behandlung mit diesen Drogen wurden seine Leistungen immer williger, schneller und sicherer. *Der Hund war in einen aktiven Typ verwandelt worden.*

Besonders interessant ist aber, daß auch noch nach Monaten (obwohl späterhin keine Drogen mehr verabfolgt wurden) Ema seine hervorragenden Leistungen fast unverändert beibehielt; lediglich sein Tempo hatte sich etwas verringert. Seine interessante Charakterwandlung machte ihn zum Test-Hund, was ihn wohl vor dem Kriegseinsatz bewahrte.

Offensichtlich ist eine erhöhte Aktivität des Nervensystems in bestimmten Fällen eine günstige Voraussetzung, die dazu beiträgt, die Lernfähigkeit eines Hundes erheblich zu steigern und wertvoll insbesondere bei Aufgaben, bei denen eine erhebliche Geschwindigkeit, also *gesteigerte Aktivität* und ebenso das *Unterdrücken von Angst* in bestimmten Situationen, gelernt werden muß.

Doch wurde das Nervensystem selbst auf diese Weise nicht verändert, sondern durch das Schilddrüsenpräparat die gesamte Konstitution des Hundes beeinflußt, d. h. der Stoffwechsel insgesamt auf ein höheres Niveau gebracht, was, wie wir sehen werden, ganz entscheidend zur Ausbildung des Verhaltens beitragen kann.

Lassen sich diese Erkenntnisse, weil sie bei Hunden festgestellt wurden, die außerordentlich schwierige Aufgaben bewältigen konnten, verallgemeinern und auf alle Arten von Gebrauchshunden übertragen? Heißt dies nun, daß man lediglich mit einigen Drogen jeden Hund in ein kleines Weltwunder umgestalten kann? Verwandelt eine Pille ein Lamm in einen Wolf??

Selbstverständlich hat auch KRUSHINSKY diese Frage beschäftigt; daher untersuchte er nun die Eigenschaften einer Gruppe zu völlig anderen Aufgaben eingesetzter Hunde, um (sozusagen im Gegenversuch) herauszufinden, ob bei Hunden, die für bestimmte Aufgabenbereiche selektiert sind, auch (unbewußt) eine besondere Konstitution durch Selektion gefördert wurde.

Besondere Voraussetzungen
bei Spür- und Fährtenhunden

Diesmal waren es 102 fertig ausgebildete Spürhunde, bei denen KRUSHINSKY zusammen mit FLESS nach Zusammenhängen von Leistung und Aktivität suchte. Die Hunde waren trainiert worden, der Spur einer Person zu folgen, deren Geruch sie an einem Gegenstand oder einem Platz, wo die Person sich aufgehalten hat, aufgenommen hatten. Der Hund muß in der Lage sein, diesen Geruch von allen anderen Gerüchen, die die Spur eventuell kreuzen, zu unterscheiden und darf sich durch nichts ablenken lassen.

Als aber die motorische Aktivität auch dieser Hunde, mit der bis dahin üblichen Methode, ermittelt wurde, war das Ergebnis für die Forscher überraschend: Diesmal schien sich ihre Erwartung, daß gute Leistung und hohe Aktivität zusammengehören, nicht zu bestätigen.

Nicht nur das: Überraschenderweise waren in dieser Gruppe ausgerechnet die Hunde mit geringer Aktivität die besonders hervorragenden Spürhunde! Andere aus dieser Gruppe, die zwar einen ebenso guten Geruchssinn hatten, aber von größerer Aktivität waren, schnitten in der Bewertung ihrer Leistung sehr viel schlechter ab. Sie gingen zwar voller Begeisterung und mit großem Tempo ans Werk, verloren aber, da sie leicht ablenkbar waren, oft die Spur. Diese Hunde waren viel mühsamer zu trainieren, nur durch erfahrene Trainer konnten aus ihnen die Leistungen herausgeholt werden, zu denen sie aufgrund ihres Geruchssinnes befähigt waren.

Die Motivation zu bestimmten Handlungen ist
im Sinne eines unkonditionierten Reflexes angeboren

Verständlicherweise zerbrachen sich die Wissenschaftler den Kopf darüber, wie diese unerklärlichen Resultate zu verstehen seien. Sie überprüften nochmals alle Fakten; dabei stellten sie fest, daß der Fehler nicht bei den Hunden, sondern im

Test zu suchen war. Dieser hatte im Grunde sogar *ein* richtiges Ergebnis gebracht, nämlich, daß diese Hunde sich ganz grundlegend von den bisher getesteten unterschieden.

Es galt also, bei den Aktivitätstests die besondere Veranlagung bestimmter Hunderassen oder -typen mit einzubeziehen, die von *einem* einheitlichen Test offensichtlich nicht immer richtig erfaßt werden konnte.

Erst jetzt wurde ihnen ein weiterer, sehr wichtiger Gesichtspunkt bewußt. Beim Training für unterschiedliche Gebrauchszwecke werden ganz unterschiedliche, angeborene Reflexe des Hundes zugrunde gelegt, also eine bestimmte *angeborene Neigung* oder *besondere Motiviertheit* der Hunde ausgenutzt.

Bei den Meldehunden und auch bei den Anti-Tank-Hunden war das Training auf dem *Nahrungsreflex* aufgebaut. Daher gerieten sie auch bei ihrem Aktivitätstest, der angesichts von sichtbarem (aber nicht erreichbarem) Futter durchgeführt worden war, in eine erhebliche Erregung. Bei den *Spürhunden* war jedoch das Training auf dem *aktiven Verteidigungsreflex* aufgebaut. Ein neuerlicher, von KRUSHINSKY erarbeiteter Test ermöglichte nun auch bei diesen Hunden, den Grad ihrer Aktivität zu bestimmen.

Diesmal sah die Situation für die Hunde völlig anders aus. Sie wurden (angeleint) einem Fremden, der sie reizte, gegenübergestellt und ihre jetzt entfaltete Bewegungsaktivität mit dem Pedometer erfaßt. Die hierbei erregbarsten Hunde waren dann auch wieder jene, die die besten Trainingsergebnisse und Leistungen als Spürhunde erbracht hatten. Für diese, wie für alle selbständig arbeitenden Hunde, war (ganz unbewußt) ein Selektionsmerkmal, daß sie durch Umweltreize nur bedingt ablenkbar waren, daher auch durch Futter nicht stark stimuliert wurden. Ähnliche Verhältnisse liegen ja beispielsweise auch bei den Hütehunden vor.

Vom Wesenstyp und Neigungstyp des Hundes

Wie bereits gesagt, sind bei der Apportierleistung Hunde, die eine *Neigung* haben, etwas in der Schnauze herumzutransportieren (bei ansonsten gleichen Eigenschaften) jenen überlegen, bei denen diese Neigung nicht so ausgeprägt ist. Eine besondere *Neigung* hat also die *Natur eines unkonditionierten Reflexes*, da in diesem Fall die Reizschwellen besonders niedrig und leicht ansprechbar sind.

Die Ausbildung eines Hundes zu den verschiedensten Aufgaben wird also nicht nur von seinem Nerven- oder Charaktertyp bestimmt; sie wird umso erfolgreicher sein, je mehr seine angeborenen Neigungen dem unkondionierten Reflex entsprechen, auf dem das Spezialtraining aufgebaut ist. Daher *kann* eine spezielle Fähigkeit und ein besonderer Charaktertyp durch künstliche Selektion bei bestimmten Rassen verbunden sein, aber auch unabhängig vererbt werden. (Ähnliches haben auch SCOTT und FULLER bei den von ihnen bei den verschiedensten Aufgaben getesteten Hunden beschrieben.)

Hier kann man das Gesetz der Reizschwelle(n) erkennen; es handelt sich nicht um eine *allgemeine*, sondern um eine in bestimmtem Sinne erhöhte oder abgesenkte Empfindlichkeitsschwelle (also z.B. für Apportieren, für Nasenleistung, für Angriffslust). Durch diese spezielle Empfindlichkeit kann eine Neigung im Sinne eines unkonditionierten Reflexes besonders leicht ausgelöst werden. Die Wirkung bestimmter Reize auf ein Tier hängt von deren Intensität oder Qualität und von seiner Reizempfindlichkeit (seiner besonderen Bereitschaft oder Motiviertheit) ab, wodurch eine Reizschwelle leichter oder weniger leicht ansprechbar ist.

Durch *Training*, was ja letztlich eine gesteigerte Motiviertheit des Hundes herbeiführt, kann man aber z. B. die Intensitätsschwelle des Geruchssinnes oder auch der Gehörempfindlichkeit noch zusätzlich herabdrücken, so daß der Hund auch auf geringere oder unnatürliche Geruchsspuren oder auf besondere Geräusche reagiert. Je feiner die natürlichen Sinneswahrnehmungen des Hundes sind, umso mehr wird aber seine Leistung, seine Lernwilligkeit vorausgesetzt, sich durch Training steigern lassen.

Die Bedeutung von Wesenstyp und Neigungstyp für die Leistung des Hundes

Wie man sieht, kann man auch nicht einfach davon sprechen, daß sich eine Verhaltensweise vererbt. Das spezifische Verhalten einzelner Hunderassen setzt sich zusammen aus einer bestimmten angeborenen Begabung und einem besonderen Charaktertyp. Der erforderliche „*Wesenstyp*", der durch ein bestimmtes innersekretorisches Zusammenwirken entsteht, ist etwas für *alle* Rassen Allgemeingültiges. Damit ist die Höhe und Ausgewogenheit der Energiespannung gemeint, die *qualitativen* Grundbedingungen, die (aus Güte und Schnelligkeit des Stoffwechselumsatzes, der Ausgewogenheit des Nervensystems) zu einem schnelleren Tempo, einer erhöhten *Leistungsintensität* führen.

Dies gilt auch für das typische „Temperament" einiger Rassen: Bekannt sind die quirligen Terrier oder Spitze, ist das reiche Gefühlsspektrum der Bulldoggen, die empfindlich auf Unlusterlebnisse reagieren, sind die etwas besonneneren Doggen, Bernhardiner. Anders sind die sogenannten Gemütsrassen Pudel, Cocker und einige Jagdhunde; wegen ihrer Lernlust werden Pudel gern als Intelligenzrassen bezeichnet. Und völlig anders sind wieder Neufundländer, Pinscher usw... Ganz gleich, ob sie mehr oder weniger „lebhaft", so oder so begabt sind, sie müssen zuallererst in sich ausgewogen sein und „stimmen". Dabei wird dann der Jagdhund seine volle Aktivität bei völlig anderen Anlässen entfalten, als der Spitz oder der Neufundländer. Zu diesen „Temperamentsunterschieden" finden wir die Entsprechungen auch in ihrem Körperbau, in der Struktur ihrer Knochen und Muskeln*).

Nicht zu *verwechseln* ist dies mit den besonderen, rassetypischen Fähigkeiten, nennen wir es *„Neigungstyp"*. Dieser kommt einzig und allein durch bestimmte, rassetypische *Reflexkomponenten* zustande, die genetisch in den Rassen festgelegt sind und die dann, entsprechend dem „Wesenstyp" mehr oder weniger ausgeprägt in der Ausbildung verstärkt werden können.

Das ließ sich besonders eindrucksvoll am Beispiel des Hundes Ema verfolgen, bei dem eine Erhöhung der Energiespannung die in ihm schlummernden Leistungen und Neigungen weckte.

Zwei wichtige Voraussetzungen führen daher leichter zu
besonders hervorragenden Leistungen der Hunde:

Entweder	oder
der *„Wesenstyp"* entspricht ihrem *„Reflex- oder Neigungstyp"*.	der *„Wesenstyp"* ermöglicht die Trainierbarkeit von Reizschwellen.

---

*) Siehe „Gangwerk des Hundes", wo dies ausführlicher erläutert wird.

Unerwartete Charakterähnlichkeit
einer Kreuzung Schäferhund × Sibirian Husky
mit der Wesensschwäche von Wolf/Hund-Mischlingen

Wir wissen aus vielen Berichten, daß eine Kreuzung Wolf/Hund regelmäßig unerfreuliche Ergebnisse bringt: Die Nachkommen werden nach einiger Zeit überwiegend hochgradig ängstlich und sind nicht sozialisierbar. Man hat dies weitgehend auf das „Wolfs-Erbe" zurückgeführt, von dem man sich zwar nicht recht erklären konnte, *woraus* es eigentlich besteht, aber man konnte beobachten, daß und wie es sich auswirkt.

Auch in diesem Fall erweisen sich die etwas umständlichen Bezeichnungen: „aktive" bzw. „passive Verteidigungshaltung" als nützlich, die Umstände genau zu beschreiben. Bei Wölfen und den nach ihnen folgenden Kreuzungstieren war eindeutig eine passive-Verteidigungshaltung zu beobachten, während sich bei den Eltern der Kreuzungstiere sehr oft nicht die passive, sondern die „aktive-Verteidigungshaltung" feststellen ließ.

Wie bereits gesagt, werden diese beiden Verteidigungsreflexe jeweils jeder für sich, aber auch gemeinsam vererbt. Aber, um es einmal ganz naiv auszudrücken: Wo ist bei den Kreuzungstieren Wolf/Hund der „aktive-Verteidigungsreflex" geblieben? Ganz offensichtlich scheint er bei einer Wolf/Hund Verbindung verloren zu gehen, was aber wiederum eigentlich nicht gut möglich ist. Noch dazu sind ja oft Wolf/Hund-Mischlinge noch erheblich furchtsamer als Wölfe selbst! Viele Jahre lang mußte man sich damit zufrieden geben, daß „dies eben so ist", obwohl zu vermuten war, daß sich Kenntnisse dieser Zusammenhänge sicherlich auch anderweitig nützlich verwenden lassen könnten.

Ein besonders verwunderliches und völlig unerwartetes Kreuzungsergebnis brachte dann KRUSHINSKY dazu, diese bei Wolf/Hund-Kreuzungen beobachteten Ergebnisse genauer zu analysieren. In den Kreuzungswürfen nach drei Husky-Rüden mit Schäferhündinnen hatten nämlich *alle* Welpen ein *hochgradig ängstliches Verhalten*, also eine passive Verteidigungsreaktion, die in dieser Form bisher besonders bei Wolfs-Mischlingen beobachtet worden war.

Wahrscheinlich wäre man, wenn es sich nur um einen Wurf gehandelt hätte, gar nicht *so* aufmerksam geworden; da aber gleich nach drei Würfen ein solches Ergebnis entstand, war die Häufung dieses unerwarteten Ergebnisses bemerkenswert. Und obendrein auch noch völlig unverständlich. Sehen wir uns einmal einige der Würfe an.

Drei Kreuzungswürfe Husky × Deutscher Schäferhund					
(HU = Husky / SCHÄ = Schäferhund / VR-Verteidigungsreaktion (aktiv, passiv oder keine)					
HU × SCHÄ		HU × SCHÄ		SCHÄ × HU	
kein VR	akt. VR	kein VR	kein VR	akt. VR	kein VR
Welpen:		Welpen:		Welpen:	
●	●●●●●●	●●●●●		●	●●●
akt./pass. VR	alle anderen pass. VR	alle pass. VR		akt./pass. VR	alle and. pass. VR

Obwohl der *Sibirian Husky* in seinem *Äußeren* (insbesondere durch die leicht schräg gestellten Augen) durchaus etwas an einen Wolf erinnert, ist aber *nichts* in seinem *Wesen* mit dem Wolf vergleichbar. Der Husky zeichnet sich gerade durch sein *außerordentlich freundliches, zutrauliches Wesen* aus, was auch aus den oben aufgeführten Angaben hervorgeht, wo beim Husky überhaupt *kein* Verteidigungsreflex angegeben ist. Aber auch bei den in der obigen Verbindung eingesetzten Schäferhündinnen wurden entweder *keine* oder aber *aktive* Verteidigungsreflexe registriert.

Aber aus irgendeinem, bei diesen Hunden zu suchenden Grund mußte sich diese extreme Ängstlichkeit der Welpen entwickelt haben. KRUSHINSKY verglich also nun beide Kreuzungstypen (Wolf/Hund und Husky/Schäferhund). Es fiel ihm dabei auf, daß sowohl *Wolf* als auch *Husky*, im Vergleich mit anderen Hunderassen, sich durch eine *besonders geringe motorische Aktivität* auszeichneten. Aber darüberhinaus stieß er auf keine Gemeinsamkeit zwischen Wolf und Husky, durch die das Kreuzungsergebnis erklärbar gewesen wäre.

Wesensmerkmale und Leistungsfähigkeit der Hunde können maskiert sein

Da die Merkmale (*keine* passive Verteidigung) der hochaktiven Schäferhunde aus anderen Test- und Kreuzungsversuchen gesichert waren, *mußte* die Ängstlichkeit von den Huskies kommen, obwohl diesen davon nichts anzumerken war. KRUSHINSKY konnte sich dies nur so erklären, daß die angeborenen, passiven Verhaltensreflexe, dank der geringen Aktivität ihres Nervensystems, nicht zum Durchbruch kommen konnten! Damit war die Reizschwelle dieser Hunde so hoch, daß sie – ähnlich wie ein Schwerhöriger – von herkömmlichen Stimulationen überhaupt nicht erreicht wurden. Allerdings mußte das nun erst noch bewiesen werden.

Es war restlos unmöglich, die Husky-Schäferhundmischlinge zu testen; sie waren so scheu, daß jede Arbeit im Versuchsstand mit ihnen gänzlich ausgeschlossen war. Auch im Freien waren sie dauernd in allergrößter körperlicher Betriebsamkeit und ständig fluchtbereit, sobald sich nur irgendjemand näherte. Als Vergleich: Die tägliche durchschnittliche Bewegungszahl war beim Husky 2400, beim Husky/Schäferhund dagegen 12.000!

Um herauszufinden, ob beim Husky-Vater ein passiver Verteidigungsreflex *maskiert* vorhanden war, also aufgrund seiner außerordentlich geringen Aktivität nicht zum Durchbruch käme, wurden den Huskies nun geringe Gaben von *Kokain* injiziert. Zuvor hatte man bei anderen Hunden, die ebenfalls keine passive Verteidigung zeigten, im Versuch bewiesen, daß Kokain die Gehirnaktivität erhöht. Jedoch wurde bei keinem der Vergleichshunde, trotz deutlicher Steigerung ihrer Körperbewegungen (von 480 auf 2800), aufgrund der Kokain-Injektion eine passive Verteidigung ausgelöst. Also brachte Kokain nur das zutage, was auch vorhanden war, war aber selbst nicht der Anlaß zu gesteigerter Ängstlichkeit.

Völlig anders war die Kokainwirkung auf die Huskies. Nach Kokain-Injektion stieg ihre allgemeine Aktivität sichtbar an. Ebenso waren nun, wie vermutet, bei allen Hunden *ausgeprägte passive Verteidigungsreflexe* feststellbar, die aber, sobald die Wirkung der Droge nachließ, sogleich wieder verschwanden. Durch die erhöhte Aktivität des Gehirns kam also die genetisch bedingte Anlage zur passiven Verteidigung voll zum Durchbruch! Aber auch bei Huskies, die sich bereits ohne Drogen passiv verteidigten, steigerte Kokain die Ängstlichkeit erheblich.

Mit diesen Ergebnissen ist aber das Problem noch keinesfalls erschöpft. Bereits PAWLOW hatte Hunde mit passiven Verteidigungsreflexen den Typen mit „schwachem" Nervensystem zugeordnet. Hunde mit „schwachen Nerven" haben (als folgerichtige Entwicklung) letztlich ihre kindliche Ängstlichkeit beibehalten. Sie sind von klein auf so scheu, daß sie die notwendigen Umwelterfahrungen gar nicht machen können, also nicht lernen, keine Angst zu haben; daher sind sie auch später *gehemmte* Typen und schrecken vor jeder neuen Erfahrung zurück. Aber auch der passivere Hund, bei dem die Ängstlichkeit verdeckt bleibt, ist wenig aktiv an Umwelterfahrungen interessiert. Auch er hat ein Erfahrungsdefizit, das sich unter bestimmten Umständen dann in Umweltangst und Unsicherheit ausdrückt.

Wie ausgeprägt der passive Verteidigungsreflex bemerkbar wird, hängt von der allgemeinen Aktivität des Tieres ab, womit auch etwas anderes, sehr Wichtiges ausgesagt ist:

> *Ängstlichkeit ist keinesfalls das Gegenteil von Aktivität!*
> *Vielmehr steigt auch die Ängstlichkeit eines Tieres*
> *mit der Erhöhung seines Aktivitäts-Level entsprechend an!*

Maskierte Charaktereigenschaften können Tests verfälschen und zu Problemen führen

Nun liegt natürlich die Frage nahe, ob nicht auch sonst bestimmte, genetisch bedingte Verhaltensweisen unbemerkt bleiben, weil sie durch die oben beschriebenen Umstände verschleiert oder unterdrückt werden. Dies ist vor allem deshalb von Bedeutung, weil sich ähnliche Verhältnisse auch aus anderen Paarungen ergeben können. Es ist also nicht unbedingt gesagt, daß aus der Paarung eines sehr aktiven und eines sehr passiven Hundes (bei denen keine Wesensmängel beobachtet wurden) die Welpen mit Sicherheit einwandfrei im Wesen sind; oft wird, vermutlich zu Unrecht, dann ein rezessiver Erbgang vermutet. Es fragt sich außerdem, ob ein „wesensfester", sehr ruhiger Hund dies auch unter extremen Bedingungen bleibt; infolge von großem Streß, der insgesamt die Erregung steigert, kann es zu einer ganz unvermuteten Wesensveränderung kommen.

Dieses wichtige Problem hat auch KRUSHINSKY sehr beschäftigt, und es gelang ihm wieder, durch medikamentöse Beeinflussung, verdeckt vorhandene Eigenschaften der Hunde hervorzuholen. Durch Kokain-Injektionen ließ sich bei Hunden mit *aktivem Verteidigungsreflex* die Aggressivität erheblich steigern, also ist auch in diesem Fall die Auswirkung des Genotyps von der individuellen Aktivität der Nervenleistung abhängig.

Besonders aufschlußreich waren die Verhältnisse, die nach Kokain-Injektionen bei *aggressiv-ängstlichen* Hunden zutage kamen. Wieder bestätigte sich, daß bei diesen Hunden der aktive und der passive Verteidigungsreflex vereinigt sind, aber auch, daß sich ein Verhaltensmerkmal aus unterschiedlich *gewichteten* Komponenten zusammensetzen kann. Bei den in ihrem Verhalten scheinbar einheitlichen Hunden zeichneten sich nun die individuellen Unterschiede klar erkennbar ab:

Kokain-Wirkung auf aggressiv-ängstliche Hunde		
Gruppe	Passive Verteidigung	Aktive Verteidigung
1. Gruppe:	verstärkt	verstärkt
2. Gruppe:	verstärkt	gering verstärkt
3. Gruppe:	verstärkt	unverändert
4. Gruppe:	verstärkt	abgeschwächt
5. Gruppe:	verstärkt	erloschen
6. Gruppe:	abgeschwächt	verstärkt
7. Gruppe:	erloschen	verstärkt
8. Gruppe:	unverändert	unverändert

Diese Ergebnisse sind außerordentlich interessant. Durch Kokain-Wirkung gesteigert, kommen die dem (scheinbar gleichen) Verhalten der Hunde zugrundeliegenden, völlig unterschiedlich gewichteten, genetisch bedingten Strukturen zutage. Ist *eine* der „komplexen Verhaltensreaktionen" überwiegend, setzt sich diese nun verstärkt durch. Sind aber beide in gleicher Gewichtung vorhanden, können sowohl beide sich gleicherweise verstärkt oder aber unverändert ausdrücken (Gruppe 1 und 8); ebenso ist möglich, daß die eine verstärkt wird, während die andere abgeschwächt, d. h. unterdrückt wird.

Passive und aktive Verteidigungsreflexe können sich gegenseitig maskieren

Veränderungen im Verhalten eines aggressiv-ängstlichen Hundes können aber nicht nur durch Drogen herbeigeführt werden, was auch hinsichtlich einer allgemeinen Beurteilung eines Hundes von großer Bedeutung ist; nicht immer offenbart sich das „wahre" Wesen eines Hundes. KRUSHINSKY hatte einen aggressiv-ängstlichen Hund so *trainiert*, daß er seine Ängstlichkeit offensichtlich restlos verloren hatte; er fiel nun durch seine *extrem-aktive* Verteidigung auf. Hatte das Training aber den Verlust des passiven Verteidigungsreflexes herbeigeführt?

Um dies zu prüfen, wurde diesem Hund *Morphium* injiziert. Morphium senkte deutlich die Aktivität des Hundes und damit *verschwand* auch, wie erwartet, sein *aktiver* Verteidigungsreflex. Unter Morphiumwirkung war der Hund wieder, wie vor dem Training, aggressiv-ängstlich. Mit nachlassender Morphiumwirkung kehrte dann das ausschließlich aggressive, antrainierte Verhalten zurück, bei dem sich nicht eine Spur von Ängstlichkeit entdecken ließ!

Wir sind damit aber immer noch nicht am Ende der hier möglichen Variationen. Auch ein ängstlicher Hund (z. B. Husky-Schäferhundmischling) kann in

Wirklichkeit ein *gemischter Typ* (aggressiv-ängstlich) sein, aber die Ängstlichkeit überwiegt und der Hund reagiert daher nur ängstlich, was KRUSHINSKY an Kreuzungsversuchen nachwies. Bei den Nachkommen aus der Paarung deutlich ängstlicher und völlig unaggressiver Hunde traten sämtliche Verhaltensmerkmale auf, sie waren: aggressiv, aggressiv-ängstlich, ängstlich, ohne jede Aggression. Einer dieser Welpen (aggressiv-ängstlich) war nach Kokain Injektion nur noch furchtsam, d. h. er war in Wirklichkeit ebenso furchtsam wie seine Mutter.

Charakter-Gegensätze gleichen sich nicht aus

Wie bereits gesagt, entstehen Angstbeißer (aggressiv-ängstlich) grundsätzlich aus Paarungen aus Eltern *„aktive Verteidigung"* × *„passive Verteidigung"*. Was all denen zur Warnung gesagt werden muß, die immer noch hoffen, daß man einen Wesensfehler kompensieren kann, wenn man extrem gegensätzliche Hunde verpaart.

Im Gegenteil: Meistens werden sich in den Nachkommen die Fehler noch addieren, und diese daher noch weniger brauchbar sein, als ein lediglich ängstlicher Hund. Noch dazu können diese beiden, ganz gegensätzlichen Veranlagungen unterschiedlich stark zum Ausdruck kommen und auf diese Weise die eine die andere überdecken. So wird zunächst der wahre Sachverhalt gar nicht entdeckt, macht sich aber bemerkbar, wenn der Hund in Ausnahmesituationen kommt oder aber womöglich zur Zucht eingesetzt wird.

Ausschlaggebend, ob und wie genetisch bedingte Veranlagungen zum Ausdruck kommen, ist die Aktivität des Nervensystems. Eine insgesamt gesteigerte Aktivität bringt alle Anlagen (positive und negative) verstärkt zum Ausdruck, führt aber auch zu guten Trainingsergebnissen. Entsprechend gegenteilig wirkt sich aber auch eine insgesamt sehr niedrige Aktivität aus. Sie läßt sowohl genetisch bedingte (aber auch durch Erziehung herbeigeführte) Verhaltensweisen des Hundes nicht zum Durchbruch kommen und behindert damit auch die Ausführung trainierter Leistungen.

Daher sind die individuellen Leistungsunterschiede tatsächlich auf das Aktivitäts-Potential seines Nervensystems, also die gesamte Konstitution des Hundes, zurückzuführen. Was man ja auch bei Hunden, die nicht ganz gesund sind, an deren plötzlichem Leistungsabfall beobachtet. Hunde mit ansonsten gleichem oder unterschiedlichem Genotyp können gleich oder völlig unterschiedlich erscheinen, je nachdem, auf welcher Aktivitätsstufe sie sich befinden. „Die Bedeutung der kräftigen Aktivität der Nervenprozesse ist deshalb so groß, weil aus der Umwelt mehr oder weniger regelmäßig ungewöhnliche Erlebnisse und Stimulationen zu erwarten sind, wofür eine kraftvolle Nervenaktivität notwendig ist."

Bei Hunden mit einer schwachen Nervenleistung führt bereits eine geringe Belastung (bei der die bisherige Spannung erregender und hemmender Prozesse verändert wird) zu einem Zusammenbruch ihrer Leistungsfähigkeit. Bei Hunden des starken Typs ist auch bei enormer Belastung nicht mit einem Zusammenbruch, sondern im Gegenteil mit verstärkter Leistung zu rechnen.

Streßsituationen haben für Hunde eine ähnliche Wirkung, wie sie durch Kokain herbeigeführt werden kann. Für alle Streßsituationen gilt, daß sie grundsätzlich die wesentlichen Charakterzüge (negative und positive) nachdrücklicher in Erscheinung bringen, während schwächere Anlagen völlig unterdrückt werden.

Wie mißt man die Stärke der Nervenaktivität bei Hunden?

In einer Zuchtlinie entdeckte KRUSHINSKY bei den Nachkommen einer ängstlichen Hündin über viele Generationen schwere Wesensmängel. Alle Welpen zeichneten sich durch träge und unausgewogene Nervenaktivität aus. Durch Kreuzungsversuche wurde der Beweis erbracht, daß die Stärke des Nervensystems, als Folge einer bestimmten Konstitution, genetisch bedingt ist. Zu ähnlichen Ergebnissen kamen nicht nur SCOTT und FULLER sondern auch HUMPHREY und WARNER, die über Selektion zu Leistungsverbesserung kamen. Aus allem ergibt sich, daß die „Stärke" des Nervensystems zu seiner besonderen Struktur gehört und weitgehend den Genotyp bestimmt.

Wie aber kann man eigentlich die „Stärke der Nervenaktivität" messen? Unsere Beobachtungen und Vermutungen können uns, wie wir nun wissen, zu erheblichen Fehleinschätzungen führen.

Die Versuche, die KRUSHINSKY durchführte, waren überraschend einfach: Er erzeugte mit *Schnarren* und *Autohupen* starke Geräusche und testete damit die Fähigkeit eines Hundes, erstens die verschiedensten Geräusche auszuhalten und zweitens, wie lange er jeweils brauchte, bis sein passiver Verteidigungsreflex nachweisbar ist. Nach diesen Maßstäben bewertet, fielen die Hunde in vier Kategorien:

Der Nerventyp durch Geräuschtest (Autohupe und Schnarre) ermittelt:			
1. Gruppe:	*2. Gruppe:*	*3.Gruppe:*	*4. Gruppe:*
Schwacher Typ	Kräftige Variante des schwachen Typ	schwache Variante des starken Typ	Starker Typ
Ertragen *kein* Geräusch	Halten beide *zögernd* aus	Halten *eins* *von beiden* Geräuschen aus	ertragen *beide* *ohne* Schwierigkeit

Die passive Verteidigungsreaktion (Angst) ist sowohl beim schwachen als auch beim starken Typ anzutreffen, aktive Verteidigungsreflexe sind jedoch überwiegend mit dem starken Typ verbunden. Hunde mit aktiven Verteidigungsreflexen sind auch überwiegend nicht lärmempfindlich. Hier wird deutlich, daß das *Nervensystem* (oder die Konstitution) selbst *nicht* dafür *verantwortlich* ist, ob passive Verteidigungsreflexe entstehen, daß aber der aktive Verteidigungsreflex überwiegend dann zu beobachten ist, wenn das Tier dem starken Typ angehört. Es sind also immer mehrere Faktoren, die darüber bestimmen, welches Verhalten letztlich das Schicksal des Tieres bestimmt: genetische Veranlagung, Aufzuchtbedingungen, ausgewogene Nervenleistung.

Bedeutung des Wesenstyps bei der Leistungsfähigkeit der Hunde

Welche Bedeutung haben die in den Versuchen ermittelten Grade der Nervenfestigkeit für bestimmte Trainingsanforderungen? Einfachere Trainingsleistungen sind *unabhängig* von der Belastbarkeit, je schwieriger aber die Aufgaben werden, umsomehr steigen auch die Anforderungen an die Nervenleistung der Hunde. Die Fähigkeit des Gehirns, auch extreme Reize verarbeiten zu können, gibt dann letztlich den Ausschlag. Eine hohe, ausgewogene Aktivität der Nervenprozesse fördert nicht nur die Lernfähigkeit, sie verhindert die Manifestierung von passiven Verteidigungsreflexen und verstärkt die Wirkung des aktiven Verteidigungsreflex.

„Schwache Nerven" sind aber dennoch nicht als eigentliche Ursache von besonderer Ängstlichkeit anzusehen. Diese entsteht aufgrund einer angeborenen Disposition *und* unzureichender Aufzucht. Aber: Hunde mit „guten" Nerven verlieren ihre Welpenängstlichkeit früher, sind also nicht so stark durch Aufzuchtmängel zu beeinflussen.

Immer wieder flackert die Diskussion über den Wert des „Schußtestes" auf, durch den bei einigen Rassen die Nervenfestigkeit geprüft wird. Seine Gegner behaupten, dies sei nicht nötig, weil *ihre* Hunde derartigen Geräuschen niemals ausgesetzt würden. (Meistens sind auch gerade die dagegen, deren Hunde dabei ungünstig abschneiden. Mit anderen Worten versuchen sie, das Fieber dadurch zu bekämpfen, daß sie es nicht mehr messen!)

„Wesenstyp" und „Neigungstyp" sind genetisch bedingt. Beide sind in Grenzen durch Erziehung zu beeinflussen. Man kann einen Hund erziehen, weniger ängstlich zu sein oder zu apportieren. Diese Erziehung verändert aber keinesfalls den Genotyp, sondern nur den Phänotyp des Hundes, der, auch wenn er sich bei zwei Hunden scheinbar identisch zeigt, trotzdem auf völlig unterschiedlichen Grundlagen beruhen kann.

Der unterschiedliche Einfluß der Sexualhormone
auf das Verhalten von Rüde und Hündin

Normalerweise fallen einem, wenn man an Hormonwirkungen denkt, bei Hunden nur die Sexualhormone ein; trotzdem weiß man wenig darüber, daß sie keinesfalls nur in direktem Bezug zum Fortpflanzungsgeschehen von Bedeutung sind. Sie haben einen entscheidenden Einfluß auch auf das *Verhalten* von Rüde und Hündin, jedoch eine ganz unterschiedliche Wirkungsweise.

Sexualhormone gehören zu den Steroidhormonen, also zu jener Gruppe, die in der Nebennieren-Rinde gebildet werden (z. B. Gluco-Steroide). Daher werden gleichzeitig mit den Sexualhormonen auch geringe Mengen der anderen gebildet, was darauf hinweist, daß sie insgesamt einen energiefördernden Einfluß haben, aber auch, daß bei männlichen Tieren auch weibliche Hormone produziert werden und umgekehrt.

Am besten erkennt man die Bedeutung einer auslösenden Ursache, wenn man sie entfernt und abwartet, wie die Dinge sich gestalten. Ratten, denen die Eierstöcke entfernt wurden, waren erheblich weniger aktiv, woraus sich auch erklärte, warum Ratten während des Östrus eine gesteigerte Aktivität zeigten. Die Kastration hat auf männliche und weibliche Tiere (und zu verschiedenen Zeitpunkten) eine völlig unterschiedliche Wirkung. Männliche Ratten, die mit 3 - 4 Tagen kastriert wurden, waren in ihrem späteren Leben aktiver, als Ratten, bei denen der Eingriff später erfolgte.

Folglich wurde auch bei Hunden untersucht, ob dort vergleichbare Verhältnisse zu beobachten seien. Die unermüdlichen HUMPHREY und WARNER testeten die Aktivität bei 174 Rüden und 172 Hündinnen. Hier waren ebenfalls die Hündinnen aktiver als die Rüden. Allerdings scheint dies bei Hunden nicht die Regel zu sein, was sich zumindest bei KRUSHINSKY ergab. Bei seiner Untersuchung von 390 Schäferhunden stellte er *keine* generellen Aktivitätsunterschiede zwischen Rüden und Hündinnen fest; bei einer gemeinsam mit FLESS durchgeführten Arbeit fand er vielmehr heraus, daß (wenn überhaupt) bei den Schäferhunden die Rüden geringfügig aktiver waren als die Hündinnen.

Einen im Grunde wenig sinnvollen Test machte BEACH mit kastrierten Rüden. Er testete, wie schnell sie (im Gegensatz zu nicht kastrierten Rüden) zu einer läufigen Hündin hinlaufen würden. Tatsächlich rannten die nichtkastrierten Rüden viermal schneller. Wenn aber den kastrierten Geschlechtsgenossen männliches Hormon injiziert wurde, waren sie ebenso schnell, d. h. dieses Verhalten war eindeutig von Sexualhormonen beeinflußt. Man hätte dies zwar auch so *vermutet*, nun *wußte* man es *genau*!

Kastration der Rüden hat erhebliche „Nebenwirkungen"

Tatsächlich haben aber Sexualhormone noch ganz andere Wirkungen. Häufig wird bei sehr aggressiven Rüden geraten, diese via Kastration zu „entschärfen". Wie diese Wirkung zustande kommt, sei hier erklärt, da aus diesen Versuchen die mehrfache Wirkung des männlichen Sexualhormons erkennbar wird. Eine sehr frühe Kastration der Rüden führte (im Versuch) zu einer drastischen Abnahme der Reaktionsfähigkeit der Großhirnrinde. Die Hunde ermüdeten außerordentlich schnell, insgesamt war ihre Nervenaktivität schwächer. ARKHANGELS'SKII konnte beweisen, daß männliches Sexualhormon einen erheblichen Einfluß nicht nur auf die Aggressivität, sondern auch auf die *Lernfähigkeit* der Hunde hat, sie waren deutlich zunehmend schwerer trainierbar. Nach der Kastration waren sowohl die erregenden als auch die hemmenden Reflexe vermindert. Besonders bei jungen Tieren wirkte sich die Kastration verheerend aus: Sie ließen sich zwar nach längerer Zeit durch intensive Erziehung trainieren, erreichten aber niemals die Ergebnisse anderer Hunde.

Die Kastration männlicher Tiere führt zu einer Verminderung der Nervenaktivität der Großhirnrinde, bewirkt also einschneidende Veränderungen. Bei Versuchen, die PETROVA durchführte, erwies sich aber auch, daß es individuelle Reaktionsunterschiede gab, die entprechend dem „Typ" des Hundes ausfielen. Tiere des „starken Typs" erholten sich einige Zeit nach dem Eingriff wieder mehr oder weniger. Tiere des „schwachen Typs" zeigten zwar zunächst bei stereotypen Übungen geringe Leistungen, dann allerdings entwickelte sich eine auffällige Leistungsminderung. Schließlich verweigerten sich die Hunde überhaupt. Gravierende Folgen hatte aber die sehr frühe Kastration der Welpen: Bei ihnen wurde vor allem der Hemmreflex gestört, d. h. sie gerieten leicht in außerordentliche Erregung, die in einer Neurose endete.

Bei extremen Verhaltensstörungen der Rüden wird gelegentlich die Kastration empfohlen. Aus den oben genannten Gründen sollte man aber *vor* einem solchen Schritt überlegen, ob die Verhaltensstörung des Hundes überhaupt auf Hormoneinfluß zurückzuführen ist und nicht viel mehr eine Frage von Haltung und Erziehung ist. Erziehungsfehler lassen sich durch Kastration *nicht* ausgleichen! Dies muß nachdrücklich gesagt werden, weil dieser Eingriff oft genug aus diesen Gründen erfolgt, und die Besitzer vergeblich auf den Erfolg warten.

Immerhin, bei streunenden Rüden oder Überaggressivität anderen Rüden gegenüber und bei unerwünschtem Urinieren hat sich dieses Verfahren bewährt. *Keine* Wirkung zeigte sich auf Angstbeißer und auf territoriale Aggressivität; diese ist auch bei Hündinnen oft sehr stark und daher *nicht* geschlechtsgebunden. Bei verschiedenen Gebrauchshunden (z. B. Blindhunde) werden aus verständlichen Gründen meist sowohl Hündinnen als auch Rüden kastriert.

Einfluß weiblicher Sexualhormone

An den Folgen, die das Entfernen der Eierstöcke bei Hündinnen auslöst, ist der gewaltige Unterschied in der Wirkungsweise männlicher und weiblicher Hormone klar zu erkennen. Bei Hündinnen ließ sich nach diesem Eingriff eine wesentlich geringere Veränderung des Verhaltens und der Trainierbarkeit feststellen als bei den Rüden. Trotzdem gilt auch für Hündinnen, daß auch bei ihnen eine Verminderung der konditionierten Reflextätigkeit feststellbar ist, also Kastration keinesfalls so ohne jede Nebenwirkung auf das Verhalten ist, wie oft behauptet wird. Darüberhinaus zeigen Hündinnen während des Östrus eine deutlich gesteigerte Aktivität und abgeschwächte Hemmung, die mit Depressionsphasen abwechseln.

Geschlechtshormone haben, anders als oft angenommen, nicht nur Bedeutung hinsichtlich der Fortpflanzung oder anders gesagt, gerade deswegen eine so zentrale Bedeutung, da die damit verbundenen Verhaltensweisen ja das Überleben schlechthin betreffen. Ihre Wirkung führt zu einer mehr oder weniger starken Aktivierung des gesamten Organismus, und drückt sich entsprechend der Veranlagung des Individuums aus, ähnlich wie wir es im Vorangegangenen bei der Wirkung von Medikamenten bereits erklärt haben.

Unterschiede in der Arbeitsleistung von Rüden und Hündinnen

Im allgemeinen bestehen in der Trainierbarkeit keine sehr großen Unterschiede in den Leistungen von Rüden und Hündinnen. Aber an den von KRUSHINSKY eingehend untersuchten „Anti-Tank-Hunden" ließ sich feststellen, daß sich bei *extremen* Anforderungen doch Leistungsunterschiede nachweisen lassen. Bei den Rüden führte auch das Training unter großem Druck nicht zu deutlich veränderten Leistungen. Bei den sensibleren, ablenkbareren Hündinnen waren aber schwierigere Begleitumstände von nachhaltiger Wirkung. Ihr Lernvermögen ließ unter Streß deutlich nach. KRUSHINSKY untersuchte daher, wie sich bei Rüden und Hündinnen die Verteilung auf die vier Grundtypen des Nervensystems zeigte.

Unterschied des Nerventyps bei Rüden und Hündinnen			
Nerven-Typ	Hündin	Rüde	Gesamtzahl
Sehr stark	0	5	5
stark	7	16	23
schwache Variante des starken Typs	3	4	7
starke Variante des schwachen Typs	5	1	6
schwach	7	5	12

Insgesamt haben also Rüden „bessere Nerven", was allerdings nur in besonderen Extrem-Situationen zur Wirkung kommt. Man kann sich den Grund dafür aber gut vorstellen, da Testosteron (sowohl bei männlichen, wie bei weiblichen Tieren) in der frühen Entwicklung auch wesentlichen Einfluß auf die Gehirnentwicklung hat und auch später zu einer gesteigerten Gehirnaktivität führt.

Diese Zusammenhänge (Aggression, Nervenfestigkeit, Lernvermögen) werden am Beispiel der von TINBERGEN beobachteten Eskimohunde deutlich.

„Es gibt *zeitliche Grenzen* der Lernfähigkeit, es gibt *Phasen besonderer* Lernfähigkeit. Die *Eskimohunde* in Ostgrönland leben in Gruppen von fünf bis zehn Tieren zusammen. Die Gruppe verteidigt ihr Revier gegen jeden anderen Hund. Alle geschlechtsreifen Hunde einer Eskimosiedlung kennen Lage und Grenzen der Gruppenreviere haargenau und wissen, wo Angriffe fremder Gruppen zu befürchten sind. Die Jungen beteiligen sich noch nicht an der Revierverteidigung, sondern laufen ahnungslos überall herum; so oft sie dabei in fremde Reviere geraten, werden sie immer gleich verjagt. Trotz der Häufigkeit solcher bisweilen äußerst übler Erfahrungen *lernen sie nichts*, so daß der Beobachter sie für unglaublich dumm zu halten geneigt ist.

Sowie sie aber geschlechtsreif werden, beginnen sie auch schon achtzugeben. Indem sie sich fortan die Orte ihrer Niederlagen merken, lernen sie die Reviergrenzen kennen: binnen einer Woche hört jedes Grenzüberschreiten auf. Zwei Jungmännchen erlebten binnen *einer Woche* ihre erste Begattung, verteidigten erstmals ihre eigenen und vermieden erstmals fremde Reviere.“

Die *aktive* Verteidigungshaltung wird erheblich von (männlichen) Geschlechtshormonen beeinflußt. Die Geschlechtsreife männlicher Tiere steht in deutlichem Zusammenhang mit ihrem Revier- und *aktivem* Verteidigungsverhalten, im weiteren Sinne ist es auch für das soziale Zusammenleben und die Rudelbildung von Bedeutung.

Die *passive* Verteidigungshaltung ist erheblich weniger von Geschlechtshormonen beeinflußt. Weibliche Hormone (Hündinnen sind während der Läufigkeit weniger ängstlich) führen zu wenig ausgeprägterer Ängstlichkeit, aber die Kastration führte weder bei Rüden noch bei Hündinnen zu einer veränderten passiven Verteidigungsreaktion.

Die zahlreichen Untersuchungen KRUSHINSKYS belegen, daß bei allen Rassen und bei allen Leistungsgruppen die deutlichen Unterschiede zwischen Rüden und Hündinnen aber auf dem Unterschied in der Stärke des Nervensystems basieren, da die dort ablaufenden Prozesse von männlichen Geschlechtshormonen stark beeinflußt werden.

Die mehrfache Funktion und Bedeutung des Nervensystems

Bereits PAWLOW hatte herausgefunden, daß das Gehirn ständig in Aktivität sein muß. Solange das Individuum lebt, wird der aktive Zustand aufrechterhalten durch ständige Stimuli, die das Gehirn sowohl von außen durch die Sinnesorgane, als auch vom Körper selbst erhält. Daher ist es auch unerträglich, in einem total abgeschirmten Raum zu sein, weil der Körper diesen Mangel an (sonst überhaupt nicht registrierter) Stimulation tatsächlich empfindet.

Einen außerordentlich interessanten Versuch führte KRUSHINSKY durch, um die Wirkung, die psychischer Streß erzeugen kann, genau zu analysieren. Er verwendete dabei nämlich weder Drogen noch Schock. Er wollte die Wirkung von extremen Reizen beobachten, ohne daß dabei der Körper direkt durch Eingriffe von außen beeinflußt und womöglich doch irgendwie verändert worden war.

Dabei konnten durch *ausschließlich* psychische Reize, (erzeugt mit einer normalen elektrischen Klingel) bei den Tieren Erregungszustände herbeigeführt werden, die von Krämpfen, Starre, Schock bis hin zum Tod führten.

Da es gelang, Tiere mit unterschiedlicher Anfälligkeit zu züchten, war erwiesen, daß die Empfindlichkeit auf extreme Geräusche genetisch bedingt ist. Aber auch ein Defizit von Magnesium, Kalzium oder von Vitamin B1 in der Fütterung erhöhte die Streßempfindlichkeit.

Mit diesem Klingeltest bewies KRUSHINSKY die enorme Bedeutung der Nerventätigkeit: Auf *psychische* Stimulationen erfolgen die gleichen Reaktionen, wie sie auch bei direkten, *körperlichen* Einwirkungen oder medikamentöser Behandlung zu beobachten sind.

Aber die Experimente KRUSHINSKYS zeigten auch die Folgen des erschöpften Hemmprozesses: Ein Schutzmechanismus fällt damit aus, die notwendigen Erholungspausen werden immer geringer und es kommt so zum Kollaps, nicht selten zum Tode.

Im Nervensystem wird zwar die Erregung weitergeleitet, doch ist die Nervenleistung nicht unveränderlich. Sie richtet sich nach der Stärke und Häufigkeit des Reizes; erst eine Folge von Reizen bringt die Veränderungen, die Reaktionsfähigkeit wird also angebahnt.

Die Nervenleistung hat nur eine begrenzte Kapazität; d. h. die Überträgersubstanzen sind regelrecht verbraucht, es erfolgt daher „Gewöhnung" an bestimmte, langdauernde Reize. Die „Hemmreflexe" arbeiten auf ähnliche Weise und werden ausgelöst, um ein Auswuchern der Erregung zu verhindern; auch bei diesen gilt, daß sie erschöpfbar sind.

Im normalen Organismus halten sich erregende und hemmende Prozesse die Waage. Es können aber auch bereits bei Geburt Ungleichgewichte zwischen ihnen sein, was vielleicht eine von vielen Erklärungen ist, warum bestimmte Reaktionsweisen angeboren sind, was dann zu den Nerventypen PAWLOWS führt.

Das Nervensystem hat also eine *mehrfache* Funktion: Erstens hat es die Aufgabe, alle eingehenden Reize und Stimulationen zu *koordinieren*, zweitens aber hat es ebenso eine *Schutzfunktion*.

Eine bloße Überlastung oder Einseitigkeit des Nervensystems kann dazu führen, daß die „eingegangene" Erregung nicht mehr ordnungsgemäß aufgearbeitet
und umverteilt wird, sondern sich direkt und unkontrolliert auf die subcortikalen
Bereiche auswirkt und so erhebliche vegetative Störungen hervorruft, die bis zum
Tod führen können.

Dieser Zustand wird umso schneller erreicht, je weniger das Nervensystem den
Ansprüchen genügt, denen es ausgesetzt ist. Hierbei spielen aber nun wieder
Hormone eine wichtige Rolle, die in bestimmten Streßsituationen das Aktivitäts-
level entsprechend verbessern, wobei sich dann wieder der Kreis schließt, weil ja
die Ausschüttung der Hormone wiederum eingeleitet wird, indem sie über das
Nervensystem die entsprechenden Meldungen erhalten.

<table>
<tr><td>

Vierter
Teil

</td><td>

Das Verhalten des Hundes
aufgrund angeborener,
arteigener Anlagen

</td></tr>
</table>

Die Evolution des Verhaltens und die Domestikation

Soviel wissen wir nun: Der Charakter oder das „Wesen" des Hundes wird von
zwei Kräften geformt, die über die normale oder abnormale Verhaltensentwicklung entscheiden. Die eine Kraft ist sozusagen der Druck von innen, also die
genetisch bedingte Entwicklung, die aber darauf angelegt ist, daß sie durch die
andere Kraft, den Druck von außen, also die Umwelt, ergänzt bzw. geformt
werden muß. Dieses Wechselspiel vielfacher körperlicher und geistiger Prozesse
konnte unter Versuchsbedingungen aufgedeckt werden.

Jetzt allerdings fragen wir uns, was sind die tieferliegenden arteigenen Gesetzmäßigkeiten oder, einfacher ausgedrückt: Warum benimmt sich ein Hund wie ein
Hund? Und warum soll immer noch, bei allem, was wir beobachten, das Verhalten
des Wolfes die Quelle für das des Hundes sein?

Wenn wir überlegen, ob für das Verhalten unseres Hundes mehr das Erbgut
oder mehr die Umwelt verantwortlich ist, vergessen wir leicht, daß nicht nur bei
der *Entwicklung* eines Lebewesens eine rege Wechselbeziehung zwischen dem
Individuum und der Umwelt besteht, sondern daß bereits die genetischen Faktoren sich in enger Beziehung zu den Umweltbedingungen gestaltet haben. Wenn
wir über unsere Hunde nachdenken, haben wir ja nur die sehr begrenzten
Umwelteinflüsse, denen unsere Hunde ausgesetzt sind, vor Augen. Die genetischen Grundlagen, die das *typische* Verhalten unserer Hunde gestalten, sind
jedoch in zeitlich ganz anderen Dimensionen entstanden.

Uns ist gar nicht richtig bewußt, daß der Wolf, als Stammvater unserer Hunde, zu den hochentwickelten Säugetieren gehört, also bereits selbst ein hochspezifiziertes Lebewesen ist, das auf eine lange, genetische Entwicklung zurückblickt. Wölfe vermochten sich ganz außerordentlich verschiedensten Umwelteinflüssen anzupassen, man findet sie in ganz unterschiedlicher Gestalt in allen Teilen der Welt: „Es scheint mir zweifelhaft, ob irgendein anderes Säugetier sich so weit ausgebreitet hat, und deswegen muß der Wolf als der hochentwickelte Repräsentant einer außergewöhnlich erfolgreichen Säugetierfamilie angesehen werden" (E. A. GOLDMANN).

Die Beschäftigung mit der Entwicklung der Hunderassen, ihren tiefen, oft ganz gegensätzlichen Eigenschaften, die Bemühung, wichtige Wesensmerkmale des Hundes richtig zu deuten und auszunutzen, bedeutet auch, sich vor Augen zu führen, auf welchen Grundlagen die Domestikation vom Wolf zum Hund möglich war und was sich dabei eigentlich verändert hat oder erhalten geblieben ist.

Das Stichwort ist: Anpassungsfähigkeit. Beim Wolf ist nicht nur die Variabilität seiner Gestalt erstaunlich, sondern auch die seines Verhaltens, das keinesfalls immer die gleichen starren Formen beibehält, sich nicht nur unterschiedlich in verschiedenen Regionen bildet, sondern auch innerhalb gleicher Regionen sich den Umweltbedingungen variabel anpaßt.

Die nördlichen Wölfe waren groß, wolfsgrau, langhaarig, hatten eine starke Rudeldisziplin; die im Süden vorgefundenen Wölfe waren kleiner, hatten kürzeres Fell, waren braungefärbt und neigten zu gelockerterer Rudelbildung und kleineren Gruppen.

Dennoch, es ist ein Irrtum, daraus zu schließen, unsere heutigen Hunde seien nichts anderes als so oder so ausgefallene, größere oder kleinere, gezähmte, an den Menschen gewöhnte Wölfe, jeweils nach des Menschen Geschmack nach Form, Farbe und Größe kreiert. Durch die „Domestikation" wurden Wölfe nicht gezähmt, sondern ihre genetische Grundsubstanz nur scheinbar völlig umgestaltet.

Diese wurde dabei, wie wir sehen werden, tatsächlich nur in *einem* Punkt *entscheidend* verändert, so daß im Grunde das gesamte Verhalten des Wolfes, wenn auch in unterschiedlicher Gewichtung und „Färbung", beibehalten wurde; die entscheidende Wirkung hatte das Selektionsmerkmal „Zahmheit", wir gehen darauf später, im Zusammenhang mit domestizierten Füchsen, noch eingehend ein.

Denn, was auch durch Domestikation und Selektion verändert wurde, ob aus dem Wolf ein Chihuahua oder ein Irish Wolfhound wurde, gibt es zwischen Wolf und Hund genetisch keinen Artunterschied, sie haben den gleichen Chromosomensatz.

Wichtigste Voraussetzung:
Die Verhaltensstruktur des Wolfes

Vorerst werden wir daher noch etwas bei den Wölfen bleiben: Wolfsforscher
(z. B. CRISLER, MECH, FOX UND ZIMEN) beschreiben, mit einer ganz besonderen
Mischung aus Hochachtung und Zuneigung, das hochentwickelte Sozialgefüge,
die Rudelstruktur und das Überlebensprogramm der Wölfe. Ganz gleich, durch
welche äußere Wandlung der Wolf seine Anpassung an die veränderte Umwelt
anzeigt: Der Kern seiner Überlebensstrategie ist sein besonderes, genetisch vor-
programmiertes Verhalten, ist das in seiner Lebensform repräsentierte hochentwickelte Sozialgefüge: Das Zusammenleben in größeren oder kleineren Gruppen,
in der hierarchischen Struktur des Wolfsrudels, das zu den vollkommensten
Lebensformen gehört, die man sich vorstellen kann und eine ganz besondere
Leistung dieser „höher" entwickelten Säugetiere ist. Aber nur aufgrund dieser
Verhaltensstruktur läßt sich, wie wir nun sehen werden, auch das Verhalten der
Hunde begreifen.

Die Rudelstruktur – nicht nur Lebensform
sondern Überlebensgrundlage!

Wenn GOLDMANN, wie oben zitiert, vom Wolf als dem „hochentwickelten
Repräsentanten" spricht, ist darunter nicht seine Hochachtung für ein einzelnes
Individuum zu verstehen, sondern für die „Gesellschaftsform", die diese Tiere
entwickelt haben, die hier nun in einer groben Skizze umrissen werden soll:

In jedem Wolfsrudel gibt es zwei (voneinander unabhängige) Rangordnungen,
eine für die Wölfe, eine für die Weibchen. An der Spitze steht jeweils ein
Elternpaar oder das ranghöchste Tier, die die stärksten – und häufig auch die
ältesten sind. Dann folgen in beachtlichem Abstand die Nächstrangigen, meist
Tiere aus früheren Würfen. Zuletzt kommen die Welpen, für die eine Rangordnung noch nicht existiert, obwohl am Verhalten der Kleinen untereinander schon
Wesensunterschiede und kleine Rangeleien beobachtet werden. Meist bestehen
diese Rudel aus acht bis zehn Tieren.

Die Rudelstruktur entsteht durch genetisch bedingte Verhaltensformen der
Wölfe und ist nicht nur Lebensform, sondern auch Überlebensgrundlage und hat
sich daher im Laufe der Jahrtausende immer mehr verfestigt: Wölfe, die sich
abseits stellen, haben keine Überlebenschance, es sei denn, sie finden sich in einer
neuen Rudelbildung zusammen. Gelegentlich werden auch sogenannte „Schlepp-
tau-Wölfe" beobachtet. Zunächst hat man sie als Einzelgänger betrachtet, da sie
immer einzeln angetroffen wurden. Erst durch Beobachtungen vom Flugzeug aus
stellte sich heraus, daß sich einzelne, abgesonderte Wölfe in oft sehr großer

Entfernung des Rudels aufhalten und sich von den vom Rudel übriggelassenen Nahrungsresten ernähren.

Innerhalb dieser streng-hierarchischen Form sind die Verhältnisse klar geregelt: Nur bestimmte Tiere vermehren sich. Meist ist die Alpha-Wölfin das trächtige Tier, nicht immer aber der Alpha-Wolf der Vater. Interessanterweise läßt dieser gelegentlich einem Rangniederen den „Vortritt", ja man hat sogar herausgefunden, daß ein Wolfsrüde, wenn er zum Rudelführer avanciert, erheblich geringere sexuelle Aktivität entwickelt als vorher. Ansonsten herrscht hier das Prinzip der natürlichen Geburtenkontrolle: Man nimmt an, daß die Zahl der trächtigen Wölfinnen in Korrelation mit der Größe des Rudels und der Menge der verfügbaren Nahrung steht. Bei großem Streß, weil das Rudel zu groß ist und die Nahrung nicht ausreicht, entstehen, unter zusätzlichem Homoneinfluß besonders zur Ranzzeit, erhebliche Aggressionen zwischen den Wölfen.

Hüterin dieser Ordnung ist die Alpha-Wölfin, die *innerhalb* des Rudels einen sehr viel stärkeren Einfluß hat als der Alpha-Wolf. Die Alpha-Wölfin hindert auf sehr aggressive Weise die untergeordneten Weibchen daran, trächtig zu werden. Man hat beobachtet, daß unter schlechten Bedingungen die Geburtenrate auch deswegen stark abfällt, weil die Welpen nicht ausgetragen werden, sondern bereits vorher absterben; bei Nahrungsmangel sterben aber noch weitere Welpen, so daß nach schlechten Jahren die Rudel kleiner werden und so besser überleben können.

Vermutlich ist auch die *Unverträglichkeit von Hündinnen* untereinander aus dieser Sicht zu erklären. Bei Auseinandersetzungen von Hündinnen untereinander kennen diese oft kein Pardon dem unterlegenen Tier gegenüber, was zu großen Problemen führen kann. Häufig werden auch während der Läufigkeit Hündinnen, die bis dahin friedlich miteinander umgingen, sehr aggressiv. Paßt man hier nicht auf, geht also energisch dazwischen und verhindert *alle* Auseinandersetzungen, kommt es leicht zu einer dauernden Feindschaft, die dann *nicht* mehr korrigierbar ist!

Viele komplexe Bedingungen führen zur Rudelorganisation

Die *Verständigung* der Wölfe erfolgt, außer über das allen bekannte „Wolfsheulen" und olfaktorische Signale, über eine sehr *ausgefeilte optische Kommunikation*, was aber auch bedeutet, daß Wölfe in hohem Maße beobachten, Gesehenes auswerten und auf Signale zu reagieren fähig sind: Mit fein abgestuften Veränderungen ihrer Körperhaltung, Stellung der Ohren, ihrer ausdrucksvollen Mimik, Haltung des Schwanzes, Aufstellen der Haare wird alles zum Ausdruck gebracht: Imponierverhalten, neutrale Kontaktaufnahme, Rangdemonstration, viele Stufen der Unterwerfung, Verteidigungsbereitschaft, Angriffsabsicht, Angst. Alle diese Ausdrucksformen finden wir auch bei unseren Hunden wieder.

Über die Entwicklungsstadien der Wolfswelpen haben wir bereits vorher im Zusammenhang mit der Entwicklung der Hundewelpen berichtet. Die Entwicklungabschnitte verlaufen bei Wolf und Hund weitgehend ähnlich. Bei der Geburt ist auch der Wolf zunächst ein hilfloses Tastsinntier, mit der Reifung seines Organismus vollzieht sich auch die des Verhaltens. Wie gesagt, hat man erst aus den Beobachtungen und Untersuchungen an Hunden den tieferen Sinn dessen zu verstehen gelernt, was man bei Wölfen und anderen wildlebenden Caniden beobachtet hat und umgekehrt.

Die jungen Wölfe lernen viel *mehr*, als nur die ausgefeilte Kommunikation, auf der sich auch die Rangordnung im Rudel aufbaut. In ihrem Spielverhalten kann man bereits das gesamte Verhaltensrepertoire des Wolfes erkennen: Einladung zum Mitspielen, Begrüßung, Überfalldrohung, Rennspiele mit Jägern und Gejagten, Unterwerfung und Sieg.

Vor allem wird *auf dieser Grundlage das Individuum geformt und so das Ordnungsprinzip erhalten.* Im Rudel können daher, als Ergebnis von Rangordnungsauseinandersetzungen oder durch Tod oder Weggang einzelner Tiere, die Stellungs*inhaber* wechseln, *niemals aber wird die Rudelstruktur sich ändern.*

Das Rudel ist kein Terror-Modell

Obwohl heute fast niemand mehr mit Wölfen in Berührung kommt, spielt der Wolf im Denken vieler Menschen eine große Rolle. Als Inbegriff des Bösen hat er z. B. Rotkäppchens Großmutter oder die sieben Geißlein verschlungen; in vielen Abenteuerberichten werden Menschen von blutrünstigen Wolfsrudeln überfallen, ist in dunklen Nächten Wolfsgeheul unheimlich und schaurig weithin zu hören. So kann man sich auch nicht wundern, daß über das Wolfsrudel entsprechend viele Irrtümer nicht auszurotten sind.

Erst in den letzten Jahren ist es gelungen, die inneren Zusammenhänge, die zur Rudelbildung führen, aufzudecken. Man hat dabei nicht nur wahrhaft erstaunliche Dinge herausgefunden, sondern auch zu verstehen gelernt, warum aus dem Wolf der Hund werden konnte. Trotzdem haben sich die Irrtümer darüber, was für ein Tier der Wolf ist und was sein Rudel im Kern zusammenhält, bis heute hartnäckig halten können.

Sehr deutlich kann man die Folgen dieser Horror-Vision bereits daran erkennen, wie ein Hundebesitzer sein Verhältnis zum Hund, in dem der Mensch das Alpha-Tier zu sein hat, gestaltet. Nicht selten wird auch manche Familien- oder Staatsstruktur, mit diktatorischem Familienoberhaupt oder Führer, mit einem Blick auf das Wolfsrudel, als eine *natürliche* Lebenform betrachtet und diese damit gleichzeitig gründlich mißverstanden. Während sich in mancher menschlichen Gesellschaft wahre Aggressor- oder Terror- Gemeinschaften bilden, ist dies bei der sozialen Rudelstruktur der Wölfe nicht so.

Für uns ist dieses Thema in mehrfacher Weise interessant. Erstens können wir das Verhalten unserer Hunde nur verstehen, wenn wir es mit der sozialen Lebensform und Lebensbewältigung der Caniden vergleichen. Zweitens wird uns erst durch den Vergleich der Verhaltensweisen verschiedener Wildformen begreiflich, daß sich nicht nur ihre äußere Gestalt, sondern auch ihr Verhalten in *großen Zeiträumen* umweltbedingt verändert und spezialisiert hat.

Soziales Zusammenleben, sowohl bei Tieren als auch bei Menschen, wird bevorzugt nach sehr rationalen (und sehr menschlichen!) Gesichtspunkten erklärt: Die Natur „weiß", daß Gemeinsamkeit stärker macht, sie bringt daher einige „Auserlesene" hervor, die der Masse der übrigen zu ihrem Heil verhilft. Die einseitige Betrachtungsweise tierischen Zusammenlebens erweist sich dauerhafter als manche Tierart, die dank des Mißverstehens der natürlichen Zusammenhänge ausgerottet wurde.

Diese Betrachtungsweise wird auch für den Wolf angewandt, den man folglich als eine mörderische Tierart ansah, deren Lebensform, die Rudel-Gemeinschaft, als Terror-Gesellschaft beschrieben wurde, wobei der Rudelführer alle Macht der Selbstentfaltung besitzt, während die Rudelmitglieder, ihrer Individualität völlig verlustig geworden, gestaltlos im Rudel aufgehen. Wobei sich auch hier, wie so oft, herausschält, daß manche Lebensphilosophie auf mangelhaften biologischen Kenntnissen basiert.

Das Rudel benötigt und gestaltet Individualität

Tatsächlich aber ist, um auf die Realität der *Natur* zurückzukommen, dort gerade das Gegenteil dieser Theorie die Regel. Erst das Rudel ermöglicht den vielfältigen Individuen, daß sie sich, ganz nach ihren persönlichen Möglichkeiten, „entfalten" und überleben können, weil es im Rudel für jeden einen festen Platz gibt. Rangordnungskämpfe dienen zu nichts anderem, als die *gewünschte loyale Grundhaltung* der Tiere zueinander zu erhalten, die das Rudel in entspannter Stimmungslage hält. Es ist daher nicht nur die *Fähigkeit* zur *Loyalität*, sondern das *Bedürfnis* danach, die Wolf und Hund kennzeichnen. Dies erst ermöglicht die *Beziehung Mensch/Hund* und ist im Kern auch der Grund der Zuneigung des Menschen zu seinem Hund.

Das Rudel ist eine komplexe Interaktion des Individuums mit der Gemeinschaft; diese erwächst aus Individuen und *fördert daher auch deren Entstehung*, statt, wie angenommen, sie zu unterbinden. HENRY S. SHARP betrachtet die Gemeinschaft oder das Rudel als etwas Konkretes, im Sinne beispielsweise der Sprache. Auch Sprache existiert nicht als ein greifbarer Gegenstand. Greifbar sind nur das jeweils konkret Mitgeteilte und die Übermittlung von Gefühlen, Stimmungen. In diesem Sinne ist auch das *Sozialverhalten* nur im Hinblick auf die es ausübenden Individuen zu verstehen. In seinem sehr schönen Vergleich mit der Sprache erklärt SHARP:

> „Es ist auch nicht möglich zu argumentieren, die Sprache existierte im Kopf jedes Einzelnen, da ja niemand alle Wörter, Variationen oder Dialekte beherrscht. Sprache, wie auch das *Sozialgefühl*, kann als etwas Konkretes, das unabhängig vom Einzelnen in allen Individuen besteht, richtig beschrieben werden."

So kommen wir, wo wir auch den Verhaltensgrundlagen unserer Hunde nachspüren, auf viele, ganz unvermutete und sehr wichtige Zusammenhänge. Es ist außerordentlich faszinierend, daß wir hier an der Struktur des Wolfsrudels wieder zu begreifen lernen, was unter den Schlagworten einerseits als „Selbstverwirklichung des Individuums" und andererseits als „Untergang des Individuums in der Massengesellschaft", zu den Hauptproblemen unserer Zeit gehört. Auch der steigende Trend zum Haustier läßt sich so, als eine notwendige Gegenreaktion des Menschen, sehr gut begreifen.

Das Wolfsrudel eine effektive Lebens- und Arbeitsgemeinschaft

Die Grundzüge sozialen Zusammenlebens und die Gründe, deretwegen es zerbricht, lassen sich besonders gut an der Soziologie des Wolfes aufzeigen. Für SHARP ist es ein wichtiger Gesichtspunkt, daß man auf diese Weise eine genauere Kenntnis des Sozialverhaltens selbst erhält, aber auch ein besseres Verständnis solcher Aspekte, die über seinen nur biologisch erklärbaren Sinn weit hinausgehen. SHARP bringt noch eine andere, sehr interessante Überlegung ins Spiel.

Die Evolution der Tiere und ihres Verhaltens hat sich jeweils an klaren, physiologisch meßbaren Veränderungen bei diesen ablesen lassen. Beim Menschen lassen sich derartige Veränderungen im Verlauf seiner Evolution nicht mehr feststellen. Vermutlich ist dies ein Grund vieler spürbarer Disharmonien überhaupt, daß der Mensch zwar die Umwelt auf dramatische Weise, nicht aber auch sich selbst entsprechend verändert hat. Oder, wie KONRAD LORENZ ihn so schön beschreibt: „In der Hand die Atombombe und im Herzen die Instinkte der steinzeitlichen Ahnen".

Unsere erbliche Ausstattung unterscheidet sich nicht von der jener Menschen, die vor 50.000 Jahren auf der Erde gelebt haben. „Schuld" an diesem Umstand ist das Gehirn des Menschen, das ihn befähigte, sich den Lebensanforderungen zu stellen, indem er diese, statt sich selbst, verändern konnte. Daher ist inzwischen das Wolfsrudel Gegenstand vieler Betrachtungen auch aus ganz anderen Gründen geworden. Zu seiner Sozialstruktur und Jagdstrategie finden sich viele Parallelen bei vorgeschichtlichen Menschen. Bei diesen, wie beim Wolf, führte *natürliche*

Selektion zu erfolgreichen Jägern; bei der Begrenztheit der Beute war weniger die Jagdstrategie vorteilhaft, sondern die Mobilität aufgrund der Fähigkeit, sich sinnvolle *Kenntnisse* über das Jagdgebiet anzueignen und sich untereinander zu *verständigen*. Während der Wolf lernte, sein Gebiet durch olfaktorische Signale zu kennzeichnen, entwickelten die Menschen, dank ihres größeren Gehirns, visuelle, vokale und intellektuelle Möglichkeiten der Kommunikation. Doch das nur am Rande.

In vielen landläufigen Vorstellungen erscheint das Rudel als eine Art Terror-Modell, in dem „Dominanz" eine Ansammlung von Nullen umschließt; Angst scheint hier in doppelter Weise die Mitglieder aneinander zu binden. Unter dem Druck der dominanten Tiere und der Umwelt scheinen sie ihre Freiheit aufgegeben zu haben. Daß in Wirklichkeit die Zusammenhänge ganz anders sein müssen, wird erst aus der Sicht des Zoologen deutlich, der die biologischen und überlebensnotwendigen Zusammenhänge am Wolfsrudel aufdecken kann.

So gesehen, *kann* der Alphastatus keinesfalls ein Terror-Modell sein, das unter dem Druck der Angst die übrigen Mitglieder dominiert; ein solches System würde schließlich, da nur die aggressivsten Tiere sich vermehren, eine sich steigernde Aggressivität zum „Zuchtziel" erklären, wobei letztlich soziales Verhalten unmöglich würde. An der unbestreitbaren Beibehaltung der sozialen Lebensform erklärt sich auch das Zusammenleben in der Gruppe nun völlig anders.

„Eine soziale Verbindung zwischen zwei oder mehr Individuen besteht, wenn ihre individuellen Interessen harmonieren, was einerseits eine Übereinstimmung und andererseits eine Begrenzung abweichender Interessen möglich macht. Eine Gemeinschaft kann nur existieren unter Berücksichtigung der Besonderheiten ihrer Mitglieder. Dies trifft auch auf das Wolfsrudel zu, bei dem man nicht sagen kann, es sei nur durch Angst zusammengehalten. Es ist vielmehr ein Zusammenschluß unterschiedlich begabter Tiere, die sich verbinden zu einer Lebensgemeinschaft, deren gemeinsamer „Beruf" es ist, großes Wild in Gruppen zu jagen."

In diesem Sinne ist auch der Alpha-Status zu verstehen. Das Alphatier wird nicht überwiegend aus eigener Anstrengung, sondern wegen seiner besonderen Eigenschaften und erst durch das Verhalten der übrigen Tiere zum dominanten Tier. Denken Sie an die bereits früher beschriebenen Terrier-Beagle Versuche. Auch dort waren in den gemischten Beagle-Foxterrier Populationen die Terrier dank ihres „Typs" oder Charakters die dominanten Tiere.

Der Alphawolf im Wolfsrudel hat seine besondere Position nur in bestimmten *Situationen*, z. B., wenn das Signal zur Jagd gegeben wird. Es ist das (auch bei Hunden zu beobachtende) Führer-Folger-System, wobei dann das *aktivere*, umweltreaktivere Tier *den Ton angibt*, was nicht durch Aggression (Zwang auf das Rudel) verwirklicht wird, sondern vom Rudel *befolgt*, (blindlings) *geglaubt* wird.

Beim Erreichen der Beute wurde sogar häufig beobachtet, daß die Rudelführer das Töten der Beute den nächstrangigen, oft sehr viel aggressiveren Tieren überlassen. Sehr anthropomorph wird dies gern damit erklärt, daß die Rudelführer den übrigen Tieren das Wild nun zur „Übung" überlassen. In Wirklichkeit ist es nichts anderes, als eine Verteilung des Energieaufwandes, indem die weitere Arbeit von weniger erschöpften Rudelmitgliedern übernommen wird. Die vielfache und *sinnvolle Rollenverteilung* im Wolfsrudel kann nur erreicht werden, wenn eine *breite* genetische Basis die unterschiedlichsten Charaktere sicherstellt, da nur auf diesem Wege soziale Verhaltensweisen möglich werden.

Daher sieht auch das Sozialverhalten in den Lebensgemeinschaften verschiedenster Caniden sehr unterschiedlich aus. Es wird geformt aus dem Wechselspiel zwischen Vererbung und Umwelt und läßt sich nicht an einem einzeln herausgehobenen Modell, sondern nur im Gesamtzusammenhang erkennen.

Es wird aufrechterhalten durch ein vielfaches Kommunikationsverhalten, wobei besonders interessant das „Chor-Heulen" der Wölfe (und anderer, „sozialer" Caniden) ist, das sowohl der Kommunikation, als auch der Vermittlung des Gemeinschaftsgefühls dient. SHARP begreift dieses „Soziale Heulen" ebenso als etwas Konkretes, wie das Sozialverhalten selbst. Er wertet es als eine ritualisierte Zeremonie, ein Phänomen als Bestandteil eines anderen Phänomens, des Soziallebens.

Ein Phänomen: Der Selbstaufbau einer Organisation

In den früheren Kapiteln haben wir uns mit einem anderen Phänomen beschäftigt, das sich ebenfalls letztlich nie restlos erklären lassen wird: Dem Selbstaufbau eines individuellen *Organismus*. Hier stehen wir vor etwas Ähnlichem: Dem Selbstaufbau einer Organisation. Ähnlich wie der Organismus, baut auch sie sich aus sich selbst auf. Hierzu tragen eine Vielzahl eng verflochtener Faktoren (genetisch, physisch, psychisch und symbolisch) bei, die sich auch bei unseren Hunden erhalten haben.

Am Beispiel des Wolfsrudels können wir sehen, daß das Individuum sowohl als solches, aber auch als Komplementär zu den anderen zu verstehen ist. Hierbei spielt die *Kommunikation* eine überragende Rolle, sowohl bei der inneren Struktur des Rudels, d. h. bei den Aktionen der Mitglieder untereinander, als auch bei der Umwelt-Kommunikation des Rudels, das sich in diese eingliedert, wie es sie andererseits auch benutzt:

Der Wolf ist in der Lage, sich „vernünftig" in einem relativ großen und schwer zu überblickenden Gebiet zurechtzufinden um zu jagen. Er schließt sich dabei kooperativ mit anderen Wölfen zusammen und kann so Tiere erbeuten, die erheblich größer als Wölfe sind. Das dabei entwickelte Verhalten ist komplex und elementar; es ist auch die Grundlage aller Vorzüge und Nachteile unserer Hunde, daher ist es auch nur aus dieser Sicht möglich, ihr (Kommunikations-)Verhalten verstehen zu lernen.

Beobachtungen an wildlebenden Caniden lassen vieles am Verhalten des Hundes verstehen

Das Markierungsverhalten. „Der Wolf wird durch seine Füße ernährt" sagt ein altes russisches Sprichwort. Zu den imponierendsten Leistungen des Wolfes gehören die bei seinen Beutezügen zurückgelegten weiten Strecken und seine Fähigkeit, zum Sammelplatz der Wölfe zurückzufinden. Denn es besteht eine Bindung jedes Rudels an ein bestimmtes Territorium, das es „markiert" und gegen andere Wölfe verteidigt.

Wenn wir unserem Hund zusehen, wie er eifrig Straßenecken und Bäume ausgiebig beriecht, um dann ebenfalls ein „Andenken" dort zu hinterlassen, entzieht sich dieser Teil seines Erlebens völlig unserer Einsicht und war Anlaß zu vielen Spekulationen. PETERS und MECH berichten von einer sehr aufschlußreichen Untersuchung des Markierungsverhaltens bei Wölfen, die deutlich erkennen läßt, daß es dabei um viel mehr als um bloße Verdauungsausscheidungen geht. Es lassen sich verschiedene Formen unterscheiden: Das Urinieren in Hockstellung und der Kotabsatz haben sowohl Ausscheidungs- als auch Markierungscharakter; Urinieren (geringer Mengen) mit erhobenem Bein und Scharren sind *nur* Markierverhalten.

Dabei wurde entdeckt, daß mit diesen Zeichen keinesfalls nur das Territorium gegen fremde Wölfe abgegrenzt wurde, sondern daß diese Markierungen eine Kommunikation der Wölfe untereinander über das Beutegebiet sind. Eine Zeichnung, in der die verschiedenen Markierungen eingetragen wurden, ergab eine regelrechte und sehr präzise Landkarte des Jagdgebietes und bewies auch, daß Wolfsrouten durchaus sinnvoll das Gebiet erschließen. Die Markierungen wurden von den Wölfen, ähnlich wie bei einer Schnitzeljagd, an besonders auffallenden Punkten (Bäume, Büsche, Felsen o. ä.) „vermittels Beinheben" angebracht.

Aus der Untersuchung der Markierungen ergab sich nicht nur, daß die Wölfe ihr Gebiet sehr genau kennen, sondern auch, daß sie zur Orientierung, ähnlich wie der Mensch, markante Punkte im Gelände benutzen. Während aber der Mensch *visuelle* Zeichen (Wegweiser, Pfeile, Tafeln, Grenzsteine) anbringt, setzen Wölfe ihre *olfaktorischen* Signale; sie werden von den nachfolgenden Tieren gezielt aufgesucht, erkannt, „gelesen" und beantwortet, indem sie ihrerseits eine Markierung hinterlassen. Bei näherer Kenntnis des Gebietes handeln Wölfe durchaus vernünftig, indem sie zunehmend *sinnvolle* Abkürzungen wählen und Umwege meiden; das Signalsystem kennzeichnet diese Wege dauerhaft.

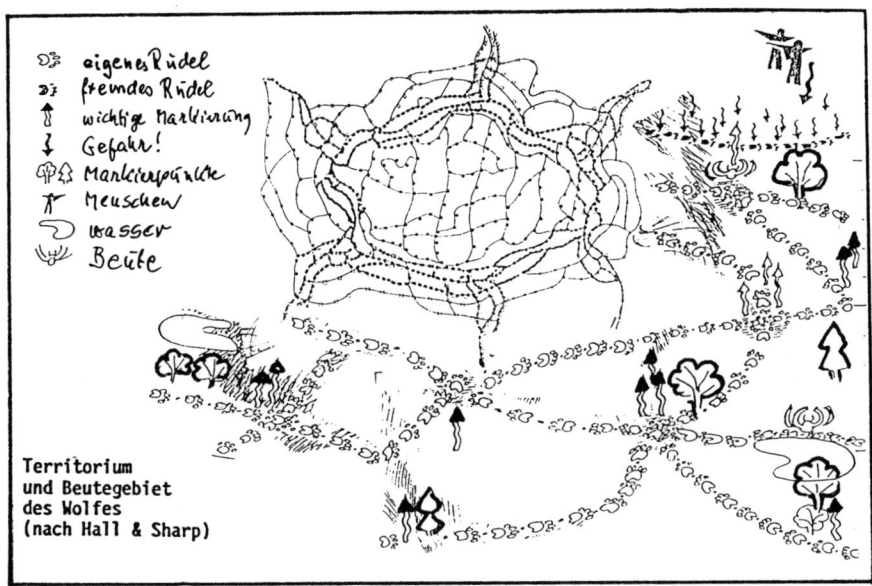

eigenes Rudel
fremdes Rudel
wichtige Markierung
Gefahr!
Markierungspunkte
Menschen
Wasser
Beute

**Territorium
und Beutegebiet
des Wolfes
(nach Hall & Sharp)**

Diese Fähigkeit wird, wie wir später sehen werden, auch bei Hunden „praktisch" ausgenutzt. Man kann (wie für das Beutegebiet) auch für andere zweckbestimmte Handlungen eine derartige „Karte" anfertigen, für die TOLMAN die Bezeichnung „cognitive map" (Kognitive Karte) einführte. Auf ihr kann man alle assoziativen Beziehungen zwischen Mittel, Weg und Zweck, die zum Erreichen eines Verhaltensziels nötig sind, einzeichnen. Daraus erkennt man besser, als aus allen Vermutungen, daß eine Verhaltensweise nicht eine stereotype Reizbeantwortung ist, sondern daß bestimmte Reize zunehmend sinnvoll miteinander in Beziehung gebracht werden und die Handlungsweisen auf diese Weise effektiver werden.

Das Markierungsverhalten des Hundes

Bereits vor vielen Jahren untersuchten VON UEXKÜLL und SARRIS das „Duftfeld" des Hundes. Sie wußten noch nicht, daß eine ähnliche Untersuchung, wie sie sie im Zoologischen Garten Hamburgs durchführten, später auch Wolfsforscher auf eine wichtige Spur bringen würde; denn mancher hat damals gelächelt, als die beiden Forscher daran gingen, „das Problem *Hund und Eckstein* systematisch in Angriff zu nehmen." Sie fanden an Beobachtungen besonders der Hunde Ares, Argus und Niki heraus, daß es bestimmte Merkmale und Auslöser gibt, die den Hund zu seinen Handlungen leiten. Als optische Merkmale eigneten sich hervor-

231

ragend Wegekreuzungen, Häuserecken, Baumstämme, Gartenzäune usw., die sämtlich auch benutzt wurden, wenn sie nur irgendwie *optisch auffallend* waren, was sich aus der hierbei gezeichneten „Landkarte" dann nachweisen ließ.

„Die gleichen optischen Merkmale, die auch unser Auge zu unterscheiden vermag, treten in den Merkwelten der Hunde auf. Überall, wo der Weg eine Abweichung erfährt, wird irgendein Gegenstand von den Hunden als Urinstelle benutzt. Dadurch wird es verständlich, daß Laternenpfähle, die sich auf dem Wege befinden, allen Hunden zum Urinieren Anlaß geben. (. . .)

Der wichtigste Geruch für den Hund ist der Geruch seines *eigenen* Urins, denn er dient dazu, alle fremden Uringerüche zu übertönen. Augenscheinlich kann man sich diese Tatsache machen, wenn wir die *Geruchskala* in die *Farbenskala* übertragen . . . Nehmen wir an, der Urin von Ares wäre rot, der von Argus gelb, der von der Hündin Niki weiß, so würde der ganze Weg an all seinen Wegkreuzungen nach einem Spaziergang mit Ares rotgestrichen sein, nach einem mit Argus gelb, während Niki die von ihr bevorzugten Stellen mit weiß belegen würde.

Jeder der beiden Rüden zeigt das Bestreben, auch wenn er als erster die Bahn betritt, diese mit seiner „Farbe" zu schmücken. Argus, der weniger sorgfältig vorgeht, steigert seinen „Maleifer", wenn Ares den Weg bereits mit seiner Farbe belegt hat. (. . .) Sehr deutlich tritt auch beim Rückweg, besonders bei Ares die Hemmung zutage, die durch die Eigenfarbe ausgeübt wird. Bereits markierte Wegkreuzungen werden nicht mehr beachtet. (. . .)

Die fremden Hunde. .. brachten uns eine überraschende Aufklärung. Von einem Spaziergang zurückgekehrt, auf dem Ares dem Pfosten A keinerlei Beachtung geschenkt hatte, trafen wir auf einen fremden Hund. Ares sprang den fremden Hund sofort an, drehte sich darauf sofort um, lief zum Pfosten A und urinierte siebenmal um ihn. Dann setzte er noch seine Fäces ab. Als der fremde Hund nochmals vorbeigeführt wurde, lief Ares ihm nach, wandte sich dann zum nächsten Baum und urinierte dort viermal. Daraus lernten wir, daß nicht nur der Duft eines fremden Urins das Urinieren bei Ares hervorruft, sondern die bloße *Anwesenheit* eines fremden Hundes genügt, um ihn zu einer ausgiebigen Urinabgabe am nächsten optischen Merkmal zu veranlassen. ...der nächstgelegene größere Gegenstand wird sozusagen zum Träger der Personalflagge von Ares.

Durch die weithin wirkenden Duftflaggen wird das Gebiet ringsum zum *Herrschaftgebiet* von Ares erklärt. Ares äußert auf diese Weise sein Bedürfnis zur Ich-Betonung seiner Umwelt. (. . .) Jedes optische Merkmal veranlaßt den Hund, daselbst eine Duftflagge aufzupflanzen, ist ein anderer Hund zugegen, der dasselbe Bestreben zeigt, so ruft seine Anwesenheit eine erhöhte Beflaggung hervor, wobei ein jeder seine Duftflagge an die Stelle des anderen zu setzen bestrebt ist. Vor allem aber werden die Stellen, die den Duft der Hündinnen zeigen, ausgiebig mit Eigenflaggen versehen.

Bei einem weiteren Erlebnis mit Kerlchen, einem (im Gegensatz zu Ares) sehr gehemmten Hund zeigt sich eine weitere Variante. In der Nähe des Hundes befindet sich ein Baum, bei Ares befindet sich ein Pfosten. Ares uriniert nach ihrer Begegnung zweimal auf den Posten, der gehemmte Hund nur einmal an den Baum usw.

Auch beim Spaziergang zeigt sich der fremde Hund sehr zurückhaltend bei seinen Duftmarken (3 x), während Ares sich ganz besonders aktiv verhält (17 mal!) und sich besonders auf die drei Urinstellen des fremden Hundes stürzt.

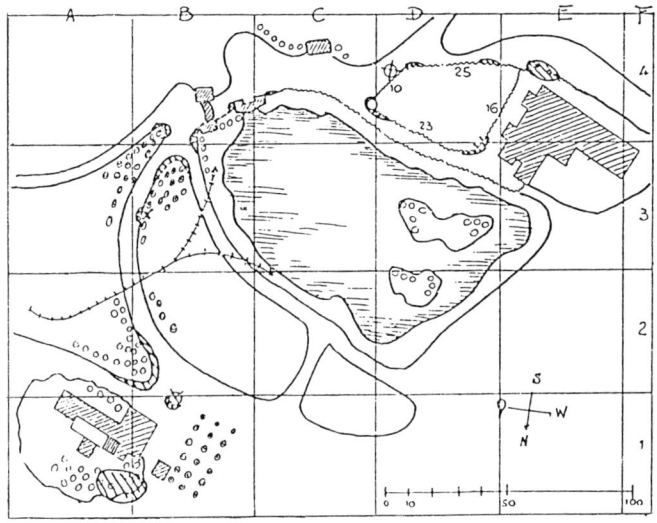

Der Spaziergang mit Ares und Kerlchen wird zu einem Erlebnis. Auf dem Spaziergang setzt Kerlchen zögernd *einmal* seine Flagge, Ares hingegen *47mal*! Jedesmal wenn er seines schüchternen Widersachers ansichtig wird, stürzt sich Ares auf das nächstbeste optische Merkmal, um seine Flagge zu setzen.

An einer Stelle, an der zuvor Niki uriniert hat, setzt Kerlchen zaghaft *daneben* auf ein Stöckchen seine Marke, während anschließend Ares fünfmal seine Marke *auf* Nikis Platz, dreimal auf das Stöckchen und dreimal auf die nahen Sträucher setzt. (...)

Kerlchen wird (an der Leine) vorangeführt, gefolgt vom ebenfalls angeleinten, sehr wütenden Ares, der dabei auf drei Beinen laufend (!) entlang der ganzen Rückwand einer Bude uriniert, die er sonst nie beachtet hat. (...)

Der individuelle Unterschied zwischen den beiden Hundetemperamenten ist sehr auffallend. Während Kerlchen nur schüchtern sein eigenes Duftfeld aufrechtzuerhalten versucht und auf dem Duftfeld des fremden Hundes sich sehr zurückhaltend benimmt, ...bricht Ares rücksichtslos in das fremde Duftfeld ein...

Man könnte eine Landkarte entwerfen, auf der die Herrschaftsgebiete der einzelnen Hunde abgegrenzt wären. Sehr interessant ist es, mit einer Hündin einen Weg zu machen, der durch mehrere Herrschaftgebiete führt. Man wird dann beobachten können, daß die Hündin an allen schnüffelt, doch nur einige von ihnen bevorzugt, um dort zu urinieren. Die Hündin liest an den verschiedenen Ecksteinen die politischen Nachrichten ab, die sie vom stetigen Wechsel der Herrschaftsgebiete unterrichten.

Sicher sind solche Hunde, die wie Ares unbekümmert ihre Duftflagge aufpflanzen, vor anderen Hunden im Vorteil, da sie am *Ariadnefaden des eigenen Geruches* auch im fremden Gebiet leicht nach Hause finden.

Sowohl Hunde wie Hündinnen beschnüffeln mit der Nase Ecksteine jeder Art. Soviel wir beobachten konnten, wirkt der Uringeruch bereits ab ca. 1 ½ m auf den vorüberstreifenden Hund ein. Wahrscheinlich dient das Scharren nach Fäcesabgabe, das als rudimentäres Überbleibsel aus dem Urzustand des Hundedaseins noch vereinzelt beobachtet wird, zur weiteren Verbreitung des eigenen Duftstoffes.

Hunde dokumentieren, indem sie einen bestimmten oft wechselnden Umkreis mit Urin belegen, ihren Besitzanspruch auf diesen Bezirk. Wo der Hund Haus und Hof mit einem Menschen teilt, fällt der dem Hunde zugehörige Bezirk mit dem des Menschen zusammen.

Offenbar ist es diese Tatsache gewesen, die die Grundlage für die Symbiose von Hund und Mensch geschaffen hat. Denn jeder der beiden Partner verteidigte, wenn er seinen Besitz schützte, zugleich auch das Eigentum des anderen."

Die akustische Kommunikation der Wölfe

Bei der Kommunikation der Wölfe spielt das charakteristische Heulen, das aus mehreren Strophen bestehen und über Stunden andauern kann, eine besondere Rolle. Ebenso, wie auch wir die „Stimmen" unserer Hunde genau verstehen und auch aus Entfernung wissen, was sie gerade zum Ausdruck bringen wollen, hat auch jeder Wolf seine eigene Ausdrucksweise, von der Eric Zimen schreibt:

„Mir ist es nie besonders schwergefallen, das Heulen meiner Wölfe auseinanderzuhalten, und die Tiere selber können es auch. Dies geht vor allem aus Aufzeichnungen über die Reihenfolge hervor, in der die Rudelwölfe in den Chor einfallen. Für Wölfe ist das Heulen eines anderen Wolfes ein starker Auslöser, selbst zu heulen und so ergibt sich aus dem anfänglichen Heulen eines Wolfes oft bald ein Chorheulen des ganzen Rudels. Nicht immer zieht ein Einzelheulen den Chor nach sich. Das anfängliche Heulen eines rangniederen Wolfes ist seltener ein Anlaß als das eines ranghohen."

Ebenso beschreibt Zimen, daß sich das Heulen der Welpen und Jungwölfe erst entwickelt, sie liegen im Ton zunächst etwas höher, als die anderen Wölfe, heulen weniger von sich aus, reagieren aber auf das Heulen der Erwachsenen sehr schnell.

Es stimmt nicht, daß Wölfe, im Gegensatz zu Hunden, nicht bellen. Vielmehr ist die Vokalisation der Hunde aus der der Wölfe entstanden und abgewandelt. Neben dem allen bekannten Heulen können Wölfe knurren, bellen, winseln.

Das Knurren ist etwa aus einer Entfernung von 200 m zu hören. Es hat, ebenso wie bei Hunden, auch bei Wölfen verschiedene Variationen, es ist drohend, warnend oder wirkt erzieherisch auf die Welpen ein. Bei Welpen wird es während der ersten Kampfspiele beobachtet, dominante Tiere knurren häufiger und länger. Knurren gehört zu den *Distanz-erhöhenden Lauten*.

Das Winseln in all seinen Variationen hat einen relativ hohen und reinen Grundton. Es gehört zu den *Distanz-mindernden, nicht aggressiven Lauten*. Welpen rufen auf diese Weise die Hilfe der Eltern, es wird als beschwichtigender Laut beobachtet bei der Begrüßungszeremonie der erwachsenen Tiere.

Das Bellen ist ein kurzer, explosiver Laut. Bei Wölfen in Gefangenschaft wird es beobachtet, wenn sie sich zum Spielen auffordern. Bei wildlebenden Wölfen begrenzt es einzelne Phasen des Chorheulens, aber auch sich *begegnende* Wölfe benutzen eine Art Heul-Bellen, um sich zu verständigen.

Das Bellen wird immer dort beobachtet, wo sich Wölfe nicht nur hören sondern auch *sehen* können; es scheint der Ausdruck erhöhter, auch visueller Aufmerksamkeit zu sein, wobei sich sowohl drohendes, als auch warnendes Bellen unterscheiden lassen. Bellen kann also *entweder Distanz-mindernde oder Distanz-erhöhende Laute* enthalten. MURIE beschreibt, wie bellende Wölfe auf ihn zuliefen und ihn dann bellend in einiger Entfernung über große Strecken begleiteten, HABER beobachtete, daß ihn Wölfe bellend vom Lager der Welpen wegzulocken versuchten.

Das Heulen wird von THEBERGE und FALLS als ein langgestreckter Ton beschrieben, mit einem Grundton und bis zu zwölf harmonischen Obertönen; Welpen heulen höher und kürzer. Die Heulzeremonie ist verbunden mit allgemeiner Freundlichkeit und dem Gemeinschaftserleben im Rudel: Schwanzwedeln, Gesichtbelecken usw. Ein Alphatier gibt das Startsignal. MURIE beobachtete, daß sich die Wölfe mit tiefen, weithallenden Lauten auch zusammenrufen.

Ebenso heulen Wölfe, wenn sie sich auf dem Weg zu ihrem Sammelplatz befinden, was die dort befindlichen Wölfe beantworten. Von allen Lauten des Wolfes ist das Heulen über die größten Entfernungen zu hören. Es verbindet und informiert die Rudelmitglieder auch über größere Distanzen, wie es gleichzeitig fremde Rudel warnt.

Daß diese Art der Kommunikation regelrecht geübt wird, geht aus der ebenso reizvollen, wie interessanten Beschreibung einer wildlebenden Koyoten-Gruppe von HOPE RYDEN hervor, die hier leicht gekürzt wiedergegeben wird.

„Am Abend unterrichtete ein einzelnes erwachsenes Tier die Welpen in der ‚Kunst des Heulens'. Ich nahm mehrere dieser Übungsstunden auf, die mich immer wieder erheiterten. Dem langgezogenen, volltönenden und beherrschten Heulton des Erwachsenen, folgte als Echo ein Chor zitteriger Winseltöne, dieselbe Phrase einige Oktaven höher wiederholend. Diese Übung wurde mehrmals wiederholt und jedesmal verhielten sich die Welpen, während der Demonstration des erwachsenen Tieres, ganz still. Dann allerdings legten sie mit voller Stimme los, wiederholten das ganze, wenn auch mit etwas falschen Tönen, jedoch mit zunehmender Meisterschaft. Im Sommer, als ich sie verließ, erschallte der Chor der Welpen geradezu *grauenvoll.*"

Die akustische Kommunikation der Hunde

enthält üblicherweise das Heulen nicht, da sie für diese Art der Kommunikation auch keine Verwendung mehr haben. Trotzdem hat der Hund ein reiches Ausdrucksrepertoire, das auch wir ohne weiteres verstehen können. Das *Bellen* hat bei den Wölfen eine weniger große Bedeutung, wohl aber für den Hund, der damit auf ihn *direkt* berührende visuelle oder akustische Reize oft in einer Art und Weise reagiert, daß man an ein Selbstgespräch denkt. Der Hund versucht aber auch einem Gegenüber (vorzugsweise dem Menschen) etwas mitzuteilen; je genauer der Mensch die verschiedenen Bell-Mitteilungen seines Hundes versteht, umso häufiger wird der Hund sie anwenden.

Der Hund wird auch zum *Bellen* bei bestimmten Aufgaben erzogen: Er verbellt den „Verbrecher", er folgt lautgebend der Fährte, er verbellt das Wild usw. Zwischen Jäger und Hund besteht eine enge Kooperation. Hier lenkt nicht der Mensch das Verhalten des Tieres, sondern dieses wirkt auf die Aktionen des Jägers ein. Der Hund bedient sich seiner „natürlichen Ausdrucksform" um mitzuteilen, was er aufgrund schärferer Sinnesleistungen an situationsbedingten Wahrnehmungen mehr hat als der Mensch: Fährtenlaut (bellt auf der Fährte); Sichtlaut (hat Wild erblickt); Standlaut (waidwundes Tier gestellt); Totverbellen (tot angetroffen). Es gibt Hunde, die auch sonst von sich aus gern und viel bellen, andere wieder sind sehr viel ruhiger.

Das *Winseln* junger Hunde wird in abgewandelter Form auch als Wunsch-Winseln der adulten Tiere beobachtet, die auf diese Weise ihre Verlassenheit oder Unterwerfung kundtun. Es wird auch als aufgeregtes, erwartungsvolles Winseln bei der Begegnung mit einem anderen Hund beobachtet. Wie auch andere domestizierte Tiere sind Hunde erheblich lautfreudiger als die Wildformen, für die ja eine zu große Lärmentfaltung nicht empfehlenswert ist.

Das drohende *Knurren* der Hunde kennt viele Abstufungen, von einem *Vor-sich-Hinmurren* bis zum *Angriffsknurren mit Zähnefletschen*. Hunde geben oft zufriedene Grunzlaute oder Seufzer von sich; jedoch sind fortlaufende, grunzende Seufzer häufig das Zeichen von Unwohlsein und Schmerzen. Bei Hunden gibt es eine Art *Muffen*, ein Bellen mit geschlossener Schnauze, sozusagen ein halbes Bellen; einer meiner Hunde wendet es dann an, wenn er möchte, aber weiß, daß er nicht darf. Er richtet sich, wenn z. B. auf der Straße ein Hund bellt, im Sitzen auf, spitzt die Ohren, blickt mich gespannt an und – mufft mit geschlossener Schnauze. Es klingt dumpf, so als wenn jemand mit vollem Mund eine Rede halten will. Oder, anders ausgedrückt, er „erleidet" das gleichzeitige Auslösen eines erregenden und eines hemmenden Reflexes . . .

Das Jagdverhalten der Wölfe und was sich bei Hunden davon erhalten hat.

Einiges vom Beuteverhalten des Wolfes, das sich auch bei unseren Hunden wiederfindet, interessiert uns in mehrfacher Hinsicht. Wir nutzen viele damit verbundene Verhaltensweisen bei der Ausbildung unserer Hunde aus; aber leider gehören auch viele Unfälle mit Hunden und Menschen in dieses Gebiet. Ein

Überfall auf einen Menschen wird häufig von mehreren, streunenden Hunden ausgeübt, oft handelt es sich dabei nicht einmal um besonders aggressive Tiere. Wir kommen auf diesen wichtigen Komplex gesondert zurück.

Bei den Beutezügen durch sein Gebiet muß der Wolf zunächst das Wild ausmachen, wofür er scharfe Sinne benötigt. Er hat ein ausgezeichnetes Riechvermögen, sehr gutes Gehör und kann (besonders bewegte Objekte) gut sehen. Vorwiegend benutzt er seinen Geruchssinn. Er sucht seine Beute nach der Fährte (Nase am Boden) oder der Witterung (Nase in der Luft). MECH beschreibt, daß der Wolf Elche selbst in 300 m Entfernung wittern kann. Das Wild muß sich möglichst zu den Wölfen im Gegenwind befinden, d. h. der Geruch wird vom Wild zu den Wölfen getragen, während das Wild den Wolfsgeruch nicht wahrnehmen kann. Wölfe jagen aber ganz „automatisch" gegen den Wind. Sie richten ihre Kopfhaltung (warum, wird gleich erklärt) so ein, daß ihre Nase ständig vom vollen Luftstrom erreicht wird.

Sobald die Wölfe so auf Wild stoßen, bleibt das Alpha-Tier plötzlich aufmerksam stehen, auch das Rudel stoppt seine Bewegungen; sekundenlang folgt eine Gruppen-Zeremonie: Die Tiere stehen schwanzwedelnd Nase an Nase, dann geraten sie abrupt in Aktion und bewegen sich geradewegs geräuschlos und gespannt auf das Wild zu.

Wie auch immer die Wölfe ihre Beute entdecken, sie nähern sich ihr jedesmal auf die gleiche Weise. Je mehr sich der Abstand verringert, umso *erregter* werden sie, sie beschleunigen (hintereinander herlaufend und starr nach vorne blickend) schwanzwedelnd ihre Schritte. Gleichzeitig „scheinen" sie Angst zu haben, mit voller Kraft vorzupreschen. Sie halten sich im letzten Moment stark zurück und bleiben wie erstarrt stehen. Sie haben sich dabei dem Wild stets gerade so weit genähert, wie dieses nicht flieht. Wenn sie Gegenwind haben, kann die Distanz geringer sein.

Bei der Begegnung mit dem Wild wird etwas Interessantes beobachtet: *Erst wenn das Wild flieht, greifen die Wölfe an!* Es scheint, als würden sie aus ihrer Erstarrung erst durch das Signal des fliehenden Tieres befreit. Es wurde sogar häufig beobachtet, daß ein Elch, der statt zu fliehen, ruhig stehen blieb, nicht angegriffen wurde. Auch Crisler berichtet, daß ein Karibu stehen blieb und seine Verfolger musterte. Der Wolf hielt sofort inne und – setzte sich hin.

Entscheidend ist bei dem folgenden Angriff, daß er gezielt und direkt erfolgen muß, ehe das Wild weit fliehen kann. Mißlingt dies, schließt sich die Verfolgungsjagd an. Diese ist offensichtlich keinesfalls so ausgedehnt, wie oft beschrieben; Wölfe geben auf, wenn ihnen das Wild zu schnell entkommt. Das bei den Wölfen beobachtete „ritualisierte Verhalten" wird von ihnen unter allen Umständen beibehalten; die Erklärung, warum sie gar nicht anders können, folgt noch. Jedenfalls „wissen" dies z. B. auch Karibus recht genau, sie geraten nur bei einer bestimmten Körperhaltung des Wolfes in Aufregung, lassen sich aber sonst nicht von ihm stören.

Keinesfalls verhält sich der Wolf, wie es gern hingestellt wird, bösartig und aggressiv gegen seine Beute. Ihr Geruch ist für ihn ein starker Stimulus, dem er folgt, er nähert sich in steigender Erregung, erstarrt und „kann" erst angreifen, wenn die Fluchtbewegung des Tieres in ihm den Impuls zum Angriff auslöst. In der Sprache der Verhaltensforscher heißen diese Abläufe:

1. *Appetenzverhalten* (Futtersuche) mit Ortsveränderungen: Beuteobjekt optisch, olfaktorisch oder akustisch ausmachen

2. *Instinkthandlung* durch diese Reize ausgelöst: Beuteobjekt *anschleichen, verfolgen, angreifen, töten (totschütteln) fressen.*

Der Einfluß der Beute auf die Entstehung der „Rassen"

Bei der Schilderung des Beute- und Sozialverhaltens müssen wir nicht nur das der Wölfe, sondern auch das anderer wildlebender Caniden streifen, um klarer zu erkennen, wie stark diese Verhaltensweisen einander bedingen. Je mehr wir uns bemühen, die Voraussetzungen mit einzubeziehen, unter welchen dieses oder jenes Verhalten zu beobachten ist, umso mehr werden wir sehen, daß es unmöglich ist, *ein* Tier, *eine* Lebensweise begreifen zu können, wenn wir sie isoliert betrachten.

Das Beute- wie das Sozialverhalten wird sowohl bei den wildlebenden Caniden, als auch bei den Hunden, in vielfach variierter Form beobachtet. Bei den *wildlebenden* Tieren entspricht es den *Besonderheiten der Beute*, bei den *Hunden* den besonderen *Verwendungszwecken*, für die sie gezüchtet wurden.

Je größer die Beutetiere sind, umso (körperlich) größer können die Jäger sein, umsomehr müssen sie sich zu Gruppen zusammenschließen und umso größere Strecken müssen sie zurücklegen. Die kleineren Caniden-Arten jagen einzeln und ernähren sich von kleinen Beutetieren, aber auch von Früchten, Insekten usw. Von den Jagdweisen ist vieles angeboren, anderes muß erst erlernt werden.

Obwohl die Caniden (Fuchs, Wildhunde, Wolf, usw.) äußerlich leicht als zusammengehörig zu erkennen sind, bestehen zwischen ihnen gravierende Unterschiede; sie haben sich von primitiven Ausgangsformen fortentwickelt zu mehr oder weniger spezialisierten Jägern. Sie sind in den buntesten Gestalten über den ganzen Erdball verstreut. Ihre Größe geht vom Fennec (1.5 kg) bis zum Timber Wolf (80 kg). Sie haben mehr oder weniger große Stehohren, einen buschigen Schwanz mit einer (unterschiedlich aktiven) Duftdrüse an der Oberseite des Schwanzes.

Amerikanischer Fuchs

Wildhund (Abessinien)

Andenwolf

Kojote

Phuc-Kuoc

Europäischer Fuchs

Colsum

Schakal

Zibetkatzenhund

Hyäne

Indischer Dhol

Paria

Mähnenwolf

Mähnenwolf
Rotwolf
Waldhund
Fennek

Wüstenfuchs
(Fenek)

Lycaon

Grauer kanadischer Wolf

Indischer Wolf

Europäischer Wolf

239

Man beobachtet bei ihnen nahezu alle Fellfarben und -zeichnungen; extrem hochbeinigen stehen kurzbeinige, kompakte gegenüber. Es gibt sie also in einer dem Haushund vergleichbaren Vielfalt.

Im Gegensatz zum Hund aber, der in noch größerem Formenreichtum gezüchtet wird, bestehen zwischen den Caniden-„Rassen" tiefergehende, genetisch bedingte *Art-Unterschiede*. Sie werden aus zwei Gründen daran gehindert, miteinander (auf natürliche Weise) fruchtbar zu sein. Am ehesten sieht man ein, daß dafür ein unterschiedlicher Chromosomensatz verantwortlich ist, also unterschiedliche Eltern einfach nicht „zusammenpassen". (Wolf und Hund haben 78, aber der Goldschakal hat 74, der Fuchs 34, Sandfuchs 40, Fennec 64 usw.)

Bemerkenswert ist aber, daß auch Tiere, die man unter künstlichen Bedingungen verpaaren kann, aus anderen *natürlichen* Gründen sonst niemals gemeinsame Junge haben könnten: Sie passen in verschiedenen Punkten ihres Verhaltens nicht zusammen, die Brunstzeit liegt zu unterschiedlichen Zeiten usw. Doch dies nur am Rande.

Angeboren ist in jedem Falle die *Neigung*, etwas zu *verfolgen*. Es ist bei allen Wild-Caniden wichtiger Bestandteil des Welpenspiels, und es gibt kaum einen Hund, der nicht sofort hinterherläuft, wenn sich etwas von ihm wegbewegt. Aber beim anschließenden Erreichen, Fangen und Töten der Beute verhalten sich die Tiere sehr unterschiedlich; also ist hier der Teil, der „offen" ist und entsprechend den Gegebenheiten erlernt werden muß. Das Beuteverhalten entwickelt sich zwar früh, aber zu unterschiedlichen Zeitpunkten bei den Welpen. Hier gibt es aufschlußreiche Art-, Rasse- und individuelle Unterschiede.

Bei seinen handaufgezogenen Wolfswelpen beobachtete MECH, daß sie bereits mit 34 Tagen erregt nach rohem Fleisch schnappten, der Rüde stärker als die Wölfin. Länger vorher hatten sie mit Genuß an weichen Dingen herumgekaut und gezerrt. Mit zehn Wochen verfolgten sie Tauben und Gänse und schüttelten Lumpen „tot". Die Welpen konnten diese Verhaltensweisen *nicht* von älteren Tieren „gelernt" haben, was noch hinsichtlich einer weiteren Beobachtung sehr interessant ist. MECHS Welpen hatten auch die *Neigung*, alle möglichen Dinge aufzureißen oder abzuschälen. Sie „erlegten" dabei zwei große Bäume im Park, die sie von ihrer Rinde befreiten.

Aber auch wenn sich MECH ihnen, mit alten Kleidern angetan, „auslieferte", zerfetzten sie mit Wonne seine Kleider und versuchten, sie ihm von Leibe zu reißen. Sie erinnerten ihn dabei an die adulten Wölfe an der Beute.

Da MECH zugleich aber beobachtete, daß sie verfolgte Tiere zwar kurz ergriffen, nicht aber töteten, vermutet er, daß ihr angeborenes Verhalten nicht *Töten* selbst ist, sondern daß ihnen alles *angeboren* ist, was ihnen ermöglicht, das *Töten zu lernen*.

Typbedingte Unterschiede
des Jagd-, Beute- und Sozialverhaltens

Die Überlegung MECHS, daß Wölfe offensichtlich das *Töten der Beute erst lernen* müssen, führt uns nun zu einer sehr interessanten Frage: Müssen *alle* wildlebenden Caniden das *Töten* erst lernen? FOX ist diesen Zusammenhängen nachgegangen. Was er dabei erfahren hat, ist in mehrfacher Weise wichtig und bestätigt, was wir auch bei unseren Hunden festgestellt haben, wie ausschlaggebend der *„Typ"* eines Tieres für seine gesamte Lebensweise ist. Aber erst an den Wildformen lernen wir zu begreifen, daß diese typbedingten Unterschiede nicht zufällig sind, sondern jeweils einen lebensnotwendigen „Sinn" haben, weil sie sich entsprechend bestimmter Lebensbedingungen entwickeln. Darüberhinaus führt uns dies aber auch zu einem tieferen Verständnis der Typ- und Verhaltensunterschiede unserer Hunde.

MICHAEL FOX unterscheidet, aufgrund ihrer unterschiedlichen sozialen Verhaltensweisen, *drei Typen der Caniden.* Das äußerlich erkennbar abweichende Sozialverhalten dieser drei Gruppen steht sowohl in enger Beziehung zu ihrer Beute und ihrem Jagdverhalten, als auch zu ihrer „Konstitution", d. h. ihren physiologischen Gegebenheiten. Diese gravierenden Unterschiede lassen sich bereits sehr früh an den Welpen feststellen.

Lebensform	TYP I *Einzelgänger*	TYP II *Paarbindung*	TYP III *Rudelbindung*
	Rotfuchs	Kojote Goldschakal Dingo Mexikanischer Wolf	Wolf Hyänenhund Indischer Wildhund
Welpen selbständig verlassen Eltern:	5 Monate	9 – 10 Monate	24 Monate bleiben
Neigung zum Spielen:	sehr gering	gering	ausgeprägt
Beißhemmung:	sehr gering	gering	ausgeprägt

TYP I Einzelgänger: (Fuchs) jagt allein kleine Beute und findet sich nur zur Paarungszeit und gelegentlich zur Welpenaufzucht zusammen. Die Welpen sind sehr *einheitlich* in ihrem Verhalten, sie sind sehr aggressiv, selbstbewußt, unabhängig und erkundungsfreudig. Bereits mit fünf Wochen können sie kleine Beutetiere töten. Mit fünf Monaten werden sie von ihren Eltern verstoßen und können sich selbst erhalten.

TYP II Übergangstyp: (Kojote, Goldschakal, Dingo) leben in beständiger Paarbindung. Sie finden sich, je nach Größe und Verfügbarkeit ihrer Beute, zu Gruppen zusammen. Die Welpen sind *weniger einheitlich.* Sie haben nicht das breite Verhaltensspektrum des Wolfes, ihres ist aber weniger uniform als das der Füchse. Kojotenwelpen sind entweder unternehmungslustig und selbstbewußt oder relativ vorsichtig und ängstlich; auch wenn sie selbständig sind, bleiben sie gelegentlich bei den Eltern.

TYP III Rudelbindung: (Wolf, Wildhunde) leben und jagen im Rudel. Die Welpen sind sehr *uneinheitlich* im Temperament, auffallend ist aber ihre offenkundige *Beißhemmung*. Einige sind erkundungsfreudig, aggressiv und erfolgreich beim Töten, andere sind so extrem ängstlich, daß sie angesichts der Beute vor Angst zittern und vor neuen Eindrücken fliehen. Die Fähigkeit zum Töten und das Erkundungsverhalten sind mit sechs bis acht Wochen erkennbar. Die große Variabilität ist genetisch bedingt und, wie gesagt, wesentlich für die spätere Rudelbildung.

Das frühzeitig entwickelte Temperament ist ausschlaggebend für das Sozialverhalten und die Überlebensfähigkeit der Tiere. Wären z. B. Füchse ängstlich, abhängig und nicht fähig zu töten, wären sie nicht in der Lage, sich selbst zu erhalten, wenn die sehr aggressiven Welpen von ihren ebenso aggressiven Eltern bereits sehr früh verstoßen werden.

Unterschiede bei Spielverhalten und Beißhemmung der Welpen

Die Unterschiede des aggressiven Verhaltens dieser drei Typen sind aufschlußreich. Junge *Wölfe* beginnen mit 21 Tagen zu spielen. Sie sind dabei freundlich und verletzen einander nicht ernsthaft. Sie haben bereits in diesem Alter eine *höhere Beißhemmung*.

Im deutlichen *Gegensatz* dazu sind *Fuchs* und *Kojote*. Füchse spielen in diesem Alter seltener, sie sind vielmehr sehr unduldsam gegen die Annäherung anderer Welpen, sie greifen einander an und *beißen ernsthaft*. Junge Kojoten von drei bis vier Wochen gingen ein, weil sie sich bei ihren Kämpfen *ernsthaft verletzt* hatten. (Hierzu gibt es Parallelen bei einigen Hunderassen.) Obwohl bei Kojoten und Füchsen mit fünf bis sechs Wochen eine aggressive Interaktion besteht, bilden sie keine stabile Hierarchie untereinander, während diese bei Wölfen zu diesem Zeitpunkt ausgebildet wird.

Die Dominanzhierarchie basiert also auf den Grundlagen der verschiedenen Temperamente und der Neigung zu Gruppenverhalten, wobei das Austragen sozialer Konflikte zu einer verminderten Aggression führt. Bei Füchsen gibt es weder Gruppenverhalten noch Führer-Folger Neigung, ihre Aggressivität sprengt schließlich die Familie. Ebenso hat der Kojote eine hohe Distanz-Intoleranz; eine Rangordnung bildet sich daher nicht immer, was meist zur Zerstreuung der Familie führt.

Körperform und Verhalten
Kojote und Beagle und deren Hybriden

Um herauszufinden, ob derartige Verhaltensweisen irgendwie mit der Körperform (s. Sheldons Typenlehre) korrelieren, machte Fox Kreuzungsversuche mit Kojoten und Beagles, wovon hier in Stichworten einiges erwähnt werden soll.

Körperform und Verhalten Kojote und Beagle und deren Hybriden					
	Körperform	*Allgemeines Verhalten*	*Tötungs- oder Beißhemmung*	Schwanz-*haltung*	*Östrus*
Kojote	ekto-mesomorph	sehr scheu, intolerant	keine Beißhemmung	horizontal	1x Frühjahr
Beagle	meso-endomorph	nicht scheu tolerant	Beiß- und Eßhemmung	vertikal/ gebogen	2x Frühj. und Herbst
Kojote/ Beagle- F_1	mesomorph	scheu intolerant	Tötungshem- mung	horizontal *und* vertikal *oder mittlere!*	1x Oktober/Nov.
Kojote/ Beagle F_2	14 Welpen $\downarrow$ davon: 8 x ektomorph* 2 x endomorph* 4 × mesomorph	alle scheu *Alle* intolerant gegen gleiches Geschlecht, kämpfen aber nicht ernsthaft wie Kojoten, Dominanzverhalten 6. – 9. Woche ausgebildet scheu weniger scheu weniger scheu	* beide: keine Tötungs- und Freßhemmung Tötungshemmung frißt verletzte Beute *lebend!*		1 x Winter *oder:* 2 x Frühj. und Herbst

Hinzuzufügen ist hier noch, daß die F_1-Tiere wieder sehr einheitlich waren, während die F_2-Generation sehr aufschlußreiche Formen hervorbrachte. Überwiegend waren sie kojotenähnlich, d. h. acht Tiere waren sogar ektomorph, zwei endomorph; alle hatten Hänge- oder halb aufgerichtete Ohren, die anderen waren Beagle-ähnlich (mesomorph), jedoch mit kürzeren Beinen und längeren Körpern als Beagles. In ihrem *Verhalten* waren sie jedoch *alle* dem Kojoten näher.

Zumindest ein bestimmtes Aggressiv-Verhalten ist hier mit der Körperform verbunden. Die wichtigste Bedingung für das Zusammenleben in Gruppen ist aber eine weniger extreme Aggressivität innerhalb der „Familie" (weniger Kämpfe und eine bestimmte *Beißhemmung*) so daß junge, *sozial*-lebende Tiere sowohl das Töten, als auch das Fressen der Beute erst *lernen* müssen. Letztere Fähigkeit wird offensichtlich unabhängig vererbt, was man an dem F_2-Tier sehen kann, das seine Beute nicht tötet, sondern gleich lebendig frißt.

Ein Domestikationsbeispiel der Gegenwart
Selektionsziel: Zahme, kontaktfreudige Füchse

Besser, als an allen Theorien über die frühe Geschichte der Hunde, läßt sich am folgenden Beispiel das *Prinzip der Domestikation* erklären. Bei den vielen Versuchen, wildlebende Tiere an den Menschen zu gewöhnen, hatte es sich immer als recht vorteilhaft erwiesen, wenn diese Tiere ohnehin untereinander gesellig lebten. So war besonders deswegen schon das Vorhaben russischer Forscher, Silberfüchse derart zu züchten, daß sie zahm, d. h. von *Geburt* an nicht menschenscheu und unansprechbar waren, eine spannende Sache. Wer Füchse kennt, weiß, daß sie, trotz ihrer äußerlich entfernten Ähnlichkeit mit dem Hund, doch in ihrem Verhalten völlig anders, nämlich eigentlich Einzelgänger sind.

Die Forscher BELYAEV und TRUT selektierten nun Jungfüchse, im Alter von 1½ bis zwei Monaten danach aus, ob sie bereit waren, vom Menschen Futter anzunehmen und sich, vom Futter angelockt und belohnt, auch auf Ruf dem Menschen nähern würden. Mit den jeweils zutraulichsten Füchsen wurde weitergezüchtet, von diesen Würfen dann wieder die jeweils besten ausgewählt usw.

Immerhin wurde dieser Versuch über *fünfzehn Jahre* hin fortgeführt. Schließlich hatte man Füchse, die auf Zuruf kamen, auf den Menschen mit Bellauten reagierten, bei der Begrüßung mit dem Schwanz wedelten und sich tatsächlich wie Hunde benahmen! Wenn es auch für einen Versuch eine lange Zeit ist, bleibt es bemerkenswert, in wie *kurzer* Zeit selbst eigentlich dafür so ungeeignete Tiere sich zum Haustier, also tiefgreifend verändern ließen.

Aber: Was alles sonst hatte sich außerdem noch ereignet! Die Forscher fassen dies so zusammen:

„... Die Selektion nach den Merkmalen „Gehorsamkeit" und „freundliches Eingehen auf die Behandlung des Menschen" führte zu einem dramatischen Auftreten von neuen Formen (Phänotyp) und zu der Destabilisierung der gesamten Ontogenese, was sich an der *vollständigen Veränderung des gesamten in Wechselbeziehung stehenden Systems (Adrenalin-Hypophyse / Sexualhormon- Hypophyse) ablesen ließ*. Eine grundlegende Veränderung, die tatsächlich durch nichts anderes hervorgerufen war, als die unter diesem Gesichtspunkt gewählte Selektion zu stabilisieren. ..

Das *Konzept* dieser „*Stabilisierung"*: „*Destabilisierung"*, wobei künstliche Selektion eine Veränderung des Phänotyps hervorrufen kann und den Wild-Phänotyp verändert (sowohl strukturell, physiologisch und auch das Verhaltensinventar) wie bei diesem Beispiel, durch die Domestikation von Tieren."

Was war geschehen? Man hatte den Füchsen, in nur wenigen Jahren über den Weg der Zucht-Auslese, ihre *natürliche Furcht vor dem Menschen genommen*, d. h. ihre Angst- oder Streßempfänglichkeit über Generationen hin erheblich gesenkt. Einfach nur, indem man mit den jeweils zutraulichsten Tieren weiterzüchtete.

Das Selektionsergebnis:
Änderung des Verhaltens und des innersekretorischen Systems

Aber was hatte sich außerdem, und das ist der viel entscheidendere Gesichtspunkt, *in* den Füchsen verändert? Nicht nur ihr Verhalten zeigte starke Veränderungen; es ergaben sich Vergleichspunkte, die man auch bei anderen domestizierten Haustieren festgestellt hat, z. B. eine gravierende Veränderung ihres Sexualverhaltens:

Die „zahmen" Füchse neigen nun mehr und mehr dazu, statt einer jetzt zwei Brunftphasen im Jahr zu haben. (Ähnlich ja auch die Domestikation Wolf/Hund, wobei Wölfe nur einmal im Jahr und zeitlich fixiert reproduktionsbereit sind!) Die Brunft der „zahmen" Füchse trat zu einem jahreszeitlich früheren Zeitpunkt ein, d. h. wurde offensichtlich nicht mehr von der Natur und den Jahreszeiten ausgelöst, die ja sonst den Anstoß dazu geben, wenn die Aufzucht der Fuchsjungen auch jahreszeitlich günstig liegen soll.

Weil das neue innersekretorische System noch nicht richtig ausgereift ist, waren nicht alle Paarungen erfolgreich, was sich aber sicherlich durch weitere Selektion noch verändern lassen wird. Auch hatten die Fuchsmütter teilweise Störungen mit der Milchproduktion und benahmen sich den Welpen gegenüber nicht immer wie gute Mütter.

Ganz klar hatte sich aber, was Blutuntersuchungen erkennen ließen (besonders gravierend bei den weiblichen Tieren) der Corticosteroidspiegel gesenkt. Das Ziel, das zutrauliche Tier zu züchten, selektierte, ohne daß man sich dessen zunächst bewußt war, immer die Tiere heraus, deren verminderte Alarmbereitschaft nicht nur nach außen erkennbar war, sondern auf innersektretorischen Veränderungen beruhte.

Bei wildlebenden Tieren hätte sich eine derartige Veränderung niemals durchsetzen können: Sie hätten wenig Überlebenschancen und wären sofort auf natürlichem Wege ausgemerzt worden.

Mit der Veränderung des Corticosteroidspiegels sind aber gleichzeitig, wie wir bereits früher beim Hund festgestellt haben, eine Reihe Wechselwirkungen besonders auch der Sexualhormone verbunden, was sich deutlich im veränderten Fortpflanzungsgeschehen der Füchse, wie auch beim Hund, ablesen läßt.

Einiges über die körperlichen
Hintergründe von Zahmheit und Angst

Dieser Domestikationsvorgang führt uns nun sozusagen im Zeitraffer vor, wie im Prinzip die Domestikation vom Wolf zum Hund abgelaufen ist. Aber nicht nur das: Wir begreifen jetzt, welche tiefgreifende Veränderung vom Wildtier zum

Haustier auch bei dem Hund auf dem Wege der künstlichen Selektion erreicht wurde. Wir sehen aber auch, daß dabei bestimmte, grundlegende angeborene Verhaltensweisen *völlig unberührt* bleiben; diese werden auch beim Hund nur da modifiziert, wo sich auch bei den Wildformen Variationsmöglichkeiten finden. Dies betrifft die Variabilität des Sozial- und Beuteverhaltens, die umweltbezogen und daher nicht festgeschrieben sind. Festgeschrieben und daher auch beim Hund erhalten, sind die angeborenen Signalbewegungen, Körperhaltungen usw., sind auch bestimmte Auslösemechanismen, die das Verhalten bestimmen.

Ein bestimmtes Temperament oder ein bestimmter Typ wird dadurch hervorgerufen, daß (entsprechend genetischer Vorgabe) der Körper, d. h. seine Organe verändert wurden und somit auch seine Reaktionsweise. Die hier zugrundeliegenden Zusammenhänge finden sich auch bei den Hunden wieder und sind ein Schlüssel zu seinen erwünschten oder unerwünschten Verhaltensweisen und deren Vererbbarkeit.

Unter natürlichen Bedingungen ist, wie wir gesehen haben, Aggressivität in den verschiedensten Abstufungen überlebenswichtig, daher ist sie zwar genetisch bedingt, entspricht aber jeweils den Umwelt- und Beutebedingungen.

Sehr gründlich ist dies an *Füchsen* untersucht worden; bei diesen stimmt ihr „Nerventyp" auf eindrucksvolle Weise mit ihrem Äußeren und besonders ihrer Fellfarbe überein. CLYDE KEELER hat viele Untersuchungen an Füchsen durchgeführt, weil er an ihren Fellfarben-Mutationen auch vieles über die Zusammenhänge von Intelligenz und das Wesen von Psychosen und Phobien und den Einsatz entsprechender Medikamente lernen konnte.

„Der Rotfuchs ist ein Nervenbündel. Wenn ein ausgewachsenes Tier in Gefangenschaft gerät, zeigt es alle Symptome, die wir als Psychosen kennen: alle Variationen von Phobien, besonders Platzangst, Bewegungsangst, Katalepsie, blindwütige, selbstzerstörerische Fluchtreaktionen, Aggressivität, verbunden mit extremer Erregung und Unruhe. Dieses Nervenbündel ist mit Psychopharmaka wirkungsvoll zu behandeln. Sein der Schizophrenie ähnliches Verhalten ist keinesfalls krankhaft, sondern für ihn lebensnotwendig. Er muß wachsam und mißtrauisch sein, selbst in Gefangenschaft schlafen Füchse mit vielen Unterbrechungen. Ihre Ohren zucken von Zeit zu Zeit, die Nase ist überempfindlich, die Augen nur halb geschlossen, die Augenlider nervös zuckend.

Außerdem gehen Rotfüchse in äußerster Aggressivität aufeinander los und können sich in ihrer blinden Wut töten. Es kann aber auch vorkommen, daß sie bereits aufeinander losgegangen sind, sich ineinander verkeilt haben, ihre Schnauze bereits weit geöffnet haben, um zuzubeißen und dann plötzlich in kataleptischer Starre verharren; nach einem Moment des Erstarrtseins nehmen sie ihre normale Körperhaltung wieder ein und gehen ganz normal auseinander. Ebenso ist bei Jägern das „Tanzen" der Füchse bekannt: Wenn sie auf etwas Unbekanntes stoßen, gehen sie vorsichtig einen halben Schritt darauf zu, springen aber sogleich wieder zurück, was sie oft wiederholen können, bevor sie sich endgültig zu nähern wagen und so selten in Fallen geraten.

Die Erfahrung hat gezeigt, daß der amberfarbene Fuchs die zahmste Form ist. Im Gelände beobachtet, kann man an der Distanz der Füchse zum Beobachter den Grad ihrer

Ängstlichkeit erkennen. Rot: mehr als 180 m, Silber: 180 m, Perl: 130 - 150 m, Amber 4 - 5 m. Interessant war der Zusammenhang zwischen Ängstlichkeit, Körpergröße und endokrinen Organen."

Die zahmeren Füchse waren größer, hatten aber auch im Verhältnis zum Körpergewicht deutlich kleinere Nebennieren (Amber 61 % weniger als Rot!), was auch bei der Hypophyse beobachtet wurde. Diese ist verantwortlich für die relativ geringere Aktivität auch anderer sekretorischer Funktionen, woraus sich auch erklärt, daß die Rotfüchse einen erheblich strengeren Geruch aus ihrer Duftdrüse absondern. Dieses Drüsensekret gehört in den Bereich der Pherome, also zu den Duftstoffen, die sowohl als Lock- als auch als Alarmsignale abgegeben werden.

An Füchsen (ebenso bei Ratten) konnte KEELER nachweisen, daß Gene, die für bestimmte Fellfarben verantwortlich sind, ebenfalls die Strukturen des Gehirns und des Hormonalsystems beeinflussen; diese Modifikationen verursachen wiederum eine Verhaltensänderung.

Verhaltensänderungen
die die Domestikation hervorgerufen hat

Nach und nach wird uns immer klarer, daß das allgemeine, aber auch das spezielle Verhalten des Hundes *nur* als Varianten der genetischen *„Grundsubstanz Wolf"* zu verstehen ist, deren Grundprinzip, die außerordentliche Modifizierbarkeit, auch bei den Wildformen erkennbar ist.

Zusammengefaßt ergibt sich folgendes Bild: Die wildlebenden Vettern unserer Hunde passen sich durch ein breites Spektrum möglicher Verhaltensweisen an die verschiedensten Lebensbedingungen an. Vor allem die unterschiedliche Aggressions- und Toleranzschwelle bestimmt darüber, wie weit ein Leben in Gruppen oder Rudeln möglich ist, beeinflußt also entscheidend sowohl das Sozial- als auch das Beuteverhalten. Selbst die Beutefanghandlung läuft nicht als ein einheitlicher Vorgang ab; sie ist aus verschiedenen Phasen zusammengesetzt, die jeweils modifiziert, d. h. unterschiedlich gewichtet und ausgeprägt, in typischer Weise eingesetzt werden. Daraus ergibt sich, daß die darin enthaltenen Verhaltensweisen jeweils ein einzelnes Merkmal sind und daher unabhängig voneinander vererbt werden können.

Dies wurde (völlig unbewußt) auch in der künstlichen Selektion ausgenutzt, um, wie wir gleich sehen werden, die *Beutefanghandlung* in unterschiedlichster Weise modifiziert den besonderen Erfordernissen anzupassen. Dennoch gehört zu jeder Phase der Beutefanghandlung (Suchen, Verfolgen, Angreifen, Fassen, Töten) untrennbar ein typisches Maß an Aggressivität, ohne die sie nicht durchführbar ist. Infolgedessen wird ein Hund, der speziell für ein Verhalten gezüchtet wird, zugleich das dafür typische Aggressiv-Verhalten haben.

Wie sich die Beutefanghandlung des Hundes im Zuge der Domestikation verändert hat, wurde von G. VAUK eingehend untersucht. Er kommt zu dem

Ergebnis, daß sich „eine Reihe aufstellen läßt vom ungehemmten Typ, mit vollständig ablaufender Handlungsweise, bis hin zum stark gehemmten Typ."

Bei seinen Dackelwelpen ließ sich bereits mit 42 Tagen der *vollständige* Ablauf der Beutefanghandlung feststellen, einschließlich Fassen und Totschütteln der Beute. Bei den Chow-Chows war ein vergleichbares Verhalten erst ab dem 46. Lebenstag zu beobachten, auch war zunächst ihr Interesse an dem „Übungskaninchen" gering; erst am 64. Tag stürzten alle Chow-Welpen darauf zu, schüttelten es zwar nur wenig, faßten aber recht fest zu.

Pointer sind eine Rasse mit *gehemmter* Beutefanghandlung. Ihnen ist die Vorstehhemmung angeboren, ebenso aber auch ein sehr starkes Appetenzverhalten. Sie sind heftig interessiert daran, Wild aufzuspüren, es ist ihnen aber nicht möglich, das Wild mit dem Gebiß zu berühren; d. h. der vollständige Ablauf der Beutefanghandlung *endet* bei ihnen bereits zu einem früheren Zeitpunkt. VAUK weist in diesem Zusammenhang darauf hin, daß in England neben dem Vorstehhund oft noch ein Apportierhund den Jäger begleitet.

„Bei den Pointerwelpen war bereits mit 35 Tagen reges Interesse an Hühnern, die am Käfig vorbeiliefen, zu bemerken. Zwei der Welpen nahmen die Tiere wahr und blieben unbeweglich stehen, bis diese wieder verschwunden waren. Bei dem am 42. Tag durchgeführten Versuch nahm ein Rüde das Kaninchen wahr, stand mit erhobenem rechten Vorderlauf und waagerecht gehaltener Rute. Als das Kaninchen sich nach einer halben Minute wegbewegte, zog er ihm ungefähr in dem gleichen Abstande nach. Das Verhalten der übrigen Welpen war dem Geschilderten sehr ähnlich und machte einen starren, schematischen Eindruck: ein ihnen vorgelegtes frischtotes Kaninchen berührten sie nicht.

Bei einer dritten Gruppe finden wir die Beutehandlung *nur noch im Welpenspiel am inadäquaten Objekt*, die im späteren Alter überhaupt verschwindet. Ein typischer Vertreter ist der *Pudel*. Nur einer von ihnen war nicht geflügelfromm, das Kaninchen betrachteten sie als *Spielkumpan*."

Grundlage für eine derart spezialisierte Leistung des Hundes ist nicht nur seine Trainierbarkeit, sondern auch eine typische Verhaltensweise, die im Sinne eines unkonditionierten Reflexes genetisch bedingt ist. Nur unter ganz erheblichem Erziehungsaufwand wird sich – wenn überhaupt! - beispielsweise ein Pointer zu einem schäferhundähnlichen Verhalten bringen lassen. Im Gegenteil: Ein Training, das seinen besonderen Anlagen zuwider läuft, kann sein gesamtes Verhalten grundlegend irritieren.

Je stärker eine Rasse aber spezialisiert ist, umso weniger flexibel ist sie auch in ihren Einsatzmöglichkeiten. Wie gesagt, ist bei diesen Hunden die Reizschwelle für bestimmte Verhaltensweisen stark abgesenkt, ihre Reaktionen sind also in bestimmten Situationen besonders ausgeprägt. Für andere Verhaltensweisen sind dagegen die Reizschwellen stark erhöht, sie werden also nur in extremen Ausnahmesituationen – wenn überhaupt – auszulösen sein. Diese angeborenen Eigenschaften werden durch Erziehung noch dazu fortlaufend verstärkt. Windhunde suchen mit dem Auge, Vogelhunde mit Auge und Nase, Retriever verfolgen das Herabfallen der Vögel mit den Augen. Bei allen Spezialrassen sind bestimmte Reizschwellen favorisiert, andere vernachlässigt: Hütehunde werden durch den Geruch von Schafen (gelegentlich auch Wild) angezogen, Vogelhunde mehr von dem der Vögel.

An dieser Stelle fragte mich ein Leser des Manuskripts danach, welche Rasse nun die intelligenteste sei? Gerade an diesen Beispielen läßt sie sich aber auch am leichtesten beantworten: Ein Hütehund wird kläglich versagen, wenn man ihn bei Aufgaben testet, die der Pointer gut zu lösen vermag. Als „Intelligenzunterschiede" lassen sich daher nur Trainierbarkeit, Belastbarkeit, Ausdauer und Gedächtnis messen und wie weit der Hund mit seinen angeborenen Neigungen der *speziellen* Aufgabe gewachsen ist.

Aus dem Jagdverhalten wildlebender Caniden wurden also bestimmte Phasen in einzelnen Rassen (und die dazugehörigen besonderen Anlagen) verstärkt hervorgebacht.

1. Fährtensuchen und Beuteverfolgen z. B. bei Bloodhound
2. Einkreisen und Zusammentreiben beim Hütehund
3. Zögern und Vorstehen bei Setter und Pointer
4. Apportieren bei den Retrievern

* 5.a Verfolgen und Töten bei Hetzhunden und einigen Jagdhundrassen
*   b Angreifen und Fassen bei Schutz- und Wachhunden

Diese Zusammenstellung sagt aber auch etwas aus, was die wenigsten sich wirklich klar machen: Bei der überwiegenden Zahl der Spezialrassen ist die Neigung anzugreifen und zu töten unerwünscht und in den Gruppen eins bis vier die *Beißhemmung* regelrecht als Selektionsziel erkennbar, d. h. sie ist durch Selektion zu verstärken oder zu unterdrücken. Einige Rassen z. B. Retriever, Cocker sind besonders für sanftes Apportieren gezüchtet, sie dürfen das Wild nicht verletzen. Wie wir bei den wildlebenden Caniden gesehen haben, gibt es dort Korrelationen zwischen intraspezifischer Aggression, allgemeiner Beißhemmung und der Fähigkeit des Beute-Tötens; ähnliches wiederholt sich auch bei den Hunderassen.

Ein besonderes Problem sind die zur Gruppe fünf gehörigen Rassen, die *nur* eines gemeinsam haben: Bei ihnen ist die Beißhemmung etwas wie das Zünglein an der Waage, nämlich nur in begrenztem Umfang erwünscht. Genaugenommen handelt es sich dabei um zwei ganz grundverschiedene Aggressionshaltungen: Die Gruppe 5 b gehört nämlich *nicht* mehr zum Jagd- und Beuteverhalten, ihre Motivation ist nicht die *Beute* sondern der *Selbstschutz*.

Trotzdem werden sie hier im Zusammenhang mit der *Beißhemmung* mit aufgeführt. (Später kommen wir aber nochmals auf die hier wichtige Unterscheidung zurück.) Einerseits können also Hunde dazu gezüchtet und erzogen werden, in bestimmten Fällen *anzugreifen* und zu *beißen* (mit oder ohne besonderen Befehl, auf einem bestimmten Gebiet, das sie bewachen). Gleichzeitig müssen sie lernen, dies unter anderen Umständen *niemals* zu tun oder auf Befehl sofort abzulassen.

Von diesen Hunden wird erwartet, daß sie eine bestimmte Angriffsneigung und eine gesicherte Beißhemmung *gleichzeitig* entwickeln. Bei diesen Hunden ist aber (ebenso wie bei den Wildformen) nicht nur ein einziger, sondern eine Vielzahl von Faktoren (Vererbung, Aufzucht, Erziehung, Haltung) dafür verantwortlich, daß sie sich der Situation entsprechend richtig verhalten. Vor allem aber ist bei diesen Hunden die Beißhemmung und auch die Neigung zum Selbstschutz nicht so umfassend unterdrückt, wie bei weniger aggressiven, weniger wachsamen Rassen.

Dieser Gesichtspunkt kann gar nicht oft genug betont werden, weil wir es immer wieder gerade bei Rassen, die in Mode sind, beobachten können, daß dort auch eine oft recht hohe Zahl bissiger (weil *furchtsamer*!) Hunde vorkommt. Das sind keinesfalls nur Schäferhunde, sondern auch Dackel, Pudel, Hütehunde, usw., sogar Schoßhunde können recht bösartig werden! Steigende Nachfrage bei „Mode-Rassen" führt nur zu leicht dazu, daß bei der Zucht nicht sachgemäß verfahren wird. Zunächst werden bereits Hunde mit ungenügenden Wesensmerkmalen zur Zucht verwendet und die Welpen dann überdies oft nicht sachgemäß aufgezogen. Einige Beispiele folgen später in anderem Zusammenhang.

Bleiben wir aber erst noch etwas bei den Besonderheiten der Spezialrassen. In diesem Zusammenhang müssen wir uns an die Beobachtung JAMES' erinnern, der als einziges morphologisches Merkmal, das auf einen bestimmten „Typ" schließen läßt, den „Körperindex" nannte. Je geringer dieser ist (z. B. Windhund, Schäferhund), umso mehr also das Tier sich dem ektoformen Typ nähert (wie auch von Fox beobachtet) umso höher ist die ihm eigene Aggressionsbereitschaft (die letztlich ja eine bestimmte Toleranzschwelle ist). Daher ist der *Typ* ein übergeordnetes Merkmal, das bestimmte Rassen, so variabel sie auch sonst gestaltet sein mögen, verbindet. Sie können – bis auf den Körperindex – von völlig unterschiedlicher Gestalt sein; sie haben in ihrem Charakter gemeinsam beispielsweise nur eine mehr oder weniger ausgeprägte Beißhemmung, eine mehr oder weniger ausgeprägte Aggressivität. Daher entsprechen auch reingezüchtete Rassen jeweils dem bestimmten „Typ", der die erwünschten Eigenschaften *zuläßt*. Aber auch innerhalb einer Rasse wird sich eine (oft nur geringfügige) Abweichung im Körperindex ebenfalls in den Schattierungen des Verhaltens widerspiegeln.

Bei den Jagdhunden des *Brackentyps* kommt noch ein weiteres Merkmal hinzu, das uns dann auch zur Frage der Sinnesleistungen führt. Ein für die Bracken typisches Merkmal ist das mehr oder weniger große, mehr oder weniger hoch angesetzte *Hängeohr*.

Bei den windhundähnlichen Jagdhunden ist der Körperindex niedrig, sie sind hochläufig und nähern sich dem ektoformen Typ, die Hängeohren sind nicht sehr groß und hoch angesetzt. Dem ektoformen Körpertyp entspricht auch ihre ausgeprägte Fähigkeit, gut zu sehen, sie jagen mehr mit dem Auge, nehmen die Witterung mit erhobenem Kopf auf und folgen dabei auch ihrem Gehör, da sie die hochangesetzten Ohren gut heben und den verschiedenen Hörrichtungen anpassen können. Dem Typ entspricht auch ihre Neigung zum Hetzen und Töten, wie auch ihr introvertiertes, aber auch sehr empfindliches Temperament.

Je mehr sich die Körperform der Bracken von diesem Typ wegbewegt, umso mehr verändert sich auch das typische Verhalten; die geringe Aggressivität besonders der Meutehunde ist ein gutes Beispiel dafür. Zugleich mit der Körperform verändert sich auch die Sehfähigkeit der Augen für fernerliegende Objekte, d. h. die Tiere sehen in der Nähe besser. Je tiefer die Ohren angesetzt sind, umso mehr verringert sich ihre Fähigkeit des Richtungshörens d. h. das Lokalisieren des Schalles. Am wenigsten berührt wird bei diesen Veränderungen innerhalb des „Normaltyps" die Riechfähigkeit, diese wird erst bei dramatischer Schädeldeformierung (verkürzter Schnauzenpartie) betroffen.

Verhalten und Fähigkeiten des Bloodhound

Als Beispiel soll uns hier der *Bloodhound* dienen, der alle typischen Merkmale der Hunde hat, die sich aufgrund ihrer geringen intraspezifischen Aggression (Brustkorbindex, Beißhemmung) zur Meutenhaltung eignen und die auf Nasenleistung spezialisiert sind.

Der Bloodhound ist hochläufiger als andere Meutehunde, er steht aber trotzdem über „viel Boden", d. h. er hat einen breiten, kräftigen Brustkorb. Der Kopf ist schmal aber nicht grob, was aber durch die außergewöhnlich weite und stark gefaltete Haut verwischt wird; der Bloodhound ist ein „Hautriese". Trotzdem ist seine Haut dünn anzufühlen, d. h. er gehört in seiner Sensibilität sowohl zum ekto- wie zum mesoformen Typ.

Sein Temperament ist auffallend liebenswürdig, niemals streitsüchtig mit anderen Hunden, er ist aber gleichzeitig von Natur aus zurückhaltend und sehr sensibel für freundliche oder strenge Zurechtweisung seines Herrn. Hier hat also eine *interessante Mischung der verschiedensten Temperamente* stattgefunden, indem man die „Schärfe" dieser Hunde weitgehend weggezüchtet hat.

Um die hervorragende Nasenleistung der Bloodhounds auch für die Verbrecherjagd auszunutzen, wurden bei ihnen schwere Erziehungsfehler begangen, als man sie auf ähnlich harte Weise erziehen wollte wie Dobermänner oder Schäferhunde. Wo allerdings der typische Charakter des Bloodhound richtig erkannt und berücksichtigt wurde, brachten diese Tiere auch auf der Verbrecherjagd geradezu märchenhaft klingende Leistungen.

Die dem Bloodhound angeborene, hervorragende Riechfähigkeit wird noch durch die Züchtung zum „Hautriesen" unterstützt. Die schweren, tief angesetzten Hängeohren führen nicht nur zu einer besonderen Anatomie von Kopf und Ohr, sondern vermindern seine allgemeine Hörfähigkeit, besonders auch sein Schall-Lokalisierungsvermögen. Die Augen sind tief eingesetzt und werden zudem noch durch die über die Stirn und seitlich tief herabhängende faltenreiche Kopfhaut in ihrer Sehleistung eingeschränkt. Der breitgebaute Brustkorb deutet überdies noch auf den Typ mit kurzsichtigerem Bau des Auges hin.

Insgesamt ist hier ein Hund ausgerüstet mit starker Fährtenleidenschaft, gepaart mit genetisch bedingter Beißhemmung, also eine Kombination von hoher Beute- und geringer intraspezifischer Aggression, wobei letztere ein Indiz ist für große Lernfähigkeit und Sensibilität (auch erkennbar an seiner dünnen Haut). Zusätzlich ist er durch die Einschränkung seiner Hör- und Sehfähigkeit dazu „gezwungen", sein ohnehin stark ausgeprägtes Riechvermögen in ganz besonderem Maße einzusetzen und zu steigern. Wie bereits gesagt, bilden sich die für die Sinnesleistungen zuständigen Zentren des Gehirns im Zuge ihres Einsatzes erst zunehmend aus, sodaß hier die einerseits verminderte und andererseits verstärkte Leistungsfähigkeit der Sinnesorgane auch die Ausbildung der entsprechenden Zentren im Gehirn bewirkt. So wird also beim Bloodhound (und anderen ähnlich gebauten Rassen) bevorzugt das Riechvermögen und die Fähigkeit, Gerüche in erstaunlicher Weise unterscheiden zu können, auf Kosten von Gesichts- und Gehörsinn besonders ausgebildet.

Sehr interessant ist in diesem Zusammenhang eine Beobachtung, die bereits früher von den Züchtern praktisch ausgenutzt wurde. Sie stellten fest, daß bei Welpen in *Hundemeuten* sich auch wieder sehr früh die „Führernaturen", die sogenannten „Kopfhunde" erkennen ließen. Diese erwiesen sich aber später jagdlich oft als minderwertig, und man ging dazu über, gerade auf diese Tiere zu verzichten. Hier wurde also aus *Erfahrung* ein bestimmter Typ ausgemerzt. Denn ein „Kopfhund" war später weder der schnellste, noch der stärkste noch der feinnasigste Hund, sondern der *vorlauteste*, d. h. aggressivste innerhalb des Wurfes. Die übrigen Welpen folgten ihm blindlings; es entwickelte sich die unerwünschte „*Rudel*bildung", die bewirkt, daß es „zum Jagen ohne Wild kommt", vor allem waren diese Tiere „sich selbst genug" und richteten ihr Augenmerk nicht so sehr auf die Anweisungen des Menschen. Entfernte man die

Bloodhound

aggressiven Kopfhunde rechtzeitig, bildete sich sofort eine *Meuten*folge, nun folgte die Meute dem „ersten Läufer", wie dies ja auch erwünscht war.

Gehirn und Sinnesleistungen des Hundes

Ein scheinbar schlagendes Argument der Gegner hochgezüchteter Hunderassen ist der Hinweis, daß Hunde, wie alle domestizierten Tiere, ein kleineres Gehirn haben als die Wildform, also schon allein aus diesem Grunde als überlebensunfähige Kreaturen gezüchtet würden. Wie so oft macht man sich hier ein Schlagwort zunutze, um eine allgemeine, etwas irrationale Lebensauffassung auszudrücken, die überwiegend aus *An*sicht und wenig aus *Ein*sicht entstanden ist. Denn auch innerhalb der Wildformen gibt es artbedingte Unterschiede in der Gehirngröße, das Gehirn steht also in einer deutlichen Beziehung zu den Lebensbedingungen des Tieres. Das Problem der unterschiedlichen Gehirngrößen beschäftigte und beschäftigt die Wissenschaft bis in die Gegenwart, seit sie mehr und mehr erkennt (und anhand von Schädelfunden kräftig darüber streitet) welche Bedeutung die verschiedenen Cephalisationsstufen haben. Läßt sich doch daran der Entwicklungsstand der Tiere ablesen, da jede Weiterentwicklung und Spezialisierung einer Art mit einer neuen „Stufe" des Gehirns verbunden war. Vermutlich ist aber das größere Gehirn zunächst das Ergebnis einer Mutation, derzufolge sich in bestimmten Teilen des Gehirns eine stärkere Zellteilung, eine umfangreichere Entwicklung vollzog. Bereits KLATT fand bei seinen Untersuchungen heraus, daß die Hundegehirne um 1/5 bis 1/4 kleiner waren als die Wolfsgehirne,

„trotzdem sind sie keineswegs in allen Dimensionen kleiner als diese, sondern in manchen ebenso groß oder gar größer ... Aus alldem geht wohl mit ziemlicher Sicherheit hervor, daß es die *Sehsphäre* ist, welche beim Haushund, im Gegensatz zum Wildhund, die deutlichste Abnahme aufweist. ... Ein weiteres Verlustgebiet am Hundehirn ... betrifft das zentrale *Riechgebiet*. Fraglich ist, ob auch für das zentrale Hörgebiet eine Reduktion in der Domestikation vorhanden ist. Allerdings gibt es hier ganz offensichtlich Zusammenhänge, wenn man daran denkt, daß mit der weißen Fellfarbe auch Taubheit beobachtet wurde.

Zunahme beim Haushund gegenüber den wilden konnten wir dagegen feststellen für die Scheitelgegend des Gehirns. ... Alles in allem könnte man sagen, daß beim Haushunde *diejenigen Hirngebiete eine Zunahme* erfahren haben, welche mit den *höheren psychischen Vorgängen in Beziehung* gebracht werden, während die Sinnesgebiete zum Teil eine recht beträchtliche Abnahme erfahren. Also Zunahme der Assoziations-, Abnahme der Projektionszentren ...

... sodaß in der Domestikation zunächst Abnahme bestimmter Hirnteile, dann aber eine Wiederzunahme anderer stattfand. In der Tat legt uns ja die morphologische Untersuchung den Gedanken nahe, daß es die Assoziationszentren im *ganzen* Hirn, nicht bloß im Hirnabschnitt sind, welche beim Haushund zugenommen haben. So kann man sagen, das *Wildhundhirn* hat einen völligen *Umbau seiner ganzen Organisation* erlitten derart, daß die mit den höheren psychischen Vorgängen in Beziehung stehenden Assoziationszentren, mitsamt ihren doch höchstwahrscheinlich überall hin sich erstreckenden Bahnen, zugenommen haben, auf Kosten der niederen Projektionszentren, mit ihrem Zubehör, welche abgenommen haben."

Wie bereits früher gesagt, stellen die verschiedenen Bezirke des Gehirns die wichtige Beziehung zur Umwelt her: Riechen, Hören, Sehen, Fühlen usw. Hunde, bei denen die Gehirnrinde entfernt wurde, ermüdeten schnell, die Körpertemperatur wurde unausgeglichen, die Hunde wirkten schläfrig. Trotzdem blieben die typischen Charakterzüge des Hundes unverändert (langsame Hunde blieben langsam, gefräßige Hunde gefräßig usw.), so daß also diese Eigenheiten in den *subkortikalen* Gebieten zu suchen sind. Man kann also von getrennten Gebieten für Denken und Wollen sprechen, die aber in enger Wechselbeziehung stehen.

Wenn auch nur zu gern berichtet wird, wie Hunde angeblich denken und sprechen, können sie dies keinesfalls in menschenähnlicher Weise tun. Der Hund ist erstens dort „anders", wo der Mensch „Ich" sagt oder denkt, d. h. sich *selbst* bewußt (und nicht nur seine Bedürfnisse) in die Koordination seiner Überlegungen mit einbezieht. Zweitens entnimmt der Hund aufgrund seiner anderen Sinnesleistungen der Umwelt ganz andere Informationen als der Mensch. Drittens verarbeitet das Gehirn aufgrund des unterschiedlichen Erbgedächtnisses die eingegangenen Meldungen zu den jeweils für Mensch oder Hund typischen Reaktionen.

Der Mensch ist, dank der Besonderheiten seines Gehirns, in hohem Maße zu abstraktem Denken fähig, was auch das abstrakte „Ich-Bewußtsein" einschließt. Sprechen gehört in den „Ich-*Bewußtsein*-Bereich", nicht aber, so sehr dies überraschen mag, Gefühle, Aggressionen, instinktive Reaktionen. Diese werden im „Ich-Verstand" des Menschen umgeformt, in Worten und Begriffen ausgedrückt und rational verarbeitet.

Der Hund kann nur *konkrete* Gefühle und Wünsche, nicht aber *abstrakte* Ansichten und Meinungen ausdrücken und setzt dafür immer, anstelle der „abstrakten" Sprache, konkrete Aktionen seines Körpers ein. Aber auch der Mensch drückt vieles, vor allem Gefühle und Stimmungen, körperlich, im nicht- oder vorsprachlichen Bereich aus. Ein Gesichtspunkt wird aber in diesem Zusammenhang meist völlig übersehen: Auch das Sprechen selbst entsteht durch die fein abgestimmte Tätigkeit vieler Muskeln; jeder *Laut* wird bei allen Menschen durch völlig gleiche „Bewegungskoordinationen" ausgelöst, die z. T. angeboren sind, deren verfeinerte Anwendung jedoch erlernt werden muß. Es ist oft gar nicht so leicht, eine bekannte Aussprache eines *Buchstabens* nun in der in einer anderen Sprache üblichen Modulation zu erlernen, manche Modulationen gibt es nur in besonderen Sprachen... So können wir jetzt auch leichter begreifen, daß der

Mensch zwar *weiter*entwickelt ist, aber dennoch die *Gefühls*regungen seines Hundes gut verstehen kann, was auch umgekehrt der Fall ist. Während aber der Mensch „weiß", *warum* er traurig oder froh, angstvoll oder aggressiv ist, erlebt der Hund nur das Gefühl. Verstehen kann er es nicht.

Hören und Verstehen des Hundes

Wenn auch das Hörzentrum des Hundes, im Vergleich zur Wildform, weniger ausgeprägt ist, bleibt seine Hörleistung dennoch erstaunlich. Wie gesagt, ist mit dem Hänge-Ohr eine eingeschränkte Hörleistung verbunden. Diese kommt überwiegend dadurch zustande, daß das hochangesetzte Steh-Ohr vor allem das Lokalisieren der Schallquelle hervorragend ermöglicht. Wenn auch der Vergleich nicht ganz zutreffend ist, wirken die aufgestellten Stehohren, je höher sie angesetzt und je größer sie sind, wie Antennen. Es ist ein Vergnügen zu beobachten, wie virtuos einige Hunde ihre Ohren, sogar unabhängig voneinander, in alle Richtungen heben, senken, drehen und wenden. Bei meinen eigenen Hunden beobachte ich oft mit Vergnügen, wie ein faul auf der Seite liegender Hund sein zuoberst liegendes Ohr aufstellt und den jeweiligen Geräuschen im Haus folgen läßt. Tatsächlich ist dieses *eine* Ohr oft stundenlang das *einzige,* was der Hund bewegt! Geradeso kann man an der Ohrenstellung bemerken, daß ein Hund gleichzeitig Geräusche, die vor oder neben ihm, wie auch solche, die von hinten oder oben kommen, beachtet.

Jeder weiß, daß der Hund ganz andere Frequenzen hören kann als der Mensch. Gern werden sogenannte Hundepfeifen verwendet, die für den Menschen kaum noch hörbar sind. Am Beispiel des Klaviers erklärt: Die Töne der oberen Oktaven werden vom Menschen am besten unterschieden. Töne, für die das Klavier keine Tasten mehr hat, weil der Mensch sie nicht mehr hört, sind für Hunde deutlich zu hören. Daraus ergibt sich, daß Pfeifen, die einen tiefen Ton haben, weniger günstig sind als solche, die in unseren Ohren schrillen, sie erreichen den Hund auch in großer Entfernung.

Man sagt von Hunden, sie hätten das „absolute Gehör", denn sie können selbst feine Unterschiede der Klanghöhe auseinanderhalten, die kaum ⅛ des Tones erreichen. Der Hund kann absolute Tonhöhen im Gedächtnis behalten, ohne sie mit anderen vergleichen zu müssen. Er kann auch die Stimme seines Herrn noch *jahrelang* im Gedächtnis behalten, während seine Geruchserinnerung nicht so nachhaltig ist. Unterschiede in der Klangintensität, für den Menschen nach kurzer Pause nicht mehr wahrnehmbar, werden vom Hund noch nach Stunden erinnert, ebenso erinnert er Unterschiede in Pausenlängen. Der Mensch reagiert nur bis zu Tönen bis 20.000 Herz, der Hund bis 35.000 (26.000/50.000) Hz. (Diese abweichenden Zahlen zeigen an, wie unterschiedliche Ergebnisse die Untersuchung der

Hörleistung brachte. Es läßt sich aber schwer feststellen, wie weit sie aufgrund von Meßfehlern oder tatsächlicher Unterschiede der Hunde zustande kamen.)

Aufgrund seines feinen akustischen Unterscheidungsvermögens versteht der Hund viel von unserer Sprache, kann er auch *ähnlich* klingende Worte auseinanderhalten; allerdings muß er zuvor ihre *Bedeutung erlernt* haben. Er ist aber nicht in der Lage, *neue* Wortzusammensetzungen, selbst ihm bekannter Wörter, kraft eigenen Denkens auch als neuen Begriff zu verstehen.

Dies wird häufig übersehen, weil der Hund oft fast telepathische Leistungen erbringt, für die er aber außer seinem Gehör seine Beobachtungsgabe einsetzt. Er versteht uns nicht nur akustisch, sondern auch mimisch-physiognomisch-resonanzhaft-einfühlend, das heißt, soweit es den Gefühlsbereich betrifft, auf umfassende, vor- oder nichtsprachliche Weise. Auch kleinste Bewegungen entgehen ihm dabei nicht, er scheint außerdem für sie ein ähnliches Unterscheidungs- und Erinnerungsvermögen zu haben wie für die Töne. Er liest an unserem Gesicht und an unserer Körperhaltung ab, was uns oft selbst zunächst nicht bewußt ist.

An diesem Beispiel läßt sich gut verstehen, wie der von KLATT beschriebene komplette Umbau des Haushundgehirns in der Domestikation Schritt für Schritt vollzogen wurde. Denn natürlich hat man immer *den* Hunden den Vorzug gegeben, die möglichst problemlos „verstanden", was der Mensch von ihnen wollte, andere Hörleistungen hingegen wurden bedeutungslos für den Hund.

Wenn man es zusammenzählt, kommen ja einige hundert Wörter heraus, die ein Hund versteht und richtig befolgt. Je größer die Familie ist, die sich an der Erziehung eines Hundes beteiligt, umso mehr Variationen sind ja bereits in den Befehlen zu erkennen. Der Hund weiß sehr bald, was jeder einzelne von ihm will. Ebenso lernt er auch tadellos, auf Sichtzeichen zu reagieren.

Auch zu den „schußscheuen" Hunden ist hier einiges zu vermerken. Sie sind ja keinesfalls, wie oft angenommen wird, ängstliche Tiere. Sie sind vollkommen normal, erkundungsfreudig, mutig bis zu dem Moment, dem ein für ihre Ohren lebensbedrohlich klingendes Geräusch ertönt. Leider wurde bislang nicht systematisch untersucht, auf welche Geräuschart(en) die Hunde jeweils besonders extrem reagieren und ob sie dies „von Natur aus" (aufgrund welcher besonderen Voraussetzungen?) tun oder ob ursprünglich damit ein sehr unangnehmes Erlebnis verbunden gewesen ist.

Einige lärmempfindliche Hunde haben Angst vor Feuerwerk oder Gewitter, vermutlich aber besonders wegen der hohen Pfeiftöne, die Feuerwerkskörper und Gewitterstürme begleiten. Auf ähnliche Weise können ja Hunde auch z. B. einen Hurrikan „voraussahnen". Die Winde, die ihm vorauseilen, erzeugen Töne in so hohen Frequenzen, daß der Mensch sie nicht hört, die sich aber besonders in Gebäuden sammeln, so daß die Hunde *im* Haus erheblich größere Angst haben, als außerhalb, wo ihn derartige Geräusche höchstens leicht irritieren. Im Haus ist für den Hund die ganze Welt angefüllt mit dem unheimlichen, seinen Ohren so unangenehmen, schrillen Klang, der ihm nicht nur körperlich weh tut, sondern ihn sogar in Zittern, Speicheln, Krämpfe oder katatonische Starre geraten läßt. Oft beantwortet der Hund schrille Töne mit heftigem Kopfschütteln, als könne er auf diese Weise die unangenehme Berührung loswerden.

Nur in begrenztem Umfange kann man einen geräuschempfindlichen Hund „desensibilieren", indem man ihn gezielt an bestimmte Geräusche gewöhnt. Auch wirken nicht alle beruhigenden Medikamente bei diesen Hunden, einige können seine Angst (wie bereits gesagt) sogar noch steigern.

Verschließt man einem Hund *ein* Ohr mit Wachs, ist er nicht mehr in der Lage, ein Geräusch zu lokalisieren. Etwas ähnliches trifft auch auf den hängeohrigen Hund zu. Wenn auch hier u. U. der Bau des Ohres der veränderten Lage des Gehörganges Rechnung trägt, sind die Hängeohren (schon gar nicht die überlangen) unserer Hunde von Natur nicht vorgesehen, wenn sie auch, wie bereits erwähnt, für bestimmte Gebrauchshunde und deren geringere Ablenkbarkeit durch Geräusche, oft praktisch sind. Die Hängeohren decken aber nicht nur das Ohr ab, sondern können, da sie sehr tief angesetzt sind, auch nicht mehr übermäßig aufgestellt werden, um „Geräusche einzufangen".

Für den Hund ergibt sich also, je nachdem in welchem Winkel sich die Schallquelle zu ihm befindet, eine Situation, die wir kennen, wenn wir an einer falsch eingestellten Stereoanlage zuhören. Ein Teil der Töne kann regelrecht für uns verloren gehen, andere hören wir verzerrt. Ebenso ist es, wenn wir die Lautsprecher zu hoch anbringen. Auch bei Hunden ist die Fähigkeit, nach *oben* zu hören, rassentypisch begrenzt. Je weiter die Ohren auseinanderliegen, mit umso größerem zeitlichen Abstand erreichen die Geräusche die Ohren, was sich verhindernd auf Lokalisation und Unterscheidungsfähigkeit auswirkt. Hunde mit Steh- oder Kippohren können die Ohren aufstellen und entsprechend ausrichten. Hunde mit Kippohren stellen gelegentlich, was sehr komisch aussieht, beide oder auch nur *ein* Ohr auf, um Genaueres zu erkunden.

Schmecken, riechen und gerochen werden

Für den Hund ist zweifelos der Geruchssinn seine wichtigste Informationsquelle. Wir haben bereits zuvor bei dem Markierungsverhalten beschrieben, daß sich Hunde in *Abwesenheit* durchaus miteinander verständigen können, indem sie Geruchssignale geben.

Der vertraute Geruch gibt dem Hund „Sicherheit", alles, was anders oder ungewohnt ist, versetzt ihn in Aktion: Er sucht nach dem Geruch seine Beute, er erkennt an dem Geruch seinen Freund oder Feind. Wenn er bestimmtes Futter bevorzugt oder ablehnt, sind hierfür vermutlich sehr feine, für uns nicht wahrnehmbare Geruchsunterschiede verantwortlich. Geringe Mengen roher Leber oder Fett oder Oel untergemischt, verwandelt einen Haferbrei in ein Festessen. Sein Geschmacksempfinden ist also überwiegend dem Geruch zuzurechnen. Manche Hunde mögen kein rohes Fleisch, sie wenden sich angewidert ab, während sie gekochtes Fleisch lieben. Alkohol ist nicht verlockend für Hunde, dagegen mögen einige Hunde z. B. Malzbier, weil Zucker und Süßes für sie anziehend sind.

Auch seinen Herrn erkennt der Hund an dessen Geruch. Es kann vorkommen, daß er bei einem sich nähernden, *einzelnen* Menschen (also auch bei seinem Herrn) zunächst aggressiv reagiert, bis dieser ihn anspricht oder der Hund den Geruch aufnehmen kann. Ich selbst beobachte oft, daß meine Hunde, wenn ich in ungewohnter Kleidung daherkomme, ihre Nase fest an mich pressen, um meinen Geruch durch die Kleidungsstücke hindurch „wiederzufinden".

Es ist auch schon beschrieben worden, daß Hunde, die ihrem Herrn zum ersten Mal nackt begegneten, ihn angefallen und schwer verletzt haben sollen, weil sie ihn nicht erkannt haben. An diesem Beispiel läßt sich besonders wirkungsvoll zeigen, wie wichtig es besonders für scharf abgerichtete Hunde ist, daß sie in ständiger körperlicher Nähe ihres Herrn leben, und daß sie keinesfalls in einem Zwinger den größten Teil ihres Lebens verbringen dürfen. Das vertraute Zusammensein mit ihrem Menschen in *allen* seinen Lebenslagen ist für den Hund nicht nur die schönste Form des Zusammenlebens, sondern auch die wichtigste, nur sie ermöglicht, daß der Hund „fest in der Hand" seines Herrn ist. (Oder: Daß der Herr fest im Kopf seines Hundes verankert ist!)

Erst wenn ein Hund *alle* mit seinen Menschen zusammenhängenden Gerüche und Gewohnheiten erfahren kann, wird er sie sämtlich als so vertraut empfinden, daß sie ihn nicht „beunruhigen", d. h. in Aktion versetzen. Besonders muß hier auf das Zusammenleben mit Hunden und Kindern hingewiesen werden. Gerade *Kleinkinder* üben (nicht nur durch ihre schrillen Stimmen, ihre krabbelnde Bewegungsweise, ihre geringe Körperhöhe) sondern besonders durch ihren *besonderen Geruch* einen „beunruhigenden" Einfluß auf den Hund aus. Bei seinen Untersuchungsaktionen kommt es dann nicht selten zu bösen Unfällen, weil das Kind dann meist anfängt, sich zu wehren oder zu schreien. Sehr wichtig ist es daher, den Hund auch an Kinder, ihre Gerüche und ihre Körpergröße und -stellung zu gewöhnen, um auf diese Weise zu verhindern, daß ein Kind zur *Beute* des Hundes wird.

Wie anregend auf die Untersuchungslust des Hundes auch der Geruch neuer Gegenstände wirkt, kann man immer wieder beobachten. Nachdem wir einige Male einen neuen Teppich eingebüßt hatten, weil ihn ein Hund in einem unbewachten Zeitraum „untersuchte", haben wir es uns angewöhnt, derartig empfindliche Gegenstände erstmal im Geruch an uns anzupassen. Ein neuer Teppich, der eine Weile unter unseren Matratzen gelagert wurde, wird vom Hund überhaupt nicht mehr als ein solcher beachtet!

Ebenso erkennt unser Hund auch am Geruch, wenn wir von außerhalb des Hauses kommen und „begrüßt" uns stürmisch. Dieses Begrüßen ist aber keinesfalls nur Wiedersehensfreude, denn wenn wir einige Stunden innerhalb des Hauses unsichtbar waren, fällt die „Begrüßung" sehr viel gemäßigter aus. Kommen wir aber von *außerhalb*, selbst wenn es sich nur um eine *kurze* Abwesenheit handelt, sind wir nur so getränkt von tausenderlei Gerüchen, die unserem Haar, den Kleidern, den Händen anhaften. Also wird unser Hund uns anspringen, uns ablecken, von Kopf bis Fuß untersuchen und freudig beschnuppern, da ja *unter* all diesen aufregenden Düften auch wir selbst für ihn bemerkbar sind.

Besonders erheiternd sind bei uns die „Weihnachtsaktionen" der Hunde. Sind schließlich alle Geschenke ausgepackt, machen sich die Hunde todernst ans Werk und „begutachten" gründlich und von allen Seiten, was sich da so angesammelt hat. Aber auch, wenn in ihrer Abwesenheit ein fremder Hund im Haus gewesen ist, wird dies sofort in allergrößter Aufregung registriert; aufgeregt hin- und herlaufend versuchen sie sich ein „Bild" davon zu machen, wo überall der fremde Hund sich im Haus aufgehalten hat.

Häufig wird beschrieben, welche grandiosen Leistungen ein Hund auf der Suche nach Mensch, Tier oder Sache erbracht hat. Ebenso weiß man, daß die Geruchsempfindlichkeit von Mensch und Hund 1 : 100 Mill. ist. Auch weiß jeder, daß die äußere Nase des Hundes der Geruchszuleitung dient und daß es hierfür günstig ist, wenn der Nasenschwamm und die Nasenöffnungen möglichst groß und ständig feucht sind. Beim Hund (Angaben für den Menschen in Klammern als Vergleich) beträgt die Ausbreitung der Riechregion 9.200 mm^2 bei mittelgroßen Hunden (Mensch 500 mm^2), die Nasenschleimhaut ist 0.12 mm stark (Mensch 0.06 mm).

Je nach Rasse ist die Riechfläche des Hundes unterschiedlich groß. Am geringsten ist sie bei den kurznasigen Rassen: Bei Pekinesen ist sie nur 26.89 cm^2, beim Schäferhund dagegen 152.24 cm^2, beim Boxer 121.22 cm^2, Bulldogge 41.75 cm^2. Es spielt also auch die Größe des Hundes eine bedeutende Rolle. Ganz erhebliche Unterschiede sind aber im inneren Bau der Nase zwischen Mikrosmatikern (Mensch) und Makrosmatikern (Hunden) zu finden. Beim Menschen sind nur Teile des Nasenraumes mit Riechepithel ausgestattet.

So schlecht, wie angenommen wird, ist allerdings das Riechvermögen des Menschen nicht. Im Gegensatz zum Hund ist aber vor allem sein Unterscheidungsvermögen diffiziler Gerüche geringer. Aber auch Menschen sind unterschiedlich geruchsempfindlich. Die Fähigkeit, etwas zu riechen, steht in engem Zusammenhang mit innersekretorischen Abläufen. Bei bestimmten Krankheiten kann der Mensch überempfindlich für bestimmte Gerüche werden, die er sonst nicht bemerkt, die Riechschwelle einiger Geruchsrezeptoren ist insgesamt oder für einen bestimmten Stoff gesenkt worden. Ebenfalls beim Menschen konnte nachgewiesen werden, daß unter Wirkung von Sexualhormonen die Erregbarkeitsschwelle einiger Nervenzellen im Riechnerv sinkt. Bei Hunden hat man durch Amphetamingaben die Geruchsempfindlichkeit um das Doppelte steigern können.

So kann man auch verstehen, daß sich das Riechvermögen des Hundes nicht nur durch den Vergleich der Organgröße erklären läßt, sondern daß auch die Empfindlichkeit und die Besonderheit seiner Rezeptoren eine große Rolle spielen, er also Rezeptoren (die dem Menschen fehlen) für bestimmte Substanzen hat. Die Riechschwelle für bestimmte Fettsäuren liegt beim Menschen etwa um 10^6 höher als beim Hund. Die Zahl der riechbaren Substanzen ist unbekannt, aber es gibt praktisch keinen Stoff, der genau so riecht wie ein anderer. Man schätzt die verschiedenen möglichen Geruchsempfindungen auf über 10^6. Oft führen geringfügige Unterschiede im Molekülbau zu ganz verschiedenen Empfindungen. Drei Bedingungen sind nötig, damit eine Substanz riechbar ist: Sie muß flüchtig und fettlöslich und mindestens 2-atomig sein. Daher spricht ein Einzelrezeptor beim Hund bereits auf ein einziges Fettsäuremolekül an. Bei Riechtests wurde entdeckt, daß der Hund bestimmte Substanzen noch in einer Verdünnung 1 : 10 Mill. zu entdecken vermochte. Auf die unterschiedlichen Geruchsrezeptoren ist auch das spezielle Angezogensein einiger Rassen für bestimmte Gerüche (und die Vererbbarkeit dieser Neigung) erklärbar.

Wenn wir etwas genau riechen wollen, gehen wir mit der Nase möglichst nah in die Richtung oder an die Sache heran und ziehen die Luft dabei tief ein. Ähnlich verfährt auch der Hund, was wir bei ihm als Schnüffeln kennen. Jedoch ist die Sache für den Hund sehr viel anstrengender und aufregender als für uns. Beim *Wittern* hält er dabei den Kopf (automatisch) gegen den Wind, wobei er die Windrichtung mit Hilfe der Temperaturrezeptoren feststellt. Gegen den Wind ist der Kühleffekt an der feuchten Nase am größten. Steht er dabei in einer Duftfahne, wird der Geruch optimal zur Nase geführt. Den Geruch einer *Fährte* muß der Hund jedoch mit heftigen Atemstößen einsaugen, wobei bis zu sechsmal in einer Sekunde eingeatmet wird. „Einen einzelnen Schnüffelstoß kann man in vier Phasen aufteilen. Beim Anhalten des Atems gegen Ende des Schnüffelstoßes wirkt dufthaltige Luft auf in die vom Atemstrom entferntesten, in der Stirnhöhle gelegenen Teile des Riechepithels." (NEUHAUS)

Das Ausarbeiten einer Fährte ist für die Hunde Schwerstarbeit. Sobald der Geruch schwieriger zu identifizieren ist, verlängert sich die Dauer der Schnüffelperioden, die Pausen werden kürzer, die Ausatmung erfolgt immer häufiger durch den Mund. Je ruhiger ein Hund auf der Fährte arbeitet, umso niedriger liegen auch die Herzfrequenzen. Auf leichten Fährten steigen die Herzfrequenzen an, was die Motiviertheit der Hunde anzeigt. Bei steigendem Schwierigkeitsgrad ändert sich auch das Atemmuster der Hunde.

Der Hund hat zwar die Fähigkeiten, Gerüche gut unterscheiden zu können, muß aber erst lernen, dies auch richtig einzusetzen. Jeder hat schon mit Vergnügen seinem jungen Hund zugesehen, wie er aufgeregt einer frischen Hasenfährte nachgeht. *Wir* haben *gesehen*, wohin der Hase lief oder erkennen es an seinen Spuren im Schnee, unser junger Hund saust auf den interessanten Gerüchen hin und her. Ebenso wie wir erst lernen mußten, wie eine Hasenspur aussieht und in welche Richtung sie geht, muß unser Hund dies auch erst bezüglich ihres Geruches lernen.

Eine der verblüffendsten Leistungen des Hundes ist seine Fähigkeit, den Individualgeruch des Menschen klar erkennen können. Man hat dies in vielen Versuchen erprobt, Hunde arbeiten dabei mit 100%iger Sicherheit. Man kann dies erst verstehen, wenn man die große Menge und die hohe Empfindlichkeit seiner Geruchsrezeptoren bedenkt, die auch geringe Spuren vom Menschen hinterlassenen Geruchs entdecken können.

Wenn wir uns den Individualgeruch des Menschen umdenken in den Farbbereich, der für uns vertrauter ist, kann der Hund feine „Farbschattierungen" des Geruches so genau verfolgen, wie wir einer bestimmten Farbe ebenfalls sicher über große Entfernungen zu folgen vermögen, selbst wenn wir sie innerhalb vieler anderer Farben herausfinden müssen. Bei ungewohnten Gerüchen geht es dem Hund, wie uns mit feinen Farbschattierungen. Starke, übliche Farben erkennen wir sofort ohne besondere Hinweise. Feine Farbnuancen müssen wir uns genau einprägen und sie uns nach einiger Zeit an einem Muster nochmals in Erinnerung bringen.

Manch grober Fehler wird bei Hunden gemacht, wenn ihnen ein Geruchsmuster einer Person gereicht wird, das bereits einige andere auch in der Hand gehabt haben. Daher hat sich in diesen Fällen bewährt, den Gegenstand der gesuchten Person in einen Eimer zu legen und mitzunehmen, so daß der Hund an diesem Geruchsmuster ab und zu seine Erinnerung auffrischen kann. Selbstverständlich darf auch dieser Gegenstand nicht bereits durch viele Hände gegangen sein.

Das Arbeiten auf der Fährte muß beim Hund langsam aufgebaut werden. Bereits beim Welpen kann man kleine „Schleppen" legen, am Ende der Spur befindet sich dann ein Leckerbissen. So lernt er auf ganz selbstverständliche Weise, Gerüche zu unterscheiden, sich nicht von seiner Spur ableiten zu lassen. Ebenso kann man die Riechempfindlichkeit des Hundes für bestimmte, für ihn eigentlich reizlose Stoffe „wecken" und sie wirkungsvoll für das Auffinden von Rauschgift, Sprengstoff usw. einsetzen. Hier werden die Hunde mit Belohnungen für spezielle Gerüche interessiert, sie werden aber deswegen keinesfalls rauschgiftsüchtig.

Für Hunde bedeutet die „Suche mit der Nase" eine erhebliche körperliche und psychische Anstrengung. Nichts ist schädlicher, als einen Anfänger erfolglos suchen zu lassen, immer muß ihn die sicher erwartete Belohnung motivieren, seine Müdigkeit zu überwinden. Versuche, um die tatsächliche Riechfähigkeit des Hundes zu ermitteln, fallen sehr unterschiedlich aus. Offensichtlich spielen hier die jeweils als Test verwendeten Chemikalien eine große Rolle, aber auch die physischen und psychischen Unterschiede der Hunde.

Ganz sicher ist, daß beim wildlebenden Tier durch Hunger die Motivation sehr groß ist und seine Riechleistung steigert. Wenn wir dabei an uns selbst denken, können wir das leicht verstehen. Jeder kennt das Gefühl, wenn er mit leerem Magen am Abend spät durch leere Vorstadtstraßen nach Hause geht. Von Haus zu Haus umwehen uns neue, lockende Düfte. Was uns sonst gar nicht auffallen würde, jetzt können wir klar erkennen, daß es im einen Fall Bratkartoffeln, im nächsten Sauerbraten, dann wieder Fisch ist, was auf dem Herd steht.

Für den Hund sind bei der Bodenspur auch die Verletzungen des Bodens bedeutungsvoll. Aufgebrochene Erde, zerdrückte Gräser usw. verströmen einen stärkeren Geruch. Auch gibt es günstige Witterung und ungünstige Tage für den Hund, ebenso spielt das Alter der Fährte eine große Rolle; hier muß der Hund durch Erfahrung lernen.

Der Hund folgt der Fährte nicht in gerader Linie, sondern bewegt sich in Schleifenbewegung in Fährtenrichtung. Auf diese Weise wird verhindert, daß er sich an den Geruch gewöhnt, der ja immer wieder mit anderen Gerüchen rechts und links neben der Fährte verglichen wird. Unter Amphetaminwirkung folgen die Hunde der Fährte jedoch dichter und exakter.

Insgesamt gewinnt der Hund über den Geruch vielfache Informationen. Er orientiert sich über Gebietsverhältnisse, er beriecht andere Hunde, aber auch Menschen gründlich, er findet seine „Beute". Beim Markieren hinterlassen Hunde ihren Eigengeruch, der in ihrer Analdrüse und auch an den Pfoten produziert wird. Bei Füchsen (selten auch bei einigen Hunderassen) ist die Duftdrüse (Viole) auf der Oberseite des Schwanzes um so ausgeprägter, je größer die intraspezifische Aggressivität des Tieres ist. Das Tier zieht auf diese Weise um sich eine unsichtbare Grenze, die von den anderen akzeptiert wird, vermutlich, weil ihnen der fremde Geruch unangenehm ist. Eventuell läßt sich auch so die mehr oder weniger große Neigung, nah beieinander zu liegen, was bei Wölfen und Hunden beobachtet wurde, erklären.

ZIMEN hat ja bei Wölfen und Pudeln die Individualdistanz untersucht, auch dort gibt es eine enge Korrelation mit dem Aggressiv-Verhalten, d. h. bei Welpen und Pudeln ist sie gering. Die von ZIMEN beschriebenen Entfernungen zwischen den Tieren lassen sich aber letztlich nur als Geruchsdistanz erklären, da sie auch von *schlafenden* Tieren, aber auch bei Kälte und Schnee, genau eingehalten werden.

Allerdings kann man die Nase des Hundes mit einigen Stoffen auch regelrecht betäuben. Im zweiten Weltkrieg wurden Spürhunde von den Deutschen auf Schiffe vor Dänemark gebracht, um dort nach verbotenen Nahrungsmitteln zu suchen, mit denen die Nahrungsblockade heimlich unterbrochen wurde. Die gewitzte Mannschaft streute erhebliche Mengen von Kokain über die Planken – die Hunde schnüffelten sich durch die Boote hindurch und fanden nichts.

Sehen und gesehen werden
die mehrfache Bedeutung des Auges

Wenn wir, um uns die Riechleistung des Hundes vorzustellen, Farben als Vergleich heranziehen, können wir jetzt sagen, daß der Hund in etwa so gut sehen kann, wie wir riechen: Seine Sehempfindungen sind stark eingeschränkt, denn er hat kein *Farbempfinden*. Der Mensch kann 160 Farben unterscheiden, der Hund kann nur nach Helligkeitsunterschieden der Farben unterscheiden, er sieht sie ähnlich, wie wir sie auf einer Schwarz-weiß- Aufnahme erkennen würden. Daher sind für ihn bewegte Objekte besonders auffallend, aber auch Gestalten kann er gut erkennen.

Wie schon erwähnt, ist das Auge bei den verschiedenen Typen (s. Sheldons Typenlehre) unterschiedlich mehr für die Nähe oder mehr für die Weite gebaut. In der Natur hat dies durchaus eine Bedeutung. Die hochbeinigeren Savannen-tiere müssen größere Entfernungen überblicken können als die kleineren Wald-tiere, die in der Nähe mehr erkennen können müssen. So erklärt sich auf diese Weise der Zusammenhang zwischen Körperform und den ihr entsprechenden Sinnesleistungen tatsächlich als *natürliches* Selektionsergebnis.

Ein Ausbilder für Blindenhunde beschreibt amüsiert unter anderem einen Boxer, der unterwegs voller Interesse umherschaut und sogar Schaufenster genau betrachtet, während andere Hunde stets geradeaus blicken. Der Boxer, wie auch andere kurznasige Hunde, sieht in der Nähe sehr viel besser, was man auch an seinen heftigen Reaktionen erkennt, mit denen er auf Dinge in seiner nächsten Nähe eingeht, bei denen andere Hunde sich viel „feiner und zurückhaltender" benehmen würden. Leider sind bei vielen Versuchen über die Sehfähigkeit der Hunde die Rassen nicht angegeben. Wenn man großen Unterschieden in der Leistung nachgeht, stellt sich fast immer heraus, daß Hunde, die Menschen noch in großer Entfernung erkennen, zu den langköpfigen Hunden gehören, während die mit mehr oder weniger verkürztem Kopf die schlechteren Ergebnisse brachten.

Daß aber ein Hund seine schwarz-weiß-grauen Bilder sehr scharf sieht, können wir daran feststellen, wie genau er alles beobachtet, was sich nur irgendwie bewegt. Er registriert selbst kleinste Bewegungen und unsere Mimik mit größter Genauigkeit und erinnert sehr wohl, wie er diese Bewegungen zu verstehen hat.

Das Gesichtsfeld der Hunde kann unserem mehr oder weniger ähnlich sein, je nach der Stellung seiner Augen. Was man auch nur zu gern vergißt, ist, daß der Hund ja wegen seiner geringeren Körperhöhe einen weniger weiten Überblick hat. Büsche und Hügel, über die wir hinwegsehen, versperren ihm bereits die Sicht. Man kann dies einfach einmal ausprobieren, indem man sich selbst auf Augenhöhe des Hundes bringt, wie anders die Welt von da unten aussieht.

Das Auge hat aber für den Hund noch eine andere sehr wichtige Funktion. Es ist das einzige Sinnesorgan, das nicht nur Sinnesleistungen *aufnimmt*, sondern auch wichtige Signale *aussendet*! Wenn ein Hund einen anderen hört, bemerkt der andere das nicht, wohl aber, wenn er von einem anderen Hund angesehen wird. Daher ist ein wichtiger Bestandteil des Dominanzverhaltens der *Augenkontakt*.

Der starr auf jemand gerichtete Blick wird wie eine körperliche Bedrohung und somit als Angriff oder Gefahr verstanden, was er ja auch bedeuten kann. Wir haben dies bereits beim Beuteverhalten der Wölfe beschrieben, die ja auch, wenn sie angriffsbereit starr vor der Beute verharren, diese mit starrem Blick fixieren, aber auch vom Blick des Beutetieres gehemmt werden können. Daher ist der *Augenkontakt* weniger als eine Seh-, sondern mehr als eine Verhaltensleistung zu verstehen.

Der untergeordnete Hund wendet daher seinen Blick ab, wenn ihn der dominante Hund ansieht. Weicht keiner der Hunde dem Blick des anderen aus, kommt es zum Kampf. So ist auch das Verhalten des untergeordneten Tieres von LORENZ falsch gedeutet worden, als er meinte, es böte dem überlegenen Tier seine Kehle schutzlos dar, wodurch letzteres in fast edelmütiger Weise von seinem aggressiven Vorhaben abließe.

Tatsächlich wendet der unterlegene Hund seinen Blick ab, wodurch die Aggressivität des anderen Tieres nachläßt, da es sich nun nicht mehr angegriffen fühlt. Man weiß auch von anderen Tieren, daß es gefährlich sein kann, sie direkt anzublicken, weil sie sich durch den Blick angegriffen fühlen und sich (durch Angriff oder Flucht) verteidigen müssen.

Bei vielen Tieren sind die Augen noch besonders betont (oder wie bei Schmetterlingen vorgetäuscht) um den Feind bedrohlich abzuwehren.

Daher ist es auch im Umgang mit Hunden nicht ratsam, einem fremden, aggressiven Hund direkt ins Auge zu sehen, weil man nicht vorhersehen kann, ob der Hund unter der Macht des Blickes alle Zeichen submissiven Verhaltens zeigt oder aber zum Angriff übergeht.

Wir können, wenn wir darauf achten, selbst beobachten, daß unsere Hunde uns oft mit einem *„Mona-Lisa-Blick"* ansehen. Sie beobachten uns genau, sehen aber irgendwo an unserem direkten Blick vorbei, unsere Augen begegnen sich dabei selten.

So ist auch das „Ansehen" der dominanten Tiere durch die Rudelmitglieder ganz wörtlich und zugleich im übertragenen Sinne zu verstehen. Als das aktionsauslösende Tier müssen sie ständig beobachtet werden, der Blickkontakt aber wird vermieden.

Wenn wir unseren Hund liebkosen, wird er die Augen schließen und sich wohlig an uns schmiegen, er benimmt sich dabei ebenso wie Menschen, die sich innig umarmen. Der visuelle Kontakt mit der Umwelt ist also mit einer starken *Anspannung* verbunden, die sich nicht mit einer entspannten, gelösten Befindlichkeit verträgt und daher entprechend dosiert werden kann, um *angenehme Ruhezustände* des Organismus herbeizuführen. Auch wenn der Hund irgendwo allein in Ruhe liegt, hat er die Augen halb geschlossen – er döst regelrecht vor sich hin.

Wenn wir mit unserem Hund spielen, wird er zunächst an uns hochspringen, mit uns toben, sich aber dann am Boden auf die Seite rollen, uns seinen „Bauch" (seine Leistengegend) darbieten und sich, mit halbgeschlossenen Augen, glückselig kraulen lassen, eine Geste, die er bereits als Welpe vollführte, wenn er dalag, um von seiner Mutter geleckt zu werden. Er drückt damit mehr aus, als nur vertrauensvolle „Unterwerfung", und wir verstehen ihn dabei wenigstens insoweit, als wir annehmen, daß er dies offensichtlich genießt.

Vom Wollen zum Handeln:
Wie und aus welchen Gründen
wird das Verhalten der Hunde ausgelöst?

Selbst, wenn uns jemand erklärt, daß die *Bereitschaft zum Handeln durch körpereigene Signale ausgelöst wird*, ist uns zunächst nicht recht klar, *wie* das in der Praxis eigentlich vor sich geht. Auch für die meisten „angeborenen" Verhaltensweisen lassen sich, wie wir gesehen haben, „vernünftige" Gründe finden; trotzdem sind sie damit *nicht erklärt*. Wir sehen immer nur auf der einen Seite ihr Ergebnis und auf der anderen Seite ihren von uns so bezeichneten Auslöser oder Anlaß. Wir beschreiben, was das Tier tut, um vom Anlaß zum Ergebnis zu kommen.

Wenn wir als leicht verständliches Beispiel für einen „inneren Drang" etwas zu tun, den *Hunger* nehmen, wissen wir aus eigener Erfahrung, wie der Körper uns dies deutlich „mitteilt". Wir fühlen uns nicht wohl und werden unruhig, weil unser Organismus aus der Balance geraten ist. Was uns in diesem Fall vom Tier unterscheidet, ist nicht, daß wir Hunger haben, sondern daß wir dies auch *wissen* und *gezielt* etwas *unternehmen*: ein Stück Schokolade essen oder das Essen zubereiten.

Auch bei unserem Hund geht allen Handlungen zunächst eine *allgemeine Unruhe* voraus. Irgendetwas scheint in ihm zu arbeiten. Er steht auf, reckt sich, geht hin und her, schüttelt sich, setzt sich hin, schaut uns an, gähnt, kratzt sich, „denkt nach", geht hin und her, umkreist uns, schaut uns an, springt an uns hoch usw. Wir wissen bei vielen solcher Anlässe meist aus Erfahrung ziemlich genau, was den Hund so unruhig macht.

Einerseits kann diese Unruhe durch seine *innere Uhr* ausgelöst werden; sie setzt ihn ziemlich pünktlich in Bewegung, wenn der Zeitpunkt gekommen ist, wo es normalerweise Futter gibt oder der Rundgang fällig ist. Selbst wenn er keinen Hunger hat, wird er sich melden, weniger weil er hungrig, sondern mehr, weil es „Zeit" ist. Andererseits kann das Hungergefühl auch, unabhängig von einem bestimmten Zeitpunkt, durch Mangelzustände im Körper ausgelöst werden.

Hunger löst zunächst Unruhe (Appetenzverhalten) aus. Der Hund setzt sich demzufolge erstmal in Bewegung und nimmt mit seiner Umwelt Kontakt auf, bis das ziellose Suchen dadurch verändert wird, daß er auf einen Reiz stößt, auf den er beinahe gewartet zu haben scheint und der bei ihm zielstrebige Handlungen auslöst.

Was wir uns als „Hungergefühl" recht gut vorstellen können, gilt für alle Reaktionen des Körpers. Aufgrund zahlreicher Mangelzustände oder auch durch hormonelle Imbalancen, die von der „inneren Uhr" oder durch beunruhigende Einwirkungen von außen erzeugt werden, setzt der Organismus alles daran, um die inneren Gleichgewichtszustände, die *Homöostase*, wieder in Ordnung zu bringen.

Aus welchen Gründen auch immer die *Homöostase* (ein Zustand ausgewogenen Wohlbefindens) aus der Balance geraten ist, in jedem Fall wird bei unseren Hunden zunächst eine *ziellose Unruhe* ausgelöst, die schließlich zur Fortbewegung wird. Auch ein kranker Hund macht oft dadurch auf sich aufmerksam, daß er ruhelos im Zimmer, im Haus oder im Garten herumwandert, aber nicht recht weiß, was er eigentlich will. Es fällt uns auf, daß er oft fragend zu uns hochblickt oder uns anstößt, als erwarte er irgendetwas von uns.

Bereits beim Welpen kennen wir den *„Suchautomatismus"*, seine pendelnden Kriechbewegungen. Das Tier friert, sucht Wärme, Kontakt oder die Milchquelle. Sein Unwohlbefinden wird als diffuse Meldungen vom *„Unruhezentrum"* im Gehirn aufgefangen, dieses veranlaßt den Welpen zur zunächst ziellosen Fortbewegung.

Bei Welpen werden Saugbewegungen (rhythmisches Heben und Senken des Unterkiefers) und auch spontane Zuckungen des Körpers und der Beine beobachtet, die dem Milchtritt ähneln. Interessant ist, daß sie auch in zeitlich rhythmischen Abständen, also unabhängig von Hunger oder Umweltreizen, durch *im* Körper entstandene Reize, von der „inneren Uhr" ausgelöst werden können.

Bereits bei diesen ersten Bewegungsaktionen des Welpen werden typische, *angeborene Bewegungskoordinationen* ausgelöst, die bei allen Welpen völlig gleich sind, was ebenso für das spätere „Neugierverhalten" und auch für das „Spielen" der Welpen zutrifft. Erst durch die mit der Weiterentwicklung des Organismus einhergehende Erfahrungen „lernt" das Tier, diese angeborenen Bewegungskoordinationen variabel einzusetzen.

Uns erscheinen diese Aktivitäten durchaus „vernünftig", weil die Fortbewegung sich in mehrfacher Hinsicht günstig auswirkt. Der Körper wird besser durchblutet, verbunden damit ist eine bessere Sauerstoffversorgung auch des Gehirns. Verstärkt wird dies noch durch *Recken* und *Schütteln* und durch kräftiges *Gähnen*. Die Ortsveränderung führt zu einer erhöhten Wahrscheinlichkeit, eine den Bedürfnissen des Organismus adäquate Reizsitutation zu finden, z. B. Nahrung, Wärme, Geschlechtspartner usw.

Tatsächlich ist in solchen Situationen der *gesamte* Organismus umgestellt. Durch einen endo- oder exogenen Reiz in Aktion geraten, sind die Sinnesorgane motiviert, Herzschlag und Blutkreislauf steigen an, bestimmte Sensoren sind besonders empfindlich, d. h. bestimmte Reizschwellen sind gesenkt und daher leicht ansprechbar, andere werden dagegen „abgeschaltet".

Das zentrale Nervensystem hat also aus den vielen eingegangenen Daten die körperliche *Bereitschaft* hergestellt, um das Erreichen eines bestimmten *„Sollzustandes"* zu ermöglichen.

Daher kann ein Wolfsrudel, das soeben gefressen hat, seelenruhig ein Beutetier vorbeiziehen sehen, ohne sich im geringsten dafür zu interessieren. Erst der aus inneren Gründen aus seiner Balance gebrachte Organismus wird bestimmte Sinneseindrücke aktiv verarbeiten; es hat also nicht jeder Reiz für das Tier immer die gleiche Qualität.

Aber auch bei bestimmten *Problemsituationen* können wir beim Hund typische Unruhereaktionen wie Schütteln, Recken, Gähnen, Umherwandern beobachten. Wir kommen zunächst gar nicht darauf, daß unser Hund durch ein Problem auch *organisch* belastet wird. Er würde recht gern etwas Verbotenes tun, vielleicht ein Stück Wurst von Ihrem Teller stehlen, er blickt zu Ihnen auf. Ihr Blick allein sagt ihm, was er ja bereits erwartet hat: Er darf nicht. Er setzt sich hin, kratzt sich und – gähnt und *blickt* wenigstens sehnsüchtig auf die Wurst.

Vielleicht setzt er sich aber auch hin und schmatzt, leckt sich die Lippen und vollführt Kaubewegungen und schluckt? Dann haben Sie bereits ein hübsches Beispiel dessen erlebt, was man eine *Leerlaufhandlung* nennt. Diese wird dann ausgelöst, wenn bei einer gesteigerten Erwartung die dabei erwünschte Handlung aus irgendwelchen Gründen nicht durchgeführt werden kann. Wenn die aufgestauten Reize im Hund sehr stark waren, führt er (bzw. sein Körper!) die dazugehörige Handlung einfach ohne das Objekt aus.

Eine Handlung wird durch variable Umweltreize ausgelöst und besteht aus variablen Einheiten typischer, angeborener Bewegungskoordinationen

Wenn ein Hund sich nun ungezielt suchend in Bewegung gesetzt hat, nennen wir dies spaßeshalber „er geht auf Raub aus". Tatsächlich nimmt er zunächst Kontakt mit seiner Umwelt auf, bis er findet, wonach er „gesucht" hat, d. h. für bestimmte Signale ist er besonders aufnahmefähig, andere lassen ihn unbeteiligt. Sein Organismus hat ein mehrfaches *Filtersystem*, das in ordnungsgemäßem Zustand die wichtigen und die unwichtigen Dinge trennt. Das erste Filtersystem sind die Sinnesorgane selbst, die mit erhöhter oder niedrigerer Effektivität arbeiten.

Das zweite Filtersystem sind die „*Auslösemechanismen*", die KONRAD LORENZ so erklärt: „Wo eine Reaktion auf eine einfache Attrappe „hereinfällt", dort handelt es sich um das Ansprechen *angeborener Auslösemechanismen*; wo sie nicht in dieser Weise täuschbar ist, um das *andressierte (gelernte) Wiedererkennen* einer Gestalt *(erlernte Auslösemechanismen)*".

„Umwelt" ist, wie gesagt, ein relativer Begriff. Sie enthält für das Tier eine Vielzahl *„unspezifischer" Reize*, die die elementaren Funktionen ansprechen:

Temperatur, Licht, Luft verändern sich mit den Tages- und Jahreszeiten und wirken in veränderter und verändernder Weise *dauernd* auf das Tier ein. Bei Wolf und Fuchs wird beispielsweise die für die Paarung notwendige Hormonproduktion jahreszeitlich bedingt ausgelöst. Bei unseren Hunden ist *diese* Art der Umweltsensibilität verflacht; beim Haarwechsel jedoch ist deutlich der Einfluß von Helligkeit und Temperatur erkennbar.

Anders ist es mit *„spezifischen" Reizen,* die *nicht dauernd,* sondern *akut* auf das Tier einwirken und daher zu Verhaltensänderungen führen. Dies sind die *Signal-, Auslöse- oder Schlüsselreize,* die aber nicht in jedem Falle, sondern nur bei einer „Bereitschaft" des Tieres wirkungsvoll werden. Das Erstaunliche dabei ist, daß hierbei das Tier nicht eine Fülle von Informationen empfängt, sondern charakteristische, einfache Details des „Reizmusters" bereits völlig ausreichend sind und das Tier zu einem beinahe stereotypen und nicht immer vernünftigen Handeln veranlassen. Die Merkmalsarmut der Reizmuster hat Vor- und Nachteile: Vorteilhaft ist, daß sozusagen „auf einen Blick" oder Geruch eine Reaktion blitzschnell erfolgen kann, sogar dann, wenn der Auslöser geringfügig abweicht. Der Nachteil ist, daß das Tier durch *ähnliche* Muster zu täuschen ist. Dies ermöglichte die vielen Versuche, bei denen man herausfand, daß und wie bestimmte Signale sich regelrecht *zwanghaft* auswirken können.

Auf geradezu erheiternde Weise reagierte eine *Glucke,* der man die Küken wegnahm und ihr dafür *junge Katzen* unterschob. Solange die Kätzchen sehr klein und den Küken ähnlich waren, wurden sie wie Küken behandelt, bei der Glucke lief das „Kükenprogramm" ungestört ab. Sie breitete ihr Gefieder wärmend und schützend sorgfältig über die Katzenbabies. Einen Stichling kann man durch eine Attrappe mit dem Merkmal „unten rot" augenblicks in größte Rage versetzen, andere Einzelheiten der Attrappe interessieren ihn nicht. Für ihn ist das wichtigste Merkmal am feindlichen Rivalen der rote Bauch.

Aber auch auf andere Weise ließen sich Verhaltensweisen künstlich auslösen, wodurch viele der ihnen zugrundeliegenden Bedingungen aufgeklärt werden konnten. Verhaltensänderungen können durch Hormongaben *chemisch* ausgelöst werden; bei Fischen bewirkte eine Änderung der Wasserzusammensetzung, daß sie sich zu Schwärmen zusammenfanden oder sich trennten. Im Gehirn lassen sich bestimmte Regionen *elektrisch* reizen, dabei konnten bestimmte Verhaltensabläufe vollständig ausgelöst werden. Durch Attrappen lassen sich *optisch* Verhaltensweisen ebenso, ja sogar stärker auslösen, als mit dem natürlichen Vorbild. Aber auch bestimmte *akustische* Signale können eine Verhaltensänderung verursachen. Die Reaktionen des Tieres entsprechen dann jedesmal sowohl seiner Art, seiner Individualität, seinem Alter und seiner Lebenserfahrung.

Bei Hunden verschiedenen Alters löst das *Abbild eines Hundes* jeweils typische Verhaltensweisen aus. Junge, hungrige *Welpen* suchen immer in der *Bauch-*

Lendengegend nach einer Zitze, *achtwöchige* Welpen berühren bevorzugt die *Schnauzengegend, erwachsene Hunde* untersuchen *Gesicht, Leistengegend, Analregion.*

Mit der Weiterentwicklung dieser Reaktionsweisen sind Lernvorgänge verbunden. Berührt ein Welpe die Leistengegend eines anderen Welpen, wird dadurch dessen Bewegung gehemmt. Ein aktiver Welpe, dem eine solche Hemmung Unlustgefühle erzeugt, wird daher seine Bauchseite und Analregion der untersuchenden Schnauze des anderen zu entziehen versuchen, was diesen zu weiteren Aktionen beflügelt. Wir können dieses Kreisdrehen bei der Begegnung erwachsener Hunde täglich beobachten. Der „untersuchte" Hund bleibt regungslos mit abgewandtem Blick stehen. Hat der Untersucher genügend Kenntnisse gesammelt, geht er, wenn es ein Rüde ist, zum nächsten Baum oder Busch und hebt, den Blick auf den anderen Hund gerichtet, dort sein Bein und besiegelt somit seine Überlegenheit endgültig. Die passive Haltung bei Leistenkontakt hat die Bedeutung eines Reflexes, da sie sich auch einstellt, wenn er durch die menschliche Hand hervorgerufen wird.

Während die Zahl der auslösenden Reize im Laufe des Lebens zunimmt, trifft dies *nicht* für die davon ausgelösten Bewegungen selbst zu, wohl aber für eine *zunehmende Verknüpfung angeborener Bewegungskoordinationen zu neuen Handlungsprogrammen.*

Uns im Computerzeitalter ist dies viel leichter verständlich, als früheren Generationen, wo man von Funktionskreisen und deren hierarchischer Ordnung sprach. Für bestimmte Befindlichkeiten gibt es spezifische „Programme", die aus angeborenen oder erlernten Einheiten von Bewegungskoordinationen und den dazugehörigen physiologischen Vorgängen bestehen, wobei ein und derselbe Baustein in einer Vielzahl von Programmen eingesetzt wird, was zu den zuvor zitierten Verhaltenseinheiten KRUSHINSKIS führt.

Alle diese „Programme" führen immer zu dem gleichen Ziel: Wenn sie abgelaufen sind, ist für das Tier ein innerer Zustand der Ausgewogenheit wieder hergestellt. Je stärker also dieser gestört war, umso nachdrücklicher wird die Reaktion ausfallen.

Wir wollen uns zu erklären versuchen, was dabei abläuft. Die eingegangenen Reize, bleiben wir beim Anblick und Geruch der Wurst auf dem Teller, haben in dem Hund die Bereitschaft ausgelöst, diese zu verspeisen. Die Bereitschaft wird umso heftiger sein, je hungriger der Hund ist oder je stärker die Wurst duftet.

Normalerweise würden dann, wenn er die Wurst im Fang hat, weitere Reize erzeugt, die ihn dazu bringen, zu kauen und zu schlucken, denn jeder eingehende Reiz ruft, ähnlich wie wir es bei einem Computer kennen, ein adäquates „Folge-Programm" ab.

Das Programm „Kauen und Schlucken" ist normalerweise solange blockiert, bis es den Reiz oder das Signal von der ergriffenen Wurst erhält. In einigen Fällen kann man aber beobachten, daß die Erregung in der Phase vorher so groß war, daß die Blockierung des nächsten Programmes überbrückt und somit ausgelöst wird. Diese Leerlaufhandlungen kann man auch bei anderen Tieren beobachten: Vögel in Gefangenschaft „wollen" zur Nistzeit ein Nest bauen, haben aber kein Baumaterial, also führen sie alle typischen Nestbaubewegungen *ohne* Nistmaterial aus.

Verschiedene Funktionskreise oder Programme können und müssen sich gegenseitig *stimulieren* oder aber *hemmen*. Entweder löst ein Programmablauf Folgeprogramme aus, also *wenn*: dann *ja*. Oder aber sie blockieren andere: *wenn*: dann *nein*. Man kann das nicht nur beobachten, sondern auch messen.

Merkwürdigerweise paßt sich beispielsweise der Herzschlag an ein regelmäßig tickendes Geräusch an; man kann dies ausprobieren, wenn man die Geschwindigkeit, mit der ein Metronom tickt, verändert und mit dem ebenfalls veränderten Herzschlag (der dabei extrem langsam aber auch rasend schnell werden kann) vergleicht. Dieser Versuch wurde auch bei einer Katze durchgeführt, die deutlich auf Metronomschläge reagierte. Als man ihr aber eine Maus anlieferte, beendete dies sogleich ihre Reaktion auf das Metronom; sie war nun nur noch mit dem Programm „Beutefanghandlung" beschäftigt. Das bedeutet, daß ein Verhaltensablauf (logischerweise) die anderen blockiert oder aber durch einen anderen abgebrochen werden kann, was von der Stärke des auslösenden Reizes abhängig ist.

Denn auch dies kann eintreten: Hunde können sich durch übergroße Geräuschbelastung durchaus beim Fressen stören lassen. Nicht nur das: Bei einem ängstlichen Rüden blockieren ängstigende Umweltbedingungen seinen Drang, sich der

läufigen Hündin zu nähern. Diese Blockierung des Sexualprogramms kann sowohl durch störende Umweltreize, als auch durch eine sehr dominante Hündin ausgelöst werden. Wir verstehen nun auch, warum bei wildlebenden Caniden einige Tiere auf natürliche Weise von der Fortpflanzung ausgeschlossen werden. Was uns „vernünftig" und „lebenserhaltender Sinn" zu sein scheint, ist nichts als die logische Folge von durch *Angst* oder *Motivation* hervorgerufenen Hemm- oder Erregungsprozessen, die nicht nur auf einen, sondern auf *viele* Funktionskreise des Organismus einwirken. Die Wirkung wird über die *Ausschüttung von Hormonen* herbeigeführt, die wiederum die Ausschüttung anderer Hormone blockieren.

Kaum jemand macht sich aber klar, daß *alle* beim Hund beobachteten Reaktionen und Handlungsweisen ausschließlich angeborene Bewegungskoordinationen sind. Noch dazu werden sie mit 100%iger Sicherheit bei bestimmten Situationen immer ausgelöst. Jedem Tier sind seine *typischen Körperbewegungen angeboren*, sie müssen nicht erlernt werden.

Vor einigen Jahren wurden junge Hunde (einzeln) gemeinsam mit Katzen aufgezogen, und sie wirkten, solange sie mit den Katzen zusammen waren, wie völlig normale kleine Hunde. Sie hatten nicht das Verhalten der Katzen angenommen, sondern führten durchaus normale typische Körperbewegungen wie alle jungen Hunde, einschließlich Schwanzwedeln und Spielbewegungen, aus. Nun konnte man sehr genau erkennen, was eigentlich im Spiel „gelernt" wird: Die Hunde „verstanden wie Katze" und „antworteten wie Hund".

Das nächste verblüffende Ergebnis war, daß die jungen Hunde ihr eigenes *Spiegelbild* nicht erkannten, was für normal aufgezogene Hunde ein *vertrauter* Anblick ist. Daran lernte man zu begreifen, daß auch das Erkennen der „Gestalt" der eigenen Art mit einem Lernprozess in der Prägephase verbunden ist.

Die scheinbar so normalen, mit Katzen aufgezogenen Welpen konnten mit „normalen" Hundewelpen wenig anfangen, sie „verstanden" deren Reaktionen nicht. Die mit Katzen aufgezogenen Hunde waren in Gegenwart „normaler" Welpen sogar ängstlich und zurückhaltend und tauten erst auf, als noch einige Katzen dazugesetzt wurden, dann wagten sie auch, mit den Hunden zu spielen.

Die oft sehr umfassend blockierende „Angstreaktion" ist eine typische, lebenswichtige Reaktion des Gehirns: Bei bestimmten Signalen hat es gelernt, auf „Angst" umzuschalten; aber auch bei Unbekanntem schaltet es automatisch auf „Angst" um. Im Spielverhalten wird die Menge vertrauter Reize und Signale erhöht, somit wird während der Präge- und Sozialisierungsphase die Angstreaktion im vertrauten Bereich nicht mehr auftreten, was zum engen Zusammenschluß der Tiere untereinander führt.

Im Laufe des Lebens können so viele Veränderungen in der Umwelterfahrung der Hunde eintreten. Furchtauslösende Reize können ihre Bedeutung verlieren, wenn sie mehrfach ohne besondere Folgen vorgekommen sind, andererseits kann anderes, das bei dem Hund zunächst nicht Furcht- sondern Neugierverhalten ausgelöst hat, durch negative Erlebnisse zum hemmenden Signal werden.

Was wir mit „gelernt" bezeichnen, sind also letztlich Veränderungen im endogenen Bereich. Die große Verrechnungsstelle, das Gehirn, wird durch die Erfahrungen ständig intensiver „verdrahtet", sodaß eine Vielzahl an Programmen entsteht, die für eine ständig wachsende Zahl von „Reizen" zur Verfügung stehen.

In Kaspar-Hauser-Versuchen versuchte man, den „angeborenen Verhaltensweisen" auf die Spur zu kommen. Das war nur bis zu einem bestimmten Grade möglich, weil es sich herausstellte, daß viele typische Verhaltensweisen sich erst im Laufe des Lebens und nur unter bestimmten Bedingungen entwickeln können. In Isolation unterblieb daher nicht nur das Lernen, sondern es traten auch Schädigungen innersekretorischer Organe und des Gehirns auf.

Lernen schließt also den Prozeß der Gehirn- und der Organentwicklung ein. Diese wiederum verläuft nach einem genetisch bedingten Plan, d. h. auch „angeborene" Verhaltensweisen können sich erst im Laufe des Lebens entwickeln und können sich daher exakt den jeweiligen Umweltbedingungen anpassen.

Nicht nur die Verhaltensweise, sondern auch die „Sehweise" selbst wird analog der Umwelt ausgebildet. Das klingt völlig selbstverständlich und vernünftig – trotzdem soll das näher beschrieben werden, um denen, die so gern davon reden, daß „die Natur" schon alles von selbst richtig macht, Stoff zum Nachdenken zu liefern.

Aus einem Wurf junger Katzen wurden zwei ausgesondert und im Dunklen gehalten und täglich nur etwa eine Stunde in einen hellen Zylinder gesetzt, von denen der eine innen quer- und der andere längsgestreift war. Die Katzenkinder entwickelten sich völlig normal – zumindest sah es so aus. Dann aber enthüllte sich ihr alarmierender Zustand: Die eine Katze konnte nur senkrecht verlaufende, die andere nur quer verlaufende Konturen wahrnehmen. Hielt man ihnen ein Stöckchen quer hin, existierte es nur für die eine Katze; es wurde für diese sogleich „unsichtbar", hielt man es senkrecht hin, wobei es dann für die andere Katze sichtbar wurde.

Wie gesagt, *„Umwelt" ist ein relativer Begriff und ist letztlich nur so weit „vorhanden", wie ein Individuum sie aufnehmen und erfassen kann.* Die Veränderungen im Gehirn der kleinen Katzen waren endgültig.

Das mit dem unsichtbaren Stöckchen wäre ja kein Malheur gewesen, aber nach dem gleichen Prinzip konnten sie auch Treppenstufen nicht wahrnehmen oder einen Baumstamm nicht hinaufklettern, das ist dann schon etwas ernster . . .

Auch beim Hund werden durch *besondere Reize* bestimmte *typische Verhaltensabläufe* ausgelöst. Bei Welpen ist das dabei zu beobachtende Verhalten zunächst außerordentlich einheitlich. Werden die Tiere älter, sind die durch Selektion modifizierten typischen Reaktionen bald erkennbar. Der Pointerwelpe nimmt sehr früh, wenn er ein Beutetier erblickt, seine Vorstehhaltung ein. Sehr spezielle Fähigkeiten, die einzelne Phasen des Beutefanges bevorzugen, sind offensichtlich Einzelmerkmale, deren Reizschwelle *unabhängig* vererbt wird, daher werden sie sich nicht immer gegenseitig hemmen oder stimulieren. Dies ist auch bei der Wildform nicht nötig, da sie *allgemeine*, aber nicht *hochspezielle* Fähigkeiten entwickelt hat, die je nach Lage der Dinge ausgelöst werden.

Bei Kreuzungen spezieller Jagdhundrassen läßt sich dies beweisen, denn bei ihnen können auf *eine* Stimulation *mehrere* angeborene Verhaltensreaktionen gleichzeitig ausgelöst werden. Das kann für den Hund problematisch werden, weil, wie wir jetzt sehen, seiner vernünftigen *Willensentscheidung* sehr enge *Grenzen* gesetzt sind.

Dies wird besonders eindrucksvoll von WHITNEY beschrieben, der von seinen Erlebnissen bei der Waschbärjagd mit einem Hund berichtet, der eine Kreuzung *Hound/Pointer × Pointer* war und typische Merkmale von beiden: das Revieren vom Pointer und das Mit-tiefer-Nase-Suchen und das Lautverständnis vom Hound, geerbt hatte.

„Er wußte genau, was von ihm erwartet wurde und bemühte sich so verzweifelt, daß es weh tat, ihn dabei zu beobachten. Er wäre in der Lage gewesen, die Fährte vor jedem anderen Hund zu finden, aber er schien einfach unfähig zu sein, seine Nase auf den Boden zu drücken und der Spur mit den anderen Hounds zu folgen. Stattdessen raste er *revierend* (also im Zick-Zack) in offensichtlicher Verzweiflung wild umher, bis er gewöhnlich aufgab, stehen blieb und nach dem Gebell der Hounds auf der Fährte *lauschte*. Dann stürmte er zu ihnen und versuchte es nochmals.

Denn er konnte ihr jeweils typisches Bellen genau „verstehen" und erkannte daran, wenn sie nah am Baum mit dem Waschbär waren und war immer vor jedem der übrigen

Hunde ebenfalls dort. Wir versuchten, diesen Hund mit stark riechenden Fährten zu trainieren, aber so sehr er sich auch bemühte, auf der Spur zu bleiben, jedesmal überkam ihn wieder seine genetisch bedingte Neigung zu revieren."

Hütehunde – Ihr Einsatz entspricht ihren angeborenen Neigungen

Auch bei den Treib-, Hirten- oder Hütehunden nutzt man die Modifizierbarkeit einzelner Phasen des Sozial- und Beuteverhaltens und die durch Selektion gesteigerte Lernfähigkeit aus. In den meisten Büchern über Hütehunde wird zwar erwähnt, daß sie zum Hüten und Treiben und Beschützen der Herde eingesetzt wurden, nicht aber, auf welchen Grundlagen dieses Verhalten beruht. Die seitenlangen Charakterbeschreibungen dieser Hunde sind wenig aussagekräftig, weil man sie ebenso für viele andere Hunderassen verwenden könnte, denn daß er liebenswürdig, intelligent, charaktervoll sei, wer wird das nicht von seinem Hund behaupten.

Auch wird oft nicht ausreichend darauf hingewiesen, daß die alten *Hirtenhundrassen* zum Teil erheblich aggressives Erbgut haben. Vieles an ihrem Äußeren und ihrem Verhalten wird aus der Geschichte der Rassenentwicklung deutlich. Groß, scharf, wehrhaft und körperlich gewandt hatten sie die Herden zu bewachen und zu verteidigen. Sie mußten sich in ihrer Haarfarbe deutlich von Wölfen unterscheiden und hatten daher bevorzugt ein weißes Fell.

Die alten *Hofhundschläge* sollten hingegen ziemlich abschreckend wirken und hatten daher meist schwarzes Fell. Sie waren kompakter, quadratischer in ihrer Körperform, weil man auf diese Weise Hunde erhielt, die an Haus und Hof gebunden, dieses Territorium verteidigten.

Die Treibhunde wiederum hatten agiler zu sein. Bei ihnen ist das Umkreisen der Herde unerwünscht, sie treiben die Tiere bellend voran und verstärken dies, indem sie das Vieh in die Fesseln der Vorderläufe kneipen. Hier wird ein *angeborenes*, mehr *spielerisches* Verhalten durch Selektion verstärkt; auch am Gebell der Hunde kann man erkennen, daß sie sich den Tieren weniger in aggressiver, sondern mehr in spielerischer Weise nähern. Bei den Hirten-, Treib- und Hofhunden sind die daran beteiligten Doggeneinkreuzungen deutlich zu erkennen.

Hütehunde dagegen sind ganz anders. Es gibt sie in vielen Farbschlägen und unterschiedlichsten Größen; sie sind sehr viel leichter gebaut, schnell, wendig und ausdauernd. *Gemeinsames und wichtigstes Merkmal* ist das typische Hüteverhalten, von dem jeder weiß, daß es „angeboren" ist. Den wenigsten wird aber klar, daß auch hier *natürliche* Verhaltensweisen aus der Beutefanghandlung durch Selektion und Erziehung verstärkt wurden.

Die generell hervorragende Erziehbarkeit der Hütehunde beruht darauf, daß ihnen einerseits eine starke Hemmung (hohe Reizschwelle) für bestimmte Phasen der Beutefanghandlung angezüchtet wurde, wie es ja auch bei Jagdhunden mit ausgeprägter Beiß- oder Tötungshemmung der Fall ist. Auch ist bei den meisten Hütehunden die intraspezifische Aggressivität sehr gering; im Gegensatz zu den Jagdhunden ist bei ihnen aber die natürliche Jagdpassion unerwünscht und durch Selektion gemindert. Also wurde auch hier wieder ein Hund nach Baukastensystem aus den vielen, universellen Verhaltensweisen des Wolfes „zusammengesetzt".

Die Grundlage eines guten Hütehundes sind daher bestimmte, typische angeborene Neigungen, Reaktionen und seine gute Erziehbarkeit, die sich aber erst in der Hand eines erfahrenen Schäfers oder Ausbilders auch voll entfalten kann. Bei gründlicher Erziehung durch den Schäfer benötigt auch der Hütehund ein bis zwei Jahre praktischer Erfahrung, bis seine (angeborenen) Fähigkeiten voll ausgebildet sind und er 100%ig zuverlässig arbeitet.

Werden Hütehunde als Familienhund gehalten, kommen viele ihrer speziellen Anlagen nicht mehr zu Entfaltung; allerdings bleiben ihre Lernwilligkeit und bestimmte, typische Bewegungsweisen, wie die Neigung, etwas einzukreisen und ihren Menschen nicht aus den Augen zu lassen, erhalten.

Auch im Hausgebrauch ist der Border-Collie einer der „intelligentesten" Hunde, die ich kenne. Seine Lernwilligkeit, seine Konzentrationsgabe und seine Liebenswürdigkeit bezaubern immer von neuem. Ich kenne kaum einen Hund, dem man derart von Nasen- bis Schwanzspitze seine freudige Lern- und Arbeitslust ansehen kann. Es wundert wenig, daß beim Border-Collie auch das von allen

Hütehunden wohl interessanteste und markanteste Hüteverhalten zu beobachten ist. Seine typische Körperhaltung, sein starrer Blick („Border-Collie-Eye") sind unverkennbar.

Das besondere Verhalten dieser Hunde und die Art und Weise, wie sie ausgebildet werden, wurde in einer gründlichen Arbeit von McConnel und Bylis untersucht. Sie beschreiben jene Seiten dieser Rasse, die wir ja im Hausgebrauch nur selten beobachten können. Diesen Hund aus einer ganz anderen Sicht zu sehen, läßt uns auch sonst vieles an seinem Verhalten besser verstehen. Im Folgenden wird einiges aus dieser Arbeit, stark verkürzt, zusammengefaßt wiedergegeben:

„Kommt der Hütehund in seiner typischen Haltung auf sie zu, rückt die Herde erst einmal näher zusammen, behält aber dabei den Hund fest im Auge. Kommt der Border-Collie, seinerseits starr auf die Schafe blickend, diesen immer näher, drehen sie sich plötzlich um 180° und wenden ihm ihre Kehrseite zu und vergrößern den Abstand. Die Distanz zwischen Schaf und Hund hängt davon ab, wie starr sein Blick und wie extrem seine Positur ist.

Weil Schafe sich *immer* in einem *180° Winkel* vom sich nähernden Hund *wegbewegen*, dirigiert der Hund die Herde, indem er immer aus der entgegengesetzten Richtung kommt, in die die Herde gehen soll. Wenn der Hund die Herde nach Osten treiben soll, rennt er (vom Schäfer dirigiert) erst in einem weiten Halbkreis um sie herum nach Westen, nimmt die Starre-Position ein und nähert sich so der Herde langsam und vorsichtig. Die Herde wendet sich vom Hund ab und geht nach Osten.

Das einheitliche Hüteverhalten der Border-Collies ist das Selektionsergebnis von bestimmten *typischen Verhaltensweisen in Rudeln jagender Caniden*. Die enge Verwandtschaft mit dem Wolf wird sowohl körperlich, als auch im Verhalten ausgedrückt. Scott und Fuller verglichen 90 Verhaltensmuster der Hunde mit denen des freilebenden Wolfes und fanden, daß 71 (einschließlich Treiben) sowohl beim Wolf als auch beim Hund auftreten.

Wie auch immer die Selektion den Border-Collie geformt hat, die Verhaltensvariation, die die Selektion herausgearbeitet hat, hat ihren Ursprung im Sozial- und Beuteverhalten des Wolfes, wozu auch zu rechnen ist, daß der Hund sich der Herde nähert, ohne sie sofort anzugreifen. Die geringe Aggressivität unter den Border-Collies bestätigt die Untersuchungen von Scott und Fuller, die weniger agonistisches Verhalten zwischen *kooperativ jagenden Caniden* fanden, als unter einzeln jagenden. (Anmerkung: Siehe auch die Beschreibung der drei Caniden-Typen in diesem Buch.)

Bereits *Border-Collie Welpen* zeigen eine klare Tendenz, die *Herde mit gesenktem Kopf zu umkreisen*. Border-Collies sind, wie alle rudeljagenden Tiere, beim Hüten meistens stumm, während andere Hütehunde durchaus bellen. In diesem Sinne ist es nicht überraschend, daß es wenig extensives Training benötigt, dem Collie beizubringen, die Herde zum Schäfer hin zu treiben, aber es ist außerordentlich schwierig, dem Hund beizubringen, die Herde wegzutreiben. Ebenso ist es nicht überraschend, daß Border-Collies leicht einzelne Tiere von der Herde trennen können.

Der Border-Collie ähnelt, wenn er sich der Herde nähert, dem Wolf. Aber auch das Verhalten der Schafe, die auf jede seiner Bewegungen reagieren, ist ein bei diesen ebenso tief verwurzeltes Erbteil. Auch unter wildlebenden Tieren findet eine Kommunikation zwischen Jäger und Beute statt, die Beute kann durchaus erkennen, wann die Körperhaltung ihres Jägers gefährlich ist und wann nicht.

Die typischen Verhaltensgrundlagen sind den Border-Collies angeboren und müssen nicht durch extremes Training gelernt werden. Junge, untrainierte Hunde nehmen oft die Orientierungs- und Vorsteh-Haltung der erwachsenen Hunde ein, während andere dieses erst im Erwachsenenalter tun.

Junge Border-Collies reagieren auf die Herde oder einzelne, sich auf sie zu bewegende Tiere mit *Senken* von *Kopf* und *Schwanz* und *direktem Anstarren*. Dieses rassetypische Verhalten ist aber, wie überhaupt bei Hunden, erst mit Erreichen ihrer körperlichen Reife voll ausgeprägt. Es wird durch die sorgfältige Erziehung dann noch verstärkt. Vor allem müssen sie lernen, die Herde niemals zu jagen oder anzugreifen. Das Kommando „Down" verstärkt das geduckte Umkreisen der Herde, wie sie auch auf andere Befehle ihr angeborenes Verhalten in gewünschter Weise ausführen.

Zwischen Hütehund und Schäfer bildet sich so eine enge Kooperation heraus. Sicher arbeitende Hütehunde müssen willig den Signalen des Schäfers folgen und willig mit ihm zusammenarbeiten. Dies ist erklärbar, weil sie von den soziallebenden Wölfen abstammen und wurde durch Selektion noch verstärkt.

Besonders achten die Schäfer darauf, daß die *jungen* Hunde, bevor sie ausgebildet werden, selten mit den Schafen zusammenkommen. Einerseits soll die Bindung Mensch-Hund, bzw. die Abhängigkeit des Hundes vom Menschen verstärkt werden, andererseits soll sich auch zwischen Schaf und Hund möglichst immer eine Kluft befinden, die die Kommunikation zwischen Hund und Schaf in der gewünschten Weise verlaufen läßt: Die bestimmte, für die Herde bedrohlich wirkende Positur des Hundes wird er nicht anwenden bei Tieren, mit denen er „sozialisiert" ist, denn sie ist ja eine Mischung aus Angriffslust und Furcht.

Die Bindung zwischen Schäfer und Hund kann dagegen gar nicht eng genug sein. Daher wird auch möglichst vermieden, junge und alte Hunde zusammenzulassen; schon gar nicht dürfen die Junghunde, bevor sie ausgebildet werden, den adulten Tieren zusehen, denn das Rudel muß immer aus Schäfer und Hund bestehen."

Wenn man im Zirkus Seehunde Bälle werfen und balancieren sieht, ist man meist etwas enttäuscht, wenn man erfährt, daß es sich hierbei um ganz „normale", angeborene Verhaltensweisen handelt. Bei wildlebenden Jungtieren kann man beobachten, wie sie Holzstückchen auf der Nase balancieren und sich gegenseitig zuwerfen. Später verfahren sie so mit Fischen, die sie in die Luft wirbeln, um sie mit dem Kopfende zuerst aufzufangen, weil andersherum der Fisch leicht mit seinen Flossen hängen bleibt. So hat dies früh im Spiel geübte „Kunststück" sehr wohl einen Sinn.

Ebenso sind die typischen Verhaltensweisen und Bewegungskoordinationen auch der Hütehunde angeboren, die nun sinnvoll ausgenutzt werden, denn keinesfalls wird hier ein Hund für eine bestimmte Aufgabe nur „dressiert".

Bei ihrer Erziehung wird aber auch die *Sozialisierungs- und Prägephase* des Hundes in *zweifacher* Weise bewußt *ausgenutzt*. Erstens kann die Bindung zwischen Hund und Mensch gar nicht eng genug sein und wird in jeder nur möglichen Weise *verstärkt*. Zweitens wird aber eine Sozialisierung einerseits mit anderen Hunden, andererseits besonders aber mit der Herde *vermieden*, weil erfahrungsgemäß der Border Collie umso effektiver arbeitet, je stärker sein Beuteverhalten angeregt ist.

Hierzu gehört auch das Umkreisen der Herde in möglichst *weiten* Bögen, weil er auf diese Weise nicht Teile einer weitversprengten Herde ausläßt. Oder, um dies als eine physiologische Reaktion zu erklären: In einem bestimmten Stadium der Beutefanghandlung wird er aufgrund einer inneren Hemmung die Herde in weitem Abstand umkreisen, also sich im Stadium des Anschleichens befinden, und nur der Befehl des Schäfers wird ihn zur Aktion veranlassen.

Gelenkt wird der Hund durch den Schäfer mit zehn bis zwölf Signalen, die er sicher zu beherrschen lernen muß. Hierbei werden sowohl Worte, als auch Gesten oder bestimmte Pfeifsignale verwendet. Zunehmend wird allerdings der Schäfer darauf hinarbeiten, den Hund ausschließlich durch Signale mit seinen Hütestab zu dirigieren, um die Schafe nicht zu beunruhigen.

Der Hund muß lernen, die Tiere zusammenzuhalten, aber auch einzelne Tiere abzusprengen; er muß lernen, die Herde nach rechts oder nach links zu treiben, die Herde vom Schäfer weg oder zu ihm hin zu bewegen. Sehr wichtig ist, den Hund, wenn er sich in voller Aktion befindet, sofort unter Kontrolle zu bringen, d. h. den Vollzug der Beutefanghandlung abzublocken. Dazu wieder müssen Hütehunde lernen, ihren Schäfer ständig im Blick zu halten. Wird ihnen die Sicht durch die Schafe versperrt, vollführen sie daher hohe Sprünge oder besteigen Felsblöcke oder andere Erhöhungen (sogar den Rücken der Schafe!) als Aussichtsplateau.

Vom rätselhaften Gemeinschaftsgefühl
oder: Warum der Hund seinen Herrn liebt und versteht

Viele Leute glauben, die wichtigste Grundlage der Erziehung sei, daß der Hund in der Furcht vor seinem Herrn lebt. Damit haben sie jedoch das Wesen der „inneren Bindung", die unerläßlich für jede Ausbildung ist, gründlich mißverstanden. Diese verursacht, soweit ist dies richtig gesehen, eine strenge Abhängigkeit des Hundes von seinem Menschen; jedoch ist die Grundlage dieser Abhängigkeit nicht Furcht, sondern das Gefühl sozialer Zugehörigkeit – die ja tatsächlich das exakte *Gegenteil* von Furcht ist.

Das Gemeinschaftsgefühl (ein Erbteil der Wolfsvergangenheit) ist eine ganz erstaunliche Erscheinung, die Anlaß zu vielen Spekulationen gab und gibt. Wir wissen zwar aus Aufzuchtversuchen, was die soziale Bindung mehr oder weniger stark verhindert; doch wenn wir alle, das Sozialverhalten störenden Faktoren abräumen, bedeutet dies noch nicht, daß wir nun auch die inneren Grundlagen der Bindung freigelegt haben.

Wir wissen, daß die *hemmenden* Gründe in den Tieren selbst liegen, und es ist anzunehmen, daß auch ihr Drang, sich zusammenzuschließen, durch innere Faktoren ausgelöst wird. Was aber bewegt Tiere so nachhaltig dazu, in bestimm-

ten Situationen nahezu berechenbare Aktionen auszuüben, was wir zur Paarungs-
oder Brutpflegezeit beobachten und uns dies sofort als „natürlich" (und viel zu
simpel) vorstellen, während uns ihr ansonsten zu beobachtendes Sozialverhalten
sehr rätselhaft erscheint.

Was bringt diese „Raubtiere" (noch dazu ohne größere Aggression und Zwang)
dazu, weit über die Jungenaufzucht hinaus, harmonisch und regelrecht fürsorg-
lich beisammen zu sein? Ist dies bei den Wildformen beobachtete Verhalten der
Grund, warum auch ein Hund seinen Herrn liebt?

Wir ahnen ja, daß unsere Hunde uns tatsächlich etwas wie „Liebe" oder
Zuneigung entgegenbringen; sie lassen sich sogar durch wenig freundliche
Behandlung oft genug nicht davon abhalten. Auch bei wildlebenden Caniden wird
beobachtet, daß zwischen ihnen persönliche Bindungen und Fürsorge füreinander
zu den alltäglichen Geschehnissen gehören.

Ganz sicher können wir aber davon ausgehen, daß dies Zusammengehörigkeitsgefühl, so „vernünftig" es auch in unseren Augen ist, nicht von oben nach unten
anerzogen wird oder „vernünftig" oder „moralisch" (womöglich gar als „Treue-
akt"!) zu verstehen ist. Es besteht offensichtlich soetwas wie *„Hunger nach Nähe
und Gemeinschaft"* und ist daher den elementaren „Trieben" zuzurechnen.

Beim Hungergefühl läßt sich ja noch ganz gut erklären, wie ein „Trieb"
ausgelöst wird. Schwieriger wird es, wenn wir auch Dinge, die wir zunächst
„psychologisch" oder anderweitig „vernünftig" erklären wollen, als körperliches
Wohl- oder Mißbehagen zu begreifen lernen müssen; es gibt kein Gefühl und
keine Handlungsweisen, denen nicht bestimmte Veränderungen und Imbalancen
im Organismus vorausgegangen sind. Denn, ebenso wie der Hunger die *Homöostase* stört, können auch andere Reize (die von außen, aber auch aus dem Körper
selbst kommen) im Organismus ein ähnliches Unlustgefühl erzeugen, dem das
Tier mit zunächst unbestimmten Handlungen zu begegnen versucht.

Wir haben zuvor gesagt, daß das dominante Tier von seinem Rudel dazu
gemacht wird und daß nicht umgekehrt das dominante Tier sich ein Rudel wie
Sklaven zusammentreibt. Es besteht also bei gemeinschaftlich lebenden Tieren
ein *„Hunger nach Gemeinschaft"*, bei soziallebenden Tieren ein *„Hunger nach
Bindung"*.

Vermutlich wird man, so viel Einzelheiten man auch zu diesem Phänomen
zusammenträgt, immer wieder doch noch vor einer letzten, neu aufgetauchten
und noch nicht beantworteten Frage stehen. Die sozialen Organisationen haben
sich auch erst im Laufe der Evolution ebenso entwickelt, wie die immer höher
entwickelten Lebewesen selbst, was man an ihren unterschiedlichen Lebensformen ablesen kann.

Beim *solitär* lebenden Tier erzeugt ein, seine Distanz durchbrechendes anderes
ein *Unlustgefühl*; es reagiert unruhig, gereizt, aggressiv oder angstvoll und

beendet durch eine entsprechende Reaktion den ihm unangenehmen Zustand.

Je größer die Nähe-Toleranz (und je geringer die intraspezifische Aggression) wird, umso mehr steigt aber offensichtlich auch das Bedürfnis nach der Nähe eines anderen Tieres, weil nur so das Wohlbefinden, eine innere Balance, erhalten bleibt. Auf welche Weise mögen aber derartige Wechsel-Beziehungen und Bindungen zwischen zwei oder mehr Tieren entstehen?

Wir haben bereits die drei Caniden-Gruppen beschrieben, wo wir beim Typ 2 gelegentlich solitär lebende, meistens in Paarbindung, gelegentlich auch in Rudelbindung lebende Tiere finden. Beim Typ 3 führt der „Hunger nach Bindung" einerseits zu einer klaren Ausbildung eines Dominanzgefüges und andererseits zu einer mehr oder weniger ausgeprägten Rudelbildung, zu der die Mitglieder jedes auf seine Art beitragen. Wir haben schon beschrieben, wie sich diese Strukturen bereits im Welpenspiel aufbauen und wie sich die einzelnen Tiere entsprechend ihrer genetischen Vorgaben entwickeln.

Man kann dies alles, wie wir es bereits getan haben, als die Wechselwirkung von sozialer Aggression und Beuteverhalten vernünftig „erklären". Dennoch bleiben wir damit an der Oberfläche, weil es nicht erklärt, aus welchen *inneren Motiven* Tiere plötzlich vom Einzelgänger zum sozialen Wesen wurden; verminderte Aggressivität reicht dafür als Grund nicht aus.

Auch für die frühe Anhänglichkeit der Welpen an „ihr" Rudel lassen sich einleuchtende Erklärungen im frühen Welpenverhalten finden. Die Abwesenheit der Alten und ihre prompte Annäherung auf Klagelaute der Welpen bedeutete jedesmal, daß eine für die Welpen unangenehme Situation mit der Anwesenheit der Alten beendet war.

Also wurde auch hier zunächst gelernt, einen möglichst angenehmen Zustand herbeizuführen und vor allem aber, einen unangenehmen Zustand zu vermeiden.

Für die Brutpflege der Tiermütter kann man hormonelle Zusammenhänge aufdecken. Wieso aber die Väter oder die Rudelmitglieder das Futter für die Daheimgebliebenen herbeischleppen und es mit ihnen *teilen*, dafür können wir zwar aus unserer Sicht vernünftige Gründe anführen, nicht aber das Verhalten der Tiere selbst erklären. Welche „innere Unruhe" bringt das Rudel nicht nur dazu, den Jungen und den Müttern Futter heimzutragen, sondern auch für verletzte Alphatiere, die nicht jagen können, dies ebenso zu tun, wie beobachtet wurde.

Die Gestalt als auslösender Reiz
für Pflegeverhalten, Zuwendung und Zuneigung

Die Beobachtung von Tieren in Gefangenschaft bringt uns einen Ansatzpunkt, dieses rätselhafte Verhalten (das uns so wenig „tierisch" erscheint) zu begreifen.

Eine verlängerte Fürsorge führt dort zu einer Fortdauer kindlicher Reaktionen. Vögel hüpfen ihrem Pfleger, auch wenn sie längst selbst fressen können, noch immer mit weit aufgesperrtem Schnabel entgegen, um Futter zu erbetteln. Bei jungen Störchen wurde beobachtet, daß sie, sobald die Eltern abwesend sind, bereits flügelschlagend auf dem Nest umhergehen; die Gegenwart der Altvögel *hemmt* jedoch diese ausgereifteren Verhaltensweisen und löst das *gewohnte Verhalten des Nestlings* weiterhin aus.

Erst wenn sich Gestalt und Umgebung der Nestlinge ändern, wir kennen das auch von anderen Vögeln, ändert sich auch das Verhalten der Eltern. Bei Jungvögeln verändert sich der riesig aufgesperrte Schnabel im Laufe ihrer Reifung, sie lernen mehr und mehr, selbst zu fressen, andererseits läßt für die Alten der Fütterreiz nach, den für sie der aufgesperrte Schnabel bedeutet hat. Jungvögel verlassen das Nest oder fallen heraus. Eine zeitlang werden sie noch am Boden weitergefüttert, doch *verändern* sich nun ihre *Gestalt*, ihr *Gefieder*, ihre Bewegungen; sie machen erste Flugübungen und werden *erwachsenen Vögeln immer ähnlicher*, entsprechend läßt die Aktivität der Eltern nach.

Hier können wir besonders gut erkennen, daß ein Auslösemechanismus (der futterbettelnde Jungvogel) den Instinkt (Futter zu suchen) der Eltern derart aktiviert, daß er bei diesen einen inneren Drang (das Futter am Fundort sofort selbst zu fressen) verändert und die nachfolgende Reaktionskette nicht mit dem Selberfressen, sondern nur mit dem Füttern abgeschlossen werden kann. Ist der Reiz nicht mehr stark genug, suchen die Altvögel nur noch Futter für sich selbst.

Das Heimtragen von Futter für die Jungen wird ja auch bei Wölfen und anderen wildlebenden Caniden beobachtet. Für sie bedeuten die Welpen eine sehr große Motivation, d. h. sie stehen unter *allergrößtem Streß* und haben nichts anderes im Sinn, als mit dem Magen voll Fleich nach Hause zu eilen. Dabei legen sie oft große Entfernungen zurück, trotzdem wird das Futter nahezu unverdaut wieder hervorgewürgt, da ja in einer Streßsituation die Verdauungsorgane nur sehr reduziert arbeiten. Daß der Heimkehrdrang tatsächlich großen Streß erzeugt, hat man an Bienen bewiesen, die innerhalb kürzester Zeit an typischen Streßfolgen starben, hinderte man sie an der Heimkehr zu ihrem Stock.

Wir wissen aus Attrappenversuchen, daß bestimmte Situationen eine nahezu magische Wirkung ausüben, indem sie entweder sehr anziehend oder sehr abstoßend wirken, also z. B. Pflegeverhalten oder aber Angriff oder Flucht verursachen. Dabei wirkt gar nicht das Gegenüber vollständig oder die Situation insgesamt, sondern es werden nur bestimmte, markante Dinge wahrgenommen, etwa so, wie wir mit einer Faustzeichnung oder Karikatur etwas wiedergeben, was der andere sofort versteht. Bei Affen hat man entdeckt, daß bei der Mutter-Kind-Beziehung der Körperkontakt (besonders wegen der Merkmale weich und warm) für das Kind wichtig ist.

Beim Kuckuck, der seine Eier stets in fremde Nester legt, ist ein interessantes Verhalten zu beobachten. Der junge Kuckuck ist erheblich größer als die übrigen Vögel im Nest. Soweit er seine „Geschwister" nicht bereits selbst aus dem Nest befördert hat, wird er von den Alten auch noch bevorzugt gefüttert. Erst durch Versuche fand man heraus, daß der starke Reiz für die Alten der aufgesperrte Schnabel ist, also der aufgesperrte Riesenschnabel des „Mitessers" nicht als etwas Fremdes, sondern als eine ganz besondere Stimulation empfunden und bevorzugt bedient wird.

Jetzt werden uns auch die Wurzeln des Sozial-Verhaltens der Caniden deutlicher: Bestimmte Reize haben eine nahezu *magische* Wirkung, eine bestimmte Form der „Hilflosigkeit" löst die helfende Handlung aus. Allerdings darf sich Hilflosigkeit nur innerhalb bestimmter Grenzen bewegen, um auch richtig verstanden zu werden: Benimmt sich der Welpe „nicht richtig", wird er von der Mutter nicht beachtet und geht ein, oder er wird als Fremdkörper behandelt und getötet. Je mehr der Welpe sein hilfloses Stadium verläßt und je mehr sich der Hormonhaushalt der Mutter wieder auf sein normales Maß einpendelt, umso weniger ausgeprägt werden die Pflegehandlungen.

Bei den Caniden wird selbst beim solitär lebenden Fuchs bei der Welpenaufzucht ein (zeitlich stark eingegrenztes) soziales Verhalten der Tiere zueinander und zu den Welpen beobachtet. Dies wird sowohl durch hormonelle, als auch von der Gestalt der Welpen ausgehenden Stimulationen ausgelöst, da man sogar beobachtet hat, daß Fuchsrüden fremde Welpen adoptieren.

Am Geburts- und Aufzuchtverhalten können wir einige der Gründe, die „zueinander führen" erkennen lernen. Bei Wolf, Schakal, Kojote und Rotfuchs wurde festgestellt, daß sie vor der Geburt starke Grabaktivitäten zeigen. Der Rüde beginnt bereits, wie von SILVER bei Kojoten beschrieben, vor der Geburt der Welpen, der Fähe den Vortritt beim Futter zu lassen, nicht nur das: Er versteckt vermehrt bereits kurz vor der Geburt Futter.

Für dieses Futterverstecken muß irgendetwas „in der Luft liegen", denn in einem Jahr, als dieses Paar keine Welpen hatte, begann der Rüde heftig, Futter zu verstecken, als in einem anderen Käfig ein Weibchen Junge werfen sollte. Auch beim Wolf, beim Hyänenhund und anderen Caniden tragen der Rüde, die Fähe oder das Rudel Futter heim, das den Welpen und den Babysittern vorgewürgt wird. Ein ähnlicher Zwang, wie er auf die fütternden Vögel wirkt, geht auch von den trächtigen Fähen der Wildtiere und später von ihren Welpen aus, um das Rudel zur Fürsorge anzuspornen.

Bei den wilden Vettern unserer Hunde sind auch die Rüden nur zu bestimmten Zeiten paarungsbereit. Ihr in dieser Zeit überschießender Testosteronspiegel löst bei ihnen auch eigentlich typisch weibliche Reaktionen, wie Welpenpflege, Futtererbrechen für Weibchen und Welpen, aus. Auch das Pflegeverhalten der

Jungtiere läßt sich so erklären. Die „Grundausstattung" jedes Tieres ist zunächst weiblich und wird (bereits beim Embryo) erst durch den Einfluß männlicher Sexualhormone entsprechend beeinflußt.

Der Anlaß für Zuwendung liegt im Blut
Beteiligt: Hormone und vegetatives Nervensystem

Auch bei der *Hündin* laufen starke hormonelle Reaktionen ab, die zu typischen, angeborenen Bewegungsweisen führen. Bereits vor der Geburt der Welpen wird sie unruhig, wühlt in ihrer Kiste herum oder versucht, sich irgendwo, wie ihre wilden Vorfahren, eine Höhle zu graben. Da man dies und nachfolgend eine Welpenbetreuung der seltsamsten Objekte, auch bei der scheinträchtigen Hündin beobachten kann, ist dies Verhalten überwiegend hormonell bedingt, und die „Gestalt" der Welpen scheint für sie zunächst belanglos zu sein.

Im Gegensatz zu wildlebenden Caniden ist bei Hündinnen eine starke Unruhe bei der Geburt zu bemerken. Nach einer von NAAKTGEBOREN zusammengestellten Statistik verhalten sich in vielen Fällen besonders *erstgebärende* Hündinnen aufgeregt. Daß ihnen ihr „Zustand" etwas wie Angst einflößt, kann man an den bei ihnen (im Gegensatz zu erfahrenen Hündinnen) *verstärkt* auftretenden Reaktionen ablesen, die in Reihenfolge (häufigst bis weniger) sind: Allgemeine Unruhe, Nestmachen, Hecheln/rasche Atmung, Sinken der Körpertemperatur, häufiges Urinieren und dünner Stuhl, Schutzsuchen bei Menschen, Zittern-Schaudern.

Wildlebende Caniden können ihre Unruhe körperlich „abarbeiten", was ihrem Organismus insgesamt gut bekommt, der besser durchblutet und trainiert wird, zudem haben sie auf diese Weise eine Wurfhöhle, die ihnen restlos vertraut ist. In Anbetracht der vielen Hündinnen, die ihre sorgfältig hergerichteten, gereinigten Wurfkisten ungern annehmen, kann man vermuten, daß die für die Geburt getroffenen Vorsorgemaßnahmen des Menschen die Hündin mehr beunruhigen als beglücken.

Daher sollte ihr die Wurfkiste schon Wochen vor dem Werfen vertraut sein und vertraute Gerüche statt Lysol- oder Sagrotangestank ausströmen. Eine Wurfkiste sollte nicht mit einer Klinik verwechselt werden. Dort ist die übergroße Desinfektion angebracht, weil „Klinik-Keime" wegen ihrer Resistenz besonders gefährlich sind. Gegen die Keime, die innerhalb der gewohnten Umgebung auf Mutter und Welpen einwirken, hat die Hündin längst Abwehrkräfte entwickelt und so genügt eben normale Sauberkeit, die die Hündin nicht entnervt.

Aber auch aus dem bei wildlebenden Caniden üblichen *Zeitpunkt der Geburt* lassen sich weiterreichende Schlüsse ziehen. „Die Mehrzahl der Geburten findet bei Tieren zu der Zeit statt, wo die Tiere gewöhnlich ruhen. Dies hängt mit dem autonomen Nervensystem zusammen. Während der Ruhepause dominiert der *Parasympathikus*, bei Aktivität steht das Tier unter sympathischer Dominanz.

Es wurde festgestellt, daß der *Parasympathikus* eine *wehenfördernde* Wirkung ausübt, aber *sympathische* Reize die Wehentätigkeit *hemmen."*

Auch wenn es Sie erstaunt, kann man gerade an diesem Beispiel die Grundlagen von der „inneren Bindung" und dem „Hunger nach Gemeinschaft" verstehen lernen. Hundezüchter wissen, daß ihre Hündinnen die Nähe „ihres" Menschen beim Werfen nicht nur zulassen, sondern sogar herbeizuführen versuchen.

Eine unserer Hündinnen „verzögerte", wurde ich abgerufen, jedesmal die Geburt weiterer Welpen. Was aber ganz einfach nichts anderes bedeutet, als daß die Gegenwart des Züchters einen das parasympathische Nervensytem stimulierenden Effekt hat, also ungemein beruhigend wirkt und von Angst befreit, und seine Abwesenheit eine Streßsituation ist, die weitere Wehen unterbindet.

Ähnliches hat man ermittelt, als man die Herzleistung von Hunden untersuchte, während sie von ihrem Herrn gestreichelt wurden: Die Herzleistung sank deutlich ab.

Wir wissen, daß bei Streßsituationen Herzschlag und Blutdruck erhöht sind, während verlangsamter Herzschlag und niedrigerer Blutdruck typisch für die Erholungs- und Ruhephase sind. Auch haben Wissenschaftler herausgefunden, daß die Herzreaktion der Hunde auf Liebkosungen *keine* Reflexreaktion waren, sondern eine *komplexe Reaktion des gesamten Organismus* die *Gefühle* des Hundes widerspiegelte.

Kontakt-Komfort löst eine deutliche Reaktion des *parasympathischen Nervensystems* aus, und der Hund setzt *alles* daran, *möglichst häufig in den Genuß dieses angenehmen Gefühls zu kommen.* Mehr noch: Nur die *Anwesenheit* einer vertrauten Person senkte die Herzrate einsamer und verängstigter Welpen um 40 %!

Eine der ersten Grundlagen des „Hungers nach Bindung" ist also weniger psychologischer, sondern wieder einmal physiologischer Natur; der (von UEXKÜLL als *negativer Gefühlston* bezeichnete) Zustand ist regelrecht ein unangenehmes „Körpergefühl", das ebenso nachhaltig, wie der Hunger auf den gesamten Organismus ausstrahlt.

Um dies zu beenden, wird bereits von den Welpen körperlicher Kontakt gesucht (Nähe und Fürsorge der Mutter, Nähe anderer Welpen); er fördert den Sozialisierungsprozess. Unterbleibt dies, erwachsen daraus kaum wieder gutzumachende Störungen des Verhaltens und physiologische Veränderungen. Wie wir aber gesehen haben, hat erstaunlicherweise bereits der *Anblick* einer vertrauten, d. h. nicht beunruhigenden Person den gleichen Effekt.

Die Bindung innerhalb des Rudels
bedeutet Angstfreiheit
und körperliches Wohlbefinden

Die Bindung innerhalb des Rudels ist auf diesen Grundlagen aufgebaut. Das Rudel selbst ist eine Insel des zuverlässigen Vertrauens, des Geborgenseins. Jedes Tier kennt jedes und nimmt seinen ihm gehörigen Platz in der Gemeinschaft ein. Zwischen den Tieren sind die Verhaltensregeln klar geordnet, und gelegentlich ausbrechende Rangordnungskämpfe sind notwendig, solange zwischen den Tieren beunruhigende Kontakte entstehen.

Wir verstehen jetzt auch die große Bedeutung, die *Augenkontakt* und *Körperpositur* in diesem Zusammenhang haben. Auch das dominante Tier ist solange „beunruhigt", wie ihm ein anderes in gleicher Haltung und mit Augenkontakt gegenübersteht.

Sobald die Körperhaltungen nicht Konfrontation oder Bedrohung, sondern *Ergänzung* ausdrücken, sind die rangniederen Tiere beruhigt in der Nähe des ranghohen, aber auch das Umgekehrte ist der Fall.

Das Zusammensein der Tiere, der *Anblick*, die *Nähe* und der immer wieder gesuchte *Körperkontakt* erweitern den vertrauten Bereich des Einzeltieres zu dem der Gruppe.

Die Tiere schaffen sich so auf mehrfache Weise *angstfreie Räume*: Das eine ist die Bindung aneinander, das andere ihr engeres Territorium, das darüber hinaus auf ein bestimmtes Wander- und Jagdgebiet ausgeweitet wird.

An den *Markierungen* von Territorium und Jagdgebiet (s. Abb. weiter vorn) kann man sehen, daß sie am nachdrücklichsten dort einsetzen, wo der durch ständiges „Bewohnen" des Sammelplatzes bestehende Eigengeruch nachläßt und daher verstärkt werden muß.

Eingriffe in diesen Bereich wirken auf die Tiere wie eine direkte, *körperliche* Bedrohung; daher wird das Territorium umso heftiger verteidigt, je näher der Eindringling in dessen Kern gelangt. Hierbei spielen sowohl olfaktorische, wie auch optische und akustische Wahrnehmungen eine große Rolle und wirken entweder Aggression auslösend oder mindernd. Jungtiere fühlen sich nach der Sozialisierungsphase bei ihrem Rudel und dessen Sammelplatz „zuhause" und schützen mit Erreichen der Geschlechtsreife das Territorium ebenso wie die Alten.

So wird auch verständlich, warum bei Hunden der Kontakt mit dem Menschen in der Sozialisierungsphase so eminent wichtig ist. Nur so kann er den Menschen, seine Gestalt, seinen Geruch, seine Gesten, in sein „Weltbild" mit aufnehmen und entwickelt dann ein entsprechendes Zugehörigkeitsgefühl für den Bereich des Menschen.

Die Ursachen der engen Bindung
erwachsener Tiere im Rudel
Die Wirkung des Kindchen-Schemas

Auf welche Weise mag aber aus dem Zusammensein die Rudelbildung und die damit oft verbundene *Fürsorge* für Rudelmitglieder entstehen? Das Vertrautsein allein kann keinesfalls zur *Fürsorge* verleiten; auch haben die fürsorgenden Tiere *selbst* keinen Vorteil, da sie ja nicht, wie z. B. der Hund, für gute Taten „belohnt" werden.

Man kann auch dies nur anhand von Beobachtungen bei Tieren in Gefangenschaft zu erklären versuchen. Bei diesen ist ein *Weiterbestehen kindlicher Verhaltensweisen* zu beobachten. Das Fortdauern der Versorgung und der stark beschnittene Raum verhindern die notwendigen Umwelterfahrungen und die Organ- und Charakterentwicklung der Tiere: Sie bleiben daher auf einer bestimmten Stufe des Verhaltens stehen.

Aber auch im Wolfsrudel ist eine unterschiedliche Entwicklung einzelner Tiere völlig normal und bereits im Erbgut jedes Welpen festgelegt: Je nach ihrer Veranlagung machen sie unterschiedliche Fortschritte. Sie sind mehr oder weniger neugierig, umweltaktiv und aggressiv, mehr oder weniger „selbstsicher" oder ängstlich. Ihr unterschiedliches Umwelt- und Neugierverhalten führt zu vergleichbaren (wenn auch nicht so dramatischen) Ergebnissen wie bei den Gefangenschaftstieren; sie verharren auf einer ihrem Typ entsprechenden Entwicklungsstufe, was sich an ihrem Platz in der Rangordnung ablesen läßt.

Aber auch später in ihrem Verhältnis zueinander wird deutlich, daß submissives Verhalten die infantilen Verhaltensweisen in modifizierter Weise enthält. Dies hat für die ranghöheren Tiere eine *Signalwirkung*, wie der aufgeperrte Schnabel der Jungvögel für die Alten, und sie reagieren ebenso *zwanghaft* darauf.

Für alle Tierarten gibt es innerartliche Signale, die auf die Artgenossen den von KONRAD LORENZ als *Kindchen-Schema* bezeichneten Effekt haben. Es ist die *Kindgestalt* oder das *Kindverhalten*, das auf die adulten Tiere eine nicht nur aggressionshemmende, sondern auch Fürsorge auslösende Wirkung hat. Die Welpen kommen formlos (die Wildformen mit dunklem Fell) und geschlossenen Augen und Ohren zur Welt. Ihre Bewegungen sind langsam und unbeholfen; ihrer geringen Körpergröße wegen werden auch die Spielhandlungen junger Welpen, ihre Angriffe und ihr Drohen von den adulten Tieren nicht als aggressives Verhalten gewertet.

Im Gegenteil: Die Welpen üben eine große Anziehungskraft auf die übrigen Tiere (besonders die unteren und mittleren Ränge) des Rudels aus. Was sie auch tun, sie sind in allem weit entfernt davon, irgendwelche Zeichen von Ranghöhe auszudrücken. Die „Spielformen" enthalten alle Gesten der Kommunikation und

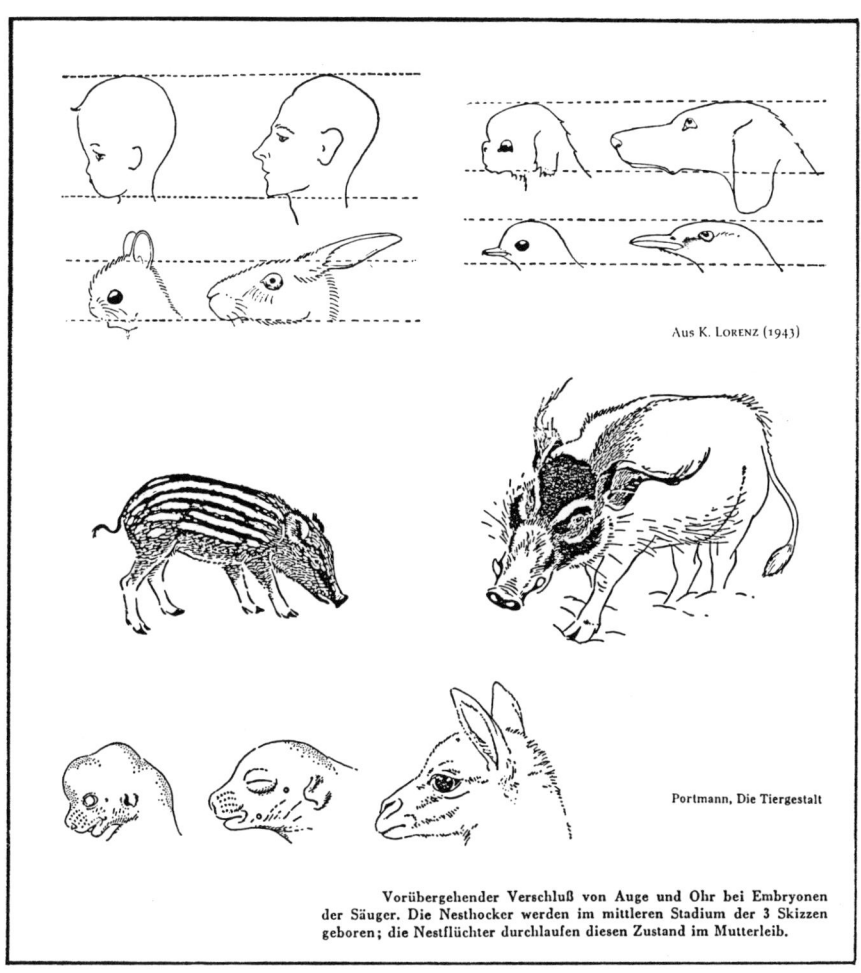

Aus K. Lorenz (1943)

Portmann, Die Tiergestalt

Vorübergehender Verschluß von Auge und Ohr bei Embryonen
der Säuger. Die Nesthocker werden im mittleren Stadium der 3 Skizzen
geboren; die Nestflüchter durchlaufen diesen Zustand im Mutterleib.

werden durchaus „ernst" genommen. Die Welpen wirken überaus konzentriert, wenn sie die Reaktionen des Gegenübers einschätzen und geschickt darauf reagieren; man kann dies an ihren unterschiedlichsten Kopf- und Körperstellungen, der Ohren- und der Schwanzhaltung ablesen.

Dennoch fehlt diesem Spiel der Welpen untereinander (aber auch zwischen Welpen und adulten Tieren) jegliche Aggression, weil es keine Position zu verteidigen gilt. Dies mag einer der Gründe sein, warum das Spiel mit den Welpen für die adulten Tiere so reizvoll ist. Ebenso ist aber das Pflegeverhalten, das Futterbringen als eine Reaktion der adulten Tiere auf das „Kindchen-Schema" zu begreifen.

Ähnliche Zusammenhänge kann man auch bei anderen Säugetieren beobachten. Die Körpergestalt und vor allem die Muster der Fellzeichnung betonen das Rangniedere, so z. B. der Frischling des Wildschweins mit seinen Längsstreifen am Körper und dem gänzlich unbetonten Kopfmuster. Bei allen jungen Tieren fällt das Unbetontsein der Kopfzeichnung auf, aber auch der entweder ganz unauffällige Körper oder seine Längslinien, die den Charakter des Rangniederen betonen.

Während sich solitär oder paarweise lebende Tiere von ihren Jungen trennen, wenn diese merklich ihre äußeren Jugendmerkmale verlieren, bleiben in Gruppen oder Rudeln lebende Tiere beisammen. Jetzt tritt die Signalwirkung unterschiedlicher Verhaltensreaktionen in Kraft, die nicht nur einen *ordnenden*, sondern auch einen *bindenden* Charakter hat. Erstaunt kann man nun feststellen, daß nicht aggressive Aktionen, sondern *soziale Kontakte* die *größere Bedeutung* haben.

Soziale Verhaltensweisen: Gesten der Ver-Bindung werden durch psychologisch/physiologische Prozesse ausgelöst

Unserem Verständnis dieser Zusammenhänge steht wieder einmal der Sprachgebrauch im Wege. Wenn wir beim Alphatier von dessen Droh- und Imponiergebärden sprechen, bezeichnen wir die Reaktionen der übrigen Rudelmitglieder als Angst- oder Demutsgesten und bringen uns auf diese Weise um das Verständnis der tatsächlichen Zusammenhänge.

Denn die Motivation zu einem freundlichen Miteinander innerhalb des Rudels, zu Körperkontakten, Annäherung, Begrüßung geht von den „rangniederen" Tieren aus und ist keinesfalls immer die Reaktion auf die Bedrohung durch ein ranghohes. Die dabei zu beobachtenden Körperhaltungen und Gesten sind modifizierte, infantile Verhaltensweisen und werden durch psychologisch/physiologische Prozesse ausgelöst.

Bei der passiven Unterwerfung geht der Anstoß vom dominanten Tier aus; das unterliegende Tier kann sich auf diese Weise wirkungsvoll schützen. Oder anders gesagt: Bestimmte Signale lösen das „Programm" passive Unterwerfung in unterschiedlicher Stärke aus, die einzelnen Abstufungen enthalten typische Bewegungskoordinationen. Je extremer der Reiz und je empfindlicher das Tier, umso heftiger wird die Reaktion ausfallen.

Wer das Glück hat, seine Welpen nicht nur mit ihrer Mutter, sondern auch mit einem Rüden aufwachsen zu sehen, kann die Wirkung des Rüden auf die Welpen mit Vergnügen beobachten. Bereits wenige Wochen alte Welpen werden vom Anblick des Rüden regelrecht „umgehauen"! Es wirkt unglaublich komisch, wenn sie sich (voller Ehrfurcht oder Schreck?) sofort auf den Rücken rollen und ihre blanken Bäuchlein dem Rüden zuwenden. Dies funktioniert regelrecht in der Art eines Reflexes, ihre Furchtreaktion entspricht dem „Stromstoß" der Erregung, den der Anblick des Rüden in ihnen ausgelöst hat.

Aber es ist interessant, wie eventuell mangelhafter „Respekt", d. h. eine nicht ordnungsgemäße Reaktion, nun von den Tieren selbst auf dem Wege der „Erziehung" nachgeholt wird; der Rüde „beschäftigt" sich (aus ebenfalls angeborenen Motiven) so lange mit solch einem Kleinen, bis dieser auch zu seinem (nun gelernten) „Reflex" kommt – oder aber ernsthaft beschädigt wird.

Daher ist die Reaktion auf ein „Dominanz-Signal" sowohl angeboren, wie aus vorangegangenen Erfahrungen erlernt und „funktioniert" wie ein Reflex: Bereits der Augenkontakt mit einem dominanten Tier (aber auch Furcht vor einem Menschen) kann im *Extremfall* dazu führen, daß sich ein Hund mit allen Zeichen der Demut auf den Rücken wirft und seine Leistengegend präsentiert. Ausgelöst wird dieses Verhalten durch Hormonreaktionen, die auf Anblick oder Erlebnis des Erschreckenden, Ehrfurchtgebietenden folgen.

Die extreme Streßphase schlägt schnellstens in die passive Abwehrphase um. Der eben noch rasende Herzschlag des geängstigten Tieres verlangsamt sich dramatisch, der Blutdruck geht zurück, Magen- und Darmtätigkeit werden wieder verstärkt, was man an den die Demutshaltung häufig begleitenden Uriniervorgängen beobachten kann.

So angstvoll diese Phase auch wirkt, so erlösend ist sie für das Tier, das nun wieder Kräfte sammeln kann. Aber auch für das dominante Tier ist somit die Welt wieder in Ordnung, auch sein Kreislauf und Stoffwechsel regulieren sich. Und damit kehrt nun wieder Friede und Ordnung ein.

Bei der aktiven Unterwerfung geht die Signalwirkung von den untergeordneten Tieren selbst aus. Sie nähern sich einem anderen Tier mit vielen Unterwerfungsgesten, die sehr große Ähnlichkeit mit dem Bewegungsrepertoire der Welpen haben. Schnauzenstoß und Spielaufforderung, Kontakt Schnauze-Schnauze, Fellriechen, Reiben der Körper aneinander. Ihre Aufforderungen enthalten die typischen Bewegungen, mit denen Welpen um Futter betteln. Die adulten Tiere betteln nun auf diese Weise um Liebe, Zuwendung, Körperkontakt.

Aus dem Jagdverhalten des Wolfes wissen wir, daß sich die Tiere zu einer „Gruppenzeremonie" zusammenfinden, bevor sie sich auf die Beute zubewegen. Hier bewirkt der Körperkontakt ein gewisses Loslösen von dem Spannungszustand. Aber auch bei meinen Hunden kann ich etwas Ähnliches erleben. Merkwürdigerweise sind sie, wenn einer von ihnen ernsthaft krank ist, besonders aber, wenn ein Tier nach einer Operation noch in Narkose wieder heimkommt, außerordentlich aufgeregt. Wenn sie ihren (wie leblos daliegenden und nach Desinfektion riechenden) Gefährten von allen Seiten untersucht haben, stürzen sie zu mir hin, schmiegen sich mit aller Kraft an mich, müssen gestreichelt werden und sind in einem erstaunlichen Maß anlehnungsbedürftig.

Den inneren Grund haben wir bereits zuvor aufgezeigt: Die Zuwendung, die sie auf diese Weise anregen, führt zu einem ausgesprochenen Zustand entspannten, allgemeinen Wohlbefindens. Die Körperhaltung der submissiven Tiere, ihre Bewegungen und Laute spiegeln exakt ihren inneren Zustand wider; es sind die dafür „zuständigen" angeborenen Verhaltensprogramme. Aber aus Versuchen mit Menschen wissen wir inzwischen, daß dieser Zustand nicht nur bei dem ausgelöst wird, der Zuwendung *empfängt*, sondern auch bei dem, der diese *gibt*. Auch wenn wir es nicht vermutet hätten, wird also der innere, harmonische Zusammenhalt des Wolfsrudels durch etwas Analoges zusammengehalten, was wir bei Menschen als „Liebe" bezeichnen.

Die bindende Funktion des Spielens

Bereits bei Welpen fällt auf, daß sich sehr aggressive Tiere nicht stark am Spiel beteiligen. Bei den adulten Tieren gehen die mit aktiver Unterwerfung verbundenen Aktionen ebenfalls nicht von den dominanten Tieren aus; ihr hormoneller Status ist *nicht* geeignet, die Reizschwellen für entsprechende Reaktionen abzusenken. Allerdings veranlassen die dominanten Tiere auf ihre Weise, daß das Rudel in entsprechende Aktion gerät.

Ein Alpha-Rüde wurde beobachtet, wie er seinen Knochen ausgrub und ihn „stolz" mit hochgestelltem Schwanz vor dem Rudel hin und her trug. Nun erhoben sich die übrigen Wölfe, umringten ihren Führer und begannen mit der „Bettelzeremonie". Zunächst knurrte das Alpha-Tier und ging weiterhin hin und her. Dann ließ er den Knochen fallen und ging weg. Die anderen umringten den Knochen für eine Weile, dann verließen sie den Platz ebenfalls.

Offensichtlich war die Szene des Futterbettelns nicht ernstgemeint, sondern symbolisch zu verstehen. Der Knochen diente als Requisit, um Alphatier und Rudel zu einer Zeremonie harmonischer Gemeinsamkeit zu vereinigen. Das gleiche gilt für das verbindende Chorheulen der Wölfe, das ebenfalls überwiegend von den ranghohen Tieren angestimmt wird.

Wie wir beobachten können, sind in den Interaktionen auch der adulten Tiere viele Elemente der neugeborenen und abgeleitete infantile Aktivitäten zu beobachten. Daß auch ausgewachsene Tiere, nachfolgend auf Ruhepausen, immer wieder bei langdauernden, aggressionsfreien, „kindlichen" Spielen beobachtet werden, die einen (sinnlosen?) Zeit- und Energieaufwand fordern, hat schon manchen Zuschauer gewundert. Gelegentlich findet man die Erklärung, daß diese Spiele eine „befriedende" Wirkung auf das Zusammenleben der Tiere haben...

Wer es bislang nicht begriffen hat, lernt hier zu verstehen, daß „Spielen" alles andere als eine nebensächliche, unnötige Beschäftigung ist. Auch beim Menschen löst „Langeweile" (oder längere Passivität) ein schwerwiegendes, körperliches Mißbehagen aus. Der Organismus benötigt ständige Impulse, um ordnungsgemäß arbeiten zu können. Langeweile macht dumpf, müde, depressiv – weil die innere Spannung zum Erliegen kommt.

Im Spiel der Tiere (aber auch des Menschen) entstehen aggressionsfreie Erregungs- und Entladungszustände; die vielen Bewegungen führen zu einer besseren Durchblutung des gesamten Organismus, die Gliedmaßen verlieren ihre Schwere. So kann man auch den Anstoß zum Spielen als eine Reaktion des Organismus verstehen, der sich ja nicht nur gegen Hunger oder Sauerstoffmangel, sondern auch gegen andere Mangelzustände zu Wehr setzt.

Daraus ergeben sich aber auch praktische Gesichtspunkte. Sehr dominante Hunde (was bereits früh bei Welpen und Junghunden zu beobachten und erproben ist) sind wenig zu lässigen Spielereien geneigt. Sie geraten, wenn man mit ihnen tobt, leicht in ein aggressives Fahrwasser.

Es ist ein relativ einfacher *Test*, das Maß an Aggressivität und Unterordnung eines Hundes zu ermitteln. Innerhalb *weniger Minuten* kann man im Spiel mit ihm herausfinden, ob er gelockert und heiter, wie ein untergeordnetes Tier, zu spielen fähig ist, oder ob er es sofort auf eine Machtprobe anlegt.

Sehr oft sind Hundefreunde, die mit ihrem „Problemhund" zu uns kommen, darüber erstaunt, wie schnell wir den wahren Grund ihrer Schwierigkeiten herausfinden konnten. Allein aus der Art und Weise, wie sich ein harmloses Spiel entwickelte, das ich mit ihrem Hund begann, konnte man auch sein übriges, häusliches Verhalten fast hellseherisch beschreiben. Beim „Machtkampf-Hund" ist die wichtigste Aufgabe seines Herrn, dem Hund seinen sicheren Platz im Rudel Mensch-Hund zu verschaffen.

Dies geschieht einerseits durch gezielte Erziehung, andererseits aber auch (fast noch wirkungsvoller) durch das Spielen mit dem Hund, bei dem dieser die *körperliche Überlegenheit* seines Herrn auf *freundliche*, aber *nachdrückliche* Weise erfährt.

Eine bedeutende Rolle spielt hierbei der Körperkontakt mit dem Hund, der ja, wenn der Hund gelobt wird, viel weniger intensiv ausfällt als beim Spiel, bei dem der gesamte Körper des Hundes die *Macht*, aber auch die *Wärme* der menschlichen *Nähe* erfährt.

Ein nicht zu unterschätzender „Nebeneffekt" ist, daß der Hund auf diese Weise lernt, daß auch ein *liegender* Mensch über ihn gebieten kann und keinesfalls zur *Beute* wird; so hat das Spiel also auch im „Rudel" Mensch/Hund durchaus einen vielfachen Sinn.

Von Hund zu Mensch –
von Mensch zu Hund

Der Hund und sein Mensch

Meistens denkt man als Mensch ja nicht weiter darüber nach, daß bei unserem
Zusammenleben der Hund ähnlichen Grundmotiven folgt wie wir. Noch weniger
sind wir uns darüber klar, daß es in den Motiven, etwas zu tun oder zu lassen, eine
Menge Gemeinsamkeiten gibt. Im Gegenteil: Fällt uns gelegentlich auf, daß uns
eine Reaktion sehr verständlich erscheint, amüsieren wir uns über das „menschliche" Verhalten des Hundes. Dabei fällt aber auch auf, wie schwierig es doch ist,
genau zu erklären, was nun „typisch Hund" und was eigentlich „typisch Mensch"
ist, weil man von beiden erstaunlich wenig weiß. Schließlich stellt sich heraus, daß
man bei derartigen Betrachtungen *einiges* über den *Hund* und *viel* über den
Menschen erfährt.

Diesmal ist also nicht von Test- und Laborhunden oder von Wölfen oder den
„Spezialisten" die Rede, sondern von einem Hund, der völlig normal bei uns lebt
und mehr oder weniger intensiv erzogen wird. Wenn wir es genau betrachten,
herrscht zwischen uns und dem Hund ein Zustand freudiger Erwartung: Jede der
Parteien ist beglückt, wenn sie eine bestimmte Regung der Gegenseite verstehen,
vorhersehen oder hervorrufen kann.

Beide „Parteien" tun, und das ist bemerkenswert, alles nur Erdenkliche, um
eine möglichst umfassende Übereinstimmung herzustellen. Wenn dies auch jeder
auf seine Weise zu bewerkstelligen versucht, ist das Ziel bei beiden das gleiche:
nämlich *das dem eigenen Wohlbefinden entsprechende Verhalten des anderen.*

Daher deckt sich das Ziel beider Parteien *nicht*, wenn es nicht auf irgendeine Weise geregelt wird. Damit haben wir auch zwischen Mensch und Hund Verhältnisse wie in einem Rudel. Unsere *Erziehung* bewirkt, daß die Beziehung Mensch/ Hund, anders als im Wolfsrudel, ein für allemal *festgeschrieben* wird.

Dabei haben wir nun dauernd Gelegenheit, uns über Wesen und Gefühlswelt unserer Hunde den Kopf zu zerbrechen. Wir wüßten recht gern, ob es sich um arttypisches, reflexähnliches Hundeverhalten handelt und wieweit wir unsere Art und Weise zu erleben, zu fühlen und zu reagieren, auf ihn übertragen können.

Wie gesagt, können wir die Verhaltensweisen unseres Hundes nicht losgelöst von seiner körperlichen Befindlichkeit sehen. Allen Auseinandersetzungen mit seiner Umwelt entsprechen die Reaktionen seines Organismus; „auf diese Funktionen ist die Organisation des sogenannten *animalen Systems* ausgerichtet." Zwischen vegetativen und animalen Funktionen bestehen enge Wechselwirkungen. Hier meinen wir, auch bei unserem Hund deutlich den bedeutenden Anteil psychischer Vorgänge zu erkennen, wagen es aber nicht so recht, dies zu sagen, da man ja den Hund nicht „vermenschlichen" darf.

Die Motivation zu allen seinen bewußten Handlungsweisen liegt in seinem Gefühlsbereich und löst bei ihm die arttypische Handlungsweise aus. Nun sind beileibe nicht *alle* Reaktionen des Hundes grundsätzlich direkt auf psychische Ursachen zurückzuführen. Wenn wir ihn beispielsweise hinter einem Stock herjagen lassen, damit er ihn zurückholt und werfen dabei den Stock über einen Baumstamm, den der Hund zunächst nicht bemerkt hat, wird er trotzdem rechtzeitig alle Maßnahmen treffen, um in großem Satz darüber zu springen. Dies verläuft völlig ohne Zutun des bewußten Willens unterhalb der Bewußtseinsschwelle ab, wie dies auch für andere Eigenbewegungen (z. B. das Gleichgewichthalten) gilt.

Individuelle Gefühle und Entscheidungen
Gefühl und Wille in engem Zusammenhang

Jeder weiß, daß sein Hund keinesfalls wie eine Maschine funktioniert, sondern, ebenso wie wir, ganz *individuelle Entscheidungen* trifft. Stock oder Ball wird sich unser Hund meistens willig abnehmen lassen oder uns sogar regelrecht aufdrängen, solange ihm das Spiel gefällt. Hat er keine Lust mehr, können wir ihn mit Belohnungen locken. Je nach deren Wohlgeschmack wird sich unser Hund nun bemühen, den Leckerbissen zu bekommen oder ihn, wenn er ihm mißfällt, wieder ausspucken.

Er gibt seine „Meinung" deutlich zu verstehen: Bei Leberwurst, Hundekuchen, Plätzchen o. ä. wird er begeistert danach schnappen, sie ungern herausgeben und schleunigst verschlingen. Mogeln Sie aber zwischen eine „Leberwurstserie" ein

Stückchen Zitrone, wird er zwar im Eifer des Gefechts auch dieses zunächst annehmen, es aber sogleich wieder auf den Boden spucken und es verdutzt betrachten und verwirrt zu uns aufblicken. Beim nächsten Leberwurstbissen können Sie sehen, daß er diesmal zurückhaltender zugreift.

Glücklicherweise ist es auch, bei noch so strenger naturwissenschaftlicher Betrachtungsweise, nur über den Umweg des Vergleiches möglich, sich den Zusammenhang von seelischen und körperlichen Reaktionen deutlich zu machen. Hier wird aber auch die Grenze erkennbar, wie und wieweit man menschliche und tierische Reaktionen vergleichen kann.

Wenn wir sagen: Der Hund war „beleidigt", weil wir ihm die Zitronenscheibe gegeben haben, haben wir das Ausmaß seines Begreifens weit überschätzt, d. h. vermenschlicht. Vermutlich liegen wir aber richtig mit der Überlegung, daß ihm die Zitrone nicht schmeckt, und er von unserer Handlungsweise (und uns) verunsichert wurde.

Oder anders gesagt: Wir können bei Verhaltensbeobachtungen unseres Hundes bis zu einem gewissen Grade Vergleiche mit uns selbst einbeziehen, solange wir von seinen Gefühlen, Empfindungen und Reaktionen sprechen, die *sein persönliches Wohl- oder Unwohlbefinden betreffen*. Wir dürfen ihm aber nicht *Bewertungen* oder *Urteile* oder *Schlußfolgerungen* zuschreiben, zu denen er nicht fähig ist.

Während wir die Gefühle und Reaktionen unseres Hundes nicht nur *bemerken*, sondern auch meistens ihre Ursache erkennen können, *kann der Hund die ursächlichen Zusammenhänge nicht überblicken*; auch unsere Gefühle oder Stimmungen kann er zwar *empfinden*, sie aber nicht logisch als Ursache und Wirkung erklären.

Wir müssen also die Frage, ob ein Hund ein *subjektives Erleben* hat und wie weit es mit unserem vergleichbar ist, von den *philosophischen* Auslegungen trennen, und nach den (vergleichbaren) *physiologischen* Ursachen suchen.

Daß unser Hund keinesfalls nur auf den Augenblick bezogene, reflexähnliche Regungen zeigt, sondern sich durchaus an *Vergangenes erinnert* und *Zukünftiges herbeiführen* will, können wir täglich beobachten. Wir können bei unserem Hund an seinen ich-bezogenen Gefühlen und Planhandlungen durchaus erkennen, daß er etwas wie ein eigenständiges Individuum ist und durchaus „vernünftig" handelt. Bei allem was er tut, steht im Vordergrund, daß *er* sich wohlfühlen will, wobei wir uns allerdings darüber klar werden müssen, was dabei alles für ihn wichtig ist.

Nicht nur bei Leberwurst handelt der Hund aktiv und sinnvoll, sondern auch bei anderen Dingen, die sein Wohlbefinden stören oder fördern. Ist es ihm zu heiß, geht er in den Schatten, ist es ihm zu kühl, geht er in die Sonne, auf das Sofa oder in das Bett.

Liegen wir an einem Sommertag friedlich mit dem Hund im Garten und durchbricht direkt über uns ein Flugzeug die Schallmauer, springt unser Hund, wie vom Knall hochgeschleudert, auf und rast einige Male im Garten hin und her. Wiederholen sich starke oder unangenehme Geräusche, (Gewitter oder Feuerwerk) erweckt dies in unserem Hund etwas, was UEXKÜLL einen *negativen Gefühlston* nennt.

Wir können aber auch beobachten, daß er dabei häufig *sinnvoll* reagiert, also bestimmte *Erfahrungen* seine Handlungen leiten können. Bei Gewitter oder Feuerwerk wird er zielstrebig beispielsweise den Keller aufsuchen, weil er von früheren, ziellosen Fluchtreaktionen erinnert, daß es dort ruhig war. Um in den Keller zu kommen, wird er entweder versuchen, uns mit Kratzen an der Kellertür dazu zu animieren, ihm diese zu öffnen oder aber die Tür selbst öffnen.

Meine Hündin Anja hatte sich etwas ganz Besonderes ausgedacht, um „Gefahren" zu entkommen: Sie stürzte auf das nächstbeste Familienmitglied (vorzugsweise auf mich) zu und versuchte, Kopf und Vorderkörper in mein Jackett zu schieben. An ihrem Herzklopfen konnte man ihre hochgradige Erregung durchaus ebenso mitempfinden, wie auch die Beruhigung, die sie an diesem sicheren Ort überkam. Ihr Herzschlag verlangsamte sich während des beruhigenden Streichelns und an ihrem, aus meiner Jacke herausragenden Hinterteil konnte man, an dem sich langsam wieder aufrichtenden Schwanz, auch den Wiedergewinn ihrer Fassung ablesen.

Beim Hund strahlt also (ebenso wie beim Menschen) das psychische Erleben in das vegetative Regulationssystem, das jetzt gelegentlich auch deutlich zeigen kann, daß es von diesem Ansturm überfordert wird. Der Hund kann am ganzen Körper zittern, beginnt zu hecheln und zu speicheln, gelegentlich verliert er sogar die Kontrolle über seine Körperbewegungen und beginnt mit leerem Blick zu torkeln und zu schwanken.

Unbewegte Objekte verursachen bei jedem Hund (besonders in der Dämmerung) ein offensichtlich unangenehmes Spannungsgefühl: Er wird zögern, sich ducken, bellen, hin- und herspringen, um einerseits durch heftige Bewegungen die Spannung zu lösen und andererseits eine Reaktion des unheimlichen Gegenstandes hervorzurufen. Genau genommen versucht er, seinen Blickwinkel auf das unbekannte, unbewegte Objekt zu verändern, um auf diese Weise genauere Informationen zu bekommen. Die widerstreitenden Gefühle lassen sich regelrecht an seinen Körperbewegungen ablesen: Sie enthalten Flucht, Angriff und die zwischen diesen liegenden seitlichen Bewegungen.

Wenn Hunde ein deutlich *„schlechtes Gewissen"* an den Tag legen, von dem KONRAD LORENZ ja meint, seine Hunde hätten dies wirklich, möchte ich die Sache mit dem *Gewissen* nicht so ohne weiteres unterschreiben, sondern eher auf eine für den Hund nicht mehr zu bewältigende Menge widerstreitender Gefühle und

Erwartungen tippen, die sich jetzt in einem einzigen Augenblick häufen, nicht aufgearbeitet werden können und in ihm einen *unangenehmen Gefühlston* erzeugen.

Ganz sicher ist es *kein* schlechtes Gewissen, (obwohl die meisten Hundebesitzer dies beschwören) wenn ein Hund nach einer Ausbruchstour heimkehrt und mit eingekniffenem Schwanz und allen Zeichen der Demut wieder vor der Tür steht. In Wirklichkeit weiß der Hund genau, was ihn erwartet. Er wird häufig streng bestraft, mißversteht diese Strafe aber vollständig. Für ihn steht sie im Zusammenhang mit dem Heimkehren. Eine längst abgeschlossene Handlung, die bereits durch eine weitere, nämlich das Heimkehren, abgelöst wurde, kann er nicht in Zusammenhang mit der Bestrafung bringen. Von den Beschimpfungen versteht er nicht deren Wortlaut; *sein Verstehenkönnen braucht stets den direkten Bezug.* So erinnert er, wenn er heimkehrend seinen Herrn drohend in der Tür erblickt, die jetzt übliche Bestrafung und benimmt sich dieser Erwartung gemäß. Vom Ausbrechen und Herumstreunen wird er sich durch derartige Maßnahmen *nicht* abhalten lassen. Seine Anhänglichkeit an sein Zuhause ist aber glücklicherweise stärker als die Furcht, die ihn in diesem Moment befällt.

Auch beim *Stehlen* vermuten wir beim Hund „schlechtes Gewissen". Wenn er in einem unbewachten Moment etwas erwischt, heißt die Devise: Schnell zuschnappen und schleunigst mit der Beute möglichst weit weg. Wir kommen also in die Küche, der Hund saust, mit merkwürdig abgewandtem Blick, gesenktem Kopf und Schwanz, leicht geduckt an uns vorbei nach draußen. Allerdings verraten uns seine nach außen gewölbten Lefzen, daß er irgendetwas Größeres (etwas Geringfügiges hätte er längst gierig verschlungen!) erwischt haben muß, das er irgendwo in Ruhe verdrücken will.

Eines Tages war dies wieder der Fall. Unser Henry schoß in bewußter Körperhaltung an uns vorbei in die Diele, dort aber lag – Piet, einer unserer anderen Hunde auf Henry's Platz! Jetzt wurde die Situation ernst. Henry hatte, wie wir nun sehen konnten, eine ganze Wurstsemmel erwischt, auf *seinem* Liegeplatz lag aber Piet, in der Tür stand ich. Bei beiden bestand für Henry der dringende Verdacht, daß wir ihm seinen Raub abnehmen würden. Folglich sauste er in geduckter Haltung, die Semmel im Fang, mit abgewandtem Blick nach einem gefahrlosen, sicheren Ort suchend, hin und her. Damit nun keiner „sein Gesicht verliert", und weil ich sehen wollte, was sich Henry einfallen lassen würde, ging ich kurz in mein Arbeitszimmer und ließ „zufällig" die Tür offen. Sofort schoß Henry mit seiner Semmel hinein und lag dann, der Tür die Kehrseite zugewandt, unter meinem Schreibtisch und man hörte die Semmel zwischen seinen Zähnen krachen.

Natürlich kann man in einem solchen Moment an seinem Hund alle Zeichen des „schlechten Gewissens" erkennen wollen. Da aber dieser Begriff eigentlich ein *eigenes Beurteilen* voraussetzt, müssen wir dies für den Hund wohl ausschließen. Ähnlich ist es auch, wenn ein Hund seinen Herrn versehentlich gebissen hat. Da haben Aufregung oder Schmerz zu einer heftigen Reaktion des Hundes geführt. Falls er für Derartiges früher bereits bestraft wurde, erwartet er dies auch jetzt; meistens weiß jedoch der Hund überhaupt nicht, was für eine Reaktion nun zu erwarten ist, weil ihn der Schmerzensruf seines Herrn sichtlich verunsichert.

Nach allem, was wir bisher zusammengetragen haben, müssen wir davon ausgehen, daß es für jede extreme Gefühlsäußerung des Hundes immer auch deren Gegenteil geben muß. Bei Angst, Unsicherheit und Schrecken ist dies im herkömmlichen Sprachgebrauch der *„Mut"*. Auch hier müssen wir uns von allen philosophischen Auslegungen trennen und es im Sinne von Napoleon betrachten, daß „der tapferste Mann der sei, der seine Furcht nicht zeigt". Nicht nur das. Beim Hund können wir, wesentlich deutlicher als beim Menschen, erkennen, daß er „sich Mut macht", indem er ein aufkommendes (unangenehmes) Furchtgefühl mit großem Aufwand bekämpft. Er schüchtert dabei nicht nur seinen Gegner ein, sondern befördert sich selbst, dank entsprechender hormoneller Veränderungen, ein paar „Mutstufen" nach oben; er gerät regelrecht in *Wut* und greift schließlich an.

Während er aber bei seiner *Mut-Demonstration* noch alle möglichen Schattierungen *zielgerichteten Handelns* zeigte, um den Gegner zu beeindrucken, ist *Wut* nichts mehr als akustische und motorische *Entladung*. Seiner äußerlich bemerkbaren Bewegungssteigerung und Haltungsänderung entspricht die innerlich anwachsende hormonelle Veränderung, durch die letztlich wiederum die Reizung der den Bewegungen zugeordneten Gehirnzentren erfolgt. Auf diese Weise kann man an Haltung und Bewegung des Körpers den Grad der Emotion ähnlich ablesen, wie an einem Seismographen die Stärke des Erdbebens.

Nähert sich ein Fremder dem Haus, gerät der Hund in *zornige Erregung*: Er will etwas für ihn Negatives, den Eindringling in sein Territorium, abwenden. Seine Reaktion wird unterschiedlich heftig ausfallen, je nachdem wie gefährlich ihm der Eindringling erscheint. Viele diesbezügliche Rätsel ließen sich klären, betrachtete man die Angelegenheit aus der Hundeperspektive. Merkwürdigerweise sind ja oft gerade sehr kleine Hunde besonders schrill giftig. Sie stürzen zeternd und geifernd auf den Eindringling zu; betritt der den Garten, flüchten sie häufig kreischend.

Bitte stellen Sie sich aber vor, daß, je niedriger der Hund am Boden ist, umso höher der fremde Mensch ihn überragt. Bei Füchsen hat sich einwandfrei herausgestellt, daß ihre Furchtdistanz merklich geringer ist, je höher sie vom Boden entfernt waren. Befand sich der Fuchs am Boden, war sie am größten, war der Fuchs auf einer Kiste oder einem Tisch, verringerte sich auch die Angstdistanz im gleichen Maße, wie sein Blickwinkel auf den Menschen geringer wurde.

Ängstliches oder drohendes Benehmen des „Eindringlings" setzt beim Hund typische Verhaltensweisen in Gang. In vielen Fällen wird auf diese Weise seine Aggression noch gefördert; er wird auf Zurückweichen mit Nachrücken reagieren, auf Bedrohung häufig mit Angriff, gelegentlich auch mit Flucht, um seine aggressiven Reaktionen aus größerer Entfernung fortzusetzen oder von anderer Seite anzugreifen.

Durch Umfragen bei Hundebesitzern stellte man fest, daß Hunde allgemein mit erhöhter Aufmerksamkeit große dunkle und besonders einen Gegenstand tragende Personen beargwöhnen. Bei meinen Hunden beobachte ich dieses oft, stelle aber an ihren Reaktionen, wenn wir an der Person vorbeigehen, fest, daß sie offensichtlich in der Entfernung den getragenen Gegenstand mit einem Hund verwechselt haben. Kann man sich mit der Person verständigen und nimmt den Hund nicht kurz, schießt er sofort auf den getragenen Gegenstand zu, beriecht ihn und geht weiter.

Auch hier ist es also eine *unsichere Erwartung*, die in dem Hund einen unangenehmen Gefühlston erzeugt. Je länger er sich in diesem ungewissen Zustand befindet, weil er angebunden oder eingesperrt ist und das „befremdliche Ding" nicht allseitig untersuchen kann, umsomehr wächst seine Aggressivität, aufgrund hormoneller Streßreaktion, an.

Ebenso können wir bei jedem Hund *Futterneid* und *Eifersucht* deutlich erkennen. Der Hund wehrt sich gegen den damit verbundenen negativen Gefühlston mit entsprechenden „Vorbeugemaßnahmen". Nicht immer kann ein Hund es vertragen, wenn ein anderer seinem Freßnapf zu nahe kommt. Einer meiner Hunde (natürlich der gefräßige Henry) gibt sogar, obwohl sich überhaupt niemand ihm nähert, während er frißt, warnende Knurrlaute von sich. Hört er aber nur die *Schritte* eines sich nähernden Hundes, hält er zwar weiterhin die Schnauze in den Napf, hört aber mit dem Fressen selbst auf und knurrt nur noch, worauf der andere sich sofort zurückzieht und Henry, unter Beibehaltung gelegentlicher Knurrlaute, nun weiterfrißt.

Eifersucht und Neid sind aber Gefühlsregungen, die wir bei primitiveren Tieren (Kaninchen, Meerschweinchen, Katzen) nicht kennen, sie sind zu derart komplexen Gedankengängen nicht fähig; es gilt ja nicht nur direkte Bedrohung (also zwei Faktoren: Hund und Bedrohung) sondern drei Faktoren: Hund-Bedrohung-Konkurrent zu verarbeiten.

Auch zum Neid gibt es beim Hund ein entsprechendes Gegengewicht, nämlich das *Pflegeverhalten*, bei dem der Hund selbst Zuwendung gibt und in diesem Fall auch *Futter zuträgt*. Auch bei diesen, hormonell beeinflußten Instinkthandlungen ergreift er entsprechende sinnvolle Maßnahmen.

Während der Hund, wenn er um sein Fressen bangt, nur eine ihm angenehme *Sache* verteidigt, können wir auch beobachten, daß er ebenso, auf viel *höherer*

Ebene, auch ihm wichtige *Erlebnis- oder Gefühlswerte* ebenso wie einen Knochen verteidigt. Kein anderes Tier wird sich, wie der Hund, stürmisch dazwischen drängen, wenn wir einen anderen Hund (oder ein anderes Tier) liebkosen oder uns innerhalb der Familie umarmen. Diese *Zuwendung* hat für den Hund nicht ideellen, sondern absoluten Wert.

Bei Hunden kann man begreifen, wie elementar Neid und Eifersucht sind, weil das Individuum (Hund wie Mensch) die einem anderen entgegengebrachte Zuwendung zunächst als einen Irrtum des Zuwendenden betrachtet; daher wird der Hund sich sofort an den Platz des mit Zuwendung Bedachten zu setzen versuchen.

Jede Art von ideeller Zuwendung ist für den Hund *mindestens* ebenso attraktiv wie eine materielle; da sie in ihm letztlich den gleichen „Gefühlston" erzeugen, besteht für ihn zwischen beiden kein Unterschied.

Ich habe dies an einem sehr harmlosen Beispiel selbst erst zu verstehen gelernt. Mein alter Piet war niemals sehr begeistert, wenn er zum Striegeln auf den Tisch gestellt wurde, vermutlich deshalb, weil er außerordentlich kitzelig zu sein schien. Jedenfalls konnte er das Bürsten weder an den Beinen, noch am Schwanz, noch am Bauch, noch am Kopf (tatsächlich höchstens am Rücken) leiden, was er bewies, indem er die entsprechenden Körperteile der Bürste entzog. Er legte sich hin, zog die Beine und Pfoten unter seinen Leib, steckte den Kopf unter meinen Arm, zog den Schwanz ein und setzte sich darauf usw.

Als ich eines Tages (bevor ich Piet gebürstet hatte) den „neuen" jungen Hund Henry auf den Striegeltisch stellte und anfing, ihn zu bearbeiten, was ihm sichtlich gefiel, kam der alte Piet, der von der Veranda aus zugeschaut hatte, langsam näher. Im Sommer steht der Striegeltisch im Freien, und wegen des jungen Hundes hatte ich sämtliche Gartenstühle entlang der Blumentröge gestellt, so daß von der Verandatür aus erst eine Reihe Gartenstühle und am Ende der Striegeltisch stand.

Piet kam nun magnetisch angezogen näher. Langsam, ohne den Blick von Henry zu wenden, bestieg er den ihm nächsten Gartenstuhl und kam langsam, Stuhl für Stuhl übersteigend näher, bestieg würdevoll und ernst den Tisch und stellte sich *quer über Henry* und sah mich stumm an. Gerührt setzte ich den Kleinen zu Boden und bearbeitete nun Piet, der sich dies (ungewöhnlich geduldig, zuvorkommend und zufrieden) gefallen ließ, während unten Henry wütend kläffend den Tisch umsprang.

Das wichtigste Bedürfnis für den Hund ist, daß sein Kontakt mit seinem Menschen nicht unterbrochen wird; ist dies direkt *körperlich* nicht möglich, versucht der Hund, seinen Menschen wenigstens stets im Auge zu behalten. Besonders extrem ist dies bei meiner Hündin Anja, die zwar niemals lästig wird, mich aber so sicher wie mein Schatten begleitet; sie erhebt sich fast automatenhaft, wenn ich den Raum verlasse und folgt mir geräuschlos stets gerade soweit, daß sie mich beobachten kann. Dann steht, sitzt oder liegt sie und nichts entgeht ihren wachsamen, großen, dunklen, sanften Augen. Selbst ihr Fressen rührt sie nur dann an, wenn ich in der Nähe bin. Bin ich einige Tage abwesend, liegt sie mit Blick auf die Haustür; bin ich endlich zurück, stürmt sie, nach der Begrüßung, sogleich zu ihrem Freßnapf und schlingt völlig ausgehungert ihr Futter voller Gier herunter. Bin ich länger unterwegs, muß Anja mit, was nicht immer ganz problemlos ist.

Das Gegenteil der Aktivitäten gegen die Trennung ist die *Reaktion auf Nähe*. Jeder Hund ist in solchen Augenblicken das vollendete Bild absoluten Wohlbehagens und tiefsten Glücks. Er drängt sich mit möglichst viel Körperfläche an uns und bedenkt uns mit Leckbewegungen. Er kann dabei sogar mehrfach die Stellung wechseln, damit ja jeder Teil seines Kopfes und seines Körpers etwas abbekommt. Dabei hält er, tief und vernehmbar atmend, die Augen fast oder ganz geschlossen. Dies Atemgeräusch ist dem Schnurren einer Katze ähnlich; beim Hund ist es ein Zeichen umfassenden Gelöstseins, es entsteht in der Tiefe seines Rachens durch die Entspannung seines Gaumensegels.

Das übergroße Verlangen des Hundes nach Körperkontakt können wir bei unzähligen Anlässen beobachten. Wenn er uns umkreist und etwas von uns will, wird er immer wieder mit seiner ganzen Körperfläche an unserem Bein entlangstreifen. Er kann aber auch den Körperkontakt noch verstärken, indem er beim Umherrennen mit seinem Körper auch Tischbeine, Sessellehnen, den Türstock berührt. Keinesfalls zufällig ist es, wenn eine Kaffeetafel schwankt, wenn unter dem Tisch beglückt, zwischen den verschiedenen Menschen-, Stuhl- und Tischbeinen, ein Hund sein Wesen treibt. Dabei umkreist er mit Körperkontakt besonders gern die meist freistehenden Tischbeine, was dann oben den Kaffee überschwappen läßt.

Auf einen schweren (psychischen) Defekt weist aber jede Form von Berührungsabwehr des Hundes hin. Auch hier gibt es Vergleiche mit ähnlichen Symptomen bei Menschen.

Wie bei keinem anderen Tier können wir beim Hund beobachten, daß er nicht nur hinnimmt, sondern bewußt alles nur Erdenkliche tut, damit etwas geschieht oder sich noch verbessert. Zuneigung ist, anders als es oft von Menschen verstanden und verlangt wird, eine aktive, zweiseitige Leistung. Der Hund fordert sie stürmisch heraus, sie ist für ihn ein Hochgefühl des Glücks, während wir, gerührt und angesteckt von seiner stürmischen Glücksäußerung, nur zu gern dazu beitragen, daß es sich noch weiter und sichtbar steigert.

Gelegentlich ist man überrascht, wenn man von einigen Hunden, bei denen man dies nicht erwartet hätte, hört, daß ihre Besitzer deren übergroße *Liebebedürftigkeit* und Neigung zu *Zärtlichkeit* hervorheben. Darunter sind selbstbewußte, aggressive Schutzhunde, zähe Bullterrier und introvertierte Windhunde. Wer selbst Hunde mit unterschiedlichem Temperament hat, kann diese Verbindung von „Aggressivität", Introvertiertheit und Zärtlichkeit immer wieder beobachten.

Für diese Hunde bedeutet die *aktive Zuwendung* zu ihrem Herrn das Hervorrufen eines ausgesprochen großen *angenehmen Gefühlstons*, der für sie ein heftiges, leidenschaftliches *Entspanntsein* bedeutet, wie andererseits eine ebenso heftige und leidenschaftliche *Anspannung* für diese Hunde typisch ist.

Aktive Zuwendung ist auch die Begrüßung mit allen Zeichen *hemmungsloser Freude*. Hunde verteilen sie aber keinesfalls wahllos und nach Gießkannenprinzip, sondern gezielt so, wie sie mit einer Gegenreaktion rechnen. Dabei plant der Hund auch *Zukünftiges* ein: Zu den Fütterzeiten wendet er sich an die dafür zuständige Person, während er zu anderen Zeiten andere Personen mit allen Zeichen der Vorfreude zum Spielen oder Spazierengehen animiert.

Gelegentlich werden sich überschneidende Möglichkeiten „durchprobiert". Nützt es z. B. nichts, die Leine oder die Schuhe herbeizuschleppen, sie uns vor die Füße zu werfen und beglückt an uns hochzuspringen, versucht der Hund eben anderes und holt nun einen Ball oder ein anderes Spielzeug.

Auch hier entspricht die freudige Erwartung eines „angenehmen Gefühlstons" einer heftigen inneren Reaktion des vegetativen Nervensystems: Herzschlag und Atemfrequenz sind erhöht, der Hund ist in Reaktionsbereitschaft. Dabei kommen ganz subjektive Regungen des Hundes ans Tageslicht: verschiedene Grade von Erwartung, Ungeduld und Begehrlichkeit. Er trifft regelrecht *Vorbereitungen*; seine Rast- und Ruhelosigkeit hat alle typischen Zeichen des *Appetenzverhaltens*.

Echte Gefühle wie *Freude* und *Glück* und ihr Gegenteil, nämlich *Enttäuschung* und *Trauer*, haben beim Hund den gleichen körperlichen Effekt wie beim Menschen. Sind wir traurig und enttäuscht, fühlen wir uns niedergeschlagen: Unser vegetatives Nervensystem hat sich von positiver Stimmungslage in ein absolutes Tief verwandelt, unser psychisches Unglück schwächt auch die Reaktionen unseres Körpers.

Das Gefühl der Trauer ist die Folge von Enttäuschung, wenn er etwas Bestimmtes erwartet hat. Wenn wir mit ihm den erwarteten Spaziergang nicht unternehmen, ist er kurzfristig *verstört*, seine angestiegene Vorfreude mündet nicht in die erwartete Handlung.

Wenn der Hund eine Bezugsperson *länger* vermißt, wandert er unruhig den ganzen Tag im Haus umher. Je länger dieses unerfüllte Suchen andauert, umso mehr verstärkt sich der *negative Gefühlston*, wächst die Unruhe. Dauert dieser negative Zustand jedoch zu lange an, verwandelt er sich in Apathie.

Allerdings wird ein Hund den Tod niemals in einer uns vergleichbaren Weise realisieren; er wird aber, ähnlich wie der Mensch, sich von einem toten Hundegefährten oder Menschen zurückziehen, weil ihm der veränderte Geruch und das Ausbleiben von Reaktionen unheimlich sind.

Auch hier ist also, ebenso wie beim Menschen, eine enge Verbindung von ich-bezogenen Gefühlen und körperlicher Bedingtheit. Allerdings kann man hier die Begrenztheit des Hundes gut erkennen. Wenn Sie einen trübsinnig wartenden Hund mit Worten trösten, daß „Herrchen ja bald wieder kommt", wird er nicht den *Inhalt* ihrer Worte, sondern nur die Zuwendung wohltuend empfinden.

Die vom Hund unverblümt bei jeder Gelegenheit an den Tag gelegte *Neugierde* ist keinesfalls eine typisch menschliche, sondern eine ganz elementare und notwendige allgemeine Regung. Der Hund ist tatsächlich aktiv und zielstrebig neugierig.

An seinem *Neugierverhalten* kann man sogar sehr viel über sein *Wesen* erfahren, denn ängstliche, apathische Hunde sind weder neugierig noch wesensstark. Neugierde ist bei Tier und Mensch angeboren und notwendige Grundlage jeder Lebenserfahrung. Es ist das *magische Hingezogensein* zu neuen und möglichen neuen Reizen.

Besonders der junge Hund ist unermüdlich, alles zu untersuchen. An dem dabei angerichteten Schaden kann man in etwa das Maß seiner *Intelligenz* ablesen. „Intelligenz" ist ja auch (ernstzunehmender) *aktiver Drang zur Bewältigung und Aneignung von Unbekanntem.* Ein Hund, der Haus und Garten systematisch verwüstet, zeigt damit ein hohes Maß an Lernwilligkeit und -fähigkeit. Daß er dabei nichts in Ihrem Sinne Positives leistet, geht nicht auf sein, sondern eindeutig auf Ihr Minuskonto. Mit gleichem Eifer und Ausdauer würde er auch etwas anderes tun, nämlich das, was Sie von ihm erwarten.

Wenn man es so betrachtet, können wir an der Beobachtung des Hundes viele der Hintergründe von elementaren Gefühlen deswegen so gut erkennen, weil sie beim Hund weniger kompliziert und verschlüsselt auftreten als beim Menschen. Aber gerade die Vertrautheit mit der Gefühlswelt unseres Hundes gibt uns nicht nur die Möglichkeit, diese nachzuempfinden, sondern auch, grundlegende Unterschiede von Mensch und Hund begreifen zu lernen.

Willen, Verstand und Ich-Gefühl setzt der Hund *ausschließlich* dazu ein, sich in eine gegebene Umwelt optimal einzubetten. Seine Gefühls- und Verstandesleistungen sind eng an einen positiven Gefühlston (oder eine innere Ballance, seine Homöostase, sein Wohlbefinden oder wie wir es auch nennen wollen) gebunden.

Postives will er herbeiführen, Negatives vermeiden. Er lebt in regster Wechselbeziehung mit seiner Außenwelt, aus der er Nahrung und Zuwendung bekommt. Diesen „Besitzstand" wird er unter allen Umständen verteidigen. Sein Verhalten wird nicht durch Intellekt, durch bewußtes Erkennen kausaler Zusammenhänge geleitet; aber seine „Kombinationsfähigkeit" ist erstaunlich, mit der er Dinge, die uns und damit auch ihn betreffen, in seinem Sinne verstehen kann.

Da wir davon ausgehen, daß wir den Inhalt seiner Gefühle richtig deuten, können wir viel über seine typische Denkweise erfahren und dabei versuchen, verstehen zu lernen, wie anders die Welt aus seinen Augen, mit seiner Nase oder seinen Ohren aussehen muß.

An allen seinen Reaktionen läßt sich ablesen, daß er zwar Neues reizvoll findet, er aber auf unklare und unangenehme *Gefühlstöne* mit Vorsicht, bei längerer Dauer aber auch mit Vermeidung reagiert, weil sie ihm nicht nur psychisch, sondern auch körperlich unangenehm sind. Daß bei seinen Handlungsmotiven und Gefühlen nicht „Menschendinge", sondern *ausschließlich „Hundedinge"* im Mittelpunkt stehen, vergißt man allzuleicht.

An diesen wenigen, im ganz normalen Leben zu beobachtenden Verhaltensweisen können wir erkennen, wo der Kern der engen Bindung des Hundes an den Menschen liegt. Bei der Erziehung setzen wir die für den Hund so begehrenswerten Belohnungen ein. Wie wir jetzt verstehen, geht bei ihm die Liebe nicht durch den Magen, sondern durch das Gefühl.

Anders als im Tierrudel wird also zwischen Mensch und Hund der *angenehme Gefühlston* des Hundes viel häufiger und nachdrücklicher erzeugt; daher ist tatsächlich *der Mensch für den Hund attraktiver als ein anderer Hund.*

Die initiale Prägungsphase als Grundlage ist sehr bedeutungsvoll, doch muß die Beziehung, d. h. das Abhängkeitsverhältnis des Hundes, noch durch weitere Zuwendung und Erziehung verstärkt werden.

Ein Hund, dem die aktive Meisterung seiner Umwelt und die aktive, ständige Zuwendung zu seinem Herrn verwehrt wird, zeigt Störungen nicht nur seines Verhaltens, sondern auch seines vegetativen Bereichs. Seine angestaute Aktivität, die sich nicht in Endhandlungen, also Bewegung, Betätigung, Entspannung entladen kann, wird ihn zu vielen Überreaktionen und Fehlhandlungen in der einen oder anderen Richtung führen.

Kann sich sein Sozialverhalten bei fehlender Einbeziehung nicht bilden, *wird er die aggressiven Reaktionen des solitär lebenden Tieres* (mit entsprechener Intoleranz und Ignoranz) entwickeln!

Auf dem Übungsplatz erleben wir den mißmutig und deutlich unter Zwang arbeitenden Hund, dessen einzige Motivation die Furcht vor Bestrafung ist; seine oft bemerkenswerte Aggressivität ist nicht eine Arbeitsleistung, sondern eine *Entladung*, die wir auch bei ihm beobachten können, wenn er entkommen ist und auf alles mögliche aggressiv losgeht.

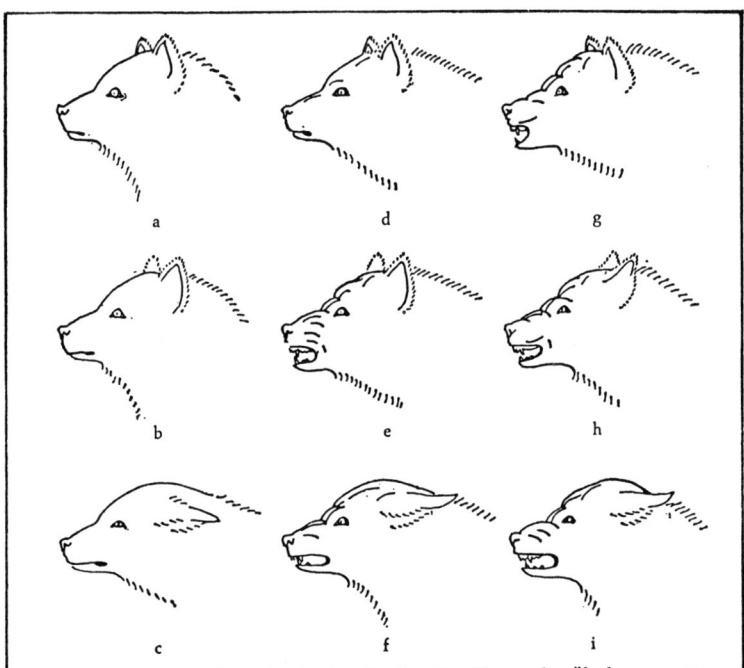

Verschiedene Gesichtsausdrücke des Hundes, die sich aus der Überlagerung von verschiedenen Intensitäten der Kampf- und Fluchtintention ergeben. Von a) nach c) zunehmende Fluchtbereitschaft, von a) nach g) zunehmende Aggression und die entsprechenden Überlagerungen. Aus K. LORENZ (1953)

Die Körpersprache des Hundes
Die Grammatik seiner Körperhaltung und seiner Bewegungen

Einige Dinge weiß nun wirklich jeder: Wenn der Hund mit dem Schwanz wedelt, freut er sich, wenn er ihn einzieht, hat er Angst. Wenn er die Ohren spitzt oder sie aber zurücklegt, sind dies Zeichen von gespannter Aufmerksamkeit, wobei die zurückgelegten Ohren Vorsicht oder Unterwerfung ausdrücken. Auch Zähnefletschen und Knurren kann jeder richtig deuten. Aber bereits darüber, wie man es deuten soll, wenn ein Hund die Lefzen nach-oben-vorn, oben-hinten verzieht und damit ein breites Stimmungsbarometer ausdrückt, gehen die Meinungen oft weit auseinander. Manche haben etwas davon gehört, daß es ein „Spielgesicht" und ein „Drohgesicht" gibt, andere meinen erstaunt feststellen zu können, daß ihr Hund sogar lächelt ...

Bereits vor mehr als 50 Jahren war es gelungen, durch Reizungen der Großhirn-rinde Bewegungen auszulösen; bestimmte Stellen waren offensichtlich mit einem bestimmten Muskel verbunden, so daß auf ihre Reizung hin ein Auge geöffnet oder geschlossen, eine Zehe bewegt wurde. Merkwürdigerweise trat diese Reak-tion nicht ein, machte man die gleichen Versuche in tieferliegenden Teilen des Gehirns. Dort wurde nicht ein *einzelner* Muskel erfaßt, sondern das *ganze* Tier in Aktion versetzt.

Vor einigen Jahren gelangen dem Verhaltensforscher ERICH VON HOLST mit Hühnern einige denkwürdige Experimente: An einer bestimmten Stelle im Zwi-schenhirn konnte er mit elektrischer Reizung seinen Hahn dazu bringen, den vollständigen Ablauf eines Kampfes gegen einen (unsichtbaren) „Bodenfeind" durchzuführen. Bei noch schwachem Reiz begann der Hahn zu sichern, bei fortdauerndem Reiz sah er sich ängstlich um, senkte den Kopf; danach sträubte sich sein Gefieder, er stelzte mit großem Spektakel einher, bis er sich plötzlich auf irgendetwas Nichtvorhandenes stürzte und es attackierte. Schaltete man den Strom ab, war der Hahn sofort wieder friedlich, schüttelte sein Gefieder und krähte nach Siegermanier. Hielt der Stromimpuls an, geriet der Hahn in größte Panik und stürzte mit Angstgeschrei vom Tisch.

Hatte man auch gewußt, daß bestimmte, einzelne Muskelbewegungen vom Gehirn aus in Gang gesetzt werden können, hatte man dieses neue Ergebnis allerdings *so* nicht erwartet: Es besagte nichts anderes, als daß für jede Situation im Leben bereits ein fix und fertiges Programm im „Erbgedächtnis" der Art gespeichert ist und auf eine bestimmte Reizung hin abläuft.

Mit dem Stromimpuls konnte man also bestimmte Hemmschwellen überbrük-ken, die sonst erst durch die Wechselbeziehung Außenreiz – innerer Zustand des Tieres abgesenkt werden, woraufhin dann normalerweise das Programm ausge-löst wird. V. HOLST konnte auf diese Weise seinen Hahn nicht nur auf den Bodenfeind losgehen lassen, sondern sämtliche Handlungsweisen, die in seinem Leben vorkommen, auf Knopfdruck auslösen.

Geradeso wie beim Hahn, funktioniert auch *alles,* was wir an unseren Hunden beobachten können, passend zur jeweiligen Situation programmgemäß. Den meisten ist dies in letzter Konsequenz gar nicht klar. Bei dem Versuch, aus der Körperhaltung zweier Hunde herauszufinden, wer von beiden das dominante Tier ist, werden oft nur bestimmte Körperteile (Kopf-, Schwanzhaltung) bewertet und nicht bedacht, daß erst die Summe *aller* Einzelsignale des *ganzen* Körpers zum richtigen Ergebnis führt, da der Körper selbst ein äußerst komplexes „Rechenex-empel" durchgeführt hat und in vielen Einzelheiten den Gesamtzustand richtig ausdrückt.

Oder, sagen wir es anders: Der Körper des Hundes ist das exakte Spiegelbild dessen, wie *er* im Augenblick seine Umwelt empfindet. Nicht nur das: Er liest aus

310

a
Reiz

• Aufmerken • Aufstehen • Umhergehen • Kehrtmachen   Abfliegen
         • Gackern   • s. Entleeren   s. Niederhocken • Schimpfen
                                       • Zielen

Reiz:

• frißt nicht   • Kopf ruhig   • setzt sich   zieht Kopf ein   öffnet Augen   • steht auf
• bleibt stehen • blinzelt   • (girrt)   • schließt Augen • merkt auf   (reckt sich)
                 (zieht Bein an)   • frißt   • geht umher

den Umweltsignalen wie von Noten die Melodie ab, die sein Körper nun als
fortlaufende Handlung wiedergibt; ebenso wie auch ein Klavierspieler hat er seine
typische Weise, die Noten nach seinem Verständnis umzusetzen, wobei nun auch
sein Verstand und sein Gefühl beteiligt sind. Wir kommen noch auf das „Verstehen" des Hundes zurück und bleiben vorerst noch bei den strengen Regeln, denen
seine gesamten Körperbewegungen folgen müssen.

Von Laien wird besonders eine Phase des Drohverhaltens oft falsch einge-
schätzt. Ein Hund kommt, mit hocherhobenem Kopf, aufgerichteten Ohren, hoch
aufgereckt langsam auf Sie zu; sein Schwanz ist aufgestellt und bewegt sich, wie
ein langsamer Scheibenwischer, von einer Seite zur anderen, wobei sich die
Schwanzspitze langsam von der Vertikale in die Horizontale absenkt. In diesem
Augenblick ist der Hund alles andere als freundlich eingestellt; es ist eine bedroh-
liche Situation mit ungewissem Ausgang, da der Hund sich noch nicht entschieden hat, ob er ernsthaft angreifen wird oder nicht. Es hängt jetzt viel von Ihnen ab,
ob der Hund seine wachsende Spannung in Angriff oder Flucht verwandeln wird
oder ob es möglich ist, ihn abzulenken oder zu besänftigen.

In diesem Falle ist es von Vorteil, wenn man das Stimmungsbarometer (die
Körperhaltung des Hundes) richtig zu lesen und einzuschätzen vermag. Gefährlich sind in dieser Situation sowohl direkter Augenkontakt (vom Hund als Bedrohung empfunden) als auch Abwenden oder gar Flucht (für den Hund ein „Beute-
signal") denn er wird (zwanghaft!) entsprechend handeln.

Auch von sich aus wird der Hund (zwanghaft! – warum, werden Sie gleich
verstehen) versuchen, Sie zu umkreisen, um sich zu Ihnen in eine günstige
Position zu bringen. Diese Bewegung muß der Mensch mitmachen, der Hund darf
keine Gelegenheit haben, von der Seite oder von hinten anzugreifen. Damit sich

die hochgespannte Erregung des Hundes langsam absenkt, muß man beruhigend und freundlich zu ihm sprechen und rückwärts gehend den Abstand langsam vergrößern. An seiner Körperhaltung kann man beobachten, wie weit er sich beruhigt; greift er jedoch an, nützt nichts anderes, als mit den Unterarmen Gesicht und Hals zu schützen und sich so ruhig wie möglich zu halten, damit sich seine Angriffslust nicht noch weiter steigert.

Man muß sich darüber klar sein, daß der Hund (besonders beißfreudige, aggressive Rassen) mit dem Erlernen der menschlichen Befehle *keineswegs* gleichzeitig seine angeborenen Reaktionsweisen auf Feind- oder Beutesignale verloren hat. Besonders Hunde, die nicht voll in die menschliche Gemeinschaft integriert sind, empfinden leicht den Menschen als Bedrohung. Der in Zwingerisolation gehaltene Hund (was ein „typisches" Zeichen für eine bestimmte Einstellung der Hundehalter zum Hund und dessen Erziehung ist) wird häufig in einem Gewaltakt „erzogen". Typisch ist für diese Hundehalter auch die Neigung zu einem „scharfen", harten Hund, den sie zum Ausgleich der eigenen „Wesensschwäche" benötigen.

Für den Gang zum Übungsplatz darf der Hund den Zwinger verlassen und kommt in den Genuß der Gesellschaft seines Herrn. Daher folgt er ihm freudigerregt, was sich aber auf dem Übungsplatz ziemlich schnell (Körperhaltung!) verändert; doch beugt er sich, um der Bestrafung zu entgehen, den Befehlen. Von einer engen Bindung kann nicht die Rede sein, denn keiner traut dem anderen über den Weg. Der Herr kalkuliert vor jedem Gang zum Übungsplatz die möglichen Fehlleistungen seines Hundes ein; der Hund „rechnet" (aufgrund früherer Erfahrungen!) mit der ungewissen Stimmungslage seines Herrn und ist unsicher in seinen Leistungen.

Blinder Gehorsam entspricht (entgegen mancher Vermutung) der Natur des Hundes weniger als der Befehl zum Angriff. Daher ist für den nicht integrierten Hund das Gehorchen und vor allem das Ablassen leicht *räumlich* mit dem Abrichteplatz verknüpft. Das Verfolgen und Angreifen des sich bewegenden oder flüchtenden „Täters" entspricht hingegen seinem natürlichen Verteidigungs- oder Beuteverhalten;*) auf dieses (Beute-)Signal wird er auch außerhalb des Abrichteplatzes und ohne die Gegenwart seines Herrn reagieren. (Noch dazu bedarf es, wie man oft genug beobachten kann, gelegentlich reichlicher Anstrengung, dem Hund das Angreifen und Verfolgen eines *Menschen* überhaupt beizubringen! s. a. später beim „Wesen" des Hundes.)

Immer wieder muß es gesagt werden, wie tief im Haushund noch vieles vom Verhalten des Wolfes verwurzelt ist. So günstig Lernfähigkeit und Sozialverhalten sich im Dienste des Menschen ausnützen lassen, ist vielen nicht genügend klar, daß diese Wesenszüge nicht nur seine Fähigkeit sich unterzuordnen, sondern auch sein Angriffs- und Beuteverhalten untrennbar einschließen. Zu den Bedin-

*) Daß dies zweierlei und gefährlich oft nicht sauber getrennt wird, siehe später beim „Wesen" des Hundes.

312

gungen, die im *Wolfsrudel* zur zuverlässigen Unter- oder Einordnung der Tiere führen, gehört nicht nur das Alphatier, sondern besonders auch das *harmonische, streßfreie Miteinanderleben* der Rudeltiere. Auch zu den wichtigsten Bedürfnissen des *Hundes* gehört der angstfreie, „sichere" Raum, in dem er sich wohl und geborgen fühlt.

Im Sozialverhalten auch des Hundes charakterisieren bestimmte Gesten und Körperhaltungen die dominante, aggressive, kooperative oder submissive Grundhaltung; ein Blick genügt, und Rudelgefährten (aber auch die Beutetiere!) wissen sofort, was die Uhr geschlagen hat und richten sich danach ein.

Der Welpe „lernt" diese offensichtlich festgeschriebenen Verhaltensweisen im Spiel, haben wir gesagt.

... Aber eigentlich kann man sich kaum vorstellen, wie ein Welpe überhaupt *lernen* kann, die eine oder andere Körperhaltung einzunehmen, um damit eine bestimmte Absicht zu „signalisieren". Wie wir bereits wissen, muß er lediglich *lernen*, die Reaktionen seines Gegenübers zu verstehen und kann dabei, statt des Hunde-Repertoires, auch das der Katzen erlernen, während seine eigenen Reaktionen ihren typischen Verlauf *niemals* verändern.

Wir *könnten* uns damit zufrieden geben, daß Konrad Lorenz dies die *angeborenen Bewegungsweisen*, die *„Erbkoordination"* oder die *„Instinktbewegung"* nennt, weil jede Tierart ihr bestimmtes, immer wiederkehrendes *Bewegungsrepertoire* hat.

Jedoch ist hochinteressant, etwas mehr von dieser regelrechten Grammatik der Außen- und Umweltkontakte und Reaktionen eines Hundes zu erfahren. Wissenschaftlern fiel nämlich auf, daß sich in den einzelnen Phasen der Bewegungsentwicklung eine erstaunliche Konstanz der Reihenfolge bestimmter Bewegungs- und Haltungskonstellationen ergibt. Beim Welpen tritt z. B. immer das seitliche Suchpendeln *vor* der vertikalen Kopfbewegung auf. Ein Versuch mit Mäusen erklärte den Zusammenhang: Bei einer vorübergehenden Inaktivierung der Großhirnrinde kehrten die Mäuse wieder zu jugendlichen Bewegungsmustern zurück.

In weiteren Versuchen bestätigte sich, daß die Körperbewegungen des Tieres immer eine vorhersehbare Entwicklung durchlaufen müssen. Man „simulierte" (durch eine Gehirnschädigung) den Zustand eines Tieres, das noch im „Säuglingsstadium" mit entsprechend geringer Bewegungsfähigkeit war. Nach einer solchen (vorübergehenden) Gehirnschädigung „erholten" sich die Bewegungsformen des Tieres; sie fingen wieder, wie bei der normalen Entwicklung, ganz von vorn an: Zuerst werden die lateralen Bewegungen des Kopfes, gleichzeitig oder später rückwärts-vorwärts gerichtete Bewegungen beobachtet; ist diese Bewegungsphase stabilisiert, wird die vertikale Suchbewegung des Kopfes mit Schnauzenkontakt möglich, usw.

Es scheint, als müßte das Tier, bevor es zu umweltreaktiven Bewegungen fähig ist, sich erst die Beherrschung des eigenen Körpers Schritt für Schritt „erarbeiten". Das bedeutet nichts anderes, als daß auch die Entwicklung der angeborenen Bewegungskoordinationen etwas mit der fortschreitenden Gehirnentwicklung zu tun hat. „Eine Zeitlang wird der Bewegungsraum nur um den eigenen Körper des Tieres organisiert und erst danach an die Umwelt gekoppelt."

Interessant ist auch, daß für bestimmte Aktionen der einmal als günstig erfahrene, *vertraute* Ort aufgesucht wird (z. B. Schlafen, Fressen, Koten). Ein *inneres* Signal löst das Appetenzverhalten (ungerichtetes Suchen) des Welpen oder des adulten Hundes aus, das, sobald der für einen bestimmten Zweck als geeignet erfahrene Ort gesehen oder gerochen wird, zur gezielten Hinbewegung wird. So erklärt sich auch, daß außerhalb des Nestes liegende Kotplätze vermehrt aufgesucht werden, weil bereits der Weg dorthin, aber auch der Platz selbst, ein ständig stärkeres Duftsignal wird.

Das läßt sich auch praktisch gut ausnutzen. Jeder kennt das „Drama", wenn man mit Hunden unterwegs ist und vor dem Schlafengehen oder im Morgengrauen (möglichst im Dunklen!) in der Nähe des Hotels noch einen Löseplatz sucht, ohne daß der Hund noch ewig lange nach einer passenden Stelle fahndet. Das Problem läßt sich einfach lösen. Bevor *wir* bei der Ankunft das Auto verlassen, suchen wir nach einer Parkmöglichkeit möglichst in der Nähe eines Baumes oder Rasenstückes. Da der Hund sofort, wenn er aus dem Auto kommt, *dringend* „muß" und dies gleich direkt beim Auto erledigt, brauchen wir später nur noch mit dem Hund zu *unserem* Auto (und *seinem* Baum oder Grasflecken, die bereits nach ihm duften) zu gehen, und die Angelegenheit wird prompt erledigt...

Aber zurück zu der ebenfalls erstaunlichen Regelmäßigkeit seiner Bewegungen. Vieles der frühen Bewegungsfolgen wird (logischerweise) beibehalten: Seitliche, längsgerichtete Bewegungen sind mit taktilen oder olfaktorischen Wahrnehmungsprozessen gekoppelt (Im-Kreis-Gehen zweier Tiere); vertikale Kopfbewegungen gehören zu spezifischen visuellen und akustischen Wahrnehmungen. Allerdings ist dies weniger eine Frage der „Beibehaltung" kindlicher Verhaltensmuster, sondern vielmehr das Ergebnis ganz bestimmter Kreisschaltungen und Verknüpfungen von Reiz-, Nerven- und Muskelreaktionen. Das „kindliche" an diesen Reaktionen wird lediglich durch eine weniger ausgeprägte, oft langsamere oder unvollständige Ausführung gekennzeichnet; sie entspricht später, in der submissiven Annäherung oder Demutshaltung (aber auch bei Krankheit) genau dem inneren Status.

Allen angeborenen, *gezielt* eingesetzten Bewegungskoordinationen liegen grundsätzlich, auch das muß man sich klar machen, nur *zwei* Motivationen zugrunde, auf einen gegeben Reiz zu reagieren, die sich aber im Verlauf der Handlung abwechseln oder überlagern können. Entweder der Hund fühlt sich von

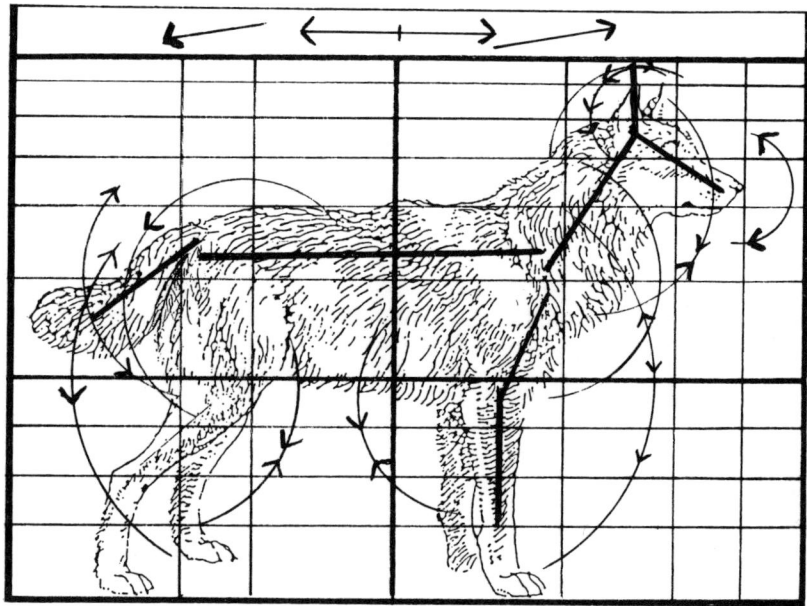

etwas *angezogen* oder *abgestoßen*. Wenn er sich erwartungsvoll auf etwas zubewegt, ist alles an ihm *aufwärtsgerichtet*: Kopf-, Ohren, Hals, Körper und Schwanz. Je steiler deren Position wird, umsomehr verwandelt sich seine Annäherung in aktives Drohen. Die Endhandlung dieser Phase ist die *Zuwendung* oder die *Bewegung nach vorn*.

Das Gegenteil ist die starke *Abstoßung*. Hierbei ist alles am Hund nach unten abgesenkt, Kopf, Hals, Ohren (extrem seitlich nach hinten angelegt), Schwanz eingezogen, die Körperhaltung mehr und mehr geduckt. Die Endhandlung dieser Phase geht in eine grundsätzliche Änderung der Körperrichtung, d. h. möglichst vollständige *Abwendung* des Körpers, besonders des Kopfes über. Das eine ist die *Flucht*, bei der das Tier sich in geduckter Haltung, um 180° gewendet, eiligst fortbewegt, das andere ist die Körperwendung in die *Rückenlage*.

Zwischen Annäherung, Angriff, Drohen und Flucht gibt es viele Abstufungen, d. h. das Tier schwankt in seiner Beurteilung der Lage, was man ihm deutlich ansehen kann; letztlich ist dies aber auf die Wechselbeziehung von der Stärke des Reizes und der Reizschwellenveränderung zurückzuführen, wobei einmal hemmende, einmal erregende Impulse die Überhand gewinnen können.

Wenn wir uns mehrere Parallelebenen der Länge nach durch seinen Körper denken, sind alle Reaktionen, die sich als Bogen *von unten nach oben* nachzeichnen lassen (Ohren-, Hals- und Kopfhaltung, das Verziehen der Lefzen, Schwanz-

bewegung, Aufrichten des Körpers, Aufstellen der Haare usw.) als eine positive Stimmungslage (mit möglichem Übergang zu Überlegenheit und Drohen) zu verstehen. Alle Reaktionen, die sich als Bewegungsbogen *von oben nach unten* verstehen lassen, zeigen wieder den Übergang zu Unsicherheit, Abwarten, Unterlegenheit und möglichen Übergang zu Angriff oder Flucht.

An dem Übergang von einer Stimmungslage (oder Gefühl) in die andere, z. B. bei Imponieren zu Droh-Angriff, respektive Flucht, auch bei Beuteverfolgung und Beute-Überfall, läßt sich sehr genau beobachten, wie die mit jedem Angriff verbundenen Komponenten Furcht und „Mut", d. h. *Anziehung* und *Abstoßung* deutlich erkennbar einsetzen: Anlegen und Wiederaufstellen der Ohren, Senken, Heben, Peitschen oder eine „geschlängelte" Ausrichtung des Schwanzes, geduckte Haltung des Körpers. Ebenso zeigt das flüchtende Tier, mit größer werdendem Abstand von der Abstoßungsquelle (Feind, unbekannter Gegenstand, Geräusch) das Abklingen der Furcht durch allmähliches Aufrichten der einzelnen Zonen seines Körpers an.

Sehen Sie sich jetzt bitte einmal Ihren Hund an: Ist Ihnen nicht auch schon aufgefallen, daß (trotz künstlicher Selektion für bestimmte Farben) bei sehr vielen Hunden die Fellfarbe in bestimmten Körperzonen abweichend ist? Das meist hellere Fell an Kehle, Bauch und Innenseite der Schenkel, unter dem Schwanz, die abweichende Färbung des Rückens, der Schulterpartie, der Ohren, des Schwanzes, die Betonung der Augenpartie?

Ursprünglich hatten diese Zonen *signalverstärkende Bedeutung*, die Signale wurden aber (zumindest bei Wolf oder Hund) nicht durch Farben, sondern durch *Helligkeitskontraste*, die das Tier eindrucksvoller erscheinen lassen, verstärkt. Auch das gesträubte Fell *vergrößerte* ja den optischen Eindruck beim Imponierverhalten (Wölfe haben noch eine schöne Halskrause) ... Wenn ein Hund seinen

hellen Bauch oder seine helle Kehle präsentiert, erinnert dies nicht etwas an die
weiße Friedensflagge, mit der die Besiegten den Siegern entgegen gehen?
Irgendwo scheint es etwas wie ein *allgemeingültiges* Verständnis für dies (in
unseren Augen weiße, helle) Farbsymbol zu geben . . . Andererseits *verschwinden*
bei der völlig „vernichteten" Demutshaltung alle irgendwie auffallenden Farb-
und Gestaltkontraste (von den völlig unbetonten Welpen war schon die Rede).

Zurück zu den Bewegungen: Eine Vielzahl sich überlagernder Stimmungen,
Erwartungen und Ängste lassen sich so beim Hund an den Bewegungsbögen der
verschiedenen Körperzonen ablesen. Der *hinten abgesenkte Körper*, der mehr und
mehr eingezogene Schwanz drückt seine *Demuts- bis Angsthaltung* aus; damit
verbunden ist gleichzeitig auch das Absenken der Ohren nach hinten oder seitlich,
wozu auch ein entsprechendes Verziehen der Lefzen gehört.

Das Absenken nur des Vorderkörpers (oft bis zum Bodenkontakt von Hals und
Unterkiefer) bei der *aktiven Spielaufforderung*, geht unter Beibehaltung einer
erhöhten Lage des hinteren Körperendes vor sich. Sind in dieser Haltung die
Ohren gespitzt, das Hinterteil samt Schwanz ebenfalls in Bewegungskurve nach
oben, ist es eine *angstfreie, erwartungsvolle, wachsame Spielaufforderung*. Häufig wird diese noch durch wechselseitige Aktionen der Vorderbeine in Richtung
des Partners begleitet.

Deutlich anders ist die *aktive Unterwerfung*, bei der das Vorder- und Hinterende des Körpers sozusagen eine halbe nach Unten- und eine halbe nach Oben-
Bewegung durchführen, der Schwanz ebenfalls Halbmast flaggt (Tendenz nach

unten), die Ohren seitlich oder nach hinten angelegt sind; sogar die Schnauze vollführt eine typische seitlich von unten-nach-oben-Bewegung in Richtung der Schnauze des Partners, während sie bei der aktiven Spielaufforderung deutlich in direkter Schnauzenrichtung von unten nach oben führt. Zur freundlichen Kontaktaufforderung gehört auch das entspannte Spielgesicht, mit meist leicht geöffnetem Mund und freundlich zurückgezogenen Lefzen.

Verhalten und die dazugehörige innere Einstellung des Tieres äußert sich in bestimmten *Bewegungseinheiten* und *Körperhaltungen*, denen eine entsprechende Entwicklung im Spiel vorausgegangen ist. Trotzdem ist es irreführend, wenn in diesem Zusammenhang immer auf die zukünftige Form und Funktion und die Nützlichkeit des „Übens" hingewiesen wird.

Es ist nämlich keinesfalls so, daß sich ein bestimmtes Verhalten erst zeigt, wenn sich der dazugehörige Anlaß ergibt. Vielmehr trifft gerade das Umgekehrte zu: Das Tier verfügt über die einzelnen Bewegungsabläufe, *bevor* es sie in bestimmten Situationen einsetzt. Wie bei kleinen Kindern kann man auch bei jungen Hunden beobachten, daß sie plötzlich eine „neuentdeckte" Fähigkeit wie im Überschwang und überdeutlich ausführen. Das ist zu beobachten beim Solitärspiel, bei den Balgereien der Welpen, bei Renn- und Jagdspielen usw. Auf die Überschwangsphase folgt dann die koordinierte, zunehmend „vernünftige" Anwendung.

Die Verbindungen von verschiedenen Reizmustern und bestimmten Reaktionen werden erst nach und nach hergestellt. Wie eng beispielsweise die Beziehung zwischen Sehen und Handeln ist, kann man selbst sehr leicht feststellen, wenn man versucht, eine bestimmte Tätigkeit vor einem Spiegel durchzuführen. Es wird keine Bewegung mehr richtig gelingen, weil einem der Spiegel verkehrte Signale wiedergibt. Selbst wenn man *weiß*, daß jetzt entgegengesetzte Bewegungen notwendig wären, setzt der Körper eigensinnig die „richtige" Bewegungsrichtung ein und ist nur durch mühsames Lernen umzuorientieren.

Ebenso lösen auch bestimmte optische, sensorische oder olfaktorische Signale in einem Tier eine bestimmte Handlungstendenz aus, die zu ebenso „automatischen" Reaktionen der gesamten Körpereinheit führen, wie wir es selbst bei einer Handlung vor dem Spiegel beobachten können.

Wie gesagt, berechnet ein Hund einen Sprung über einen unvermuteten Graben nicht *bewußt*, sondern es erfolgt eine blitzschnelle Umrechnung unterhalb der Bewußtseinsschwelle.

Ähnlich folgen bestimmte (scheinbar zielstrebige) Reaktionen auf Impulse, die von Umweltreizen ausgelöst werden. Die Impulsstärke (genauer: Impuls*frequenz*) „errechnet" sich aus dem *individuellen Status* des Tieres und der *Stärke des Stimulus*; sie bestimmen darüber, ob und welche Reize empfunden und wie sie weitergeleitet werden. Dabei verfährt der Organismus ähnlich wie ein Transformator und legt fest, in welcher Stärke der Energiefluß erfolgen soll. Dieser

„Energie" folgt die Körperhaltung (Aufrichten, Ducken, Angezogen-/Abgesto-
ßensein) marionettenhaft...

Oder, am Beispiel der beliebten Dimmerschalter für Lampen erklärt, mit denen
man Licht stufenlos von Dämmerung bis strahlendhell einregulieren kann: Ähnlich bewirkt die individuelle Vorgabe, daß die *Eigenbewegungen*, beispielsweise
der Gliedmaßen, einsetzen und sich im Trab, im Galopp oder im Paßgang bewegen
und der Bewegungsfluß der Gliedmaßen (jeder einzelne Muskel führt seine
typische Eigenbewegung aus) koordiniert wird.

Nun leuchtet es jedem sofort ein, daß der *Fortbewegung* eines Tieres strenge
Regelmäßigkeit zugrunde liegen muß; völlig unerwartet ist aber, daß eine ebenso
strenge Regelmäßigkeit auch den übrigen Körperhaltungen, Bewegungen und
Reaktionen zugrunde liegt.

Zunächst lernt man ja nur das Stimmungsbarometer des Hundes im Umgang
mit dem Menschen zu beachten; wenn man auch bei ihrem Umgang mit anderen
Hunden feststehende, wiederholte Stellungen, Laute usw. beobachtet, hält man
vieles davon zunächst für zufällig, da sich ja die Hunde oft kaum „kennen".

Vor allem interessiert, wie weit diese bemerkenswerte Stetigkeit der Reaktionen nur ein reduziertes Haushundverhalten ist, da in vergleichenden Betrachtungen Wolf/Haushund immer wieder darauf hingewiesen wird, daß sich Hunde
untereinander sehr viel weniger „zu sagen haben" als Wölfe. Andererseits ist aber
auch anzunehmen, daß Hunde in ständiger Gesellschaft des Menschen vermutlich
ein anderes Repertoire entwickeln, als es Versuchshunden in Zwingeranlagen,
selbst bei guter Betreuung, möglich ist.

Die meisten Beschreibungen der Entwicklung der Verhaltensweisen, besonders
der Wildformen, enthalten gern den Hinweis auf „biologisch sinnvolle" Lernprozesse; angesichts der komplexen Zusammenhänge der Beziehungen der Rudeltiere untereinander erscheint dies viel zu eng (und viel zu anthropomorph)
gedacht.

Eine grundlegende Untersuchung, die HAVKIN und FENTRESS über die Beziehung und die Kampf- und Raufspiele bei Wolfswelpen durchgeführt haben, zeigt,
daß die bei unseren Hunden beobachteten zwischenhundlichen Strategien *nicht*
zufällig entstandenes, reduziertes Haushundverhalten sind. Vielmehr sind sie
typische Aktionsstrategien, die nicht nur bei Wölfen und anderen Hundeartigen,
sondern auch bei anderen Säugetieren eine natürliche Reaktion auf bestimmte
Reize und Situationen darstellen.

Glücklicherweise wird in neueren Untersuchungen die unsinnige Trennung
von Spiel- und Ernstverhalten aufgegeben; das „Spielverhalten" ist eine ebenso
ernsthafte (wenn auch erst noch ausreifende) Reaktionsweise auf bestimmte
Reize, wie das „Ernstverhalten" der adulten Tiere. Wenn man das Spiel- und
Kampfverhalten bei der Begegnung der Welpen, statt es als kindliche Nebenbe-

HAVKIN and FENTRESS

schäftigung abzutun, ernst genug nimmt, kann man an seiner sukzessiven Fort-
entwicklung schließlich das vollständig entwickelte Verhalten verstehen.

Die dabei zum Ausdruck gebrachten „Gefühle", ja sogar die Art und Weise, wie
Tiere *miteinander* umgehen, folgen ebenso feststehenden Regeln und Gesetzmäßigkeiten, wie die Beinbewegung bei den verschiedenen Gangarten, die Bewegungen der Flossen des Fisches oder der Flügelschlag der Vögel. Einiges aus der
außerordentlich interessanten Untersuchung von HAVKIN und FENTRESS folgt hier
nun auszugsweise.

„In den Kampfspielen der Welpen können die häufigen Körperkontakte zwischen den
„Gegnern" dazu führen, daß einer von ihnen die Balance verliert und zu Boden fällt,
während der oder die anderen ihren Halt bewahren können. Wir haben daher im Detail
untersucht, unter welchen Voraussetzungen während dieser „Kämpfe" einer von zwei
Welpen zu Boden ging.

Wenn bei zwei adulten Wölfen jederzeit entweder ihr dominantes oder submissives
Verhältnis zu dem anderen erkennbar ist, deutet auch eine Analyse der von ihnen jeweils
angewandten Strategie in ihren Auseinandersetzungen auf grundsätzliche Unterschiede
hin. So ist das dominante Tier grundsätzlich offensiv, während das submissive Tier stets
defensiv bleibt.

An der Entwicklung des „Kampfverhaltens" der Welpen kann man einiges der Kontro-
verse klären, die hinsichtlich des dominanten/dominierten Verhaltens im Sozialverhalten
der Caniden entstanden ist...

Weil bei den Auseinandersetzungen zwischen Welpen der Körperkontakt die Balance
stark beeinflussen kann, analysierten wir den Schnauzenkontakt, mit dem ein Welpe den
anderen berührt. Dafür haben wir die Körperoberfläche eines Welpen von Kopf bis
Schwanz in neun Zonen unterteilt, Schnauze war Zone 1, der Kopf Zone 2 usw. bis zur
Schwanzspitze Zone 9.

Als weiteres wurde die wechselseitige Orientierung der Welpen beobachtet, d. h. der
Winkel, den die horizontalen Linien der Längsachsen der Welpen (ungeachtet der Körperhaltung) bei ihrer Begegnung bildeten. Als Längsachse jedes Welpen wurde eine unsicht-

320

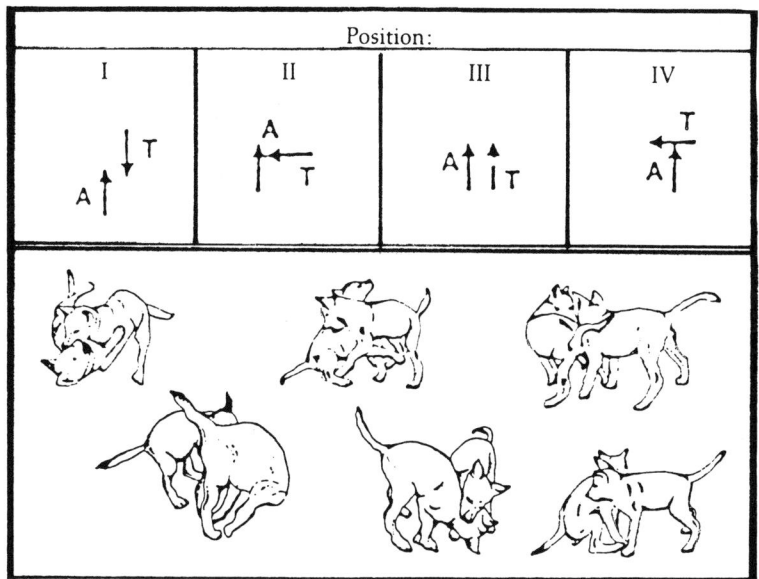

bare Linie von der Hüfte zu den Schultern bezeichnet. Nur wenn die Wirbelsäule völlig gekrümmt war (Welpe versucht, seinen Schwanz zu fangen), zeichneten wir die Längsachse als Kurve.

Von den Stellungen der Welpen bei der wechselseitigen Untersuchung wurden die Winkel, die ihre Längsachsen zueinander bildeten, festgehalten. Außerdem kennzeichneten wir die Kopfbewegung des einen Welpen an der Körperachse des anderen. Wenn z. B. die Schnauze des *Welpen X* auf die Schulter von *Welpen Y* zeigte, wurden der Kontaktpunkt und der Körperwinkel festgehalten.

Die Begegnung der *Welpen A und T* (49 Tage alt) verlief folgendermaßen. Zunächst (Position I) standen sie sich antiparallel, d. h. Kopf neben Kopf gegenüber. Geometrisch ist dies eine *symmetrische Konfiguration*, die es ermöglichte, daß jeder Welpe den Hals des anderen berührte.

Sodann stieß T vorwärts in Richtung von A's *Rücken*, der sich darauf hinsetzte, aber nicht umfiel. Nun veränderte T seine Position (Pos. II) in eine unsymmetrische Position im rechten Winkel, von wo aus er weiterhin A anstieß und Schnauzenkontakt mit dessen *Hals* hatte. An diesem Punkt verlor A das Gleichgewicht und fiel auf die Seite um. Als erstes berührte, außer seinen Beinen, die Hüfte den Boden, von wo aus dann auch der übrige Körper in Bodenkontakt geriet. T folgte ihm langsam bis zur einer gleichmäßigen Körperlage nach (Pos. III). Dann allerdings stand T quer vor dem noch liegenden A (Pos. IV), der sich jetzt zum Aufstehen bereit machte.

Auffallend ist, daß es zwar große Unterschiede gibt, wie ein Welpe zu Boden kommen kann, daß aber die gegenseitige Untersuchung bzw. der Angriff *bevorzugt aus der T-Position* heraus erfolgt. Hierbei stehen die Körperachsen der Welpen in einem Winkel von 90° zueinander, wobei die Konstellation entweder an der rechten oder der linken Seite (ingesamt acht Möglichkeiten) des Welpen an dem Querbalken möglich ist. Diese *T-Stellung* überwog aber auch bei den Zweier-Aktionen der erwachsenen Tiere.

Der Welpe am Querbalken ist in der *schlechteren* Position, weil er so leichter aus der Balance zu bringen ist und nur in den wenigsten Fällen als Sieger hervorging. Daher wird die relativ sichere Position am Längsbalken meistens von dem dominierenden Tier eingenommen. Das Tier am Querbalken ist nicht nur *weniger stabil*, sondern auch in seinem *Bewegungsraum eingegrenzt*, da es sich stets im *Kreis* bewegen muß, um seine *Blick- und Schnauzenrichtung zum Partner konstant* zu halten, während der Welpe am Längsbalken den anderen *immer in Blickrichtung* behält und sich ausgleichend *nur vorwärts* bewegen muß und immer den ganzen Körper des Gegners in Reichweite der Schnauze hat.

Aus diesen Gründen ist das *offensive* Tier meistens am *Längsbalken* des T zu finden, während das *defensive* Tier am *Querbalken*, mit seinen kreisförmigen Körperbewegungen zu dem anderen hin versucht, es in Blick- und Schnauzenrichtung zu bekommen; dies wird sofort durch ein entsprechendes Nachrücken das anderen Tieres mehr oder weniger heftig ausgeglichen; so verliert das defensive Tier seine Balance durch die Aktion *beider* Tiere.

Auch beim *Angriff* gibt es *immer* sich *wiederholende Grundregeln*. Da die Zähne als einzige Waffe für Angriff und Verteidigung dienen, versucht das submissive Tier nach Möglichkeit, mit seiner Schnauze die des anderen Tieres abzuwehren. Daher versuchte beim *Beiß*kontakt das *angreifende Tier* möglichst den *Hals* oder den *hinteren Teil* des anderen Tieres zu erreichen, das gleiche ergab sich auch beim Schnauzenkontakt, den das *angreifende* Tier möglichst gleichmäßig *entlang der ganzen Körperfläche*, das *defensive* Tier möglichst am *Vorderende* des Gegners placierte.*)

Ebenso war bereits an der Strategie der angreifenden Welpen die Ähnlichkeit mit der *Beutestrategie* ablesbar. Das *von vorn* angegriffene Tier antwortet mit drei Reaktionsweisen: Es hebt den Kopf hoch, in Richtung des Angreifers oder dreht ihn seitlich vom Angreifer weg oder senkt Kopf (und Schultern) zum Boden. Bei den ersten Möglichkeiten fällt der angegriffene Welpe seitlich nach hinten auf den Rücken, bei der letzten überschlägt er sich nach vorn, wenn der nächste Angriff erfolgt.

Auf den Angriff *von seitlich oder hinten* reagiert der Welpe mit einer *Drehbewegung nach innen*, weil er seine Blickrichtung auf den Angreifer wieder stabilisieren will, d. h., er wendet sich (Hinterteil und Kopf gesenkt) in die Richtung, aus der der Angriff kommt. Bei dieser *Drehbewegung* wird die *Längsachse gekrümmt*, das Tier ist so sehr leicht aus der Balance zu bringen. *Die Drehbewegung in Richtung des rückwärtigen Angreifers ist typisch sowohl bei Wölfen als auch bei Haushunden.*

Die „*T-Position*" spielt aber nicht nur bei Auseinandersetzungen, sondern allgemein beim Dominanzverhalten der Hunde eine bedeutende Rolle. Das überlegene Tier nimmt hierbei sowohl die Längs- als auch die Querstellung ein. Es ist zu vermuten, daß das dominante Tier die eigentlich strategisch ungünstige Querstellung einnimmt, um den Angriff und die Auseinandersetzung mit dem anderen Tier herauszufordern, das sich so „sicherer" fühlt. Die Vermutung wird bestätigt dadurch, daß das dominante Tier stets auch das offensive ist, d. h. die Aktion in Gang bringt. Daher lassen solche sich im Laufe der Auseinandersetzung ergebenden Positionen nur unter Einbeziehung der gesamten Körperhaltung beider Tiere sicher einschätzen."

Fast jeder hat schon derartige „Strategien" und die dabei immer wiederkehrenden „Gewohnheiten" auch der Hunde beobachtet, aber nicht beachtet. Es fällt dabei, sieht man genau zu, nämlich außer der „*T-Position*" der Hunde noch etwas

---

*) Anm.: Auf die ebenfalls beschriebenen geschickten, reizbedingten „Ringkampfmethoden", mit denen der Gegner regelrecht zu Fall gebracht wird, kann leider in diesem Rahmen nicht näher eingegangen werden.

anderes auf: Sobald zwei Hunde miteinander in Kontakt kommen, bildet sich zwischen ihnen nicht nur ein *bestimmter Körperwinkel*, sondern sie scheinen in *dieser Winkel-Position wie mit einem Gelenk dauerhaft miteinander verbunden* zu bleiben. Jeder Bewegung eines Tieres, die diesen Winkel *verändert*, folgt sofort die *ausgleichende* des anderen. Da das querstehende Tier mehr zum Ausgleich gezwungen ist, ist das dominante Tier meist an der Längsposition zu finden.

Nun wird es Sie inzwischen nicht mehr wundern, wenn Sie jetzt lesen, daß auch diese immer wiederkehrenden Kontakt- und Kampfweisen sich nicht zufällig ergeben, sondern einem *angeborenen Schema* folgen.

Überhaupt halten Hunde geradezu *eigensinnig* an bestimmten Gewohnheiten fest. Sie sind z. B. *„seitenstetig"* und haben dabei eine „Lieblingsseite": Sie gehen nicht mitten auf der Straße, sondern an der Hauswand entlang, bevorzugen bei Treppen die rechte oder die linke Seite. Auch in der freien Natur vermeiden Hunde offenes Gelände und suchen sich *„Leitlinien"*, einen Wegrand, eine Acker-furche, einen Zaun, usw.

Auch das Wildtier beharrt „eigensinnig" auf *konstanten* Positionen, was besonders später bei der Beute, die es auf jeweils typische Weise angeht, auffällt. Kleine Beutetiere werden am Rücken, Kopf oder Nacken ergriffen, größere Beute-tiere an Hals und Gurgel oder am Hinterende, sehr große Beutetiere gelegentlich auch (eventuell von zwei kooperierenden Tieren) am Kopf und am Hinterende gleichzeitig angegriffen.

Jetzt wird der *„Sinn" des Eigensinns* verständlich: Um rechtzeitig reagieren zu können, muß der Gegner oder die Beute *ständig im Blickwinkel* bleiben. Daher verändert sich die Position der Tiere (Jäger und Beute) immer im *Verhältnis zueinander*, wobei der *Gelenkwinkel* zwischen ihnen die *konstante Größe* ist, die vom Jäger oder Angreifer eingehalten werden muß.

Auch das von vorn angreifende Tier behält seine Position vis-a-vis bei, indem es die Ausweichbewegungen des angegriffenen Tieres seinerseits mit *seitlichen* Sprüngen ausgleicht. Für den Betrachter wirkt dies wie ein Boxer, der von einem Fuß auf den anderen springt.

Viele meinen auch, daß mit diesen Sprüngen das Opfer abgelenkt werden soll; tatsächlich erfolgen aber alle Bewegungen, ebenso wie die des seitlich oder von hinten angreifenden Tieres, lediglich, um den Gelenkwinkel beizube-halten .

Die „Berechnung" der dafür nötigen Aktionseinheiten erfolgt automatisch. Von der Winkel-Position des Gegners (bzw. der Beute) geht die gleiche *Signalwir-kung* aus, wie zuvor das fliehende oder stürzende Tier die Verfolgung oder den Angriff ausgelöst hat. Je heftiger die Ausweichbewegungen ausfallen, umso erregter erfolgen die instinktiven Reaktionen des anderen „blindlings". Die in dieser Phase der Erregung gesteigerte Hormonausschüttung fördert seine Kampfkraft und seine Ausdauer, vermindert aber gleichzeitig auch sein Schmerzgefühl. Zum „Nachdenken" bliebe jetzt keine Zeit.

Während der Mensch sich eine Kampfstrategie und einen Operationsplan zurechtlegt, trifft das Tier seine Entscheidungen *aktuell* nach entsprechenden *Auslösereizen.* Vielen der dazu gehörigen Geheimnisse ist man inzwischen auf die Spur gekommen; um zu verstehen, wie *unausweichlich* bestimmte Verhaltensweisen ausgelöst werden, genügen einige Stichworte. Es stellte sich heraus, daß eine Verhaltensreaktion keinesfalls nur durch Reizung *eines* bestimmten Gehirnbezirks ausgelöst werden konnte, sondern durchaus von verschiedenen Reizpunkten, unterschiedlicher Konstellation auszulösen war. Einzelne Hirnstrukturen haben sowohl sensorische (verarbeiten eingehende Signale) als auch motorische (verursachen Bewegungen) Funktionen.

Die Signalauswertung erfolgt entsprechend der Motiviertheit des Tieres. Die ausgelösten Bewegungs- und Haltungsänderungen erfolgen stets in der für den jeweiligen Körperteil typischen Weise, ebenso ist eine bestimmte Koppelung typisch und erfolgt (gleichzeitig oder zeitlich versetzt) in typischer Weise entsprechend dem Reiz-Motivationsgefüge.

Bestimmte *Schlüsselreize* bedeuten Freund, Feind oder Beute, Kooperation, Flucht oder Angriff. Sie lösen in einem Schaltkreis alle dazugehörigen inneren Sekretionen und äußerlich die Körperhaltung und die jeweils adäquaten Bewegungen aus. Die Motivation entspricht dem vom „limbischen System" gemeldeten Unterschied zwischen Ist- und Sollstand des Organismus.

Man kann im Gehirn des Tieres Hunger und Durst auslösen oder erlöschen lassen, d. h. die primären Triebkreise für Hunger, Durst, Sexualverhalten scheinen im limbischen System und dem Hypothalamus einer parallelen Anordnung zu folgen. Diese „Kreisschaltungen" (die tierartlich abweichend sein können) haben, wie wir bereits wissen, eine elektrochemische Grundlage. Daraus ergibt sich, daß eingehende elektrische Sinnesmeldungen entsprechend dem chemischen Status des Tieres weiterverarbeitet werden.

Aggressives Verhalten ist für das Tier lebenswichtig. Es ist auf verschiedenen Integrationsstufen im Gehirn repäsentiert (d. h. es kann dort künstlich ausgelöst werden). Aggressivität ist damit Umwelteinflüssen gegenüber anpaßbar und durch den Gesamtkomplex des Motivationsgefüges „gesichert".

Aggressivität ist daher *nicht* konstant wie z. B. die Haarfarbe, sondern ist genetisch als *Disposition* bedingt. Sie kann aber, auch bei einem eigentlich nicht aggressiven Tier, durch Umwelteinflüsse, d. h. sozial bedingt sein und bei erblicher Veranlagung nur besonders stark hervortreten.

Aus Versuchen weiß man, daß es nicht *eine*, sondern mehrere Regionen im Gehirn gibt, die unterschiedliches, aggressives Verhalten auslösen können. Bei Totenkopfaffen fand man, daß die Reizorte für *vokale* Aggressionsbereitschaft und gerichtete vokale Aggression im Bereich des limbischen Komplexes liegen. Bei Katzen sind für die Kontrolle des *Angriffs- und Abwehrverhaltens* bestimmte Strukturen der Mandelkerne, des medialen Hypothalamus und des zentralen Höhlengraus des Mittelhirns verantwortlich.

Aber noch etwas anderes interessiert uns in diesem Zusammenhang: Ein wichtiger Bestandteil des Lebens ist „Streß" oder seine Abwesenheit. Er führt über eine Aktivierung des sympathischen Nervensystems zu Nebennierenhormon-Ausschüttungen.

Bei Raubtieren stellte man etwas Interessantes fest: Bei ihnen ist besonders der Noradrenalin-Ausstoß erstaunlich hoch. Dies wirkt weder zentral erregend, noch beschleunigt es den Herzschlag oder erhöht den Blutzuckerspiegel, steigert aber Blutdruck und Atemtiefe. Dies ist eine energiesparende Anpassung und ermöglicht einen sprunghaften Einsatz von energieliefernden Prozessen bei Bedarf, d. h. zu einem vom Angreifer bestimmten Zeitpunkt.

Entsprechend erfolgt bei angstvollen (fluchtbereiten) Tieren eine Verschiebung der (für diese „Schaltung zuständigen") Transmitterstoffe zugunsten des eigentlich als Streßhormon bezeichneten Adrenalin.

„Streß" bewirkt also auf unterschiedliche Weise den genügenden Elan, eine Ausnahmesituation zu überstehen; der Körper verliert aber bei zu häufiger Wiederholung von Streßsituationen seine Anpassungsfähigkeit.*) Streß gehört zur Wut wie zur Angst; er kann durch punktförmige elektrische Reizung bestimmter vegetativer Gebiete des limbischen Sytems und des Hypothalamus ausgelöst werden.

Streß kann aber auch z. B. durch *Sichtkontakt* mit einem überlegenen Tier entstehen, sodaß das unterlegene Tier den Sichtkontakt von sich aus meidet, weil es ihm selbst körperliche Unannehmlichkeiten (also nicht nur den Angriff des anderen) einbringt.

Bei Untersuchung von Stresszusammenhängen fand man auch heraus, daß einschneidende Erlebnisse die Wirkung eines konditionierten Reizes bekommen können. Allein der dauernde *Sichtkontakt* mit dem Überlegenen kann sich bei dem Unterlegenen schwer belastend auswirken, weil damit die Erfahrung des Besiegtseins verbunden ist. Hierbei stellt die *Erinnerung* der Verlierersituation die Verbindung zur Aktivierung des sympathischen Nervensystems dar. Das Bild des Überlegenen läßt das Ereignis nicht abklingen; aber auch das Umgekehrte (angesichts des Unterlegenen) ist der Fall.

Eine bestimmte soziale Situation (Rangordnung oder das Verhältnis des Hundes zu seinem Menschen!) kann sich daher ebenfalls in einer bestimmten Körpersprache, aber auch in einer starken Veränderung des Organismus auswirken.

. . . Womit sich der Kreis wieder schließt, wenn wir feststellen, daß der Hund das getreue Spiegelbild dessen ist, was er als Umwelt empfindet.

*) Mehr dazu im Kapitel über die „Nerven" des Hundes

Vom Verstand und Verstehen und Erziehen des Hundes

Somit haben wir nun zwei scheinbar ganz gegensätzliche Tatbestände festgestellt: Einerseits haben wir den Hund als aktiv handelndes, fein fühlendes Individuum kennengelernt, andererseits hält er nahezu automatenhaft an bestimmten
Reaktionsweisen fest.

Auf welche Weise wird nun aber die Brücke zwischen Automation und Motivation geschlagen? Von der Entdeckung der „Gedächtnismoleküle" war bereits die
Rede. Vor einigen Jahren wurde ein weiteres, inzwischen berühmt gewordenes,
ganz unglaubliches Experiment durchgeführt. Es gelang, Plattwürmer so zu
trainieren, daß sie in einem Labyrinth entweder nach rechts oder nach links
krochen. Nicht genug damit. Als man Teile von trainierten Plattwürmern an
untrainierte fütterte, krochen diese, ohne größeres Training, nach rechts oder
links, entsprechend dem Training des von ihnen verspeisten Tieres. Damit wurde
erstmals in einem Tierversuch die Übertragbarkeit von Wissen ermittelt.

Was hat das nun mit Denken und Lernen unseres Hundes zu tun? Bevor man
die Übertragbarkeit von Wissen ausprobierte, hatte man etwas anderes festgestellt: Bei Tieren mit abwechslungsreicher Aufzucht fand man in den Gehirnen
vermehrt bestimmte chemische Substanzen, die offensichtlich mit dem Lernen
verstärkt produziert werden.

Die kannibalischen Plattwürmer waren nun der Beweis, daß jeder Lernvorgang
eine biochemische Grundlage hat und regelrecht gefressen werden kann. In den
aktiven Nervenzellen ist ein mehrfach höherer RNA-Gehalt als in inaktiven;
Lernfähigkeit (also genau genommen Gedächtnis) ist an einen besonderen
Zustand bestimmter Zellen gebunden.

Allerdings ist die erhöhte Leistungsfähigkeit der Zellen nicht ein- für allemal
festgeschrieben, sondern muß ständig in Gang gehalten werden. Die Verstandesleistung des Gehirns steht in enger Wechselbeziehung mit dem vegetativen und
somatischen Nervensystem; seine Leistungsfähigkeit ist daher, ähnlich wie beim
Muskel, abhängig vom „Training". Allerdings wird das Gehirn dabei nicht *größer*, sondern *besser strukturiert*.

Aber wir können einen Hund nicht nur, wie Plattwürmer, dressieren, sondern
uns mit ihm durch akustische und körperliche Signale *verständigen*. Daß er uns
und wir ihn verstehen können, ist auch wieder aus dem stammesgeschichtlich
entwickelten Sozial- und Beuteverhalten des Wolfes zu verstehen.

Das Verhalten des *Wolfes* ist auf zwei gegensätzlichen Komponenten aufgebaut. In seinem *Sozialverhalten* überwiegt eine *geschlossene*, stereotype, reiz-
konforme Reaktionsweise; innerartliche Signale lösen bei ihm *immer* eine typische Antwort aus, die weitgehend nicht durch Lernen modifiziert wird. Es ist die
überlebenswichtige Grundlage für das reibungslose *Zusammenleben* im Rudel.

Dem entgegengesetzt ist sein *offenes Umweltverhalten*. Die dort auf ihn einwirkenden Signale muß er zu verstehen und umzusetzen lernen; sein instinktives Verhalten wird hier *verstandesmäßig* gelenkt. Dies ist die überlebenswichtige Grundlage seiner *Anpassungsfähigkeit*.

Beim Hund hat das Selektionsziel „Erziehbarkeit" die zwei gegensätzlichen Komponenten *verschmolzen*. Er muß bereits im engen Sozialbereich *lernfähig* sein, seine Umweltreaktion wird dagegen stärker *signalgebunden*. Die stereotype Ausdrucksweise seiner „Körpersprache" macht uns sein Verhalten verständlich; dank seiner Fähigkeit, körperliche Signale zu beachten, lernt er schnell, auch uns zu verstehen.

Seine Anpassungsfähigkeit an wechselnde Umweltverhältnisse ist seine genetisch bedingte *Lernfähigkeit*, die, zusammen mit seinem *Bindungsbedürfnis*, die überlebenswichtige Grundlage seiner *Daseinsberechtigung* als Haushund ist.

Auch wenn wir dem Hund Anweisungen in Worten geben, bleibt sein Verständnis an den *nicht- oder vorsprachlichen* Bereich gebunden. Unsere Worte, Gesten und Mimik haben für ihn Signalcharakter; nachdem wir ihm ihre Bedeutung beigebracht haben, verarbeitet er sie situationsgebunden emotional und rational.

Die „Mitteilung" eines Hundes an den anderen ist eine Stimmungsübertragung und so in ihrer Wirkung räumlich und zeitlich begrenzt. Sie kann nur dann und nur solange wirken, wie die *direkte* Verbindung zwischen Sender und Empfänger besteht.

Niemals ergeht aber von einem Hund an einen anderen eine Weisung, etwas *außerhalb* ihres Kontaktbereiches Liegendes zu tun. Ist mit einer Aktion ein Ortswechsel verbunden (Jagd), folgen das oder die anderen dem die Aktion auslösenden Tier.

Das gleiche gilt für alle Anweisungen, die *wir* dem Hund geben. Wollen wir ihm beibringen, etwas außerhalb unseres Kontaktbereiches zu tun, muß dies zuvor mit ihm geübt werden, ist also nur in begrenztem Umfang möglich.

Es ist wichtig zu wissen, daß die Speicherung von Wissen bei Tier und Mensch in gleicher Weise durch Aktivierung bestimmter Nervenzellen und eine Erweiterung oder Veränderung der Schaltbahnen ihm Gehirn erfolgt. Die im Erbgedächtnis gespeicherten Inhalte selbst werden davon aber *nicht* verändert, jedoch die mehrfache Anwendung angeborener Bewegungskoordinationen, durch Einspeicherung weiterer Gedächtnisinhalte, ermöglicht. Ob und wie schnell etwas gelernt, d. h. im Gedächtnis gespeichert wird, hängt von der Intensität des Reizes und der davon ausgelösten Emotion ab. Umgekehrt vermehrt oder vermindert aber auch die Motivation die zum Abrufen der Gedächtnisinhalte benötigte Konzentration.

Mißerfolg, Bestrafung und Mangel an Training vermindern also die Lernfähigkeit des Hundes, der sämtliche Anlagen, etwas zu lernen und lernen zu wollen, mitbekommen hat. Bereits sein Zusammensein mit den Menschen ist für ihn ein umfassender emotionaler *und* Lern-Prozess. Es ist daher überhaupt nicht möglich, einen Hund zu erziehen, ohne daß er zuvor die Bedeutung menschlicher Signale, wie eine zweite Sprache, gelernt hat. Die Motivation zu diesem Lernprozess liegt in *erster* Linie in seinem emotionalen Bindungsbedürfnis, das er auf den Menschen überträgt, dessen Lob und Zuwendung ihm wichtig sind und wird erst in *zweiter* Linie durch materielle Belohnungen (Leckerbissen) gefördert.

Die „Sprache" des Hundes ist der Besitz eines begrenzten Vorrats an sinnlich wahrnehmbaren Zeichen, die abgewandelt und verschieden verknüpft (assoziiert) werden können. Sender und Empfänger müssen sich verstehen (und antworten) können. Das setzt die zur Einordnung von Erfahrungen entsprechende Gehirnentwicklung voraus.

Obwohl man im Vergleich von Wölfen und Haushunden feststellte, daß der Dialog zwischen Haushunden weniger intensiv ist, blieb die Fähigkeit und Neigung des Hundes zur Kommunikation grundsätzlich unvermindert. Hunde verständigen sich untereinander völlig anders, als sie es mit dem Menschen tun. Aufgrund seiner scharfen Beobachtungsgabe hat der Hund, was er für eine Kommunikation mit uns wissen muß, im wahrsten Sinne des Wortes durch *Selbstdressur* gelernt und dabei eine Fülle neuer Ausdrucksformen hinzugewonnen.

Dabei spielt seine angeborene Fähigkeit der *Stimmungsübertragung* eine bedeutende Rolle. Von sich aus wird jeder Hund auf seine Weise mit aller Kraft versuchen, uns seine Empfindungen (Befürchtungen, Ärger, Angst, Liebebedürfnis) mitzuteilen. Eine seiner Möglichkeiten ist die *vokale* Mitteilung; als weiteres Verständigungsmittel dient dem Hund seine *Gebärdensprache*. Während seine Artgenossen bereits geringste Gesten und Gestaltsveränderungen bei ihm richtig zu deuten verstehen, richtet sich der Hund darauf ein, daß wir in dieser Hinsicht ziemlich dumm sind und führt seine Demonstrationen mit entsprechender Übersteigerung und besonderem Nachdruck durch. Diese Fähigkeit wird bei Hunden, die bei Gehörlosen oder Behinderten eingesetzt werden, besonders gefördert.

Beim *Training* für bestimmte Aufgaben muß man daher berücksichtigen, daß der Hund (anders als bei seiner „Selbstdressur", durch die er uns ergründen will) *motiviert* werden muß, etwas Bestimmtes zu tun. Daher muß jedes Training in kleinen Schritten aufgebaut werden und mit einer für den Hund leicht zu bewältigenden Aufgabe beginnen. Um ein Beispiel zu nennen: Soll ein Hund lernen, über einen schmalen Balken zu laufen, würde er dies freiwillig nicht tun. Auch mit Belohnungen können Sie ihn zu einem solchen Balance-Akt nicht bewegen. Wohl aber, wenn Sie ihn zunächst daran gewöhnen, über ein sehr breites Brett zu gehen und nachfolgend die Übungen mit immer schmaler werdenden Stegen fortsetzen und ihn jedesmal loben oder belohnen.

Bei allen Aufgaben, die der Hund ohne Ihre direkte Einwirkung tun soll (Fährten, Revieren, Suchen, Apportieren) muß er diesen Vorgang zunächst unter ihrer direkten Einwirkung oder durch Futter belohnt tun; nach und nach kann dann die Distanz vergrößert werden, weil die Aufgabe durch das Training die Natur eines *Reflexes* bekommen hat und nun auf Stichwort oder Stimulation „automatisch" abläuft.

Die wichtige Grundausbildung zum „Gehorsam" ist eigentlich etwas sehr Einfaches. Der Hund lernt dabei nichts Neues, sondern nur die Dinge, der er sowieso tut, auf unseren „Befehl" hin zu tun oder zu lassen. Genau genommen bedeutet dies, daß er in seiner Gemeinschaft mit uns genau so blindlings reagiert, wie der Wolf innerhalb des Rudels. Erziehen enthält also zwei Komponenten: Der Hund lernt anstelle hundlicher nun menschliche Signale und wird dabei gleichzeitig emotional sehr stark an uns gebunden.

Das einzig wirklich Neue für ihn ist, daß er einen eigenen *Namen* bekommt, an den man ihn ziemlich schnell mit Futter und kleinen Belohnungen gewöhnen kann. Für den Hund muß aber damit *immer* etwas für ihn Angenehmes verbunden sein, so daß er sofort gelaufen kommt, wenn sein Name ertönt.

Als zweites soll der Hund „stubenrein" werden. Nicht nur dabei deckt sich seine Lerngeschwindigkeit mit der Intelligenz und der Ausdauer seines Herrn, der hoffentlich vorher schon einmal nachgelesen hat, wie er das Erziehen bewerkstelligen soll. Ansonsten lernen Herr *und* Hund am praktischen Beispiel, was immer etwas länger dauert.

Drittens lernt der Hund, was er sowieso schon kann, nämlich sich setzen, stellen, legen, kommen, bleiben oder sich fortbewegen, jetzt allerdings nicht nach eigener Lust und Laune, sondern auf unsere Anweisung hin. Da er die Bewegungen selbst schon beherrscht, müssen wir ihm am praktischen Fall das dazugehörige Wort beibringen.

Zwei Wege führen zum sicheren *Mißerfolg*: Der eine ist, wenn Sie unregelmäßig nur hin und wieder ein bißchen mit Ihrem Hund herumexperimentieren und sofort keine Lust mehr haben, wenn der Hund nicht gleich wie ein Soldat exerziert. Der andere ist, wenn Sie meinen, stundenlange Übungen und sehr viel Strenge wären das einzig Wahre. Die Konzentrationsfähigkeit, besonders des jungen Hundes, ist begrenzt; sein Erinnerungsvermögen an unangenehme Erlebnisse hingegen ist nahezu unbegrenzt. Stundenlanges Exerzieren und womöglich Bestrafung für Fehler, haften nicht nur in seinem Gedächtnis, sondern sind noch dazu mit Ihrer Person verknüpft.

Am besten ist es, man besorgt sich, lange *bevor* man den Hund bekommt, eines oder besser mehrere Bücher über seine Erziehung. Sie reichen von strenger

Dressurarbeit bis zu tierpsychologischer Hinführung. Haben Sie nun die Bücher, den Hund und die ersten Übungen in Angriff genommen, ist der nächste Schritt zu *überhören*, was Ihnen liebe Mitmenschen alles mitzuteilen haben. Wenn Sie Ihren Hund heute nach Frau Meier, morgen nach Herrn Krämer und übermorgen wieder anders erziehen, machen Sie sich und den Hund verrückt.

Liebe Mitmenschen werden Ihnen auch beibringen wollen, daß der Hund am glücklichsten ohne Leine wild in Wald und Feld herumtollt. Binden Sie sich die Ohren zu und kaufen Sie sich zu der kurzen noch eine lange Geländeleine (mindestens 20 m) und eine längere Automatikleine. Lassen Sie sich auch nicht von dem Ihnen zunächst zuverlässig folgenden Welpen und Junghund zu der Meinung verlocken, daß dies immer so bleibt. Der *einmal* ausgerissene Hund findet mit Sicherheit viel mehr Gefallen daran als Sie und wird es künftig wieder versuchen.

Die lange Geländeleine gibt ihm genügend Spielraum und läßt die Verbindung zwischen Ihnen und dem Hund niemals abreißen. So lernt er viel leichter (statt mit der so angepriesenen Wurfkette oder einer handvoll Erde) daß Sie ihn auch in größerer Entfernung erreichen können. Ich selbst habe zuerst die berühmte Zeitungsrolle, dann die beliebte Wurfkette, weil sie den Hunden einen gehörigen Schreck einjagen und später auch die Erdwürfe verbannt.

Im Haus gehört zu meinen „Rüstzeug" eine – Wasserpistole! Unsere „schafft" fast 5 m; sie ist ein wunderbarer, „unsichtbarer Draht" zu einem Hund, der durch die plötzliche Berührung des Wasserstrahls von der kolossalen Reichweite seines Herrn zu überzeugen ist. Sogar das Herumhampeln auf dem Rücksitz des Autos läßt sich, mit ein paar gezielten „Schüssen", schnellstens abgewöhnen, allerdings: *Vor* jedem „Schuß" steht immer der Befehl oder das Verbot, geschossen wird erst, wenn der Hund *nicht* reagiert.

Das Wichtigste, was Sie zuallererst erreichen müssen ist, daß Ihr Hund, wenn Sie ihn rufen, sofort kommt, daß er sich, wo er auch ist, auf Ihren Zuruf sofort hinsetzt oder -legt und dort bleibt, solange Sie es wünschen. Er hat sich auch niemals weiter, als eine von Ihnen festgelegte Distanz von Ihnen zu entfernen, schon gar nicht aus Ihrem Blickfeld zu verschwinden. Am sichersten erreicht man dies dadurch, daß *er* Angst hat, *Sie* könnten ihm verlorengehen.

Am besten übt man dies auf einem freien Gelände (nicht im Wald etwa) wo einige Büsche oder kleine Hügel sind, hinter denen Sie, wenn Ihr Hund sich gerade irgendwo (nicht angeleint) vergnügt, sich verstecken können. Jetzt rufen Sie oder pfeifen – der Hund blickt auf und kann Sie nirgends entdecken. Nach einiger Zeit beenden Sie seine Ratlosigkeit und tauchen wieder auf. Sein Glück ist nun grenzenlos - aber künftig wird er mehr und mehr dazu übergehen, auf *Sie* aufzupassen, ob Sie vielleicht wieder „verschwinden"*).

---

*) Später kann man dies Versteckspielen zu vielen, weiterführenden Suchübungen einsetzen, doch das zu beschreiben, führt hier zu weit.

Das Freisein von der Leine geht Zug um Zug mit seiner Folgsamkeit. Geben Sie ihm zunehmend *mehr* Freiheit, statt (wie es leider nur zu oft der Fall ist) sie ihm zunehmend zu beschränken. Oder, bildhaft ausgedrückt: Ihr Hund gehört zu Ihnen, wie Ihr *Schatten*, und Sie haben für ihn das *Licht* zu sein, das ihn immer wieder anzieht.

Zum Lernen gehört auch beim Hund, daß er sich *konzentriert*. Daher kann man einige Anfangsübungen zuhause machen, weitere in abgeschiedenen Gegenden, um erst dann in aktivere Zonen vorzudringen. Glauben Sie aber nicht, daß ein großer Auslauf für sein *Bewegungsbedürfnis* ausreicht. Dieses muß aber gestillt sein, *bevor* Sie mit ihm üben, nicht nur wegen der Bewegung, sondern wegen seiner „geistigen Auseinandersetzung" mit seiner Umwelt. Ihr Hund braucht nicht nur Streichel- sondern auch viele *Schnüffeleinheiten*. Er muß also schon in vielen Umwelteindrücken ein „alter Hase" sein, wenn er seine gute Erziehung auch an fremden Orten sicher beweisen soll. Zu den „Schnüffeleinheiten"/Umwelterfahrungen gehören: Andere Hunde, fremde Menschen, andere Tiere, Gasthäuser, das Auto, die Straßenbahn, der Zug.

Belohnung und Bestrafung –
das zentrale Problem der Erziehung

Die Bestrafung des Hundes ist ein schwieriges Thema. Gehen Sie damit so vorsichtig um, als wäre jede *Strafe* ein *Vermögen* wert! Falsch angewendet, kann sie Sie tatsächlich Unbezahlbares kosten: Das Vertrauen und den Lernwillen Ihres Hundes. Aber auch, wenn Sie sich nicht kräftig durchsetzen, geht das Vertrauen Ihres Hundes verschütt. Also setzen Sie dieses kostbare Hilfsmittel ebenso geizig ein, wie Sie *verschwenderisch mit Lob* umgehen. *Prügel und Elektroschocks verdient der Herr und nicht der Hund.*

Das einzige *Zwangsmittel*, das ich unbedenklich verwende, ist das Metallhalsband (ohne Stacheln, bitte!) aber mit *unbegrenztem* Zug. Man kann es selbst billig mit zwei Schlüsselringen und einer *langgliedrigen* Metallkette herstellen (sie muß in ihrer Stärke zum Hund passen, darf aber nicht *zu* schmal sein, um nicht einzuschneiden); man kann es dem wachsenden Hund stufenweise anpassen, indem man den Ring in das nächste Kettenglied einzieht.

Zieht der Hund zu kräftig an der Leine, bleibt ihm die Luft weg; er muß also nachlassen. Nicht einer unserer Hunde hat dabei einen Schaden davongetragen, sie lernen es *sofort*, daß sie selbst den Druck am Hals regulieren können, da das Halsband sich sofort wieder lockert. Je früher man dem Hund diese üble Angewohnheit abgewöhnt, umso besser; es erfordert auch von Ihnen, je kräftiger er ist, immer mehr Kraft. Im übrigen sind die (selbst hergestellten) Kettenhalsbänder nicht nur preiswert, sondern sie beschädigen auch das Fell des Hundes nicht, da sie im „Ruhezustand" immer sehr locker um den Hals liegen; überher kann der Hund niemals seinen Kopf aus dem Halsband ziehen.

Ein (sehr kräftiger) Leinenruck und eine gleichzeitige scharfe, laute Zurechtweisung sind bereits sehr wirkungsvoll. Das müssen Sie üben! Es muß ein kurzer, heftiger *Ruck* sein, Ihr Unterarm muß eine heftige Bewegung nach oben-hinten vollführen, das bedeutet, daß Sie sich regelrecht auf den Hund *konzentrieren* müssen, um *sofort* zu handeln!

Auch die lange Leine hilft, seine Aufmerksamkeit zu steigern. Denn, ebenso wie Sie ihn nicht aus den Augen lassen, können Sie das auch von ihm erwarten.

Ort der folgenden Aktion ist ein Waldweg oder eine größere Wiese (möglichst ohne Zuschauer). Dort hängen Sie ihn nun an die lange Leine und gehen einfach los. Sobald er vorpresht und Sie gerade völlig vergessen will, machen Sie auf dem Absatz kehrt und gehen, ohne zu eilen oder zu zögern, stur in die entgegengesetzte Richtung. An dem scharfen Ruck der Leine merken Sie zwar, daß der Hund unsanft gestoppt wurde, *trotzdem* gehen Sie weiter und siehe da, ihr Liebling kommt schnurstraks angerannt und muß, wegen des Schrecks, dringend getröstet werden. Jetzt wird er gründlich gelobt und gestreichelt! Anschließend läßt er Sie eine lange Zeit um keinen Preis mehr aus den Augen und weicht nur geringfügig aus ihrer Nähe. Wenn doch, das Ganze nochmal.

Überhaupt, sobald er dicht bei Ihnen ist, geschieht ihm *nur* Gutes. Eine Ausnahme davon ist, wenn er sich *Ihnen* gegenüber sichtlich ungehorsam benimmt oder gar Sie bedroht. In diesem Fall *müssen* Sie ihn in Ihrer Nähe bestrafen. Sie können ihn dabei kräftig am Nackenfell packen und schütteln, daß ihm Hören und Sehen vergeht. Das tut nicht eigentlich weh, ist aber ein fürchterliches Gefühl.

Große Hunde, die man am Nackenfell kaum noch hochnehmen kann, packt man später von vorn (dazu geht man in die Hocke) gleichzeitig mit beiden Händen seitlich rechts und links am lose anliegenden Nacken- und Halsfell und schüttelt sie so, mit Blickkontakt, ebenfalls gewaltig durch. Dazu können Sie ihn tüchtig ausschelten, wobei deutlich immer wieder ein sehr scharf gesprochenes „Nein" zu hören sein muß.

Wenn überhaupt, hat der Hund ganz bestimmt nicht *Sie* anzuknurren, anzugreifen oder gar zu beißen. Am besten, man provoziert ihn vorbeugend zu diesem Verhalten, um es ihm dann *gezielt* abgewöhnen zu können. Eine der günstigsten Möglichkeiten dazu besteht, wenn er am Futternapf ist. Dort läßt er sich sehr ungern stören und knurrt Sie an. Also gehen Sie, während er frißt, zu ihm und sagen ihm, daß Sie den Napf noch mal haben wollen und berühren *dann* erst den Napf. Meistens knurrt der Hund Sie dann an. Jetzt können Sie ihn tüchtig am Kragen nehmen, schütteln und „Nein" sagen.

Auch lernt er, auf „Nein" von einer Tätigkeit abzulassen, am schnellsten am besagten Freßnapf. Zuerst muß er lernen, *vor* dem gefüllten Napf zu sitzen und *abzuwarten*, bis Sie ihm erlauben, zu fressen. Sobald er sich von sich aus darauf stürzen will, schütteln Sie ihn am Kragen, oder, was viel wirkungsvoller ist, es erreicht ihn ein Schuß kalten Wassers oder ein nasser Lappen. Beides tut nicht weh und ist *nicht* mit ihrer Person direkt, sondern nur mit Ihrem Befehl verbunden.

Sie glauben gar nicht, wieviele Probleme Herr/Hund sich auf diese Weise am Freßnapf sehr leicht, sehr früh und sehr dauerhaft beseitigen lassen. Aber bitte: Verschönen Sie nicht *jede* seiner Mahlzeiten auf diese Weise. Später kann man gelegentlich eine *Stichprobe* machen, ob er sich noch erinnert und dabei nötigenfalls das ganze wiederholen.

Wird der Hund beim Tollen zu grob, legen sie die Hand über oder unter seine Schnauze und pressen ihm mit den Fingern die Lefzen über die Zähne. Er beißt nun sich selbst. Die *über* die Schnauze gelegte Hand, die den Kopf des Hundes nach unten drückt, wirkt ebenfalls sehr mäßigend auf sein Gemüt. Er fühlt sich dabei, ebenso wie beim Schütteln, Ihnen völlig ergeben und unterlegen.

Wird ein Hund beim Spielen zu aggressiv, nehmen Sie ihn einfach mit beiden Armen hoch, schwenken ihn fröhlich herum und spielen *freundlich* mit ihm, der den Boden unter den Füßen verloren hat, weiter. Sie können ihn regelrecht durchknuddeln dabei, er wird es genießen, seine Aggressivität mindert sich, gleichzeitig fühlt er sich, im wahrsten Sinnes des Wortes, völlig in Ihrer Hand.

Die *Prügelstrafe* wirkt bei keinem Hund segensreich. Weniger aggressive Rassen werden davon verstört und scheu, für aggressivere Rassen werden Sie auf diese Weise zum Gegner. Statt sich Ihnen unterzuordnen, wird der Hund es auf Rangordnungsproben ankommen lassen. Wer die Zusammenhänge von Zwingerhaft und Brachialerziehung kennt, wundert sich nicht, wenn er liest, daß ein „erfahrener" Hundeführer von seinem Hund zerrissen wurde. Seien Sie sich darüber im klaren, daß Sie bereits gegen einen mittelgroßen, rasenden Hund im Ernstfall machtlos sind.

Manche Leute halten es für richtig, daß Hunde bestimmte Zimmer nicht betreten dürfen. Auch darüber muß man sich bereits sehr früh klar sein und seine Erziehung darauf einrichten. Meine Hunde haben überall Zutritt, aber es ist auch in jedem Zimmer ein fester Liegeplatz, wo sie hingehören. Eine der wirkungsvollsten und mühelosesten Gelegenheiten, den Hund eng an sich zu binden, wird meistens verschenkt. Zwar gehört *kein* noch so kleiner Hund *in* das Bett seines Herrn, aber wenn er in einer eigenen Ecke oder Kiste das Schlafzimmer mit ihm teilt, stört er überhaupt nicht und ist um vieles enger mit Ihnen verbunden.

Den Hund erziehen, heißt nicht nur, ihn so eng an sich zu binden, daß er alles *für* Sie tut und alles *gegen* Sie unterläßt. Er braucht Erziehung, Beschäftigung und Bewegung geradeso wie sein tägliches Futter. Auch er ist geboren, um etwas zu tun.

Vom „Wesen" des Hundes

Die Sache mit dem vielbesprochenen „Wesen" des Hundes war noch nie so ganz einfach. „Wir verbrachten viel Zeit in Deutschland, um ein besseres Verständnis dafür zu bekommen, was mit den Sammelbegriffen Intelligenz und Trainierbarkeit bezeichnet wurde. Offensichtlich war gutes oder fehlendes „Temperament" gleichbedeutend mit guter oder mangelhafter Arbeitsleistung, wofür entweder der Begriff „Wesen" oder „Temperament" verwendet wurde. Eine genauere Definition dieser Begriffe konnten uns die deutschen Züchter nicht geben, außer, daß ein *Fachmann*, dank seiner *Erfahrung*, Temperament als gut oder schlecht, geeignet oder ungeeignet eben *erkennen* könne."

Mit dieser lakonischen Festellung begannen vor mehr als 50 Jahren HUMPHREY und WARNER ihre umfassende Untersuchung über Charaktereigenschaften der Gebrauchshunde. Leider hat ihre jahrzehntelange, gründliche Arbeit nie die wünschenswerte Verbreitung gefunden. Sie waren mehrfach in Deutschland, das für sie eine Art Mekka der Hundezucht und Abrichtung war; Kenntnisse, die sie dort sammelten, wurden von ihnen zielstrebig weiterentwickelt. Trotzdem wird noch heute die Frage nach dem „Wesen" das Hundes ähnlich, wie oben zitiert, beantwortet. Wer mehr wissen will, arbeitet sich notgedrungen (gelegentlich mit leichtem Erstaunen) durch die wenige, zu diesem speziellen Thema verfügbare Literatur und wird dabei dann auch zunehmend nachdenklich.

Überwiegend sind es Schriften über den Gebrauchs-, besonders den Schutzhund. Aus Unkenntnis wird „das Wesen" dieser Hunde oft einzig und allein daran gemessen, wie gut oder schlecht sie diesen *einseitigen* Anforderungen und Belastungen gewachsen sind. Auch ein an sich *furchtsamer* Hund kann, wie bereits gesagt, durch Erziehung seine Furcht verlieren und zum geharnischten Angreifer werden.

Somit stehen wir vor dem Problem, nach welchen Maßstäben wir den Charakter, das Wesen oder die Eignung eines Hundes eigentlich beurteilen sollen. Nur einige wenige, sehr allgemeine Erläuterungen der Rassestandards befassen sich mit den „inneren" Qualitäten des Hundes; viel Raum und Aufmerksamkeit wird dagegen seiner sichtbaren Oberfläche gewidmet. Diese allerdings ist dem Hundebesitzer ziemlich schnell gleichgültig, wenn sich sein Hund nicht so erziehen und eingewöhnen läßt, wie es geplant war.

Bei der Suche nach Informationsquellen über „das Wesen" des Hundes stößt man unweigerlich auf die bei einigen Gebrauchshundrassen durchgeführte „Wesensprüfung". Endlich glaubt man etwas Konkretes in der Hand zu halten und beginnt erwartungsvoll mit dem Studium der Anleitungen und verschiedener Prüfungsberichte. Was man dabei entdeckt, ist außerordentlich interessant, wenn auch in völlig anderem Sinne als erwartet. Als Muster dient (neben einer leicht bearbeiteten) noch ein *unveränderter* und *unkommentierter* Nachdruck der vor 50 Jahren von den Drs. MENZEL erarbeiteten *„Wesenserprobung, ihre theoretischen Grundlagen und ihre praktische Ausführung"*. Beim Lesen schwankt man dauernd zwischen Zustimmung, Verunsicherung und Widerspruch; bis man an dem (zunächst nicht beachteten) Erscheinungsjahr feststellt, daß dies zu einer Zeit geschrieben wurde, wo die Verhaltensforschung noch in den Kinderschuhen steckte.

Dies erklärt, daß das Ehepaar (Dr. med. und Dr. phil.) MENZEL versuchte, dem damaligen Wissensstand entsprechend, das Wesen des Hundes, in Anlehnung an die Individualpsychologie ADLERS und die Definitionen KANTS, in seine Bestandteile, Gewichtungen und Motivationen zu zerlegen. Daß dieses Verfahren nicht problemlos ist, sehen wir etwas später.

Wer sich einen Hund anschafft, trifft damit eine oft viel weitreichendere Entscheidung, als er sich das zunächst gedacht hat. So seltsam wie dies klingt: Ein Hund beeinflußt, sobald er im Haus ist, das *gesamte* Privatleben seiner Menschen und das ganz entscheidend. Nichts wird mehr so sein, wie zuvor, das Leben bekommt einen anderen Rhythmus, weil die Bedürfnisse des Hundes berücksichtigt werden müssen.

Hat man den *passenden* Hund gefunden, sei es als Haushund, als Ausstellungs-, Sport- oder Zuchthund, wird das Leben auf wundervolle Weise bereichert; eine Katastrophe aber kann es (oft für viele Jahre) sein, hat man einen Mißgriff getan.

Das Problem einer objektiven, gerechten Beurteilung eines Hundes ist in der Praxis weitgehend ungelöst. Interessant ist daher, wie seinerzeit HUMPHREY und WARNER dem Geheimnis der etwas rätselhaften Begriffe Temperament und Wesen auf die Spur kamen.

Um sich den benötigten Überblick zu verschaffen, gingen sie zweistufig vor. Die zunächst allgemeinen Verhaltensbeobachtungen brachten grundlegende theoretische, aber wenig praktisch verwertbare Ergebnisse; also betrachteten sie die Angelegenheit nun andersherum weniger theoretisch, dafür mehr praktisch. Hunde, die sich in verschiedenen Spezialausbildungen bewährt hatten, wurden wegen ihrer möglichen Kombination besonderer Charaktermerkmale und anderer Eigenschaften unter die Lupe genommen. Zweifelsfrei war, *daß* es wichtige Unterschiede gab, unklar war „nur", woraus sie bestanden.

„Jedoch schälten sich bald bestimmte Einzelheiten heraus, die Einfluß darauf hatten, ob der Hund lernfähig war und seine Aufgabe erfüllen konnte oder nicht. Es ergab sich eine Aufteilung in *psychische* und *physische* Eigenschaften, die *Lernen* und *Leistung* beeinflussen. Ein *charakterliches* Merkmal erwies sich oft letzlich als ein *körperliches* und umgekehrt. Die Bewegungsweise der Schäferhunde rechneten wir dem Körperbau zu. Dann aber entdeckten wir, daß sie sich bei ein und demselben Hund ganz extrem der jeweiligen Situation entsprechend ändert. Der gleiche Hund machte kürzere und höhere Trabaktionen in vertrauter Umgebung oder beim Spiel mit kleineren Hunden, während sein Schritt, in Gegenwart eines Führers oder von Hunden, die ihm nicht geheuer waren, niedriger und länger wurde. "

Im Laufe ihrer Arbeit stellten sie einen Katalog der Punkte auf, die im wesentlichen (auch heute) darüber entscheiden, ob und wozu ein Hund geeignet ist. Um einige weitere Beurteilungskriterien ergänzt, ist dies auch für uns eine nützliche Check-List. Sie verzichtet auf komplizierte psychologische Definitionen ebenso, wie auf den Hinweis auf ganze „Triebkomplexe", die oft als verhaltensbestimmend bezeichnet werden. Stattdessen führen sie Eigenschaften oder Merkmale auf, die eindeutig auf bestimmte Reizschwellen zurückzuführen sind, da *diese* es sind (und nicht der „Trieb") die über den Charakter des Hundes entscheiden:

Bei der Beurteilung des Hundes sind zu berücksichtigen:		
1. Körperempfindlichkeit	7. Energie	13. Wachsamkeit
2. Geräuschempfindlichkeit	8. Selbstbewußtsein	14. Neugierverhalten
3. Nasenleistung	9. Zutraulichkeit	15. Aufmerksamkeit
4. Intelligenz	10. Schärfe	16. Unternehmungslust
5. Mut	11. Kampflust	17. Gemütszustand
6. Willigkeit	12. Verteidigungs- bereitschaft	18. Sozialisierung
Allgemeine Nervosität	Generell aggressiv	Ablenkbarkeit
Furchtsamkeit	Aggressiv gegen Tiere	Allgemein ablenkbar
Nervös-aggressiv	Aggressiv gegen Hunde	Ablenkbar durch:
generell beunruhigt	Selbstsicher aggressiv	Hunde /Katzen /Gerüche
Konzentrationsfähigkeit	Körperliche Merkmale:	Körpergröße
Lernfähigkeit	Gesundheit / HD	Bewegungsbedürfnis
Bellfreudig	Pflegeaufwand	Nahrungsbedarf

Den vollen Wortlaut der Bewertungsweise von HUMPHREY und WARNER wiederzugeben, führt in diesem Rahmen zu weit. Für jedes Merkmal (1 - 18) hatten sie eine mehrstufige Punkteskala entwickelt. Damit hatten sie die wichtigste Basis jeder Beurteilung geschaffen: Jedes Charaktermerkmal und seine verschiedenen Abstufungen waren eindeutig definiert. Der Charakter eines Hundes konnte auf diese Weise *nach praktischen Gesichtspunkten* ziemlich exakt nicht nur beschrieben werden, sondern es kristallisierte sich vor allem auch die relative Bedeutung einzelner Merkmale bei den verschiedenen Gebrauchseigenschaften heraus.

Für *Körper- und Gehörempfindlichkeit* (Schußscheue) stellten sie eine Skala zunehmend besser geeigneter Hunde auf. Überempfindliche, ebenso aber auch extrem unempfindliche Hunde sind gleicherweise unerziehbar, daher sind die bestgeeigneten, wohlausgewogenen in Gruppe 4.

	1. Gruppe	2. Gruppe	3. Gruppe	4. Gruppe
Geräusch	–	+/–	–	+/–
Berührung	–	–	+/–	+/–
(- unterempfindlich, + überempfindlich, +/- mittlere Empfindlichkeit)				

Der Maßstab für „*Energie*" war die unterschiedliche Aktivität (dauernd in Aktion bis Sofahund). Als *Intelligenz* wurde Lernfähigkeit insgesamt bewertet, wobei sich heraus-schälte, daß es auch sehr schwer erziehbare, aber intelligente Hunde gab, die konsequent lernten, wie sie es anstellen konnten, einen Befehl zu *umgehen*.

Daher wurde *Willigkeit* als wichtiges Merkmal *gesondert* bewertet und bezeichnete Hunde, die immer willig den Befehlen folgten. Es stellte sich heraus, daß „*Willigkeit*" korreliert war mit *größerer Aktivität* und *geringerer Aggressivität*, war also für viele Hunde (z. B. Fährten- und Blindenhund) ein sehr wichtiges Kriterium. Auch *Nasenlei-stung* bewertete nicht die Riechfähigkeit, sondern die *Willigkeit*, auf der Fährte zu *arbei-ten*.

Selbstbewußtsein und Zutraulichkeit sind zweierlei. Für *Selbstbewußtsein* erwies sich der goldene Mittelweg als günstig. Bildlich gesprochen, geht der extrem selbstbewußte, souveräne Hund (ohne dabei aggressiv zu sein) niemals beiseite, wenn ihm ein anderer begegnet; *er* hat das Recht auf den Weg.

Mit *Zutraulichkeit* wurde der Grad an *Mißtrauen* einem Fremden gegenüber bewertet, da ein Hund das allergrößte Selbstbewußtsein haben kann, aber dennoch Fremden gegen-über mißtrauisch ist.

Schärfe bewertete (in neun Abstufungen) die willige Neigung eines Hundes, einen *Menschen* zu *beißen*; man kann unterscheiden: Ein Hund ist unter *keinen* Umständen dazu zu bewegen / tut es bereitwillig mit/oder ohne Aufforderung. Sie stellten dabei fest, daß „Schärfe" nicht als *ein*, sondern als mindestens *zwei* Merkmale getrennt bewertet werden muß. Hunde sind nicht immer dazu zu bringen, einen *Menschen* zu beißen, obwohl sie sonst sehr scharf auf andere Hunde losgehen können. (In unserer Auflistung oben finden wir noch weitere Gesichtspunkte, nämlich Aggressivität gegen Katzen, andere Tiere.)

Auch für *Kampflust* stellten sie eine ähnliche Punkteskala auf. Einerseits wurde dabei die Bereitschaft, mit anderen Hunden zu kämpfen (oder dies niemals zu tun) andererseits die Neigung, auf Menschen nicht/oder doch loszugehen, bewertet.

Der Maßstab für *Aggressivität* war, wie leicht sich ein Hund abrichten ließ, auf einen *Menschen* loszugehen. Als Hauptproblem der extrem aggressiven Hunde bezeichneten sie, daß diese schwer zum Ablassen zu erziehen waren; die *mittleren* Hunde ließen sich weniger leicht zum Angreifen bewegen, die *nicht-aggressiven* Hunde lernten weder das eine, noch das andere. Ähnlich wie Krushinsky bewerteten sie die *Angstbeißer* als eine eigene Gruppe, die zum mittleren Typ gehört.

Mißtrauen werteten sie als eine Abart des Angstverhaltens, das nicht mit *Scheue* verwechselt werden darf, da diese Hunde freundlich und normal mit Bekannten, zurück-haltend gegen Fremde sind. Obwohl sie nicht von sich aus angreifen, lassen sie sich dazu erziehen.

Nach Erarbeitung dieser Grundlagen war der nächste Schritt, jetzt Charakterkomponen-ten von in Spezialausbildungen besonders erfolgreichen Hunden zu vergleichen. Dem Verwendungszweck des Hundes entsprach jedesmal ein typisches Charakterbild, das sich von dem anderer klar unterschied. Dank des umfangreichen Materials konnten sie auch nachweisen, daß es sich dabei nicht um ein *zufälliges* Zusammentreffen handelte, da Hunde, die in einer bestimmten Ausbildung versagt hatten, in einer anderen hervorra-gende Ergebnisse brachten.

Die geringste *Sensibilität*, aber auch *Schärfe, Kampflust und Verteidigungsbereitschaft* sind die Domäne des *Polizeihundes*, während andererseits bei den Kriegshunden der Meldehund hier die schwächsten Bewertungen aufweist. Alle Aufgabenbereiche (außer Polizeihund) benötigen einen Hund von *mittlerem Selbstbewußtsein*.

Die beste *Nasenleistung* fand sich, wie erwartet, bei den Spürhunden; überraschenderweise hatten aber die Blindenhunde die geringste Nasenleistung, was zeigt, daß auch dieses (für Hunde typische) Merkmal bei einer Ausbildungsart erwünscht, bei einer anderen unerwünscht sein kann.

Das größte *Selbstvertrauen (Selbstsicherheit)* benötigt der Blindenhund, der unter oft schwierigen Situationen, im Straßenverkehr usw. Entscheidungen für seinen Herrn treffen muß, der seinen Hund nicht lenken und korrigieren kann.

Willigkeit ist ein wichtiges Merkmal für selbständig arbeitende Hunde (Spür-, Hüte-, Blindenhunde usw.)

Für die verschiedenen *Aufgabenbereiche* umfaßt daher „Temperament" oder „Wesen" *jeweils einen Komplex typischer Merkmale.* Ganz gleich aber, um welchen Aufgabenbereich es sich handelt, ist es überall *nur der aktive, angstfreie, nervenfeste und nicht-träge Hund,* der befriedigende Leistungen erbringt.

Es wird Ihnen auffallen, wie selten oder gar nicht Begriffe wie Kampflust, Aggressivität, Härte usw. als wichtige Merkmale genannt werden, die in den uns geläufigen „Wesensbeurteilungen" von so zentraler Bedeutung zu sein scheinen.

Das fällt uns auch sofort auf, betrachten wir die „Wesensgrundlagen" der Drs. Menzel. Sie sind das Ergebnis von Enthusiasmus und Engagement und waren für die damaligen Züchter und Abrichter aufgrund eigener Erfahrungen zusammengestellt, waren aber nicht, wie die vorstehenden, in wissenschaftlichen Testverfahren ermittelt worden. So viel Erfahrung auch aus ihnen spricht, enthalten sie viele Fehlschlüsse und Fehlinterpretationen, die zu schwerwiegenden Irrtümern führen können, von denen wir hier nur einige Begriffe als Beispiel herausgreifen.

Die Erläuterungen, sowohl das „Temperament" als auch „die Reizschwelle" betreffend, erwecken die Vorstellung, als handele es sich dabei um etwas Einheitliches und Konkretes wie Haarfarbe oder Größe. Temperament wird graduell wie etwa die Temperatur gemessen. Alles, was unter einer bestimmten Grenze liegt, ist „temperamentlos" und was darüber liegt, wird als „besseres/gutes Temperament" bezeichnet, während ein weiterer Anstieg störend wie Fieber wirkt. Daß mit „Temperament" oder „Typ" eine bestimmte mehr oder weniger ausgewogene Nervenleistung mit allen entsprechenden Folgen zu bewerten ist, kann dabei nicht zum Ausdruck kommen. Damit sind wir schon einem der vielen Denkfehler auf der Spur, die zu so mancher Fehlinterpretation des wünschbaren Verhaltens geführt haben.

Auch, daß von *der* erwünschten „niederen Reizschwelle" gesprochen wird, führt in die Irre. Definiert wird diese als „geistige Labilität", was eine absurde Forderung ist, weil „geistige Labilität" ganz sicherlich nicht ermöglicht, „die Fähigkeit, Umweltreize rasch aufzunehmen und durch Handlungen zu beantworten, sich bei geänderten Situationen rasch zurechtzufinden." Wie gesagt, kann man als Reizschwelle nur die *jeweilige* Reaktionsbereitschaft der verschiedensten Organe auf bestimmte Reize bezeichnen; mit dem Assoziations- und Erinnerungsvermögen des Hundes hat dies nichts zu tun.

Die Kombination von Reizschwelle und Temperament wird nun noch mit entsprechenden Dosierungen von „Mut", „Schneid", „Härte" usw. versehen. Der *Mut- oder Schneidbegriff* wird (wie auch andere Begriffe) nach den Definitionen Alfred Adlers erklärt, und dem Hund (wie auch in weiteren wichtigen Punkten) eine Reihe von Überlegungen und Reaktionen zugetraut, zu denen dieser überhaupt *nicht* fähig ist.

Diese anthropomorphe Darstellung mag vor 50 Jahren ein nützliches *Denkmodell* gewesen sein, jedoch steht sie heute einer vernünftigen, artgerechten Bewertung, Erziehung und Zucht des Hundes im Wege, weil sie bei Hundehaltern zur Annahme falscher Voraussetzungen führt.

Trotz der enormen Verständigungsmöglichkeiten mit dem Menschen kann beim Hund *nicht* von menschenähnlicher Denkweise und Ich-Bewußtsein die Rede sein. Daher ist es unsinnig, vom ihm zu erwarten, daß er *Mut* zeigt und „im Interesse anderer Gefahren bewußt übernimmt, also *muthaft* handelt". Ebensowenig kann der Hund seinen Schutztrieb schneidig dafür einsetzen, „dem Menschgefährten (d. i. Meutengefährten) in der Gefahr *beizustehen*". Ein Hund kann zwar *führig* sein, nicht aber „sich von seinem Menschen gern lenken lassen und sich *bemühen*, dessen Wünsche zu *erraten* und zu erfüllen".

Die zum Wesenskomplex *Mut* gehörigen Begriffe: Schneid, Schutztrieb, Kampftrieb, Schärfe und Härte, Weichheit und Temperament, müssen, wenn wir den Hund in dieser Hinsicht richtig beurteilen wollen, von ihrer anthropomorphen Deutung gründlich befreit (oder durch sachliche Bezeichungen ersetzt) werden.

Als *weich* wird von den MENZELS ein Hund bezeichnet, der „unlustbetonte Eindrücke sehr stark auf sich wirken läßt *und* getreu im Gedächtnis bewahrt", hingegen ist ein Hund *hart*, der diese schnell vergißt. Diese Betrachtungsweise ist Grundlage vieler Denkfehler, weil sie nicht klar genug ausdrückt, daß Eindrucksfähigkeit und Erinnerungsvermögen *getrennt* bewertet werden müssen.

Seinen *Schutztrieb* setzt der Hund nicht, wie von den MENZELS dargelegt, *für* seinen Menschen (d. h. seinen Meutegenossen) ein. Auch bei der Wildform gibt es nur den *Selbstschutz* bei persönlicher Bedrohung ohne Fluchtmöglichkeit. Ausnahme ist nur das Muttertier, das seine Welpen (hormonell bedingt) schützt.

Schneid werten die MENZELS als „ererbte muthafte Veranlagung" und bringen dies mit dem „Geltungstrieb" in Zusammenhang. Aber ebensowenig, wie sich eine ethisch zu wertende Eigenschaft vererbt, (mutige Eltern haben meist gerade *keine* mutigen Kinder) trifft dies auf den „Geltungstrieb" des Hundes zu, den die MENZELS ebenfalls sehr anthropomorph derart erklären: „Anerkennung von Seite der Gemeinschaft bedeutet denkbar höchstes Lustgefühl. Das Gefühl, sicher und angesehen im Rahmen einer Gemeinschaft gleichartiger Wesen zu stehen, ist für das sozial organisierte Einzelwesen ein förderndes Lebensprinzip von vitalster Bedeutung." . . .

Über die Hintergründe und Zusammenhänge dieser Verhaltensweisen haben wir bereits ausführlich berichtet, es muß hier nun nicht mehr wiederholt werden.

Obwohl durch neuere Erkenntnisse weitgehend überholt, lohnt sich die Lektüre der „Wesensgrundlagen". Nirgendwo anders kann man so überdeutlich erkennen, wie sehr unsere heutige Form des Schutzhundwesens ein Relikt aus (längstvergangenen) Zeiten ist, in denen ein hoher Anteil der Schutz- und Polizeihunde auch tatsächlich für diese Aufgaben gebraucht wurde.

Daher wurden die „Wesensgrundlagen" ausdrücklich für den *„Hund als Waffe"* erarbeitet; bereits damals wurde darauf hingewiesen, daß ein scharfer Hund problematisch in der Hand des „Durchschnittsliebhabers" ist.

Denn die Warnungen und Hinweise von damals sind *nicht* durch neuere Erkenntnisse überholt! Sie besagen, daß ein Hund durch Dressur und Kampfübungen an Schärfe gewinnt und dies in Privathand vorsichtig zu handhaben sei,

d. h. nur „besonders erprobten Beamten anvertraut werden darf." Wir finden sogar den direkten Hinweis, daß der „normale Begleithund des Exekutiv-Organs" zwar wie ein „Liebhaberschutzhund" gehalten werden soll, daß diese aber, „durch den vielen Umgang mit den Menschen, mit denen sie nicht kämpfen dürfen, rasch an Schärfe einbüßen ..."

Doch selbst diese Darlegungen sind die Quelle so mancher Denkfehler, weil hier ein *feiger* Hund mit einem nicht todesmutigen Kämpfer mehr oder weniger gleichgesetzt wird.

Die Berichte über Erlebnisse bei Prüfungen aus jener Zeit lassen auch die Vermutung zu, daß das bei einigen Hunden geschilderte Angstverhalten typisches Zeichen für das war, was wir heute als Aufzucht- und Prägungsmängel bezeichnen. Damals wußte man noch nichts über die entscheidende Prägephase; daher war in vielen Fällen die Bindung des Hundes an den Menschen nicht aufgrund eines genetischen Defekts, sondern durch Aufzuchtmängel gestört.

Die Gegenüberstellung dieser beiden ganz gegensätzlichen, dennoch etwa gleichzeitig entstandenen Auseinandersetzungen mit den charakterlichen Grundlagen des Hundes spricht für sich. Wir können vor allem daran erkennen, daß damals wie heute dieses Problem auf sehr unterschiedliche Weise gesehen wurde. Einig war man sich damals wie heute nur in einem Punkt, daß man „wesensschwache" d. h. ängstliche, nervöse Hunde *nirgendwo* brauchen konnte.

Umso erstaunlicher ist, daß dieses einzige, wirklich von *allen* als unerläßlich bezeichnete Zuchtziel bis heute weitgehend nicht erreicht wurde. Bei den vielen Diskussionen, bei denen es um die wichtigsten Charaktereigenschaften und die Prüfung der zur Zucht zu verwendenden Hunde geht, wird mir immer wieder bewußt, in wie vielfach mißverstandener Weise die in den „Wesensgrundlagen" genannten Begriffe ausgelegt werden. Daher sollte man sich mehr auf ganz praxisbezogene, wie die von HUMPHREY und WARNER, SCOTT und FULLER etc. erarbeiteten Grundlagen stützen, die zwar u. a. auch den Gebrauchshund, nicht aber den *Hund als Waffe* in den Vordergrund stellen.

In der augenblicklichen Situation muß ohnehin ernsthaft gefragt werden, ob es nicht dringend geboten ist, für den „Sporthund" völlig andere Gesichtspunkte seiner Beurteilung, Zucht und Ausbildung zu erarbeiten. Kann man beim „Hundesport" die dort übliche „Mannarbeit" überhaupt für *sinnvoll* und verantwortbar halten?

Denn ganz sicherlich büßt der Hund, wenn er nicht auf den Mann dressiert wird, deshalb sein „gutes" Wesen nicht ein, *wenn* er eins hat. Ebenso sicher kann man aber auch einen weniger hervorragenden Hund durch gezieltes Training zu einer eindrucksvollen Leistung im „Schutzdienst" bringen; eine Leistung, die von großer Bedeutung für die Zuchttauglichkeit der Hunde ist, da, wie gesagt, die Sache mit dem Wesen (bzw. dessen Testbarkeit) noch nie so ganz einfach war ...

Aufklärung über Rassenunterschiede, Charakter, Aufzucht und Erziehung statt „Waffenschein" für Hundehalter

Bei Hunden in *Privathand* führen nicht nur Wesensmängel zu Problemen. Folgenschwer wirkt sich oft die weitgehende Unkenntnis aus, daß es nicht nur allgemeine, sondern deutliche *rassespezifische Unterschiede* gibt, die bei Wahl, Erziehung und Haltung des Hundes berücksichtigt werden müssen. Nicht alle Hunde sind sanft, leicht erziehbar und kinderfreundlich. Auch ist der Zeitpunkt, zu dem bestimmte Rassen ausgereift sind, keinesfalls überall gleich, was bei ihrer Erziehung zu berücksichtigen ist.

Die Untersuchungen (hier gekürzt zitiert) die H. MAHUT an 230 Hunden zehn verschiedener (in Privathand gehaltener) Rassen durchführte, bestätigten die Untersuchungen der Forschungsstätten, daß es, neben individuellen Unterschieden, generelle, rassetypische Besonderheiten gibt.

„Die überraschendste Feststellung war, wie deutlich sich die zehn Rassen voneinander unterscheiden. Nicht nur im Hinblick auf ihre Anfälligkeit für Angst, sondern auch, wie sie sich in sowohl bedrohenden bzw. völlig unbedrohlichen Situationen verhielten. Insgesamt wurden die Reaktionen 202 normal aufgezogener Hunde zehn verschiedener Rassen geprüft, die verschiedenen fremden Objekten gegenübergestellt wurden. Als Vergleich hinzugezogen wurden 28 Hunde aus zwei Rassen, die unter starken Einschränkungen im Zwinger (acht Hunde in strengster Isolation in Käfigen) aufgezogen wurden. Die rasse- und aufzuchtbedingten Unterschiede waren eindrucksvoll.

Die Tiere lebten unter einheitlichen Haltungsbedingungen und waren alle bei bester Gesundheit; sie wurden in Gegenwart ihres Besitzers oder Betreuers in ihrer gewohnten Umgebung getestet. Die Ergebnisse fielen eindeutig in zwei Gruppen: erstens die in Privathand, zweitens die in mehr oder weniger großer Isolation gehaltenen Hunde. Das überraschendste Testergebnis war, daß die *Rassen* in fünf von sechs Reaktionsweisen voneinander abwichen; generell waren die Hunde schließlich zwei Gruppen (ängstlich/ nicht ängstlich) zuzuordnen.

Ängstlich (124 Hunde)	*Furchtlos* (78 Hunde)
(Gebrauchs- u. Jagdhunde)	*(Kampfhunde, Rattenbeißer)*
Collies	Boxer
Deutscher Schäferhund	Boston Terrier
Min. und Standard Pudel	Scottish Terrier
Corgies	Bedlington Terrier
Dackel	

Die *ängstliche* Gruppe machte deutlich mehr *Vermeide- und Zöger-Reaktionen* als die furchtlose. Daneben ergaben sich innerhalb der Gruppen noch weitere Differenzierungen (mehr oder weniger Vermeide-Reaktionen / Zögern). Das Alter hatte keinen Einfluß auf ihr Verhalten; deutliche Unterschiede hingegen waren zwischen Rüden und Hündinnen zu beobachten.

Bei den *isoliert* aufgezogenen Vergleichshunden (zehn Boxer und 18 Scottish Terrier) war nicht nur ihr insgesamt ängstliches Verhalten auffallend, sondern vor allem, daß sie viele „rassetypische" Reaktionen verloren hatten. Besonders die „Käfig-Scotties" gerieten (im Gegensatz zu allen anderen) in fremder Umgebung in diffuse Angstzustände, urinierten und koteten in hochgradiger Erregung, rannten – (blind vor Angst nicht zu testen) im Kreis im Raum herum.

Nicht nur die konstitutionsbedingten Rassenunterschiede wurden bestätigt, sondern auch, daß eine Rasse durch Aufzuchtbedingungen gravierend verändert werden kann. Boxer und Terrier (normalerweise nicht ängstlich und vorsichtig) verloren diese Eigenschaften bei Isolationsaufzucht. "

Weitere Beobachtungen bei Haus- und Familienhunden hat U. Theisen durch eine Umfrage bei Besitzern von 587 Rassehunden aus 63 Rassen (320 Rüden, 267 Hündinnen) zusammengestellt. Antworten der Hundehalter zu einigen Punkten des Beute- und Sozialverhaltens bestätigen, daß die wissenschaftlich erforschten Zusammenhänge auch im Heimbereich ähnlich beobachtet werden.

Der „Mäuselsprung" wurde beispielsweise von Hündinnen erheblich häufiger und vollständiger: Springen-Töten-Verzehren ausgeführt, als von Rüden, da ihr *Verhalten* weniger durch die Domestikation verändert ist.

Hündinnen töten vorwiegend und häufiger als Rüden *kleine*, Rüden *größere* Beutetiere. Überdurchschnittlich häufig waren Mäuselsprung und Töten bei: Bullterrier, Mittel- und Zwergschnauzer*, Dobermann, Doggen, Schäferhund, Dackel*).

An allen Unfällen mit Hunden waren überwiegend Rüden (vorwiegend im ersten bis vierten Lebensjahr) beteiligt. Bei Hündinnen war die Angriffslust gering und unabhängig vom Alter.

Die Hunde haben Fremde angegriffen bei: Betreten des „Reviers"; unerwartetem Anfassen; Gefühl der Bedrohung (von: Hund / Herr / Gegenstand / Welpen); Radfahren. Das Territorium wurde von Rüden und Hündinnen etwa gleicherweise verteidigt, während bei der Selbstverteidigung die Rüden überwogen.

Nach den Angaben der Besitzer hatten Hunde, die ihren Besitzer oder Fremde gebissen haben, folgende *Wesensschwächen*: Aggressiv, nervös, sensibel, feige, schwer erziehbar. 5 % aller untersuchten Hunde gelten als aggressiv, Rüden haben ihren Herrn häufiger gebissen als Hündinnen, meist als Folge von Zwangsmaßnahmen.

Interessant ist in dieser Untersuchung die Feststellung, daß 40.9 % der ausgewerteten Hunde eine *abweisende Haltung gegenüber Kindern* einnehmen: Rüden werden mit zunehmenden Alter ablehnender. In Klammern (siehe Tab. nächste Seite) die %-Anzahl der Hunde der jeweiligen Rassen, die Kinder ablehnten.

*) Fressen Beute auch auf!

Durch eine Befragung, die HART in Amerika durchführte, wurde ein weiterer Schritt unternommen, typische rassebedingte Eigenschaften zusammen- und gegenüberzustellen. Einige von ihnen werden hier wiedergegeben; sie sollen zeigen, daß es nicht nur möglich war, Hunde nach Baukastensystem zu züchten, sondern daß es daher auch logischerweise möglich ist, sich einen Hund „nach Maß" auszusuchen.

Charakterbilder von fünf Rassen:

Eigenschaft:*)	Golden Retriever	Cocker	Dobermann	Schäferhund	Pudel
Erregbarkeit	20	60	30	50	50
Aktivität	40	50	40	40	60
Tendenz zu beißen	10	80	40	50	40
Bellfreudig	10	60	30	60	50
Spielfreudig	80	50	30	60	90
Leicht trainierbar	80	60	90	90	90
Wachsam	20	20	90	90	80
Aggress. geg. Hunde	10	30	80	90	30
Dominantes Wesen	10	50	60	70	20
Territor. bewachen	10	20	20	90	60
Will Zuwendung	70	90	60	30	70
Zerstörwut	10	60	60	90	40
Sauberkeit	90	50	90	70	90

*) Je Merkmal waren maximal hundert Punkte möglich

Merkmale von 21 Rassen:

Einfach zu erziehen	Besonders lebhafte Rassen	Besonders Wachsam
1. Dobermann	1. Foxterrier	1. Schnauzer
2. Australian Shepherd	2. West Highland White Terr.	2. West Highland White Terr.
3. Welsh Corgie	3. Schnauzer	3. Scottish Terrier
4. Standard Pudel	4. Silky Terrier	4. Dobermann
5. Zwergpudel	5. Yorkshire Terrier	5. Deutscher Schäferhund
Weniger einfach zu erziehen	Besonders ruhige Rassen	Weniger wachsam
1. Basset-Hound	1. Bloodhound	1. Bloodhound
2. Dackel	2. Basset-Hound	2. Neufundländer
3. Foxterrier	3. Neufundländer	3. Bernhardiner
4. Dalmatiner	4. Australian Shepherd	4. Basset-Hound
5. Pekinese	5. Chesapeake Bay Retriever	5. Vizla

Hunde die Kinder ablehnten:

1. Gruppe (sehr stark):	2. Gruppe (mittel):	3. Gruppe (gering):
Zwergschnauzer (69%), Dackel (56%) Afghane (54%), Schäferhund (52%)	Dalmatiner (47%), Riesenschnauzer (42%), Mittelschnauzer (39%), Collie (35%), Hovawart (35%), Dobermann (35%) Berner Sennenhund (33%)	Bulldoggen (27%), Bullterrier (27%) Doggen (26%), Boxer (24%), Rottweiler (23%), Neufundländer (20%) Leonberger (18%)

Aggressives, defensives destruktives Verhalten bei Hunden

Um unerwünscht aggressives Verhalten des Hundes zu verhindern, muß man es zunächst als eine natürliche und zielgerichtete Aktion verstehen, die sich normalerweise auch auf natürlichem Wege begrenzt. Aggression äußert sich zwar als Angriff oder Kampf und Verteidigung, entsteht aber nicht immer aufgrund *aversiver* Empfindungen.

Aggressive Handlungen gehören zu verschiedenen Lebensbereichen und werden dort durch jeweils typische Anlässe ausgelöst; die Reaktion erfolgt, weil sich das Tier entweder von etwas bedroht (d. h. abgestoßen) fühlt und sich *aversiv* verteidigt, oder weil es von etwas *angezogen* wird, das es verfolgt, um es zu ergreifen:

1. *Beuteverhalten*	2. *Verteidigung der Ordnung nach außen*	3. *Verteidigung der Ordnung nach innen*
Erkunden Jagen Töten Fressen	Verteidigung des Lebensraumes (Revier, Territorium) Jungen- u. Selbstverteidigung	Spielerische bzw. ernste Rangauseinandersetzung in der Gruppe (agonistisches Verhalten)

So gesehen, ist das sogenannte aggressive Verhalten ein ausschlaggebendes *Element* in schlechthin allen, die Lebensbewältigung betreffenden Verhaltensweisen, ist nicht aber „das" Verhalten selbst.

Bei der Züchtung und Ausbildung des Hundes werden die den einzelnen Bereichen zugehörigen Verhaltensweisen gezielt gefördert oder vermindert. Unter den Jagdhunden ist das Spektrum groß und reicht vom sanften, fügsamen Hund (kann das Wild nicht berühren), bis zu raubzeugscharfen, beiß- und tötungsfreudigen Rassen. Bei einigen Rassen (z. B. Meutenhunde) ist das *Verteidigungsverhalten* (eine aversive Haltung) gering bis gar nicht ausgeprägt; ein „raubzeugscharfer" Hund ist nicht unbedingt auch „mannscharf".

Die zur *Gruppe 2* gehörigen Verhaltensweisen werden besonders bei Schutz- und Wachhunden gefördert. Diese haben eine wesentlich empfindlichere Nähe-Toleranz; sie fühlen sich und ihr Territorium leicht bedroht, ihre *aversive* Stimmungslage führt zur Selbst- und Territoriumsverteidigung, was den Besitzer des Hundes, „als wär's ein Stück von mir", meist mit einschließt. Unsinnigerweise (weil auch bei weniger verteidigungsbereiten Hunden wirkungsvoll), wird bei mancher Ausbildung die Beutemotivation durch Ringhetze und bewegte Beißobjekte angeregt; der Scheintäter wird folglich nicht wehrhaft abgewiesen, sondern als Beute behandelt. Wenn schon der Mensch dies offensichtlich gedanklich nicht trennen kann, wieviel weniger ist dies vom Hund zu erwarten!

Alle Fähigkeiten des Hundes können sich nur auf der Grundlage der Verhaltensweisen der *Gruppe 3* entfalten. Hier entsteht die charakterliche Grundlage des Hundes: Verstand, Einsichtsvermögen, Umweltverständnis, Selbstsicherheit; seine verschiedenen Formen der „Aggression" und seine Fähigkeit, sie *diszipliniert* einzusetzen.

Jeder Form von aggressivem Verhalten geht *grundsätzlich* ein *Lernprozess* voraus. Nur die Veranlagung und eine mehr oder weniger große Aktivität sind „angeboren", erst die Lebensverhältnisse entscheiden über die Entwicklung, die daher voll in den Verantwortungsbereich des Menschen gehört.

Typische Anzeichen, daß beim Hund bestimmte Lernprozesse eingesetzt haben, treten schon sehr früh im Leben auf. Man nimmt zunächst einen Welpen nicht ernst, der besonders aggressiv anderen Welpen, dem Züchter oder dem Besitzer gegenüber ist. Erwiesenermaßen wird die Neigung zu kämpfen und anzugreifen dadurch *verstärkt*, daß ein Welpe kämpft oder angreift. Mancher Hundehalter findet seinen rabiaten Kleinen sogar recht lustig, beginnt allerlei Raufhändel mit ihm und beobachtet amüsiert die wütenden, knurrenden, zähnefletschenden Angriffsversuche und das Verfolgen von Katzen, Fahrrädern, Briefträger oder Nachbars Hund.

Nicht genug damit. Liest man beispielsweise über die beim Schutzhund zu entwickelnden Eigenschaften nach, stößt man (neben den erwarteten Hinweisen auf „Kampfkraft" und „Schutztrieb") auf Ausführungen über die „Beißtechnik". Bei dieser wird hervorgehoben, daß „der ruhige, volle und feste Anbiß und Griff" erstrebenswert ist. Für den, der sich nicht so recht vorstellen kann, daß es auch beim Beißen bereits so große Unterschiede geben soll, wird auch erklärt, worauf man dabei sein Augenmerk zu richten hat: Der „feste Angriff oder Biß", resultiert aus dem „angeborenen Grunddruck der Kiefer(n) des Schutzhundes. Denn der Biß des Schutzhundes kann von Natur aus kräftig, mittel oder schwach sein"; in jedem Fall ist „aber der ererbte, gleichmäßig harte Anbiß die beste Voraussetzung für die richtige Beißtechnik." Der Junghund entwickelt seine Beißtechnik *primär* dadurch, daß der Helfer *von Anfang an* den Beutetrieb und die Aggressivität des Schutzhundes optimal auslöst und mischt" ... „Die *entscheidende* Voraussetzung für die personenbezogene Angriffsführung ist, daß ... die *richtige* Beiß- und Sprungtechnik keine Probleme mehr verursacht".

Auch die Anleitungen, wie ein Züchter spielerisch seine Welpen auf ihr zukünftiges Schutzhundleben vorzubereiten hat, enthalten überwiegend Anweisungen, wie Beutetrieb und Aggressivität der Welpen optimal zu fördern sind. Das alles findet aber bereits *vor* der Abgabe der Welpen, also in einem sehr frühen Alter statt. Wenn wir uns erinnern: Aggressives (Beute-)Verhalten entwickelt sich bei den Wildformen nur in den Gruppen des Typ 1 und Typ 2 sehr früh; übertragen auf die Schutzhunde, wird bei diesen das Aggressiv- und Beuteverhalten bereits zu einem im Grunde unnatürlichen Zeitpunkt einseitig gefördert und weniger Wert auf das (viel wichtigere) Training von *Beißhemmung* und Unterordnung gelegt. Daß die Förderung wesensstarker Welpen weniger ihre Kampfkraft, sondern mehr ihre Gehirnentwicklung (Umwelterfahrung) und Organentwicklung (Belastbarkeit bei Streß) verbessern soll, wird wenig berücksichtigt.

Die Aggressivität eines Hundes wird jedoch nachhaltig durch die Situation bestärkt. Nimmt man einen Welpen aus einer Gruppe, in der er dominiert und gerne kämpft, heraus und verlegt ihn in eine andere, ihm überlegene Welpengruppe, vermindert sich die Anzahl der von ihm angezettelten Kämpfe. Auch aggressivere Rassen (z. B. Schäferhunde, Foxterrier, Bullterrier) kann man tatsächlich gezielt sehr früh beeinflussen, indem man die Gelegenheit zu aggressiven Handlungen einschränkt und andererseits den lebensnotwendigen Streß durch Umwelterfahrungen erzeugt. In einem Versuch wurden Welpen bei jeder aggressiven Aktivität am Nackenfell hochgenommen. Ohne Boden unter den Füßen verflog ihre Absicht recht schnell. Niemals in Kämpfen gestählt, wurden sie überraschend friedliche, *wesensfeste* Tiere.

Ausschlaggebend ist daher auch die *Einstellung* des Züchters (bzw. Besitzers) zu seiner Rasse. Ein Bullterrierzüchter erzählte mir empört, für ihn wären Welpen undiskutabel, die friedlich aus *einem* Napf fressen (statt sich ständig in blutige Kämpfe zu verwickeln). Bei solchen Züchtern ist die Hoffnung gering, daß sie die *guten* Eigenschaften des Bullterrier jemals begreifen werden.

Auch die Neigung zu Erkunden, Jagen, Töten, zu Revier- und Selbstverteidigung wird durch frühzeitige, oft unbemerkte Lernprozesse durch fortgesetzte *Selbstdressur* in unerwünschte Bahnen gelenkt und die rechtzeitige Erziehung zur Selbstdisziplin versäumt. Ein Hund im erziehungsfähigen Alter lernt *immer*! Fehlende, erzieherische Beschäftigung ersetzt er lückenlos durch andere, seinem Typ entsprechende Lernprozesse. Vor allem sein Dominanzverhalten, ein einmal erreichtes Maß an Bestimmungsrecht, läßt er sich, was völlig natürlich ist, nur schwer streitig machen, hat er es einmal ausgekostet.

Fehlverstandene Tierliebe, Bequemlichkeit, Nachlässigkeit oder auch pure Dummheit führen dazu, daß der Hund schließlich sich völlig entgegengesetzt der Wünsche des Züchters/Besitzers entwickelt. Der zunehmend verunsicherte, ängstliche oder aggressive Hund wird auch durch drakonische Erziehungsmaßnahmen weder führig noch diszipliniert; wegen der übergroßen Mühe wird oft die Ausbildung abgebrochen, übrig bleibt ein weiterer, potentiell gefährlicher Haushund.

Bis auf krankheitsbedingte Verhaltensanomalien (Schädigungen im zentralen Nervensystem durch Tumore, Verletzungen, hormonelle Imbalancen usw.), sind alle (auch unerwünschte) aggressiven Verhaltensweisen aus den obigen Funktionskreisen abgeleitet und *natürliche* Reaktionen des Hundes. *Unnatürlich* sind jedoch *Ängstlichkeit* und *Furchtsamkeit;* sie haben in keiner der drei Gruppen einen überlebenswichtigen Sinn. Daher darf *Vorsicht* mit ihnen nicht verwechselt werden; sie hat eine *natürliche* und wichtige *Kontrollfunktion* und korreliert mit der Fähigkeit, durch Erfahrungen zu gewinnen, statt durch diese verstört zu werden.

Unfälle mit Hunden ereignen sich überwiegend auf dem Grundstück oder in der Wohnung des Besitzers oder in deren näherer Umgebung. Der Hund lehnt sich gegen seinen Herrn auf, beißt spielende Kinder oder schützt „sein" Territorium. Da häufig dem Hund vertraute Personen angegriffen werden, liegt die Ursache in einer unzureichenden Sozialisierung des Hundes. Mangelhafte Aufzucht, ungenügende Kenntnis von typischen Verhaltensweisen und Bedürfnissen des Hundes, nach- und fahrlässige Erziehung und Beaufsichtigung und nicht zuletzt oft eine (für das auf soziale Kontakte angewiesene Tier) unerträgliche Isolation, sind die Ursachen aller Katastrophen, die fälschlich als *Bösartigkeit* des Hundes ausgelegt werden.

Auch bei schweren Unfällen sind nicht ausschließlich große oder Wach- und Schutzhunde beteiligt. Nach einer Aufstellung von BECK sind daran beteiligte Rassen in *absteigender Häufigkeit:* Schäferhund, Husky, Bernhardiner, Bullterrier, Deutsche Dogge, Malamute, Golden Retriever, Boxer, Dackel, Dobermann, Collie, Rottweiler, Basenji, Chow-Chow, Labrador-Retriever, Yorkshire.

Die auslösenden Ursachen einiger Unfälle konnten wissenschaftlich analysiert werden. Ein dreijähriger, freundlicher, guterzogener Husky hebt, während die gesamte Familie in der Nähe ist, deren vier Tage altes Baby am Kopf aus dem Wagen. Das Kind stirbt an den, durch das große Hundegebiß verursachten, schweren Verletzungen. Die Untersuchung des Hundes ergab, daß er keinesfalls bösartig, sondern nur außerordentlich *neugierig* war und eine geringe Neigung zum Beuteverhalten hatte.

Eine 81 jährige Frau erlag den Verletzungen, die ihr von ihren sechs Hunden (keiner schwerer als 12 kg) zugefügt worden waren. Auch diese Hunde wurden später genau untersucht. Alle waren extrem ängstlich, hatten lange Krallen (waren also selten außer Haus), nur eine Hündin ließ sich anleinen. Im Untersuchungsraum war ein *einzelner* Hund überängstlich; waren sie zu mehreren, bildeten sie sofort eine Rangordnung und gingen furchtlos zu *gemeinsamem* Angriff auf einen Betreuer über.

In gleicher Weise attackierten sie eine 1 m große Puppe, die in aufrechter Haltung zu ihnen in den Raum geschoben wurde. Als man jedoch die Puppe in Richtung der Hunde umfallen ließ (ähnlich wie vermutlich die alte Frau) stürzten sich die Hunde in echter Rudelmanier auf die Puppe (Beute) und unter fortwährendem Knurren, Beißen, zerrten sie an deren Kopf, Hals, Haaren, Armen und Beinen. Die der Puppe zugefügten Verletzungen deckten sich mit denen der alten Frau. Als später die gleichen Tiere *einzeln* vom Betreuer versorgt wurden, waren sie freundlich, ließen sich das Futter wegnehmen und versuchten zu spielen. Die, jedes für sich, freundlichen, ängstlichen Tiere, waren *gemeinsam* sofort in Rudelmanier bereit, einen Menschen anzugreifen und zu verletzen.

Bei *einzelnen*, ausgebrochenen Hunden wird beobachtet, daß sie, falls sie sich überhaupt drohend gegen Menschen verhalten, umso aggressiver reagieren, je näher sie ihrem

347

Territorium sind. Offensichtlich haben sie dieses nur ausgedehnt und wollen es schützen. Einzelne, aggressive Hunde lassen sich auch relativ leicht durch entsprechende Drohungen verjagen.

Wirklich gefährlich können Hunde werden, die zu *zweit* oder *mehreren* unterwegs sind, sich als Mitglieder eines Rudels fühlen und von einem Anführer geleitet, Radfahrer oder Jogger verfolgen und angreifen. Bei einem Überfall auf zwei Jungen wurde nur der *fliehende* schwerverletzt, während der andere, *reglos* liegengebliebene, unbeachtet blieb. Auch dieser Fall konnte weitgehend rekonstruiert werden.

Die Hunde wurden wieder zusammengebracht. Sie waren mager, sehr ängstlich und nicht erzogen, aber ihr Sozialverhalten (Begrüßung und Spielaktionen) zeigte, daß sie miteinander wohlvertraut waren; sie blieben auch jetzt beisammen. Auf eine vor ihnen fliehende Versuchsperson reagierten sie nicht. Nachdem sie aber erfolglos eine Gruppe Motorradfahrer verfolgt hatten, gingen sie aggressiv auf den Trainer los. Hunde in Gruppen können, insbesondere wenn sie schon längere Zeit unterwegs sind und eventuell bereits Wild oder Radfahrer usw. erfolglos gejagt haben, außerordentlich gefährlich werden.

Bei den meisten Unfällen kommen viele unglückliche Einzelheiten zusammen. Häufig sind die Hunde aus Zwingern entkommen, meist ist ihre Erziehung sehr oberflächlich, meist ist bekannt, daß sie ihr Territorium heftig verteidigen; viele von ihnen haben sogar eine mehr oder weniger vollständige Schutzdressur hinter sich. Meist kümmert sich nur eine Person regelmäßig um die Hunde, sie leben nicht in der Familie, haben wenig Ansprache, viel zu wenig Bewegung, ihre Ernährung ist meist ausreichend, ihre Körperpflege mangelhaft. Sie reagieren nicht anders als die Chaoten bei großen Fußballspielen, bei denen der soziale Hintergrund oft ähnlich ist und die sich ebenfalls, in gemeinsamer Aktion, zu unglaublicher Rabiatheit steigern können.

Plötzlich auftretendes, aggressives Bedrohen der eigenen Familie aus Rivalität, Eifersucht, während des Fressens usw. sind deutliche Zeichen dafür, daß die Rangposition des Hundes in der Familie nicht sicher ist. Da können selbst kleine Hunde ihren Besitzern schmerzhafte Verletzungen zufügen, wenn sie das Futter oder gar das Bett verteidigen. Da kann ein großer Hund seinen Herrn tödlich verletzen, wenn dieser ihm Gehorsam abzuzwingen versucht, was der Hund, der in seinem Herrn den Rivalen oder Angreifer sieht, erfolgreich verweigert.

Für den Hund ist das *Bindungsbedürfnis* ebenso oder noch wichtiger als sein tägliches Brot. So, wie man bei einem jungen Hund die Zahl der Mahlzeiten erst nach und nach reduziert, ist auch das Gesellschafts- und Spielbedürfnis beim jungen Hund am größten. Die Ratschläge mancher „Fachleute", die unsinnigerweise empfehlen, den Hund einfach alleinzulassen, ihn einzusperren (womöglich in einen Hundekäfig, damit er nichts Böses anstellen kann), sein Heulen und Bellen entweder nicht zu beachten (er hört schon von selbst auf), oder dieses drakonisch zu bestrafen (ihm gleich zeigen, wer der Herr im Haus ist), sind das exakte Gegenteil einer naturgemäßen Aufzucht.

348

Die am häufigsten dabei entstehenden Probleme sind pausenloses Bellen, was zu verärgerten Nachbarn führt und die Verunreinigung oder Zerstörung der Wohnung, was den Besitzer selbst ärgert und teuer werden kann. Auch bei Hunden kommt es unter deprimierenden Lebensumständen zu typischen psychosomatischen Erkrankungen: Sie werden, wie der Mensch, depressiv, übersensibel oder aggressiv, beginnen sich selbst zu zerstören, verweigern das Fressen oder simulieren Krankheiten, die ihnen erfahrungsgemäß Zuwendung einbringen.

Der junge Hund muß (nach ausgedehnten Spiel- und Bewegungszeiten) Schritt für Schritt an das Alleinsein gewöhnt werden. Hilfreich ist es, Licht oder Radio angeschaltet zu lassen und zunächst nur *kurze* Zeit abwesend zu sein. Gegen „Zerstörungswut" hilft nur, ihn niemals allein mit verbotenen Dingen zu lassen, ihm aber dafür genügend andere, erlaubte, zur Beschäftigung zu geben. Gegen unkontrolliertes Bellen hilft *nur* Erziehung, niemals Bestrafung. Zunächst lernt der Hund das *Bellen* auf Befehl, sodann das Bellen auf *Befehl zu beenden*.

Umerziehung oder Desensibilisierung mit Unterstützung durch Medikamente

Zu überraschenden Ergebnissen führten die über 900 Versuche, die CORSON mit überreaktiven nicht konditionierbaren Hunden, darunter einige Cocker, durchführte. Gerade bei dieser an sich freundlichen Rasse sind immer wieder vereinzelte, meist einfarbige Tiere, bei denen plötzlich eine durch nichts zu behebende Aggressivität einsetzt, die meist zur Einschläferung der zuletzt regelrecht bösartigen Tiere führt. Bei den Medikamententests hatten bei diesen Hunden *Amphetamine* (also eigentlich Aufputschmittel) eine verblüffende Wirkung. Durch diese Medikamente wurden bestimmte, aus der Balance geratende Transmitterstoffe im Gehirn ausgeglichen und das außerordentlich bösartige Verhalten der Tiere beendet. Auch ohne weitere Medikamente behielten diese Hunde später ihr ausgewogenes Verhalten bei.

Bei überaktiven Foxterriern hingegen war eine Behandlung mit Amphetaminen wirkungslos. Daher kam auch CORSON zu der Überzeugung, daß Medikamente entsprechend dem *Typ* des Hundes wirken. Dies muß auch beachtet werden, wenn man eine eingefahrene, unerwünschte Reaktion des Hundes durch Umerziehung, unter Zuhilfenahme von Medikamenten, durchführen will.

Mit den richtigen Medikamenten, in der richtigen Dosierung (hier braucht man einen guten Tierarzt!) können außerordentlich gute Erfolge erzielt werden. Auf diese Weise lassen sich *alle* durch Erziehungsfehler (oder durch Selbstdressur des Hundes) entstandenen Fehlreaktionen, was allerdings Geduld und Konsequenz erfordert, beheben. Diese Fehlreaktionen haben gemeinsam, daß sie bei bestimmten Anlässen mit der Zuverlässigkeit eines konditionierten Reflexes ausgelöst werden. (Aggression gegen Fremde, Kinder, Hunde, Katzen; Angst vor Autofahren, Treppensteigen, Agitation am Gartenzaun usw.)

Im *gezielten* Herbeiführen kritischer Situationen kann der Hund „umkonditioniert" werden, was allerdings durch Medikamente erleichtert werden kann, die seine Angst oder Aggressivität dämpfen.

Fehlverhalten eines körperlich gesunden Hundes entsteht *immer* aufgrund unsachgemäßer Aufzucht, Erziehung und Haltung. Seine neurotischen Verhaltensweisen sind meistens ein Zeichen für einen ebenso deformierten Zustand der Psyche seines Herrn oder seiner Familie.

Mancher tut gut daran, nicht nur einen zornigen Blick auf den Hund, sondern einen nachdenklichen auch auf sich und die seinen zu werfen.

Blindenhunde – der Hund auf „Rezept"

Blindenhunde, soviel können wir uns vorstellen, müssen absolut zuverlässig sein, denn sie führen einen Menschen, der nichts sehen und die Situationen nicht beurteilen kann. Daher wird ihre Daseinsberechtigung, obwohl man ihnen relativ selten begegnet, im gezielten Einsatz im engsten Lebensbereich des Menschen selten angezweifelt.

Doch die wenigsten können sich wirklich vorstellen, was solch ein Hund für einen blinden Menschen eigentlich tun kann und bedeutet. Daher ist gerade das Beispiel des Blindenhundes besser als alle anderen geeignet, die vielen erstaunlichen und nützlichen Eigenschaften des Hundes zu zeigen, über die viel zu wenig gesprochen wird, obwohl sie keinesfalls nur auf Blindenhunde beschränkt sind.

Eine Reihe von Wesenstests und Zuchtprogrammen, von denen wir heute profitieren, sind erarbeitet worden, nicht nur, um die für die hohen Ansprüche der zum Blindenhund geeigneten Hunde zu ermitteln. Vor allem galt es, Grundlagen für eine breitere, sichere Zuchtbasis zu bekommen, da ein hoher Prozentsatz der nach herkömmlichen Grundsätzen gezüchteten Hunde für das Blindenhundtraining ungeeignet war und ist.

Vielleicht machen Sie selbst einmal den Versuch und gehen wenigstens eine Stunde lang mit verbundenen Augen. Erstaunt werden Sie feststellen, welch ungeheuerliche Veränderungen Sie dabei an sich selbst und an Ihrer Umwelt bemerken. Zuerst ändern sich Ihre Körperhaltung und Ihr Schritt. Sie scheinen viel von Ihrem Gleichgewichtssinn eingebüßt zu haben, Ihre Schritte werden zögernd und unsicher. Ihre Haltung wird starr, Sie bewegen sich stark aufgerichtet, den Kopf nach hinten zurückgenommen. Sie spüren den Weg und alle Unebenheiten unter Ihren Füßen; Sie halten unwillkürlich die Hände nach vorn ausgestreckt, weil Sie fürchten, irgendwo anzustoßen. Es wird Ihnen unmöglich erscheinen, sich jemals allein irgendwo außerhalb des Hauses zu bewegen. Sie sind immer darauf angewiesen, daß jemand Sie begleitet.

Nun stellen Sie sich bitte vor, Sie haben einen ausgebildeten Blindenhund. Sie haben gelernt, wie Sie mit ihm gehen und umgehen müssen und sind nun in der Lage, mit diesem Hund nicht nur den Weg zur Arbeit, sondern auch zum Einkaufen, ins Cafe oder auf die Post zu gehen. Sie können Straßenbahn oder Zug benutzen, Ihr Hund führt Sie sicher zu Ein- oder Ausgangstüren, Kassen, leeren Stühlen im Cafe, überquert mit Ihnen Straßen und Kreuzungen, unbeirrt durch Menschenansammlungen, andere Hunde, Straßenlärm usw.

Sie müssen sich das bitte *vorstellen*, um zu begreifen, daß ein Hund für einen blinden Menschen den Wiedergewinn seines Selbstbewußtseins und seiner Selbständigkeit, seiner freien Bestimmung über seine Person bedeuten kann; das alles hat der Blinde meistens aufgegeben, und das wiegt für ihn schwerer als der Verlust seines Augenlichts.

An den einen Blinden begleitenden Hund müssen nicht nur besondere *körperliche*, sondern besonders hohe *charakterliche* Anforderungen gestellt werden. Daher wundert es wenig, daß die Hauptgründe, warum Hunde als „ungeeignet" bewertet werden, Ängstlichkeit, Aggressivität, Ablenkbarkeit und Konzentrationsmangel (mit den dazugehörigen Eigenschaften) sind.

> Ein Blindenhund zeigt die *erstaunlichste Leistung*, zu der ein Tier überhaupt ausgebildet werden kann. Er vollbringt etwas, was *kein* anderes Tier, keine Maschine und auch *selten* ein Mensch so fehlerfrei für einen blinden Menschen zu tun vermag!

Nach seiner gewissenhaften Auswahl, Sozialisierung und Aufzucht in Patenfamilien kommt der Hund mit etwa 12 - 18 Monaten in die Spezialausbildung und ist nach sechs bis neun Monaten fertig ausgebildet. Er muß eine bestimmte Körperhöhe (55 - 65 cm) haben, damit das Führgeschirr, das ihn mit dem Blinden verbindet, in einem bestimmten Winkel steht. Hund und Führer müssen in der Größe zueinander passen, damit der Kontakt zwischen ihnen ungestört ist. Immer mehr setzt sich der Labrador als Blindenhund durch, aber auch Airedaleterrier, Neufundländer, Britische Hütehunde, Riesenschnauzer, Boxer, Hovawart oder Mischlinge können gute Blindenhunde werden. Der früher so oft verwendete Schäferhund fällt hier nun häufig aus: „...bei ihm hat man heute Mühe, unscharfe, sichere und nicht unterwürfige Hunde zu finden".

In diesem Zusammenhang ist hochinteressant, daß die Schäferhunde, die (neben Labrador und Golden-Retriever) bei „Guide dogs for the Blind" eingesetzt werden, einer eigens dafür aufgebauten Zuchtlinie entstammen. Diese Schäferhunde sind in ihrem Wesen, wie in ihrem Körperbau den besonderen Bedürfnissen angepaßt. Sie entsprechen in ihrem Körperbau mehr dem Retriever, d. h. sie sind kürzer, kompakter und haben weniger Schulterhöhe. Der Kopf des Schäferhundes ist kürzer und etwas breiter, der des Retriever blieb unverändert, beim Labrador wurde lediglich die Rückenlänge geringer. Damit wurden die Hunde (ganz unbewußt) in ihrem Körperindex einander angeglichen, der ja mit einem bestimmten Temperament korreliert; auch durch den vergleichsweise „kurzen" Rücken wurde (auch unbewußt) ihre Gehweise angeglichen, da dieser einen Einfluß auf die Winkelung hat*), weil der Blinde viel besser mit einem weniger weitausgreifenden, weniger schnellen Hund zurechtkommt.

Aber nicht die Rasse, sondern letztlich *nur* die *Charaktereigenschaften*, die *Körpergröße* und *Gesundheit* und das *Aussehen* sind die ausschlaggebenden Kriterien für die Eignung. Für den Rassehund spricht, daß bei ihm die entsprechenden Eigenschaften mit größerer Wahrscheinlichkeit zu erwarten sind als bei einem Mischlingshund.

*) Siehe „Gangwerk des Hundes"

Doch wird von Laien sehr oft unterschätzt, wie wichtig, neben praktischen Gesichtspunkten, besonders das *Äußere* eines Hunden für den Blinden ist. Manchen mag dies erstaunen.

Doch nur wer weiß, daß der Blinde etwas wie seine Selbstachtung und Selbstbestimmung wiedergewinnt, kann begreifen, wie wichtig es für ihn ist, daß auch er selbst durch einen *schönen* Hund Ansehen gewinnt. Er ist glücklich, wenn er dies von anderen bestätigt bekommt, mit anderen über seinen klugen und schönen Hund sprechen kann; denn der Außenstehende kann ja die *Leistung* des Hundes *nicht* ermessen, sein *Äußeres* aber sehr wohl *bewerten*.

Besonders beim Blinden wird noch ein weiterer, wichtiger Aspekt der Gemeinschaft Mensch/Hund besonders deutlich. Herr und Hund *müssen* auch in ihrem Wesen harmonieren.

Es gibt Hunde, die eine feste Hand brauchen, während andere wieder sehr zartfühlend und sensibel sind und von einem Menschen, der laut und energisch ist, irritiert werden können. Es gibt Hunde, die ausgesprochen für Männer oder für Frauen geeignet sind, andere sind hervorragend besonders in der Stadt mit viel Verkehr und Lärm, andere wieder eignen sich besser für den Einsatz in ländlicheren Gegenden. Einige sind zügig und energisch in ihren Bewegungen, andere wieder bewegen sich weicher und reagieren sensibler auf die Umwelt und auf ihren Herrn.

Wenn in den bisherigen Beschreibungen von Dienstleistungen des Hundes gezeigt wurde, daß hier sowohl sein Sozial- als auch sein Beuteverhalten sinnvoll eingesetzt werden, sind beim Blindenhund andere Fähigkeiten des Hundes bedeutungsvoll.

Die Grundlage der Mensch/Hund Beziehung sind sein Sozialverhalten und entsprechend seine Lernfähigkeit, während alles das Beuteverhalten Betreffende unerwünscht ist. Daher hat für den Blindenhund die gewissenhafte Sozialisierung eine *alles* überragende Bedeutung; bei keiner anderen Verwendungsweise des Hundes wird so deutlich, daß es letztlich *überwiegend typische Aufzuchtmängel* sind, die einen Hund für eine hochspezialisierte Ausbildung *untauglich* machen.

Wie bereits gesagt, ist die Art und Weise, wie sich Wölfe und Hunde im Raum orientieren, ähnlich dem Ortssinn des Menschen. Obwohl also der Hund ein Geruchstier ist, informiert er sich über bestimmte Raumverhältnisse *optisch* und geht nach ähnlichen Gesichtspunkten vor wie der Mensch. Wenn auch der Hund kein Farbempfinden hat, sieht er dafür auch in der Dämmerung gut; er hat außerdem ein sicheres Unterscheidungsvermögen für Formen und Muster, was von Buytendyk in einem Versuch bestätigt wurde.

„Es zeigt sich, daß ein Tier sehr wohl imstande ist, das „Allgemeine" zu *sehen*, so daß von sensorischer *Begriffsbildung* gesprochen werden kann. Nach dem Erlernen von Formen ist die Erkennung der Form in veränderter Lage von der Größe unabhängig. Die

Gesetzmäßigkeiten in dem Ablauf der hier erwähnten Lernpersonen (Hunde) haben, nach ihren allgemeinen Merkmalen, sehr viel Ähnlichkeit mit den Vorgängen beim Denken des Menschen. "

Die Ausbildung des Blindenhundes beinhaltet einen erstaunlichen Vorgang. Der Hund, der sich also im Raum ähnlich orientiert wie der Mensch, lernt seine Umwelt mit *„Menschenaugen"* zu sehen und zu beurteilen, d. h. sein Umweltverständnis wird von „Hundedingen" auf „Menschendinge" erweitert. Wie dies möglich ist, läßt sich (obwohl heute anders ausgebildet wird) am besten an dem von BRÜLL und SARRIS konstruierten „Führhundwagen" mit „künstlichem Menschen" erklären.

Der „künstliche Mensch" läßt den Hund in der Grundausbildung an solchen Hindernissen unangenehme Erfahrungen machen, die normalerweise keine Bedeutung für ihn haben. Er bekommt auf diese Weise ein Körper- und Raumgefühl wie der Mensch, d. h. er muß auf Dinge achten, die hoch *über* ihm liegen, die ihn sonst nicht berühren würden oder unter denen er hindurchschlüpfen könnte. Auch muß der Hund bei seiner Neigung, sich eng an eine Leitlinie zu halten, nun den Menschen in seine „Berechnung" mit einzubeziehen lernen, d. h. sich mehr Platz lassen und vor allem auch Kurven nicht zu eng zu nehmen.

Im „Brüllschen Hindernisgarten" waren damals alle Hindernisse des täglichen Verkehrs für den Hund, in dicht gedrängter Folge, zu Übungszwecken aufgebaut. Der Hund lernte dabei, nicht nur die Hindernisse richtig einzuschätzen und zu umgehen, sondern auch, sich in entsprechenden Situationen einem gegebenen Befehl zu *widersetzen*!

Um diese Entscheidungsfähigkeit des Hundes zu fördern, wurde z. B. im Hindernisgarten ein Graben entwickelt, über den an drei verschiedenen Stellen eine Brücke führen kann. Der Hund muß, um den Graben gefahrlos zu überqueren, sich nach der Brücke orientieren und diese selbständig ansteuern. Ohne den Wagen wäre der Graben für den Hund kein Hindernis; der Wagen lehrt ihn, nach *vernünftigen Umwegen* zu suchen, also den Graben über die Brücke zu überqueren, ohne daß der Wagen umstürzt oder hängen bleibt.

Aus den Untersuchungen über die Ortskenntnisse bei Wölfen wissen wir, daß sie ihre Wege, je länger sie sich in einem bestimmten Gebiet aufhalten, zunehmend „vernünftiger" zu planen imstande sind. Beobachtungen am eigenen Hund und Untersuchungen an Blindenhunden beweisen, daß der Hund durchaus in einem ähnlichen *Sehraum* lebt, der für den Menschen die überragende Bedeutung hat. Der Blinde verliert den *Sehraum*, der ihm das Vorausplanen und Ordnen der Dinge auf weite Sicht ermöglicht und wird auf den *Tastraum*, eine Entfernung von maximal einem Meter, begrenzt. Aber auch im Tastraum orientiert sich der Mensch, ebenso wie der Hund, dreidimensional, nämlich rechts-links, oben-unten, hinten-vorn. Diese Gliederung beruht auf den dreidimensional angeord-

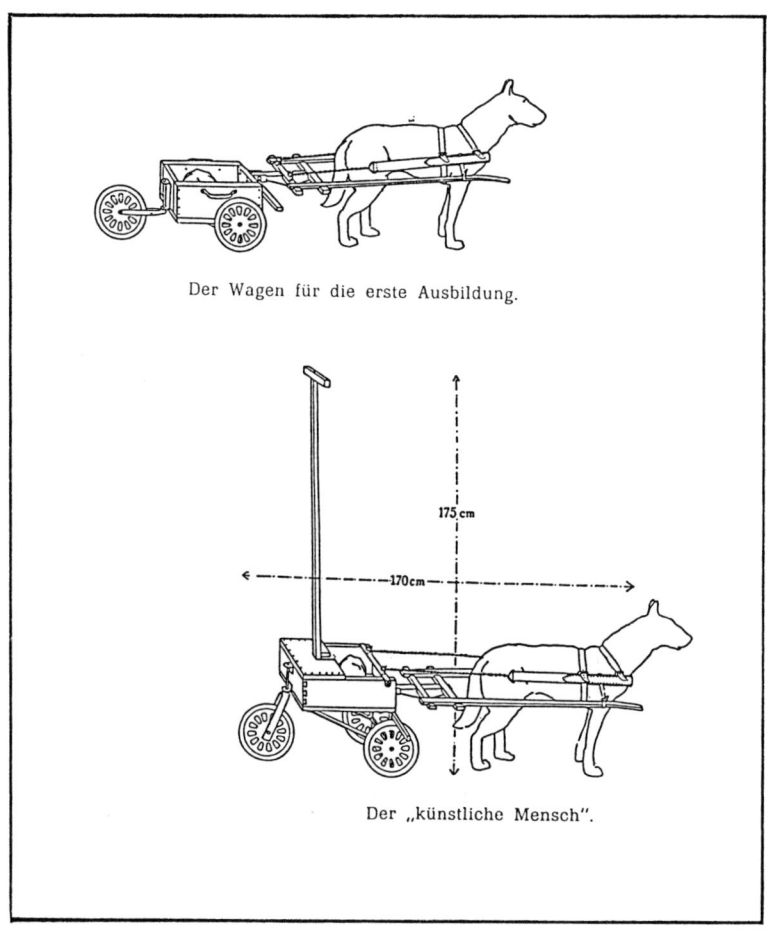

Der Wagen für die erste Ausbildung.

Der „künstliche Mensch".

neten Bogengängen im inneren Ohr, die bei allen Wirbeltieren zu finden sind, so daß auch die Orientierungsleistungen des Hundes denen des Menschen im Prinzip entsprechen.

Heute haben die verschiedenen Blindenhundschulen die unterschiedlichsten Methoden. Die Verkehrsverhältnisse sind ungleich komplizierter geworden als vor 50 Jahren, so daß die Ausbildung der Hunde, unter den schwierigsten Verhältnissen, möglichst frühzeitig in den Städten, in Läden, in Cafes oder auf dem Land erfolgen muß. Aber der Grundsatz ist der gleiche geblieben: Der Hund lernt, in den Körper eines Menschen zu schlüpfen, bzw. diesen in sein Raumverständnis mit einzubeziehen. Wenn der Hund bemerkt, daß ein Hindernis im Weg steht (Bordstein, Treppe, Auto, Verkehr), muß er den Befehl, weiterzugehen, verwei-

gern, wenn sich das Hindernis nicht einfach umgehen läßt. Er lernt, Fußgänger-
streifen zum Überqueren der Straße aufzusuchen, Treppen und Bordsteine anzuzeigen, Sitzgelegenheiten im Freien, in Lokalen oder Bahnen zu suchen und
anzuzeigen; er führt zu Ein- und Ausgängen und schlägt die vom Blinden
gewünschte Richtung ein.

Die Ausbildung zu einer solchen Höchstleistung ist die wohl faszinierendste,
schönste, aber auch schwerste aller „Abrichtemethoden". Niemals wird hier mit
Zwang oder Strafe gearbeitet. An täglichen Übungen, die die Aufnahmefähigkeit
des Hundes nicht überfordern dürfen, wird er Schritt für Schritt an die zahlreichen Probleme, Hindernisse und Anforderungen hingeführt. Zunächst muß im
Modell jede gewünschte Tätigkeit und der dazugehörige Befehl geübt werden:
Hindernisse, Bordsteinkanten, Treppen. Erst wenn die Grundbegriffe „sitzen",
dehnt sich zunehmend der Erfahrungskreis des Hundes aus. Niemals darf ein
Hund in dieser Ausbildung *entmutigt* oder überfordert werden. Seine einzige
Motivation sind die Anweisungen und das Lob zunächst des Ausbilders, der ihn
vorsichtig korrigiert, ihn zu ständig wachsenden *Erfolgen* hinführt und ihn zu
gehorchen und zu verweigern lehrt. Später wird der Hund auch sehr vom Lob und
Zuspruch seines blinden Menschen motiviert werden.

Nicht nur beim Formensehen, sondern auch beim „Problemerkennen" versteht
der Hund, das „Allgemeine" im Besonderen richtig zu erkennen und entsprechend zu handeln. Grundlage ist hier die vom Wolf ererbte Fähigkeit, sich schnell
in veränderten Lebens- und Umweltbedingungen, d. h. mühelos in einer *Raum-
erweiterung* zurechtzufinden. Der Hund lernt daher auch schnell, auf Hindernisse und besondere Aufgaben in jeder neuen Raumsituation *sinnvoll* zu reagieren. Erstaunlich ist, wie schnell ein Hund nicht nur Hindernisse richtig einschätzt,
sondern sich auch auf die Körpergröße seines Menschen einzurichten lernt.

Auch in einer ihnen fremden Umgebung sind Blindenhunde, dank ihres ausge-
zeichneten Ortsgedächtnisses, fähig, sich zurechtzufinden, was ja auch bei anderen Ausbildungsformen des Hundes ausgenutzt wird. Ein Blinder berichtet von
den erstaunlichen Leistungen seines Hundes:

„Innerhalb einer Woche führte mich der Weg dreimal zur Post, wobei ich jedesmal den
gleichen Weg benutzte. Nun kommt das Außergewöhnliche: Beim vierten Mal benutzte
ich einen anderen Weg. Wie bei den letzten Malen verwendete ich nur die Worte „zur
Post", nach denen mich der Hund immer sicher dorthin geführt hatte. Bei der Bahnüber-
führung war der Hund durch nichts zu bewegen, weiterzugehen, bis ich den Zug hörte, der
vorbeirollte, dann erst setzte der Hund den Weg fort. *Doch wußte ich nun nach einigen
hundert Metern nicht mehr, wo ich mich befand und war nun restlos auf den Hund
angewiesen.*

Plötzlich verwies er eine Grasnarbe. Im Augenblick konnte ich mir das nicht erklären,
denn der Weg ging hinterher noch weiter. Von einem Bekannten, der uns beobachtet hatte,
erfuhr ich später die Erklärung. An dieser besagten Stelle kann man nämlich die Postanstalt

sehen, und der kürzeste Weg zu ihr wäre über ein Feld gewesen. Aber trotz der Unkenntnis des Weges, trotz mehrerer Ecken, die zu umgehen waren, befand ich mich mit einem Male am Eingang des Postamtes und darüber hinaus sogar an dem üblichen Schalter. *Zufall?*

Auf dem Rückweg zeigte sich, daß es das *Orientierungsvermögen* des Hundes ist. Mit den Worten „nach Hause" schlug ich einen dritten, von dem Hund noch nicht gegangenen Weg ein. Den nur wenig begangenen Pfad über einen kleinen Bahnschienenkörper, bei dem teils durch Schotter und aufgeworfenen Sand das Laufen erschwert war, teils auch zwischen den Schienen entlang, hat mich der Hund sicher geführt. Er hat diesen Weg *selbständig* und durch *eigene Entschlüsse* gewählt und mich so um all die vielen Hindernisse einwandfrei geführt."

Der Blinde kann nichts von dem sehen, was um ihn herum vorgeht, er kann es nur hören, riechen oder fühlen. Durch den Bügel des Führgeschirrs in seiner Hand steht er im Kontakt mit seinem Hund, aber er muß erst von dem Trainer lernen, daß er auch über das Führgeschirr die Körperreaktionen seines Hundes richtig deuten kann. Er muß auch die verschiedenen Befehle und Anweisungen korrekt beherrschen, damit der Hund nicht durch unsachgemäßes Verhalten seines Menschen irritiert wird. Auch hier muß der Hund, obwohl *er* es ist, der führt, spüren, daß er selbst sicher geführt wird.

Der Hund braucht konkrete Anweisungen, die er ausführt und sogar dann, wenn er zögert, weil in bestimmten Situationen der *Blinde* eine Entscheidung treffen muß, erwartet der Hund sichere, ruhige Reaktionen auch des neuen Herrn.

Der folgende Bericht stammt von Margret Gibbs, die sich als Sehende, aber mit *strikt verbundenen Augen,* von einem Blindenhund durch eine Stadt führen ließ.

„Ich nahm die Leine und das Geschirr in die Hand: „Susie, vorwärts!" Susie setzte sich in Bewegung, und mir wurden plötzlich zwei Dinge bewußt, auf die ich vorher nie geachtet hatte: die Geschwindigkeit, mit der ich mich bewegte und das Zusammenspiel von Muskeln, Knochen, Lunge und der lebendige Kontakt mit dem Führgestell. Ich konnte Susies geringste Bewegung fühlen, sogar ihr Atmen. Ich spürte, wenn sie dazu überging, ihre Bewegung zu beschleunigen oder zu verlangsamen, an dem Zug von ihrem ausgreifenden Schritt, bevor ihr Fuß den Boden berührte. Ich konnte die leichteste Bewegung nach rechts oder links an dem *Bügel* in meiner Hand verfolgen.

Das Gefühl, sich so *schnell* mit geschlossenen Augen vorwärts zu bewegen, war verwirrend und erregend. Ich hatte keine Zeit, mich zu orientieren was um mich herum vorging oder den nächsten Schritt zu planen. Susie hatte mir alles abgenommen und tat alles. Ich bemerkte, daß ich dem sanften, rhythmischen Geräusch von Susies Pfoten und meinen eigenen Schritten lauschte. Susie wurde langsamer, und ich überlegte, warum. Ich fühlte unebenen Boden unter meinen Füßen: Susie führte mich auf direktem Wege über einen unebenen Parkweg zu einem Gehsteig . . .

Wir waren nun mitten in einem Wohnblock: Wir kamen den Stimmen spielender Kinder näher. Susies Schritt wurde kürzer, sie begann schneller zu atmen, während wir an ihnen vorbeigingen. Ich spürte aber durch das Führgeschirr, daß sie nach links sah . . . Ich war fasziniert, wieviele Informationen ich über das Führgeschirr erhielt. Bisher hatte ich das Blindsein nur als Stolpern durch einen dunklen Raum kennengelernt; jetzt bewegte ich mich so schnell voran, daß ich das Gefühl hatte zu fliegen. Später erfuhr ich, daß auch Blinde dieses Gefühl kennen.

Wenn die Nervosität nach dem ersten Ausgang mit dem Hund verflogen ist, ist aber *ihre* wichtigste Empfindung das Gefühl, frei zu sein, sich ohne Stock schnell und natürlich zu bewegen, ohne zu zögern und ohne sich mit dem Fuß vorsichtig vorwärts tasten zu müssen. "

Das Beispiel des Blindenhundes zeigt viele der Facetten Mensch-Hund-Beziehung, von denen fast nirgends gesprochen wird. Er führt uns direkt zu den Fragen, welche Bedeutung der Hund in unserer Gegenwart hat, und ob die heutigen Hunderassen überhaupt den modernen Verwendungszwecken entsprechen.

Es ist auch erstaunlich, wie wenig selbstverständlich für viele der Gedanke ist, einen „Hund auf Rezept" als mögliche Hilfe in Betracht zu ziehen. Vielleicht liegt es daran, daß viele sich nicht vorstellen können, daß ein solcher Hund für seinen Menschen weit mehr als die Bedeutung einer „Prothese" haben kann.

Bereits als ich jung war, ertappte ich mich manchmal bei der unausgesprochenen, im Grunde sehr natürlichen Frage: *Warum* hänge ich eigentlich so sehr an meinem Hund? Es sind seither mehr als vierzig Jahre vergangen, in denen ich gelernt habe, wie *schwer* diese scheinbar so einfache Frage zu beantworten ist und wieviel sich tatsächlich dahinter verbirgt.

Heute weiß ich, daß das Wissen rund um den Hund nicht nur genutzt werden sollte, um möglichst sicher zu Ausstellungs- oder Prüfungschampions, Schutz-, Jagd- und Diensthunden zu kommen, obwohl bereits hier die Menge der verpaßten Chancen sinnvoll angewandten Wissens erstaunlich ist.

Denn mit dem Gebrauchs- oder Ausstellungshund ist der „Einsatz" des Hundes in unserer Zeit nur teilweise abgedeckt. Fast völlig unbeachtet und gering bewertet bleibt die Bedeutung des einfachen Familienhundes für Millionen Menschen auf der ganzen Welt. Aber hinter den Freuden derer, die oft zufällig den „richtigen" Hund gefunden haben und an der Enttäuschung der anderen, die mit ihrem „schwierigen" Hund nicht zurechtkommen, steht auch die Frage, ob nicht vieles an unseren Hunderassen mehr den Bedürfnissen und Kenntnissen von gestern, als denen von heute entspricht.

In ihrer Rückschau auf die Entwicklung der Hundezucht geht MARGRET GIBBS auch auf die Leistungen von MAX VON STEPHANITZ ein. Einige ihrer Überlegungen dazu stimmen sehr nachdenklich:

„MAX VON STEPHANITZ hatte die Veränderung des Lebensstils in Deutschland vorausgesehen und die daraus resultierende Verdrängung der Hunde, die ursprünglich als Hütehunde eingesetzt worden waren. Immer mehr Menschen verließen den ländlichen Raum und brachten die Hunde ihrer Kindheit mit in die Städte. Die Veränderung des Lebens betraf sowohl die Menschen als auch ihre Hunde.

STEPHANITZ gelang es, die Hunde in die neue Umgebung des Menschen einzubeziehen. Wenn sie auch nicht länger Herden bewachen konnten, sollten sie nun ihre Fähigkeiten einsetzen, Menschen und deren Heim zu bewachen oder sie nützlich im Polizeidienst gegen Kriminalität anwenden. Ihre Spürfähigkeit wurde nun, statt für die Suche nach verlorengegangenen Schafen, für die Suche nach Verbrechern, verlorenen Kindern oder Verletzten sinnvoll eingesetzt.

Ihre Initiative und Intelligenz sollten sie, statt im freien Feld, nun einsetzen, um im Krieg als Melde-, Begleit-, Rettungs- oder Suchhunde unersetzliche Dienste zu leisten. Die Möglichkeiten waren zahllos, und zu STEPHANITZ' Genugtuung war der Deutsche Schäferhund für alle gleich gut geeignet.

Für STEPHANITZ war oberstes Gebot, daß diese Rasse niemals nutzlos und unbeschäftigt werden durfte. Er bemerkte deutliche Charakterverluste bei Hunden, die nichts zu tun hatten, als in Zwingern zu leben.

Wenn es keine sinnvollen Aufgaben für seine Hunde mehr gab, mußten eben solche neu entdeckt werden! Das Ergebnis seiner Überlegung war, daß für die nicht „tätigen" Hunde die bis heute übliche Ausbildung des Sporthundes entwickelt wurde, um wenigstens teilweise die hervorragenden Eigenschaften des Hundes weiterhin zu erhalten..."

Der Hund auf Rezept:
Hunde als Helfer von Behinderten

„Die meisten Leute", sagte BONNIE BERGEN in einem Interview, „wissen nicht, wie sehr Hunde wünschen, etwas zu tun und eine Aufgabe zu haben. Sie *lieben* es zu arbeiten. Daher können sich die wenigsten vorstellen, daß ein vollständig Gelähmter, obwohl er restlos auf den Rollstuhl angewiesen ist, trotzdem einen großen Hund führen und arbeiten lassen kann."

Man ist geboren, um etwas zu tun. Dieser Satz kennzeichnet das Außerordentliche der Bewegung *„Canine Companions for Independence"* und gilt hier gleicherweise für Menschen wie für Hunde. Inzwischen hat diese Bewegung ihren Weg bis Europa gefunden, wo in Holland mit *einem* Hund erste (und sehr vielversprechende) Erfahrungen gesammelt werden.

Schwerwiegender, als die Sorgen um die aufwendige Finanzierung bei der Ausbildung von Hunden zu speziellen Aufgaben, sind vor allem die Probleme, daß einerseits nicht genügend *charakterlich* geeignete Hunde zur Verfügung stehen. Andererseits fehlen auch vernünftige Testkriterien und einwandfreie Rassenanalysen, die für eine möglichst hohe Erfolgsrate, bei den mit großem Zeit- und Geldaufwand ausgebildeten Hunden unerläßlich sind.

Das große Aufgabenfeld des sinnvoll eingesetzten Hundes beschreibt „Canine Companions for Independence" in ihrem Werbefeldzug für eine gute Idee:

„Wußten Sie . . . daß nur im Staat Kalifornien 1.5 Millionen körperlich behinderte Menschen leben, die in irgendeiner Weise auf fremde Hilfe angewiesen sind, und daß in Kalifornien über 20.000 Hörgeschädigte leben?

. . . daß ein Körperbehinderter durch einen „Service-Dog" weitgehend unabhängig von einem ständigen Betreuer wird und obendrein für ihn auf diese Weise in zehn Jahren die Kosten um mehr als $ 90.000 vermindert werden?

. . . daß ein „Signal-dog" für den Gehörlosen hört und ihm so wichtige Signale wie Feueralarm, das schreiende Baby, Telefon oder Türglocke mitteilt?

. . . daß in einem Krankenhaus oder Heim das Schwanzwedeln eines „Social-Dog" viele Menschen glücklich macht, um die sich sonst niemand kümmert?

. . . daß die „Pet-Therapy" des „Social-Dog" den IQ von zurückgebliebenen Kindern verbessern kann, aber auch einem autistischen Kind bei seinem Weg in die Realität hilft?

. . . daß ein „Service-Dog" dem an den Rollstuhl Gefesselten nicht nur als Zugtier und Lastträger dient, ihm unerrreichbare Dinge herbeibringt, sondern für ihn auch das einzige Mittel ist, unabhängig zu werden, weil er Türen öffnet, Lichtschalter und Aufzugknöpfe bedienen kann usw.

Als „Service-Dog" werden Collie, Golden Retriever, Labrador, Deutscher Schäferhund und Dobermann für die individuellen Bedürfnisse des Behinderten ausgebildet.

Als „Signal-Dog" bevorzugen wir, wegen ihrer hervorragenden Eigenschaften, die weniger großen Rassen Schipperke, Corgies, Border-Collies und Kelpies.

Der „Social-Dog", vorwiegend in Krankenhäusern, Heimen und Behindertenheimen eingesetzt, ermöglicht durch seine liebevolle Wärme und Zutraulichkeit die vielen Erfolge der „Pet-Therapie". Hierzu eignen sich besonders Pudel. Sie haben nicht nur ein liebenswertes, eifriges, lernwilliges Wesen, sondern bereiten auch wegen ihre Fells, das nicht haart und selten Allergien auslöst, wenig Probleme.

Begründet wurde „Canine Companions" von BONNIE BERGEN. Eigensinnig und unglaublich zielstrebig begann sie, die bereits während ihres Studiums entstandene Idee, Behinderten zu helfen, sich *selbst* zu helfen, in die Tat umzusetzen. Damals gingen die Diskussionen der Studenten darum, Hilfsdienste *für* Behinderte zu organisieren. BONNIE BERGEN hatte dabei ihre Erlebnisse mit regelrechten *Krüppeln* vor Augen, die sie in der Türkei beobachtet hatte:

„Er schleuderte seinen Körper, seitlich abwechselnd auf seine Ellbogen und seine Hüften stützend, vorwärts, in propellerähnlichen Bewegungen; er überquerte die Straße an einer Hauptkreuzung und setzte seine schleudernden Vorwärtbewegungen auf der anderen Straßenseite fort. Er hatte sogar einen Anzug an. Mich wunderte, daß niemand ihn beachtete oder erstaunt zu sein schien oder als außergewöhnlich empfand." In oft großer Armut bewältigten viele der Krüppel ihr Leben überwiegend völlig *ohne* fremde Hilfe oder Hilfsmittel; gelegentlich waren einige von ihnen von Affen oder Maultieren begleitet."

Mit Hunden, stellte sich BONNIE BERGEN vor, müßte dies viel besser möglich sein. Alle Experten erklärten ihr sofort, daß ihre Idee unsinnig sei. Insider wußten sogar, daß Hunde nicht von *Behinderten* geführt werden könnten, sich niemals auf sie einstellen oder ihnen gehorchen würden. BONNIE BERGEN wußte dies nicht. Sie setzte ihre Idee durch. Ihre Basis waren ihr Studium von Kleinkind- und Sonderschulpädagogik und gründliche Kenntnisse aller Arten von Hundepsychologie und -training. Sie wollte aber nicht nur Hunde und deren Trainer ausbilden, sondern vor allem auch die Behinderten selbst am Training der Hunde beteiligen, weil sich auch hieraus wertvolle Erkenntnisse gewinnen ließen.

Die unbeschreiblichen Mühen und Opfer, die mit der Verwirklichung dieser Idee verbunden waren und sind, können in diesem Rahmen nicht beschrieben werden. Die Ausbildung der Hunde für die verschiedensten Hilfsdienste ist zwar weniger diffizil als die Blindenhundausbildung, aber doch umfangreich genug.

Für die gewissenhafte Aufzucht und Sozialisierung der Hunde werden Familien mit Kindern bevorzugt, da der Umgang mit Kindern die *wirkungsvollste* Sozialisierung der Welpen ist und ihr späteres Training deutlich erleichtert. Die Grundübungen („Patterning" genannt) für die insgesamt zweijährige Ausbildung, beginnen bereits mit den acht Wochen alten Welpen. Es muß ihnen nicht nur der Grundgehorsam von klein auf in Fleisch und Blut übergehen, sondern auch, wie man z. B. einen Aufzugknopf, Lichtschalter oder Türgriff bedient oder eine gehörlose Mutter weckt, wenn ihr Baby schreit. Geübt wird solange, bis es „automatisch" und richtig klappt.

Auch diese Hundeerziehung kennt, wie viele andere Spezialausbildungen des Hundes, weder Strafe noch Ungeduld, sondern nur geduldiges, nachdrückliches Korrigieren und Loben mit ruhiger, positiv klingender Stimmlage. Ein wichtiger Teil dieser Arbeit ist aber auch das Training des Behinderten selbst, der nun, trotz seiner oft schweren, körperlichen Einschränkungen, den Umgang mit dem Hund lernen muß und – kann. Niemals darf zugelassen werden, daß der Hund unkorrekt arbeitet, auch wenn er die Anweisungen oft nur durch die Berührung eines Fingers oder flüsternd bekommt.

Der erste von „Canine Companions" ausgebildete Hund war „Abdul"; die erste Behinderte oder wie sie sagt, das Versuchskaninchen, war KERRY KNAUS, die selbst kaum größer als ihr Hund ist. Ihr gebrechlicher Körper ist an einen elektrischen Rollstuhl gebunden, und sie fragte sich angstvoll, wie es ihr gelingen sollte, einen Hund zu dirigieren. KERRY KNAUS und BONNIE BERGEN erinnern sich mit Entsetzen an all die Hindernisse, die sie, beide völlig unerfahren und eine schwerst behindert, zu überwinden hatten. Zwei Jahre lang war der Hund für KERRY eine fortgesetzte Quälerei. Er zerkaute alles, was er erreichen konnte, er lernte, wenn überhaupt, langsam; seinetwegen überwarf sich KERRY mit ihrer verständnislosen Familie, die ihr verbot, den Hund mit ins Haus zu bringen. Aber es zeigten sich auch die ersten Erfolge. Nach sechs Monaten Training waren KERRY und Abdul mit 198 von 200 möglichen Punkten *Tagessieger* bei einer Hunde-Prüfung. Zum ersten Mal in ihrem Leben hatte sie, in einem Wettbewerb gegen körperlich Gesunde, einen Sieg davongetragen!

Die größte Schwierigkeit war, daß es keine Vorbilder oder eine Anleitung gab, wie ein Schwerstbehinderter einen Hund trainieren kann. Erst recht gab es aber überhaupt keine Anleitung, wie man einen Hund dazu bringt, spezielle Dienste für einen Schwerstbehinderten zu übernehmen. Unermüdlich spornte BONNIE BERGEN die mutlos gewordene KERRY immer wieder von neuem an, während sie gleichzeitig auch mit anderen Behinderten und Hunden die Arbeit aufnahm.

Heute ist KERRY KNAUS selbst aktiv bei „Canine Companions" und deren wachsenden Aufgaben beschäftigt. Sie, die mit dem Gedanken erzogen worden war, behindert zu sein und überhaupt nichts tun zu können, packt heute Probleme an, die Gesunde für unmöglich hielten. „Heute", sagt sie, „wenn jemand kommt und fragt: Kannst Du das tun? Denke ich mir: Ich bin gespannt, *ob* ich es tun kann und dann sage ich: Laß mal sehen, ich will versuchen, *wie* ich es machen kann"

„Ich möchte von den Veränderungen und Verbesserungen meines Lebens berichten, die nur deswegen möglich wurden, weil ich einen Hund als Begleiter bekam. Ich habe einen der „Service-Dogs" (Versorgungshund), der ausgebildet wurde, um mir bei körperlichen Verrichtungen zu helfen, die ich unfähig bin, selbst zu tun. Obwohl ich neben meinem vollständigen Studium noch einen Teilzeitjob habe, benötige ich für den größten Teil des Tages keine andere Hilfe als die meines treuen Hundes. Durch seine Hilfe war es mir möglich, die Unterstützung durch bezahlte Betreuer auf ein Drittel zu verringern.

Ich will etwas von mir erzählen, damit Sie besser begreifen können, wie großartig mein Hund Abdul dazu beigetragen hat, daß ich ein unabhängiges Leben zu führen lernte. Überwiegend bewege ich mich in einem elektrischen Rollstuhl. Ich habe weder einsatzfähige Oberarme noch Schultermuskeln. Meine Hände und Handgelenke sind gerade in der Lage, etwas bis zu meinem Kinn zu heben, das nicht schwerer als ein Pfund ist.

Ehe ich mit dem „Canine Companion-Training-Programm" begann, lebte ich bei meinen Eltern oder war auf eine Begleitperson angewiesen, die 24 Stunden rund um die Uhr um mich sein mußte. Rückblickend weiß ich, daß ich bei fast allen Dingen unfähig zu sein glaubte, sie selbst tun zu können. Ich verließ mich völlig auf andere Menschen, nicht nur, wenn ich Entscheidungen zu treffen hatte, sondern generell auf ihre psychische und körperliche Unterstützung.

Durch das Trainingsprogramm mit Abdul machte ich erstmals in meinem Leben die Erfahrung, daß *Selbstvertrauen* von einer *positiven Einstellung* abhängig ist.

Ich sah nun die Schwierigkeiten des Lebens als Herausforderung, damit fertigzuwerden und nicht als unüberwindliche Hindernisse. Bis dahin war ich davon überzeugt gewesen, daß mich meine körperliche Behinderung für überhaupt alles untauglich gemacht hatte. Nun begriff ich, daß ich einfach nur nach *anderen Wegen* suchen mußte, diese Aufgaben zu erfüllen. Mein „Service-Dog" war einer dieser Wege.

Zusätzlich zu den Bemühungen, nun täglich mit den vielen körperlichen Schwierigkeiten selbst fertig zu werden, bemerkte ich aber, daß die Leute, wenn ich von meinem Hund begleitet wurde, sehr viel offener und zugänglicher zu mir waren, als ich es zuvor ohne den Hund gewohnt war.

Die meisten Leute scheinen Hunde zu mögen, besonders aber solche wie Abdul, die ungewöhnliche Leistungen vollbringen. Er schien den Menschen den Kontakt mit mir zu erleichtern, obwohl ihnen weiterhin der Anblick meines Rollstuhls und meiner offensichtlichen Behinderung zunächst unheimlich war. Hauptsächlich Abdul verdanke ich die

Unabhängigkeit meines Lebens, und ich weiß, daß auch andere Menschen mit Behinderungen nur profitieren können, wenn sie sich dieser Schulung anvertrauen.

In diesem neuen Zeitalter der Menschenrechte für Behinderte brauchen wir mehr „Krüppel", die in die Öffentlichkeit gehen und dort, für alle sichtbar, ihren Beitrag zur Gemeinschaft leisten.

Mit einem Hund als Begleiter an ihrer Seite wird dieser Wunsch sich viel eher in der Gegenwart erfüllen lassen, statt ein Versprechen für eine ferne Zukunft zu bleiben. Ich danke allen, daß sie Zeit für mich hatten und mir geholfen haben."

Nach neun Jahren war CCI in der Lage, jährlich 200 Hunde auszubilden und sich auch auf andere Teile des Landes auszudehnen. Für BONNIE BERGEN ist CCI der *Sinn* ihres Lebens; für KERRY, die von dem nun grau gewordenen Labrador Abdul begleitet wird, war es, wie für viele andere, der *Anfang* ihres Lebens.

Von CCI wurde hier stellvertretend auch für andere Organisationen berichtet; sie haben alle etwas gemeinsam: ihren glühenden Enthusiasmus, unendlichen Dank jener, denen sie (bzw. ihre Hunde) ein neues Leben ermöglichten und einen (nie endenden!) Kampf um Verständnis und um finanzielle Unterstützung.

Vielleicht sind Sie bereits im Kapitel über die Blindenhunde nachdenklich geworden; vielleicht macht Sie auch jetzt, oder wenn Sie auf den nächsten Seiten weiterlesen, einiges nachdenklich. Es gibt so vieles, wovon man eigentlich gar nichts gewußt oder worüber man noch nie nachgedacht hat . . .

Wie sinnvoll könnte hier so manches Geld verwendet werden, das so bereitwillig für Pokale, Statuen, Preise und mancherlei nicht immer sinnvolle Angelegenheiten aufgebracht wird. Wie nützlich und sinnvoll könnte die Arbeit vieler Züchter werden, züchteten sie nicht nur *schöne*, sondern – im Sinne einer wirklichen Lebensaufgabe – auch im weitesten Sinne *nützliche*, einsatzfähige Hunde.

In einer Zeit, in der Menschen sich zunehmend auf das soziale Netz und die Hilfe der anderen verlassen, und in der auch Hunde, als Spiegelbild ihrer Zeit, ihr Leben nutzlos und sinnlos verbringen, ist es höchste Zeit, diese absurde Vergeudung zu beenden. Dabei ist der Aufwand, gemessen an dem auf keine andere Weise Erreichbaren, gering.

Das *Rezept* heißt *Lernen* und *Erziehen*; das *Geheimnis* sind einerseits die dabei im *Menschen*, aber andererseits auch die im *Hund* freiwerdenden, ganz *unglaublichen* Kräfte.

Der Hund auf Rezept:
Der Hund als Therapeut?

Bei keiner anderen Verwendungsweise des Hundes kann man mehr über die Seele des Hundes, die Seele des Menschen und die tiefsten Geheimnisse ihrer Beziehung zueinander erfahren. Hier werden Hunde nicht für Dienst- und Hilfsleistungen eingesetzt, sondern sie haben, durch nichts als ihre *Anwesenheit*, eine deutlich *heilende Wirkung*; d. h. eine Krankheit wird durch sie, ähnlich wie durch ein Medikament oder eine Therapie, beendet. In Anlehnung an den Blindenhund (Seeing Eye) bezeichnet man sie gelegentlich auch als „Heart-Seeing-Dog", andere nennen sie „Social-Dog", andere bezeichnen sie als „Dog-Therapists". Im Gegensatz zu den „dienstleistenden" Hunden erhalten sie, außer der üblichen Gehorsamserziehung, keine spezielle Ausbildung.

Im Gegensatz zu den üblichen, „anerkannten" Samariterdiensten des Hundes, werden bei diesen von Außenstehenden oft Zweifel und auch heftige Ablehnung geäußert.

Viele fühlen sich gestört und betroffen, weil Hunde eingesetzt werden, um ein *psychisches* Defizit des Menschen auszugleichen, während dem Hund „offiziell" nur gestattet wird, die *physische* Leistung des Menschen zu ergänzen.

Denn diese Hunde erreichen nicht nur Menschen, die von ihren Angehörigen vergessen oder verlassen wurden, in Krankenhäusern, Heimen, Anstalten und Gefängnissen. Sie erreichen auch jene, die sich, aus welchen Gründen auch immer, *selbst* jedem menschlichen Kontakt verschließen und entweder von Kindheit an bereits restlos unzugänglich waren oder erst im Laufe ihres Lebens so geworden sind. Besonders Hunden gelingt es, durch nichts als ihre Gegenwart, in bestimmten Fällen, Isolation, Einsamkeit, Depression und seelische Erkrankung überwinden zu helfen.

Einer der ersten, der sich auch in seinen Büchern und Arbeiten immer wieder mit der Mensch-Hund Beziehung auseinander gesetzt hat, ist der Amerikaner Boris M. Levinson, Professor für Psychologie und Sozialwissenschaften. Seine Voraussage, daß in unserer zunehmend inhumanen, technisierten Welt der gravierendste „Fortschritt" der ist, daß der Mensch unfähig sein wird, die damit folgerichtig verbundenen Probleme zu verarbeiten, hat sich mehr als bestätigt. Obwohl er selbst Hunde liebte, entdeckte er mehr durch Zufall, daß sie nicht nur liebenswert, sondern auch nützlich waren:*)

„Mein persönliches Interesse, Hunde in der Psychotherapie einzusetzen, wurde mehr zufällig geweckt. Eines Tages folgte mir mein Hund, Jingles, zur Tür und begrüßte überschwenglich eine bestürzte Mutter und ihr verstörtes Kind, die, einige Stunden früher als vorgesehen, zu einem ersten Gespräch zu mir kamen. Ihr vorzeitiges Eintreffen, das den normalerweise unsichtbaren Jingles auf die Szene gebracht hatte, war ein glücklicher Zufall. Die Antwort des Kindes auf den freundlichen Empfang des Hundes bahnte den Weg zu einem Verhältnis, das den Heilungsprozeß überraschend fördern sollte: Das Kind *bat* darum, wiederkommen zu *dürfen*, um mit Jingles zu spielen!

Während der ersten Sitzungen war ich der mehr oder weniger schweigende Beobachter ihrer Spiele und „Unterhaltungen"; meine Bemerkungen und Fragen schienen nur unaufmerksam beachtet zu werden. Aber nach und nach wurde ich in die Zuneigung, die das Kind für Jingles empfand, mit eingeschlossen, der dabei tatsächlich ein williger und fähiger „Mitarbeiter" war.

*) Der Text ist sinngemäß aus seinen Arbeiten zusammengefaßt.

Ein Hund kann die psychologische Untersuchung eines Kindes erheblich erleichtern. Durch seine Gegenwart fühlt sich das Kind weniger fremd und ist entspannter und empfindet nicht, daß es beobachtet wird. In seiner Unterhaltung mit dem Hund offenbaren sich schnell seine persönlichen Schwierigkeiten und Probleme. Der Hund taut im wahrsten Sinne das Eis, besonders auch bei emotional schwer gestörten Kindern aus zerrütteten Familien, die sich vor allem, so auch vor dem Kontakt mit dem Therapeuten fürchten. Die freudige Zuwendung, die der Hund dem Kind entgegenbringt, löst die Spannung des Kindes, das sich zuhause und umsorgt fühlt.

Ein *gestörtes, aggressives* Kind, das leicht die Selbstkontrolle verliert, lernt im Zusammensein mit einem Hund, daß er *Grenzen* setzt. Er knurrt oder geht weg. Um den Kontakt mit dem Hund nicht zu verlieren, bemüht sich das Kind, seine heftigen Impulse zu mäßigen. Der Hund ist eine starke Motivation für das Kind, etwas Ordnung in seine Gedanken und sein Verhalten zu bringen.

Bei einem *ängstlichen, unansprechbaren* Kind führt die freundliche Zuneigung eines Hundes jedoch dazu, daß es sich *angenommen* fühlt und sich *gelöst* auch an Dinge herantraut, die ihm vorher verschlossen waren.

„Pet-Therapie" ist insbesondere angezeigt auch bei der Behandlung des nicht sprechenden, schwer kontaktgestörten, aber auch des autistischen Kindes, dessen Kontakt mit der Wirklichkeit abgerissen ist. Solche Kinder sind innerlich zerstört, ihre Aufmerksamkeit ist sehr kurz; sie leben häufig völlig in einer eigenen Welt. Es ist sehr schwer, in diese Phantasiewelt einzudringen und das Vertrauen der Kinder zu gewinnen. Für den Hund gibt es hier keine Probleme: Das Kind akzeptiert ihn schnell als einen wirklichen Spielgefährten und begleitet ihn in eine reale Welt, weit genug, daß der Therapeut den Kontakt mit dem Kind aufnehmen kann.

Gestörte Kinder haben ein besonders großes Bedürfnis nach Körperkontakt, trotzdem fürchten sie menschliche Nähe, weil sie von Menschen so oft und so schwer verletzt worden sind. Der Hund kann das Kind erreichen und den notwendigen Kontakt herstellen. Das Kind, während es das Tier liebkost, erzählt diesem sogar von seinen Kümmernissen. Der Hund stellt keine Fragen und keine Ansprüche. Dem Hund etwas beizubringen, hilft dem Kind, selbst sicherer zu werden, sich selbst und seinen eigenen Körper zu entdecken. Besonders schizophrene Kinder fürchten die sie einengende Nähe des Therapeuten. Im Spiel mit dem Hund verliert sich diese Angst, weil das Kind die Grenzen selbst setzen kann; nach und nach verliert es auch die Angst vor dem Menschen.

Am Beispiel von *David* und seiner Familie lassen sich viele Aspekte der Pet-Therapie zeigen. *David*, sieben Jahre alt, einziges Kind ehrgeiziger, berufstätiger und kühler Eltern, kam zu mir wegen schwerer Alpträume und seiner Weigerung, zur Schule zu gehen. Er *wußte*, er war ein unerwünschtes Kind, und seine Eltern gaben ihm alles – außer Liebe. Er bestand nur aus Angst und Unsicherheit. Ich behandelte *David* und auch seine Eltern; aber für *David* spielte Jingles eine entscheidende Rolle.

Ich mußte allerdings zuerst mit *David* in einen Laden gehen, um Leckerbissen einzukaufen, mit denen er Jingles „bestechen" wollte, sein Freund zu werden. Als *David* sich von Jingles angenommen fühlte und sich in seiner und meiner Gegenwart, wenn wir nach draußen gingen, wohlfühlte, begann er weniger angstvoll zu sein. Besonders bezeichnend war, wie *David* meine Reaktion auf Jingles „Ungezogenheit" bewertete. Ich sollte den Hund strafen, weil er beispielsweise Vögel gejagt hatte. Als ich *David* erklärte, daß Jingles *von Natur aus* bestimmte Aggressions- und Angstgefühle hätte und *instinktiv* nach seinen

Gefühlen handelte und daß daher sein Verhalten *akzeptiert* werden müsse, wagte *David*, von seinen eigenen, verbotenen Gefühlen für seine Eltern und seine Lehrer zu sprechen. Er sagte, er wünsche, seine Eltern wären tot, und er wollte auf einer einsamen Insel wie Robinson Crusoe leben. Seinen Lehrer wollte er verbrennen usw.

Als er begriff, daß auch seine Gedanken nicht als monströs betrachtet, sondern ernst genommen wurden, war er auf dem Weg zur Umkehr. Nach einigem Zögern (weil der Hund Schmutz ins Haus bringt und ihre kostbare Zeit kosten würde) kauften die Eltern schließlich einen Hund für *David*. Nun war immer jemand zuhause, der *David* freudig erwartete und ihm half, mit seinen Ängsten fertig zu werden. Seine Alpträume wurden zunehmend weniger, weil er sich von seinem Hund behütet fühlte, der notfalls auch zu ihm ins Bett kroch. Während *David* Herr über seinen Hund wurde, lernte er auch, sich selbst zu vertrauen.

Ein berühmter Hund ist SKEEZER, der in der psychiatrischen Kinderklinik Ann Arbor in Michigan eine wichtige Rolle spielte. Er schien bei jedem der 50 dort untergebrachten, zwischen sechs und 14 Jahre alten Kinder dessen innerste Wünsche und Nöte zu kennen; er konnte sogar aus *eigenem Antrieb* eine ganze Nacht am Bett eines Kindes verbringen, das extrem traurig oder krank war. SKEEZER lief frei in der ganzen Klinik herum und benutzte den Aufzug, um von dort aus Etage um Etage abzuklappern. Die Kinder liebkosten ihn, sprachen mit ihm und über ihn, gaben ihre Leckerbissen an ihn ab und brachten ihm Geschenke von zuhause mit.

Der Leiter der Klinik, DR. FINCH, berichtete, daß viele der Kinder und Jugendlichen in die Klinik kamen, weil sie sowohl zu Menschen, als auch zu Tieren restlos gestörte Beziehungen hatten. In vielen Fällen waren die ersten Anzeichen von beginnender Zugänglichkeit und Vertrauen, daß sie eine Beziehung zu SKEEZER aufbauten. "

Die eindringlichen Appelle LEVINSONS bestätigten auch die Beobachtungen von SAMUEL A. CORSON und ELISABETH O'LEARY CORSON, daß Menschen aus zwei Gründen sich besonders zu Hunden hingezogen fühlen: Hunde haben die Fähigkeit, *Liebe und beruhigende Berührung* zu *schenken*, ohne dabei herablassend, kritisch oder verletzend zu sein und ein Gefühl der Dankesschuld zu erzeugen.

Die CORSONS hatten sich im Laufe der Jahre exzellente Kenntnisse über Hunde erworben, die sie in großer Zahl zu Beobachtungs- und Versuchszwecken hielten, um an ihnen bestimmte Formen psychischer Erkrankung und typischer Wirkung von Drogen verstehen zu lernen. Auch hier hatten ursprünglich die Patienten selbst die Impulse gegeben, da einige von ihnen das Bellen der Hunde hörten und diese nun sehen oder mit ihnen spielen wollten.

Letztlich erklärt sich aber auf diese Weise auch die emotionale Bindung zwischen Mensch und Hund. Dank ihrer vielfach schattierten sozialen Verhaltensweisen entsprechen Hunde auf eindrucksvolle Weise den grundlegenden psychischen Bedürfnissen auch sehr gegensätzlicher Menschen. „Der Wunsch zu *lieben* und *geliebt* zu werden und die Notwendigkeit zu spüren, daß wir für uns selbst und für andere *wertvoll* sind. " Auch der Erfolg von PFP (Pet-Facilitated-Psychotherapy = Tiere als Helfer der Psychotherapie) basiert darauf, daß viele Patienten die Liebe eines Hundes freudig und ohne innere Hemmungen annehmen und erst über diesen Umweg wieder lernen, auch im zwischenmenschlichen Bereich Liebe zu empfangen und zu geben.

Da systematische Untersuchungen zu diesen Behandlungsmethoden fehlten, führten die CORSONS in verschiedenen Kliniken und Heimen sorgfältig geplante und dokumentierte Untersuchungen durch.

Die hier erwähnte Studie zeigt, daß PFP keinesfalls blindlings als Allheilmittel eingesetzt wurde, sondern entweder als Ergänzung oder als letzter Versuch, wenn herkömmliche Maßnahmen wirkungslos blieben.

Ausgewählt wurde eine Gruppe von fünfzig hoffnungslosen Patienten, bei denen alle üblichen Behandlungen, einschließlich massiver Psychopharmaka und mehrerer Elektroschocktherapien, wirkungslos geblieben waren. Viele von ihnen verließen weder ihr Bett freiwillig, noch waren sie zum Sprechen zu bewegen und verweigerten sich jeder menschlichen Annäherung.

Die Ergebnisse waren ermutigend, da die Behandlung nur bei drei Patienten versagte, die aber angaben, daß sie keine Tiere mögen. Bereits bei den Vorgesprächen mit den Patienten war ihr erwachendes Interesse erstaunlich. Als ihnen der gewünschte Hund zugeführt wurde, oft genug bis ans Bett, das sie nicht verlassen wollten, veränderten sie sich nach und nach auf oft dramatische Weise. Sie begannen wieder etwas wie Selbstachtung zu entwickeln und für ihren Hund Verantwortung zu empfinden; manche führten sogar freiwillig ihren Hund nach draußen. Sie gingen überdies in das Hundehaus, um dort ihren Liebling selbst zu versorgen. Eine junge Frau, die wegen ihrer Weigerung zu essen, künstlich ernährt werden mußte, begann im Zusammensein mit ihrem Hund, wieder freiwillig zu essen.

Vor allem interessierten sich die CORSONS auch dafür, welche Rassen bei PFP am erfolgreichsten eingesetzt werden konnten und welcher bestimmte Typ am günstigsten zu den individuellen Problemen der Patienten paßte.

„Schon allein dadurch, auf welchen Hundetyp die Wahl des Patienten fiel, gewannen wir wichtige Erkenntnisse über ihn selbst. Nach und nach versuchten wir zu klären, welche Hunderassen für PFP am geeignetsten waren und welcher Typ des Hundes für die speziellen Bedürfnisse des Patienten jeweils der günstigste war.

In unserem Zwinger hatten wir die verschiedensten Hunderassen: Fox-Terrier, Border Collies, Pudel, Dobermann, Cocker Spaniel, Dackel, Beagles, Labrador Retrievers und verschiedene Mischlinge. Viele davon hatten wir selbst gezüchtet und aufgezogen und sorgfältig erzogen; alle waren in vielfachen Experimenten genau getestet worden. Wir stellten fest, daß die Unterschiede nicht nur zwischen, sondern auch innerhalb der Rassen groß waren.

Bei aus psychischen Gründen bettlägerigen, unansprechbaren Patienten ergab sich oft eine gute, geduldige Reaktion auf einige Foxterrier. Diese Terrier, mit ihrer freundlichen Unverfrorenheit, Spannkraft, guter Laune und Verspieltheit, übten eine starke Anziehungskraft auf die liebebedürftigen, verstörten und abweisenden Patienten aus.

Wir beobachteten die Wahl der Patienten zwischen drei verschiedenen Typen unserer Border Collies: 1. aggressiv-freundlich; 2. ängstlich-freundlich; 3. krankhaft zurückhaltend und extrem scheu. Die unterschiedlichen Patienten bevorzugten in typischer Weise bestimmte Charaktertypen.

Einer der Patienten, z. B., fühlte sich ungeheuer zu dem krankhaft-zurückhaltenden, extrem scheuen Collie hingezogen, den sonst niemand wollte: „Ich fühlte, daß dieser Hund mich braucht".

Einige überaktive Jugendliche und ebenso einige, sehr energische Erwachsene, genossen es regelrecht, den starken, aktiven, liebenswert aggressiven, schnell herumstürmenden „Wiskey" (Schäferhund/Husky-Mischling) zu erziehen und zu dirigieren.

Eine Patientin mit manischen Depressionen suchte sich zunächst einen Hund aus, den sie selbst als „manisch" bezeichnete. Als sich der Zustand der Patientin besserte, trennte sie sich auch von *diesem* Hund und suchte sich nun einen der folgsamen Collies aus.

Als sie später entlassen wurde, sagte sie etwas Charakteristisches: Erst an dem „manischen" Hund habe sie zu begreifen gelernt, wie schwer es ihre Familie mit ihr selbst gehabt haben müsse...

Für bettlägerige oder an den Rollstuhl gebundene Patienten wurden vor allem kleinere Hunde verwendet. Gut erzogene Foxterrier und Zwergpudel wurden besonders von liebebedürftigen, depressiven, zurückhaltenden oder in ihrer Bewegung stark eingeschränkten Patienten bevorzugt, die sich an den gutgelaunten, verspielten Hunden freuten.

Bevor Patienten und Hunde zusammengebracht wurden, gab es viele Vorgespräche, um, so viel wie möglich, von ihrer Einstellung zu den Tieren zu erfahren, aber auch, um sie über Verhaltenseigenheiten und Bedürfnisse der Hunde aufzuklären.

Bei Patienten, die wenig ansprechbar oder körperlich sehr eingeschränkt waren, half uns meist, wenn wir ihnen einen sehr kleinen Hund oder gar einen Welpen brachten. Zumindest am Anfang war stets ein Mitarbeiter dabei, der sowohl mit den Hunden, als auch mit den Patienten besonders vertraut war.

Wenn Welpen aufzuziehen waren, wurden diese in einem für alle einsehbaren Zwinger untergebracht. Wer Freude daran hatte, durfte, nachdem ihm erklärt worden war, wie die kleinen Hunde behandelt werden mußten, eines der „Babys" adoptieren und sein Aufwachsen liebevoll fördern und überwachen.

In diesem Zusammenleben zeigten sich die Hunde als wirkungsvolle Helfer, die soziale Kontakte zu den Betreuern, aber auch der Patienten untereinander förderten. Dabei wurde insgesamt das Klima innerhalb der Klink außerordentlich positiv beeinflußt, weil die zuvor verstörten Einzelgänger zu einer echten Gemeinschaft zusammengeschweißt wurden. Sie fanden sich, bei der Versorgung ihrer Hunde, mit dem Pflegepersonal zu gemeinschaftlichen Ausgängen zusammen, was zu einer allgemein vermehrten geistigen und körperlichen Aktivität und zu generell verbessertem Wohlbefinden führte.

Weitere, gründliche Untersuchungen wären nötig, um ausgedehntere Verwendungsmöglichkeiten, aber auch deren Grenzen oder ihre Verbesserung zu erforschen."

Wissenschaftler entdecken:
der Hund ist mehr als ein Haustier

Noch vor wenigen Jahren hätte der Bericht, den ELLEN HOPKINS über Hundehalter in New York verfaßte, bei vielen höchstens ein abfälliges Lächeln ausgelöst. *Heute* untersuchen Wissenschaftler fasziniert, welche unglaublichen „Nebenwirkungen" Hunde haben. Sie wissen jetzt, daß die Städte, obwohl scheinbar alles andere als ideal für Hundehalter, tatsächlich Orte sind, in denen Hunde eine wichtige Aufgabe erfüllen, was z. B. die allein in New York 250.000 registrierten Hunde aller Größen und Rassen beweisen.

„Jeden morgen um sieben Uhr trifft sich eine Gruppe vernarrter Erwachsener im West-Side-Park, um ihren Lieblingen beim Spielen zuzusehen. Sie besprechen derweil wichtige Dinge (der Hunde!), wie kommende Geburtstage, Zahnprobleme und was man gegen den Bulldog, der um die Ecke wohnt, unternehmen kann. Sie tauschen Erfahrungen aus über Augenentzündungen, ‚Baby'-sitter und die Entwicklung ihres Lieblings.

‚Reuben spielt am liebsten nur zu zweit, ich möchte auch nicht, daß er in einer größeren Gruppe laut und nervös wird.' ‚Nick fängt danach auch an zu bellen', bekräftigt ein anderer. Ein ernster Herr mit Brille bemerkt plötzlich, daß Lily beleidigt zu sein scheint. ‚Lily, geh spielen, sei kein Spielverderber', ruft er ärgerlich. Reuben ist ein Saluki, Nick ein English Cocker, Lily ein Welsh-Terrier. ‚Ich habe großes Glück mit dieser Gruppe', sagt ein anderer, ‚Kumo (ein Akita) kann mit den meisten anderen Rüden nicht spielen, aber in dieser Gruppe sind wirklich viele nette Hunde. Ich habe mir ihre Spielzeiten genau notiert, damit er immer die richtigen Freunde vorfindet.' ‚Ich wollte auf's Land ziehen, aber dann fiel mir ein, daß Dash (ein Barsoi) seine Freunde vermissen würde, das würde ihn töten. Hier kann ich jederzeit jemanden anrufen, damit sein Hund zu meinem zum Spielen kommt.' . . .

Diese Leute tun alles für die gesunde Entwicklung ihrer Lieblinge. Die gleichen Personen, die für ihre Kinder nur erzieherisch wertvolles Spielzeug kauften, legen für ihren Hund großen Wert auch auf eine anregende Umwelt. Einem Bichon-Frise wird *Baudelaire* vorgelesen, ‚weil er ihn mehr als alle anderen französischen Dichter liebt'.

Ratschläge eines Tierpsychologen werden strikt befolgt: ‚Machen Sie mit Ihrem Hund nicht jeden Tag den gleichen, langweiligen Weg. Veranstalten Sie ein Picknick für ihn, damit er sich nicht langweilt und depressiv wird. Man kann dem Hund das Dasein wirklich verschönern: Tanzen Sie mit Ihrem Hund, ich tue es auch.' Ein anderer plant Reisen für seine Hunde. ‚Apollo und Diana waren kürzlich in Frankreich. Sie hatten Paris noch nie gesehen.' ‚Pearl (ein Bullterrier) ist der wichtigste Teil meines Lebens.' . . .

In der Großstadt verbindet den Menschen etwas wie eine ‚nur wir beiden gegen die ganze Welt'-Haltung mit seinem Tier, für das er daher alles nur Erdenkliche möglich macht. Nicht nur die richtigen Freunde zum Spielen, sondern auch eine entsprechende Garderobe (für den Hund), edelsteinbesetzte Halsbänder, den richtigen Hundefriseur. Eine Dame ließ sich *für* ihren Hund liften, ‚damit der Hund stolz auf seine junge, schön anzusehende Besitzerin sein kann.' . . .

Zweifellos betrachten viele Leute ihren Hund als ihr Kind. ‚Es ist das einzige meiner Kinder, das mir niemals irgendwelchen Kummer bereitete.' Hundebesitzer benötigen häufig den Rat von Tierpsychologen. In der Großstadt werden auch Hunde depressiv und zeigen Anzeichen von Phobien, die mit Antidepressiva oder mit oft monatelangen, psychotherapeutischen Übungen behandelt werden. Die Identifizierung mit dem Tier geht so weit, daß die Hundehalter häufig übersehen, daß ihre Tiere andere Bedürfnisse haben, als sie selbst. . . .

Wenn Geldaufwand ein Zeichen für Liebe ist, beweisen Hundebesitzer diese auch bei Krankheit und Behandlung ihrer Hunde. Keine noch so aufwendige, neueste Technik wird ausgeschlagen, kein Klinikaufenthalt (nachts wachen die Besitzer bei ihrem Hund) ist zu mühsam, wenn sich das Leben des

Tieres dadurch verlängern läßt. Ist es vorüber, stehen Hundefriedhöfe und Krematorien hoch im Kurs. Jeden Samstagmorgen legt eine junge Frau eine Rose auf das Grab ihres Pudels."...

Dieser (sehr stark gekürzt wiedergegebene) Bericht ist eine Momentaufnahme einer phantastisch anmutenden menschlichen Lebensform. Er wirkt befremdend und erschreckend, weil er nicht der Phantasie eines Science-fiction Autors entsprungen ist, sondern die *Realität* wiedergibt. Was würde, fragt man sich unwillkürlich, mit diesen Menschen geschehen, würde man ihnen *auch noch* ihre Hunde wegnehmen?

In seinem Buch „Das gebrochene Herz" untersucht LYNCH die medizinischen Konsequenzen der Einsamkeit. Bei der Ermittlung des sozialen Hintergrundes bei Herzinfarktkranken fand er, zusammen mit ERIKA FRIEDMANN, nicht nur die vermuteten Zusammenhänge bestätigt, daß der fehlende oder verlorene *Lebenspartner* von entscheidender Bedeutung für den Lebenswillen ist und die Heilungschancen stark beeinflußt. E. FRIEDMANN fiel, beim Durcharbeiten der Unterlagen, außerdem auf, daß die Sterberate bei Menschen, die ein Heimtier besaßen, nur ein Drittel jener war, die kein Tier besaßen.

Dabei hatte man die Frage nach dem Heimtier nur der Vollständigkeit halber gestellt, ihr aber keine größere Bedeutung zugemessen. Wie immer, wenn man durch schwer erklärbare Fakten verunsichert wird, kursierten unter den Wissenschaftlern allerlei ironische Anmerkungen: „Sie haben furchtbare Schmerzen im Brustraum? Streicheln Sie Ihren Hund dreimal und rufen mich am Morgen nochmal an!" Nein, in diesen Ergebnissen mußten Fehler stecken. Wieder und wieder wurde das gesamte Datenmaterial der Patienten nach allen Richtungen überprüft. Als sich keine Fehler finden ließen, mußte nun nach einer *Erklärung* gesucht werden.

Besonders in Städten, fand man heraus, neigten die Leute und vor allem Männer, nicht nur häufiger dazu, Hunde wie Menschen zu behandeln, sondern in diesem Personenkreis wurde auch eine deutlich höhere Auswirkung der Hunde auf ihren Gesundheitszustand festgestellt. Besonders unerwartet war die Entdekkung, daß *Männer* dabei deutlich stärker profitieren als Frauen. Auch hier führte der Zufall auf die Spur der überraschenden Aufklärung. Bei Untersuchungen Herzkranker wurde allgemein registriert, daß die Patienten auf bloße Berührung mit Verminderung des Blutdrucks und der Herzrate reagierten, während Sprechen oder Gespräch eine steigernde Wirkung hatte.

Aber DR. KATCHER beobachtete auch, daß einige Patienten gern und oft ihre Hunde streichelten. Das führte zu einem sehr einfachen Versuch. Ein Patient wurde (ohne seinen Hund) in einen ruhigen Raum gebracht, wo er sich mit dem Therapeuten unterhalten sollte, wobei verschiedene Messungen an ihm unternommen wurden. Danach wurde dann auch der Hund des Patienten hereingelassen, der von seinem Herrn gestreichelt wurde.

„Während sie mit ihrem Hund sprachen, schien es fast, als versuchten sie den Rest der Welt davon auszuschließen; sie flüsterten fast, als dürfe niemand, außer dem Hund, ihre Worte hören. Ihr Gesichtsausdruck veränderte sich, von dem gespannten Lächeln dem menschlichen Partner gegenüber, blitzartig, wenn sie sich ihrem Hund zuwandten. Alle Spannung löste sich auf, sie sahen jünger und hübscher aus, lächelten gelöst und weniger reserviert.

Alles in allem stellten wir fest, daß durch Liebkosen und Sprechen mit dem Hund der Streß reduziert wurde, obgleich das Sprechen selbst, normalerweise, ein Grund für Streß ist. Diese Entdeckung bewies, warum der Kontakt mit dem Hund so wohltuend ist: Er löst die Spannungen auf und führt zu wirklichem Wohlbehagen aufgrund meßbarer, körperlicher Veränderungen.

Die Auswertung der Filmaufnahmen führte auch zu der Erkenntnis, daß die Personen sich ihrem Hund, in Haltung, Stimme und Gesichtsausdruck, in ähnlicher Weise wie Kindern zuwandten. Verblüffend war auch, daß die Versuchspersonen davon überzeugt waren, bei Ihrem Hund echtes Verständnis zu finden, weil dieser nachweislich ihre Gefühle, besonders Depression und Ärger, mitempfinden kann. Auch hielten sie ihn für fähig, eine erstaunliche Anzahl von Wörtern zu verstehen. Ein Professor der Biochemie behauptete ernsthaft von seinem Dackel, dieser könne 5000 Wörter verstehen.

Inzwischen sind Verhaltensforscher der Ansicht, daß Hunde selbst geringste Gefühlsschwankungen des Menschen empfinden können, weil sie so viel Zeit damit zubringen, ihren Menschen zu beobachten. Der Hund ist völlig auf seinen Herrn eingestellt, der jedes seiner Gefühle nicht-verbal ausdrückt. Auf diese Weise sind Hunde ihrem Herrn in vieler Hinsicht viel näher, als umgekehrt.

Warum der Umgang mit dem Hund therapeutischen Wert haben kann, entdeckte Dr. Friedmann, während sie verschiedene Methoden der psychotherapeutischen Betreuung und ihre Wirkung auf Herzpatienten untersuchte. Die von Carl Rodgers entwickelte *Gesprächstherapie* berücksichtigt beispielsweise zwei wichtige Anforderungen, die Patienten an ihren Therapeuten stellen: Er soll *gleichzeitig* mitfühlend und zurückhaltend sein. In dieser ebenso wirkungsvollen, wie einfachen Gesprächstherapie hat der Therapeut nichts anderes zu tun, als die letzten Worte des Patienten, jeweils als Frage, zu wiederholen. Sagt der Patient: „Ich bin entsetzlich müde", entgegnet der Therapeut: „Sie fühlen sich entsetzlich müde?", worauf der Patient nun Näheres erläutert. Im Grunde ist es nichts als ein, durch den im Grunde wortlosen Therapeuten *nicht* beeinflußter, ununterbrochener Monolog des Patienten. Ein Therapeut verhält sich, bei dieser Gesprächstherapie, im Grunde nicht viel anders als ein Labrador-Retriever.

Der Labrador-Retriever ist, natürlicherweise, ebenso zurückhaltend mit seiner Meinung, wie dies ja von den Patienten auch vom Therapeuten besonders erwartet wird. Er (der Labrador) gibt keinen Rat und äußert niemals seine Meinung oder Kritik an Lebensstil und Denkweise seines Menschen. Trotzdem wird der Hund als mitfühlend empfunden. Er beteiligt sich an der Unterhaltung durch Schnauzenstoß, Gesichtlecken und durch aufmerksames Beobachten aus seinen freundlichen, großen Augen, während er sich eng an seinen Menschen drängt, der sein Fell streichelt. Die Zwischenfragen, die in der Gesprächstherapie der Therapeut stellt, um den Monolog des Patienten in Gang zu halten, stellt dieser, im „Gespräch" mit seinem Hund, selbst.

Der Labrador hat ohne Zweifel sogar viele Vorzüge, die der Therapeut nicht hat: Der Hund hört nicht nur zu, sondern gibt auch den wichtigen, beruhigenden Körperkontakt, den der Mensch dringend sucht, der aber beim Kontakt Patient-Therapeut unterbleiben muß. Bei dem Mensch-Hund-Dialog wird deutlich, wie unwichtig hierbei Worte tatsächlich sind; vielmehr muß man wieder lernen, *weniger*, statt mehr zu sagen und einfach nur zuzuhören, um so das größere Verständnis, das zuverlässigere Vertrauen und ein Gefühl des Geborgenseins geben zu können."

Eine Vielzahl gründlicher Untersuchungen, einige davon erwähnt das vorangegangene (stark gekürzte) Zitat von A. Beck, führte zu erstaunlichen Erkenntnissen: Hunde haben im sozialen Umfeld eine deutlich positive Wirkung auf den Gesundheitszustand. Dies beruht aber nicht allein auf der Anwesenheit des Tieres, sondern hängt entscheidend auch davon ab, wie weit sich der Mensch zu seinem Tier hingezogen fühlt.

Auch die besondere Wirkung auf *männliche* Herzpatienten klärte sich schließlich, nach einer Reihe von Untersuchungen, auf verblüffende Weise auf. Es ließ sich *kein* Unterschied darin feststellen, wie Männer oder Frauen mit ihren *Hunden* umgingen.

Des Rätsels Lösung fand sich im Alltag im Umgang der Menschen miteinander. Bereits Jungen sind weniger zu Zärtlichkeit gegenüber ihren Müttern bereit, weil dies nicht „männlich" ist. Ebenso sind auch Männer, weniger als Frauen, zu streßmindernden, harmlosen Berührungen, freundlicher Zärtlichkeit und heiteren Zuwendungen geneigt.

Aber: Bei dem Umgang mit ihren Hunden scheinen die ungeschriebenen Gesetze, was männlich ist, außer Kraft gesetzt. Es ist kein Unterschied in Worten, Gesten, Berührungen oder Bewegungen, ob ein Mann oder eine Frau ihren Hund liebkosen. Auf diese Weise ließ sich nun die überraschend hohe „Erfolgsquote" der Wirkung von Hunden bei männlichen Herzpatienten sehr einfach erklären, da für diese der streßmindernde Kontakt mit ihrem Hund eine ungleich sensationellere Wirkung hat als für Frauen.

Dem Hund, so wie er ist, nahezukommen
heißt Mensch und Tier begreifen lernen

Ein Hund im Haus hat etwas Verführerisches: Nur zu leicht ist ein Mensch geneigt zu vergessen, daß sein Hund immer und vor allem ein *Hund* ist. Am Beispiel der ihr zur Umerziehung anvertrauten Hunde beschrieb die Psychologin MARIA VON HORNSTEIN vor bereits 50 Jahren, daß hundliche Verhaltensabnormitäten sich deutlich entsprechend der seelischen Struktur seines Menschen ausbilden. Als sie an zahlreichen Beispielen (einige gebe ich sinngemäß auszugsweise wieder) erläuterte, auf welch komplizierten Wegen sich menschliche und hundliche Verhaltensweisen verstricken können, waren sämtliche, heute geläufigen Kenntnisse der Verhaltensforschung noch völlig unbekannt.

Trotzdem gelang es ihr, durch die Analyse *menschlichen Verhaltens* zu erklären, wo klar das arteigene Verhalten des Hundes erkennbar ist. Vor allem aber beschrieb sie auf eindringliche Weise, daß das Wichtige dieser Verbindung nicht das Gefühl des *Gleichseins* ist, sondern das bewußte *Erlebnis* des Menschen, die Kluft zum Tier zu überbrücken und zum Begreifen des Naturhaften zu kommen.

„Die meisten Besitzer von Hunden haben eine Abneigung gegen eine Dressur des Hundes. Sie wollen nicht ein auf jeden Wink gehorchendes Tier. Sie wollen – so glauben sie – den Hund so sein lassen, wie er ist. Der eigene Hund soll sozusagen ein unbeschriebenes Blatt sein. Weil der Besitzer dieses Blatt aber vom ersten Augenblick an unbewußt beschreibt, ist er bald höchst erstaunt, was alles darauf steht.

Denn man muß nicht vergessen, daß der Hund schließlich ein Tier ist, das, seiner eigenen Natur zufolge, überhaupt ganz anders leben würde, ganz andere Bedürfnisse hätte, als wir sie ihm durch das so enge Zusammenleben aufzwingen. Dank seiner Fähigkeit, unbewußte Übertragung aufzunehmen, scheint es, als *wünsche er selbst*, was wir doch bloß auf ihn übertragen. Oder besser gesagt: *Der Hund ist der Träger des Unbewußten seines Herrn,* das aus irgendwelchen Gründen gehemmt ist und einen Ausweg für seine Eigenwilligkeiten, Komplikationen oder auch nur einfach für sein Dasein sucht. Es findet daher auf den Hund nicht nur eine *bewußte Willensübertragung* statt, sondern auch gerade das Gegenteil.

Tatsächlich ist oft ein Hund, der scheinbar dauernd das Gegenteil von dem tut, was sein Herr von ihm will, besonders *gehorsam*. Er tut, trotz aller gegenteiligen Befehle und handgreiflicher Maßnahmen, unentwegt, was sein Herr sich selbst, unbewußt, befiehlt... So war es bei einem Boxer, der sich zum Raufer par excellence ausgebildet hatte. Veränderungen im Leben des Besitzers hatten den bisher manierlichen, geliebten Hund völlig verändert. Nun bekam er plötzlich Wutanfälle über jeden Hund. Ich wurde daher gebeten, den Hund wieder zu erziehen.

Der alte Herr hatte so seine besondere Art, mit seinem Hund zu reden. „Moritzsche", sagte er, „da kommt ein grooßer Hund!" Moritz schaute wild herum, meist hatte er selbst noch gar nichts bemerkt.

Ich versuchte seinem Herrn zu erklären, daß er selbst es ist, der den Hund ganz wild macht. Er war platt. „Ich?" frug er harmlos wie ein Kind, „Ich sage doch immer nur, daß du mir diesen grooßen Hund in Ruhe läßt..." Die Wirkung dieser Worte war, daß sich bei Moritz sofort alle Rückenhaare sträubten – vor Rauflust! Praktisch arrangierte sein Herr die Situation eines Kettenhundes, die auch den feigsten Hund mutig macht. Wenn er dann noch begann, den Hund sanft zu schlagen, belebte dies Moritz' Nerven sichtlich und machte die Situation für ihn noch anregender. Wenn dann auf diese Weise der andere Hund genügend gereizt war, ging dieser zum Angriff los.

Das war der Moment, an dem Moritz' Besitzer endlich selbst losgehen konnte. Er hatte seinen Hund an der Leine, der *andere* hatte angegriffen! Der alte Herr hatte ausreichend Grund, den anderen anzuschreien, wobei es nicht selten bis zu Klagen vor Gericht kam. Trotz seiner Rauflust war der alte Herr im Grunde gutherzig und anständig, wie auch sein Hund, trotz seiner Rauflust, kein böser Hund war.

Aber als er nach der gelungenen Umerziehung des Boxers mit diesem das erste Mal heil an einem seiner Erzfeinde vorbeikam, konnte er sich nicht zurückhalten: „Was haben Sie mit meinem Moritz gemacht? Der ist ja eine feige Kröte geworden. *Diesen* Köter läßt er ungeschoren vorbei?" „Gewiß, er soll nicht mit jedem Hund raufen, aber schließlich kann man sich doch nicht alles gefallen lassen." „Der andere Hund hat nichts getan? Sollte Moritz das auch noch abwarten? Er ist kein Raufer, aber er hat *Ehre* im Leib. Er ist wie ein *Offizier*, er stellt sich zur *Verfügung*." ...

Im allgemeinen suchen sich die Menschen unbewußt die zur Übertragung geeignete Rasse aus. Es ist doch ohne weiteres einleuchtend, daß es verschiedene Bedürfnisse sein müssen, die durch einen weichen anschmiegsamen Hund, z. B. einen Spaniel oder einen widerspenstigen Scotch-Terrier erfüllt werden. Oder durch einen Windhund, dessen Eigenart es ist, sich, durch bewußte Anforderungen an seinen Gehorsam, überhaupt nicht regieren zu lassen.

Besonders die orientalischen Spielarten dieser Rassen sind wenig domestiziert; sie bleiben ein „freies" Tier. Diese Hunde passen sich bei liebevoller Behandlung – dank ihrer Feinfühligkeit – ganz von selbst an. Sie vertragen es aber nicht, direkt durch den bewußten Willen angefaßt zu werden. Sie gelten leicht fälschlicherweise als dumm, doch versperrt sich tatsächlich ihre „wilde" Natur gegen bewußte Anforderungen mit Abwehr, Flucht und Zurückhaltung. Windhunde kennen nur vollkommene Entspannung oder vollkommene Zurückhaltung; ihre Natur *überkommt* sie regelrecht; sie entziehen sich aber deutlich jeder bewußten Führung. Sie haben darin starke Ähnlichkeit mit ganz bestimmten Menschen, die sich ihrerseits gerade zu diesen Hunden hingezogen fühlen.

Im Zusammenleben von Mensch und Hund werden sehr viele innere Schwierigkeiten und Kämpfe mit der eigenen Natur, werden unbewußte Wünsche und Unerfüllbarkeiten am Hund ausgelebt.

Ein interessantes Beispiel war eine Bordeauxdogge, die ich zu erziehen hatte, so daß sie sich schließlich auf der Straße mit ihrem Herrn manierlich benahm; zuhause bei seiner Frau führte sie sich aber weiterhin wahrhaft lümmelhaft auf. Die Besitzerin machte, gerade durch ihr Verständnis für das „warme, liebebedürftige" Tier, dieses bald wieder regelrecht rabiat, aber auch ihr Herr konnte sich schließlich nicht mit dem wohlerzogenen Hund abfinden.

Er war offensichtlich darauf angewiesen, durch seinen robusten Begleiter die Aufmerksamkeit der Passanten auf sich zu ziehen. Das endlich gezügelte Wesen des Hundes entsprach also nicht den Wünschen seiner Menschen.

Die weitere Entwicklung war recht interessant. Als die Dame begriffen hatte, daß sie niemals mit einem wohlerzogenen Hund rechnen könne, tröstete sie sich damit, daß dieser Hund im fortgeschrittenen Alter meist diese und jene Leiden bekäme. „Nur ihre große Liebebedürftigkeit erhält sich bis ins hohe Alter." Nach einem Jahr hörte ich, daß die Dogge kränklich sei. Es war eines der Leiden, das die Besitzerin als Hemmschuh für seine Kraft bereits vorausgesehen hatte. Auch eine Methode, wie die Natur – hier in Gestalt eines Hundes – leinenführig wird.

Der Hund ist der (nicht immer glückliche) Träger unbewußter Auswirkungen des Menschen. Dabei geht eine einseitige, rabiate Abrichtung und Dressur auf bestimmte Dienstleistungen und die gleichzeitige Begrenzung des Kontaktes auf diese Gelegenheiten, immer auf Kosten des natürlichen Instinktes des Hundes.

Es gilt in erster Linie, das Tier bereit zu machen, des Menschen Willen *willig* anzunehmen und ihm nicht, sozusagen im Stegreif, Dinge abzufordern, die seiner Natur widerstehen.

Täglich können wir beobachten, wie wenig sich der Mensch darum bemüht, zunächst dem Hund, so, wie er ist, nahezukommen. Im Gegenteil, bei aller Liebe zu ihm können sie mit ihm nicht verständig umgehen, weil sie immer wieder dazu neigen, ihr menschliches Wesen in das Tier hineinzudeuten, statt umgekehrt, durch den Umgang mit dem Tier, das Tierhafte in sich selbst zu begreifen. Wohl deshalb, weil die meisten Menschen gar nichts davon wissen wollen, daß in ihnen „Tierhaftes" ist.

Dabei zeigt gerade der Hund, daß er nicht nur Primitiv-Animalisches an sich hat, sondern ebenso ein Gemüt, das sehr empfänglich ist für Gefühle, für Lust und Freude, Trauer, Schmerz, für Güte und Liebe. Ebenso ist auch das Tierhafte im Menschen nicht etwas, was lediglich in Schranken gehalten zu werden hat.

Ganz gleich, welche Ungezogenheit oder abnorme Verhaltensweise ein Hund an den Tag legt, sie sind *immer* auf das Fehlverhalten oder Nichtwissen seines Herrn zurückzuführen, das letztlich durch nichts anderes ausgelöst wird, als daß bestimmte Anlagen und Eigenheiten – bei Tier und Mensch - übersehen, fehlgedeutet und nicht ernst genug genommen werden.

Hunde werden viel zu wenig gelobt und dafür viel zu zärtlich geliebt. Lob enthält die für den Hund so wichtige *Anerkennung* der Leistung, eine Bewertung seiner Person.

Periodisch über den Hund ausgeschüttete Zärtlichkeit, aber auch drakonisch ausgeübte Dressur, sind dagegen das krasse Gegenteil: Der Hund ist ihnen, ohne Ansehen seiner Person, ausgeliefert und wird auf seine Weise versuchen, Widerstand zu leisten, was dann zu neurotischen, übersensiblen, ewig kränkelnden oder überaggressiven Tieren führt.

Erst durch die Auseinandersetzung mit dem *Widerstand* des Hundes wird es aber möglich, die Beziehungen zwischen Mensch und Hund sinnvoll zu gestalten.

Es ist sentimental, anzunehmen, daß des Hundes einzige Motivation darin besteht, die Zärtlichkeit seines Herrn zu empfangen. Er will, als naturhafte Veranlagung, *Anerkennung* und fordert den Widerstand heraus, dem sich der Herr zu stellen hat, damit der Hund herausfinden kann, wer regiert.

Vom Geschick und Tierverstand des Herrn hängt es ab, ob dies Kräftespiel die Natur im Hund entspannt und es dadurch Ruhe gibt und Friedfertigkeit, oder ob, durch zuviel oder zu wenig Druck, der Hund im Wesen geschädigt wird.

Richtiger Widerstand ist nicht nur Grenze und Begrenzung des Gegenspielers, sondern auch ein Anreiz für dessen Kräfte. Das völlige Fehlen jeglichen Widerstandes ist für Mensch und Tier keine Basis, sich wohlzufühlen. "

376

Über Hunde zu sprechen
schließt immer auch den Menschen ein

Auf welchem Weg wir auch immer in diesem Buch versucht haben, uns dem „Wesen" oder auch der „Seele" des Hundes zu nähern und uns einige der Grundstrukturen zu erklären, hatten wir unweigerlich, über kurz oder lang, *immer* den Menschen mit einzubeziehen. Der Hund ist nicht nur das vielseitigste, älteste und geliebteste Haustier des Menschen. Der Hund ist, mehr als alle anderen Tiere, ein Geschöpf des Menschen selbst. Wie kein anderes Tier spiegelt der Hund das weite Spektrum der komplexen menschlichen Gefühle, Wünsche, seine Irrtümer und Abwege wider. Wie kein anderes Tier führt uns der Hund in vielfältigster Weise täglich vor Augen, in welchem Ausmaß und wie folgenreich der Mensch fähig ist, die scheinbar ehernen Gesetze der Natur zu erschüttern.

Ganz zweifellos wird der Wunsch vieler Menschen, einen Hund zu haben, in Zukunft noch vermehrt geäußert werden. Ganz offensichtlich ist aber auch, daß sehr viel Unklarheit darüber besteht, was man von einem Hund erwarten oder nicht erwarten kann und auch darüber, wie man dem Ziel seiner Wünsche am sichersten näher kommt.

Mit großer Deutlichkeit hat LEVINSON die Gründe und die zunehmende Notwendigkeit, Tiere, besonders aber Hunde, in das Leben mit einzubeziehen, ausgesprochen. Gelegentlich erschrecken wir, die wir die ungeheure Veränderung des Lebens in den letzten Jahrzehnten miterlebt haben, wenn sie uns plötzlich *bewußt* wird, während die Jüngeren ihr ohne jede Vorwarnung ausgesetzt sind:

„Der Fortschritt, den die Gesellschaft heute erlebt, fordert einen hohen Preis in überall sich steigernden psychischen Katastrophen. Früher lebten die Familien in übersichtlichen, festgeformten Gemeinschaften, in allgemeingültigen Ordnungsprinzipien. Das Privat- und das Berufsleben waren überschaubar, Kinder konnten am Beispiel der Erwachsenen *erleben*, wie die Welt später auch für sie aussehen würde. Heute wachsen viele Kinder nahezu heimatlos auf. Das Leben der Erwachsenen ist für sie nicht mehr nachvollziehbar; sein Wert erscheint ihnen außerdem, durch wohlgemeinte, kritische „Aufklärung", fragwürdig.

Das Zuhause hat sich, von einem Ort gemeinsamer Aktion und Kommunikation, in ein Dienstleistungs- und Konsumunternehmen verändert. Mit dem Erwachsenwerden ist nicht ein Verwachsen und Hineinwachsen in eine immer vertrauter werdende Welt verbunden; im Gegenteil wachsen Menschen heute in eine ihnen immer befremdender, feindlich erscheinende Welt hinein.

Oder, im Vergleich mit der Entwicklung des Hundes: Sowohl in der Prägephase, als auch in der Sozialisierungsphase des Menschen fallen entscheidende, lebensnotwendige Faktoren aus. Die Folgen, die wir beim primitiver ausgestatteten Hund genau erkennen können, sind auch beim Menschen zu beobachten; dort allerdings sind sie katastrophaler und viel komplexer, aber ebenso irreversibel.

„Heute ist ein Hund in der Familie vielleicht das einzige, was Eltern und Kinder *gemeinsam interessiert*. Für den Hund zu sorgen, kann die einzige Beschäftigung sein, die sie *gemeinsam vollbringen* und sich dabei näher kommen. Heute lernt das Individuum, daß es möglichst ein störungsfreier Bestandteil in der Masse und wie diese zu sein hat. Als Ergebnis davon wird die Möglichkeit, Menschen bei emotionalen Problemen zu *helfen*, zunehmend weniger effektiv; die Warnsignale, die psychische Störungen letztlich sind, werden mit einem gewaltigen Aufgebot von Psychopharmaka im Keim erstickt.

Vielfach kann ein „Liebesobjekt", in der Gestalt eines Hundes, vielen Menschen helfen, ihre innere Balance wiederzufinden und ihre Fähigkeit, Kommunikation und Fürsorge zu geben und zu empfangen, wieder aufleben lassen.

*Es ist heute beweisbar, daß in vielen Familien ein Hund
schon lange kein Luxus mehr ist, sondern eine Notwendigkeit!"*

Niemand bezweifelt, daß in den Familien über die Zukunft der Menschheit entschieden wird. Denken wir aber auch darüber nach, daß für Millionen Kinder, Jugendlicher und Erwachsener ein Leben ohne Psychopharmaka nicht mehr vorstellbar ist. Denken wir darüber nach, was die Gründe sind, die eine hohe Zahl junger Menschen zu Alkohol- oder Drogenmißbrauch führen.

Wenn wir darüber nachdenken, wird uns vieles, was wir am Verhalten des Hundes lernen können, auch auf den Menschen übertragbar und – vieles erklärbar.

Wenn uns Verhaltensforscher auch gern davor warnen, die am Hund beobachteten Verhaltensformen seien nicht auf den Menschen übertragbar, können wir diesen Einwand gelassen hinnehmen.

Niemand von uns ist so dämlich, wie offenbar dabei angenommen wird. Wir sind trotz allem noch sehr wohl in der Lage zu erkennen, daß wir Menschen und nicht Hunde sind.

Aber wir sind, und das gilt wohl ausnahmslos für alle Menschen, weder früher, noch in der Gegenwart jemals in der Lage gewesen, die komplexen, komplizierten Irrwege des Menschen selbst zu verstehen, und daran wird sich auch in der Zukunft nichts ändern.

Was wir aber erkennen können, sind die Verhältnisse und Umstände, die in dem breitgefächerten Spektrum der Hunderassen und -typen vor uns ausgebreitet sind. Dort können wir das Leben des einzelnen Tieres beobachten, erkennen, leiten und verändern und haben dabei auf doppelte Weise Gewinn: Einen liebevollen, immer bereiten Gefährten und ein Stückchen mehr Wissen und mehr Erkennen auch von uns selbst.

378

Die Frage ist nicht, ob noch *mehr* Hunde in unserem Leben in „Umlauf" gebracht werden sollen. Wir müssen viel mehr und viel öfter danach fragen, ob unser Wissen über den Hund ausreichend ist, denn nur so ist seine vernünftige Einbeziehung in unser Leben möglich.

Wir müssen aber vor allem auch danach fragen, ob denn die Hunde, so wie sie sind, eigentlich dem entsprechen, wie sie *heute* sein sollten. Fehlplaziert sind die untätigen, unnützen Hunde, die in Zwingern und auf Sofas ihr Dasein als Menschenersatz fristen müssen. Die niemals einer ordentlichen Aufgabe, die jede Erziehung für sie bedeutet, zugeführt werden, so daß es tatsächlich weitgehend gar nicht auffällt, wie viele Hunde, bereits in ihren genetisch bedingten Verhaltensweisen, nach unsinnigen (oder gar keinen) Charakterkriterien und Zuchtzielen produziert werden.

Wir dürfen nicht zulassen, daß auch der (psychisch und physisch gesunde) Hund aus unserem Leben verschwindet. Wie wollen wir uns und auch unseren Kindern in Erinnerung bringen, was damit gemeint ist, wenn wir die „Natur" retten wollen, wenn unser Lebensbild aus Reihenhaus und Etagenwohnung, aus Fernseher und Konserven, aus Wohnlandschaften und Swimmingpools, aus Fabrikhallen und Großraumbüros, aus Parklandschaften und Industrieansiedlungen, aus Klimaanlagen und Kernreaktoren zusammengesetzt ist?

Wenn der Begriff des „Lebendigen" ein Fremdwort geworden ist, das niemand mehr zu übersetzen vermag?

Wenn der Begriff des Glücks gleichgesetzt wird damit, daß man endlich ein (neues) wirkungsvolles Heilmittel für irgendeine unserer vielen Krankheiten gefunden hat?

Gar nicht zu reden von der Liebe, die, wenigstens von der Werbung, mit Diamanten oder doch wenigsten mit After-Eight gleichgesetzt wird; oder vom Kinderglück, das damit steht und fällt, wie saugfähig und weich die Wegwerfwindeln sind . . .

Gar nicht zu reden, von dem ehr*würdigen* Alter, für das man vorsorglich modernste Endlagerstätten errichtet.

Genug mit diesen Horrorvisionen, die längst viel wirklicher sind, als vielen bewußt ist.

Erhalten wir uns dieses, ganz nach unseren Wünschen zu gestaltende, lebensvolle Bündel Fell auf vier Beinen; lernen wir an ihm, der vom Wolf abstammt und uns vertraut und fremd zugleich ist, etwas vom Leben als solchem zu begreifen und das Lieben wieder zu lernen.

Lernen wir wieder, Signale zu lesen und unseren so gefügigen Worten zu mißtrauen. Denken wir daran, daß der *Preis* für den so wunderbaren Verstand des Menschen, mit seinen schier unerschöpflichen Möglichkeiten, der *Verlust* vieler angeborener Verhaltensweisen, auch unseres Sozialverhaltens war.

Am Hund können wir verstehen lernen, daß mit dem größer werdenden Gehirn nicht nur der Verlust des „sicheren" Verhaltensinventars, sondern auch das *Geschenk* unserer *Freiheit* verbunden ist.

Es ist uns (fast) völlig *freigestellt*, wie wir mit dem, was unveränderlich in Mensch und Tier unter der Oberfläche so ähnlich ist, umgehen wollen.

Der Preis dafür übersteigt unser Vorstellungsvermögen und wird daher oft übersehen: Es ist unser Leben, so wie es ist.

LITERATURNACHWEIS

Dieser Literaturhinweis umfaßt schwerpunktmäßig nur einen Teil der in diesem Buch verarbeiteten (nahezu 1000 Fundstellen) verwendeten Literatur und ergänzt die Angaben, die bereits in "Gangwerk des Hundes" und "Hundezucht naturgemäß mit Liebe und Verstand" enthalten sind. Die restlichen Titel werden in der später erscheinenden Aufsatzsammlung Aldingtons aufgeführt werden.

ANDERSON, R. S. (EDIT.) ,
PET ANIMALS AND SOCIETY LONDON, 1975
BAEGE, BRUNO, ZUR ENTWICKLUNG DER
VERHALTENSWEISEN JUNGER HUNDE IN DEN
ERSTEN DREI LEBENSMONATEN, ZS für
Hundeforschung, Bd. 3, H 1 & 2 , 1933
BECK & KATCHER, ALAN & AARON,
BETWEEN PETS AND PEOPLE, New York 1983
BÖSEL, RAINER,
PHYSIOLOGISCHE PSYCHOLOGIE, Berlin 1981
BORCHELT & LOCKWOOD & BECK & VOIT
ATTACKS BY PACKS OF DOGS INVOLVING
PREDATION ON HUMAN BEINGS
Public Health Reports 98, Nr. 1, 1983
BRÜLL, DR. HEINZ,
DER BLINDENFÜHRHUND, ZS
BUYTENDIJK, F.J.J.,
ÜBER DIE FORMWAHRNEHMUNG BEIM HUNDE,
1924
CORSON, SAMUEAL A. & ELIZABETH, Hrsg.,
ETHOLOGY AND NONVERBAL COMMUNICATION IN
MENTAL HEALTH, 1980
    dto.: PET DOGS AS NONVERBAL COMMUNI-
CATION LINKS IN HOSPITAL PSYCHIATRY
Comprehensive Psychiat 18, 1977
    dto., ANIMAL MODELS OF NATURALLY
OCCURRING HYPERKINETIC DOG NOT DRUG
INDUCED, GENERAL DISCUSSION, Ann. NY
Acad. Sci 1972 & 1974, V
DE HAAN, J. A. BIERENS,
DIE TIERISCHEN INSTINKTE UND IHR UMBAU
DURCH ERFAHRUNG   Leyden 1940
FOX, M. W.,
THE WILD CANIDS, New York, 1975
    dto., ABNORMAL BEHAVIOR IN ANIMALS,
Baltimore, 1975
    dto., ABNORMAL BEHAVIOR IN ANIMALS,
1968
    dto.,INTEGRATIVE DEVELOPMENT OF BRAIN
AND BEHAVIOR IN THE DOG, CHICAGO, 1971
    dto.,THE DOG, ITS DOMESTICATION AND
BEHAVIOR, NEW YORK, 1978
    dto., CONCEPTS IN ETHOLOGY, -
MINNEAPOLIS, 1974
FOX, M.W. & ANDREWS, R. V.
PHYSIOLOGICAL AND BIOCHEMICAL CORRELA-
TIONS OF INDIVIDUAL DIFFERENCES IN
BEHAVIOR OF WOLF CUBS
Behaviour, XL VI, 1973
FRANK, HARRY, EVOLUTION OF CANINE
INFORMATION PROCESSING UNDER CONDITIONS
OF NATURAL AND ARTIFICIAL SELECTION
Z. Tierpsychol. 53, 1980
FULLER, J. L., HEREDITARY DIFFERENCES IN
TRAINABILITY OF PUREBRED DOGS J. Genet.
Psychol., 87, 1955
FULLER, J. L., INDIVIDUAL DIFFERENCES IN
THE REACTIVITY OF DOGS
J. Comp. Physiol. Psychol., 41, 1948
GIBBS, MARGARET,
LEADER DOGS FOR THE BLIND, Virginia 1982
GRZIMEK, B.,
DIE RADFAHRER-REAKTION, ZS 1943
HALL & SHARP,
WOLF AND MAN, New York 1978
HAVKIN ZVIKA & FENTRESS, JOHN C.,
THE FORM OF COMABTIVE STRATEGY IN
INTERACTIONS AMONG WOLF PUBS (CANIS
LUPUS), ZS 1985
HOLST, ERICH v., ZUR VERHALTENSPHYSIOLO-
GIE, BD.1 & 2, München 1969
HORNSTEIN, MARIA V.,
MENSCH UND TIER München 1937,
HUMPHREY, ELIOT S.,
"MENTAL TESTS" FOR SHEPHERD DOGS, 1924
HUMPHREY & WARNER, WORKING DOGS, -
Baltimore 1934
IMMELMANN, KLAUS,
VERHALTENSENTWICKLUNG, BERLIN, 1982

JAMES, W.T., MORPHOLOGICAL AND CONSTITU-
TIONAL FACTORS IN CONDITIONING
Ann. N.Y., Acad. SCI., 56, 1953
    dto., AN ALALYSIS OF THE EFFECT OF
RETARDED GROWTH ON BEHAVIOR IN DOGS, J.
Comp.. Psychol. 37, 1944
    dto., MORPHOLOGICAL AND CONSTITUTIONAL
FACTORS IN CONDITIONING Ann. N. Y., Acad.
SCI., 56 (1953)
    dto.: DOMINANT AN SUBMISSIVE BEHAVIOR
IN PUPPIES AS INDICATED BY FOOD INTAKE,
J. Genetic, Psychol., 75 1949
    dto.: SOCIAL ORGANIZATION AMONG DOGS
OF DIFFERENT TEMPERAMENTS, TERRIERS AN
BEAGLES, REARED TOGETHER,
J. Comp. Physiol., 44 (1), 1951
    dto., FURTHER EXPERIMENTS IN SOCIAL
BEHAVIOR AMONG DOGS,
J. Genetic Psychol., 54, 1939
    dto., EXPERIMENTS INDICATING THE
SIGNIFICANCE OF WORK ON CONDITIONED MOTOR
REACTIONS,
J. Comp. Psychol., 32 (2), 1941
    dto., THE EFFECT OF THE PRESENCE OF A
SECOND INDIVIDUAL ON THE CONDTITIONED
SALIVARY RESPONSE IN DOGS OF DIFFERENT
CONSTITUTIONAL TYPES, J. Genetic -
Psychol., 49 1936
    dto., THE USE OF WORK IN DEVELOPING A
DIFFERENTIAL CONDITIONED REACTION OF
ANTAGONISTIC REFLEX SYSTEMS
J. Comp. Physiol., 40 (3) 1947
JAMES W.T. & MCCAY, C. M., A STUDY OF
FOOD INTAKE, ACTIVITY AND DIGESTIVE
EFFICENCY IN DIFFERENT TYPE DOGS
Am. J. Vet. Research, II (41), 1950
KATCHER, AARON H., MEN, WOMEN AND DOGS
California Veterinarian 3, No. 2, 1983
KATCHER A. H. & BECK, ALAN M.,
NEW PERSPEKTIVES ON OUR LIVES WITH
COMPANION ANIMALS Philadelphia, 1983
KEELER, RIDGWAY, LIPSCOMP, FROMM, THE
GENETICS OF ANDRENAL SIZE AND TAMENESS IN
COLORPHASE FOXES, 1968
KEELER, Clyde & FROMM, Edward,
GENES, DRUGS AND BEHAVIOR IN FOXES
Journal of the Heredity 56 1965
KLATT, DR. B,
DIE THEORETISCHE BIOLOGIE UND DIE
PROBLEMATIK DER SCHÄDELFORM (1949)
    dto.: DAS SÄUGETIERGROSSHIRN ALS
ZOOLOGISCHES PROBLEM Zs. (1954)
KRUSHINSKY, PROF. L. V.,
ANIMAL BEHAVIOR. ITS NORMALS AND ABNORMAL
DEVELOPMENT New York 1962
LAWICK-GOODALL, HUGO & JANE,
UNSCHULDIGE MÖRDER, 1972
LEVI L. HRSG., THE PSCHYCHOSOCIAL
ENVIRONMENT AND PSCHYCHOSOMATIC DISEASES
1971
LEVINSON, B. M., PETS, CHILD DEVELOP-
MENT AND MENTAL ILLNESS, Zs. 1970
    dto., PET ORIENTED CHILD PSYCHOTHERAPY
Springfield, (1969.)
    dto., PETS AND HUMAN DEVELOPMENT,
1972
LORENZ, KONRAD,
DIE ANGEBORENEN FORMEN MÖGLICHER ERFAH-
RUNG, Zs. 1941
LYNCH, JAMES L., SOCIAL RESPONDING IN
DOGS: HEART RATE CHANGES TO A PERSON, ZS
1969
MAHUT, HELEN, BREED DIFFERENCES IN THE
DOG'S EMOTIONAL BEHAVIOUR, Zs. 1958
McCONNEL P. B. & BAYLIS, JEFFREY R.,
INTERSPECIFIC COMMUNICATION IN COOPERA-
TIVE HERDING: ACOUSTIC AND VISUAL SIGNALS
FROM HUMAN SHEPHERD AND HERDING DOGS,
Zs., 1984
MECH, L.DAVID,
THE WOLF, NEW YORK, 1970

MENZEL, DRS., WESENSERPROBUNG IHRE
THEORETISCHEN GRUNDLAGEN UND IHRE
PRAKTISCHE AUSFÜHRUNG, Zs., (1930)
    dto.,WELPE UND UMWELT ZUR ENTWICKLUNG
DER VERHALTENSWEISEN JUNGER HUNDE IN DEN
ERSTEN DREI BIS VIER LEBENSMONATEN, Zs.,
(1937)
NAAKTGEBOREN, CORNELIS, DIE GEBURT BEI
HAUS- UND WILDHUNDEN, Zs., 1971
NEUHAUS, W. DIE BEDEUTUNG DES SCHNÜF-
FELNS FÜR DAS RIECHEN DES HUNDES, 1981
NUNEZ, BELSHAW, GERSHON, A FINE STRUCTU-
RAL STUDY OF THE HIGHLY SACTIVE THYROROID
FOLLICULAR CELL OF THE AFRICAN BASENJI
DOG, Zs., 1972
PAWLOW, IWAN PETROWITSCH,
DIE BEDINGTEN REFLEXE, München 1972
PFAFFENBERGER / SCOTT / FULLER / GINSBURG
/ BIELFELT, GUIDE DOGS FOR THE BLIND:
THEIR SELECTION, DEVELOPMENT AND TRAINING
1976
PORTMANN, ADOLF, DIE TIERGESTALT,
STUDIEN ÜBER DIE BEDEUTUNG DER TIERISCHEN
ERSCHEINUNG Basel 1948
RYDEN, HOPE, GOD'S DOG, New York, 1979
SARRIS, EMANUEL GEORG, DIE INDIVIDUELLEN
UNTERSCHIEDE BEI HUNDEN, Zs., (1937)
SCHENKEL, R., AUSDRUCKSSTUDIEN AN WÖLFEN
Zs. 1947.
    dto., SUBMISSION, ITS FEATURES AND
FUNCTION IN WOLF AND DOG 1967
SCOTT, J. P.,
THE PROCESS OF PRIMARY SOCIALIZATION IN
CANINE AND HUMAN INFANTS Zs.: Monograph
Soc. Res. Child Developm.: 28
    dto., AGGRESSION, CHICAGO, 1975
SCOTT, J.P. & FULLER J.L.,
DOG BEHAVIOR, Chicago 1965
SENGLAUB, KONRAD, WILDHUNDE-HAUSHUNDE,-
Melsungen 1978
SERBAN & KLING, ANIMAL MODELS IN HUMAN
PSYCHOBIOLOGY, New York 1976
SHELDON, W. H., THE VARIETIES OF
TEMPERAMENT New York, 1942
SILVER & SILVER, HELENETTE & WALTER T.,
GROWTH AND BEHAVIOR OF THE COYOTE-LIKE
CANID OF NORTHERN NEW ENGLAND WITH
OBSERVATIONS OF CANID HYBRIDS
Wildlife Monographs 17: 1 - 41, 1969
STOCKARD, CHARLES R., THE GENETIC AND
ENDOCRINIC BASIS FOR DIFFERENCES IN FORM
AND BEHAVIOR, Zs., 1941
TEMBROCK, GÜNTER, GRUNDLAGEN DER
TIER-PSYCHOLOGIE, REINBEK, 1974
    dto., GRUNDRISS DER VERHALTENSWISSEN-
SCHAFTEN,STUTTGART, 1979
THEISSEN, UDO, QUANTITATIVE UND VERGLEI-
CHENDE UNTERSUCHUNGEN ZU SPEZIELLEN
VERHALTENSWEISEN DES HUNDES, Diss. 1972
THORNE, FREDERICK C., THE INHERITANCE OF
SHYNESS IN DOGS, Zs. 1944
TUCKER, MICHAEL,
THE EYES THAT LEAD, New York 1984
UEXKÜLL UND SARRIS, DAS DUFTFELD DES
HUNDES, Zs. Hundeforschg. 1, 1931
VAUK, GOTTFRIED, DIE ABWANDLUNG DER
BEUTEFANGHANDLUNG DES HUNDES IM ZUGE DER
DOMESTIKATION Verh. Dt. Zooglog. Ges.
1952
WHITNEY, LEON F.,
CANINE MENTAL GENETICS, Zs. 1965
    dto., HOW TO BREED DOGS, New York
1982
    dto., DOG PSYCHOLOGY, New York 1982
ZIMEN, ERIK, DER WOLF, München 1978